Ernst-Michael Kranich
Chemie verstehen

Ernst-Michael Kranich (Hrsg.)

Chemie verstehen

Die Bedeutung der Elemente in Substanz- und Lebensprozessen

Mit Beiträgen von Gottfried Beyer,
Gunter Gebhard, Ernst-Michael Kranich,
Elmar Schroeder und Volker Seelbach

Verlag Freies Geistesleben

1. Auflage 2005

Verlag Freies Geistesleben
Landhausstraße 82, 70190 Stuttgart
Internet: www.geistesleben.com

ISBN 3-7725-1555-X

Umschlagfoto: © Art Wolfe / gettyimages
Druck: AALEXX Druck, Großburgwedel

Inhalt

Ernst-Michael Kranich:
Vorwort des Herausgebers 7

Ernst-Michael Kranich:
Grundlinien einer phänomenologischen Chemie 15

Ernst-Michael Kranich:
Zur Anordnung der folgenden Kapitel 47

Ernst-Michael Kranich:
Schwefel – die Bedeutung immanenter Wärme 49

Ernst-Michael Kranich:
Phosphor – die Wirksamkeit von immanentem Licht 73

Ernst-Michael Kranich:
Kohlenstoff – das Element der Bildsamkeit 93

Gunter Gebhard:
Wasserstoff – Wärmeträger für irdisches Leben 115

Elmar Schroeder:
Stickstoff – Erstarrung wird überwunden 131

Volker Seelbach:
Sauerstoff – das Element des Lebens 159

Gunter Gebhard:
Chlor – Zersetzung und Salzbildung 189

Elmar Schroeder:
Natrium – das Metall des Flüssig-Wässrigen 201

Ernst-Michael Kranich:
Calcium – das Element der Absonderung 221

Gunter Gebhard:
Aluminium – dem Leben fremd 242

Gottfried Beyer:
Eisen – Element der Kraftentfaltung 257

Gunter Gebhard:
Silizium – Vermittler von Licht und Form 281

Ernst-Michael Kranich:
Wasser – Medium des Lebendigen 296

Ernst-Michael Kranich: Ausblick 307

Anhang: Versuchsbeschreibungen 309
Versuche zum Schwefel 311
Versuche zum Phosphor 316
Versuche zum Kohlenstoff 320
Versuche zum Wasserstoff 324
Versuche zum Stickstoff 328
Versuche zum Sauerstoff 336
Versuche zum Chlor 344
Versuche zum Natrium 348
Versuche zum Calcium 353
Versuche zum Aluminium 356
Versuche zum Eisen 361
Versuche zum Silizium 364

Literatur 367
Über die Autoren 375

Vorwort des Herausgebers

Die vorliegende Schrift ist durch eine mehrjährige Zusammenarbeit der an ihr beteiligten Autoren entstanden. Sie unterrichten an Waldorfschulen das Fach Chemie oder sind in der Lehrerbildung im Bereich der Naturwissenschaften tätig; sie kennen also aus persönlicher Erfahrung die inhaltlich-fachlichen und die menschlich-pädagogischen Probleme dieses Gebietes. Hier liegt der Anstoß für das gemeinsame Bemühen um dieses Fach, das bei der üblichen Form des Unterrichts viele Schüler und Schülerinnen von Schuljahr zu Schuljahr immer weniger anspricht (siehe z.B. Hörner und Greina 2000). Dabei ist die Chemie ein äußerst wichtiges Gebiet, denn die gesamte Natur tritt uns in materieller Form entgegen; außerdem bestimmen die vom Menschen erzeugten Stoffe in hohem Maße unser Leben. Die Chemie, die das verständlich machen sollte, befindet sich aber in einem recht unbefriedigenden Zustand. Denn es besteht eine tiefe Kluft zwischen den Phänomenen und den Begriffen, die diese Phänomene deuten sollen. Man beobachtet z.B., wie Kohle verbrennt und dabei ein unsichtbares Gas, das Kohlendioxid, mit bestimmten Eigenschaften entsteht. Wieso bildet sich bei der Verbindung von schwarzem Kohlenstoff mit dem Sauerstoff der Luft gerade ein Gas, und zudem ein vollständig durchsichtiges? Das bleibt ein Rätsel, denn die Deutung, dass Kohlenstoff- und Sauerstoffatome sich zu Kohlendioxidmolekülen vereinigen, ist eine Vorstellung, die die Fragen keineswegs beantwortet. Ohne Zweifel hat die Molekülchemie mit ihren Anschauungen über Molekülstrukturen, die Kräfte chemischer Bindung und die Gesetze beim Zusammenwirken von Ionen und Molekülkomplexen Erhebliches geleistet, aber kaum etwas, was die unmittelbar wahrnehmbaren Phänomene verständlich werden lässt. So entsteht bei vielen die Meinung, die wahre Wirklichkeit der Chemie, eben die Molekülchemie, liege hinter den Phänomenen und diese seien nur eine bloß dem menschlichen Bewusstsein zukommende Erscheinung. Damit kommt man aber als Mensch in einen inneren Zwiespalt. Denn zunächst erlebt man die Stoffe und ihre Veränderungen während der chemischen Reaktionen als etwas Reales. Dann gelangt man aber in eine Welt, wo es diese Stoffe nicht mehr gibt, sondern Atome und Moleküle. Denjenigen, der die Phänomene ernst nimmt, beschleicht das Gefühl, er solle die von ihm real erlebte Welt aufgeben und an ihre Stelle eine andere setzen, die um Dimensionen ärmer ist – denn hier gibt es keine Farben, keinen Duft, keinen Geschmack, keinen Klang und keine Wärme. «Es soll», wie M. Minssen schreibt, in der Chemie «um die stoffliche Seite der Dinge gehen, und zwar die Seite, die nicht oder nur selten in Chemiebüchern vorkommt, denn diese Bücher nehmen von den Stoffen nur die Skelette wahr» (Minssen 1986, S. 9). Die Schüler erleben zum Teil recht deutlich: Die Chemie ist ein Fach, wo man viele Vorstellungen bilden muss, durch die man die Welt der Erscheinungen aber nicht begreift. Ein Lernen ohne wirkliches Verstehen ist jedoch pädagogisch problematisch; denn es untergräbt das Interesse – daher die so geringe Akzeptanz der Chemie in den obersten Klassen der Gymnasien und Gesamtschulen.

Damit ist das Anliegen dieser Schrift umrissen; es ist die Frage: Gibt es einen Weg aus diesem Dilemma? Einen wichtigen Hinweis findet man z.B. bei H. Primas, dem Quantenchemiker der Universität Zürich. Er schreibt: «... it is pure science fiction that substances can be described in terms of molecules ... Our main thesis is that the richness of chemical phenomena renders it impossible to discuss them exhaustively from a single point of view. The molecular view is just one and has no privileged status» (Primas 1982). An anderer Stelle schreibt Primas: «Die molekulare Sicht ist ein effizientes Werkzeug zur Beschreibung der materiellen Natur, aber sie ist notwendig einseitig ... Das ist nicht so zu verstehen, dass es etwa Bereiche gäbe, in welchen die molekulare Sicht falsch wäre. Aber es gibt naturwissenschaftlich sinnvolle Fragen über die materielle Welt, die aus molekularer Sicht nicht gestellt werden können.» Und er weist auf einen anderen, allerdings bisher kaum ausgearbeiteten Zugang zur Chemie hin, «auf eine in der chemischen Phänomenologie verankerte(n) Stofflehre» (Primas 1985). Um eine solche chemische Phänomenologie geht es in den verschiedenen Kapiteln dieser Schrift.

Ein besonderer Anstoß für das Bemühen um eine solche Phänomenologie war die von R. Steiner verschiedentlich formulierte Aufgabe, die Chemie sei vom zwölften Lebensjahr der Schüler/innen streng im Sinne der Kausalität[1] zu behandeln; das heißt, es wäre zu zeigen, wie ein bestimmter Stoff mit seinen Eigenschaften aus dem Zusammenwirken jener Elemente, die sich in ihm vereinigen, entsteht. Nun gibt es in den Darstellungen zum Chemieunterricht der Waldorfschulen wichtige Ansätze zu einem vertieften Betrachten der Stoffe (Julius 1988) und zu den spirituellen Dimensionen der Chemie (v. Mackensen 1994). Das Thema der Kausalität blieb aber bisher weitgehend ausgeblendet. Von kausalen Mechanismen ist viel in der Molekularchemie die Rede. Bei unserem Thema geht es jedoch um etwas anderes, nämlich um kausales Verstehen im Bereich der Phänomene, um «kausales Erkennen als Phänomenologie» (Kranich 1997).

Zunächst war die Methode einer solchen Betrachtungsweise im Kapitel «Grundlinien einer phänomenologischen Chemie» zu klären. Entscheidend war dann die Anwendung auf die Phänomene. Hier zeigte sich die Fruchtbarkeit der Zusammenarbeit. Jeder Kollege bearbeitete ein oder einige Kapitel, d.h. eines bzw. einige der chemischen Elemente. Die schriftlichen Ausarbeitungen wurden als Entwurf bei den Zusammenkünften kritisch durchgesprochen. Unklarheiten wurden aufgedeckt, offene Probleme soweit möglich geklärt, neue Einsichten aufgegriffen, um dann das betreffende Kapitel zu überarbeiten. Jeder der Autoren weiß, wie viel er dem kritischen Blick seiner Kollegen verdankt.

Das Bemühen um kausale Phänomenologie stand am Anfang. Dann hat sich der Horizont des Interesses erweitert, nämlich die Phänomene so in ihrem Zusammenhang zu betrachten, dass Wesensbilder der chemischen Elemente entstehen. Das entspricht unter den Formen des Naturwissens, wie sie von R. Messner, H. Rumpf und P. Buck charakterisiert werden, etwa dem physiognomisch-porträthaften Wissen (Messner, Rumpf, Buck 1997).

Um zu einer solchen weit gespannten Anschauung der chemischen Elemente zu kommen, wurden sie unter einem bestimmten Aspekt betrachtet. Es gibt ja seit einiger Zeit eine Debatte über die Frage, ob es bei der Chemie um Naturerkenntnis gehe oder ob sie bei der Fülle der vom Menschen erzeugten Stoffe zu dem Bereich der Kulturwissenschaften gehöre. Letztlich stammen die Elemente und Stoffe, mit denen der Chemiker umgeht, aus der Natur – und zwar aus der unbelebten wie der belebten Natur. Um die chemischen Elemente kennen zu lernen, muss man sie fast alle aus dem Gewebe der Natur und den in der Natur vorhandenen Verbindungen isolieren. Damit erschließt sich aber die Möglichkeit, erkennend in dieses Gewebe einzudringen. Man erfasst dann nicht nur, wo die betreffenden Elemente mit ihren spezifischen Eigenschaften und Kräften wirken, sondern man lernt die Bedeutung der Elemente in der Natur kennen. Die Elemente erscheinen dann nicht mehr als voneinander isolierte Substanzen; denn man begreift, wie sie aufs engste mit ganz bestimmten Naturprozessen zusammenhängen und die stoffliche Manifestation dieser Naturprozesse sind. Die verschiedenen Kapitel dieses Buches sind aus der Absicht entstanden, den Beitrag, den die Chemie zu einem vertieften Verstehen der Natur leisten kann, zu schildern und der Chemie neue Dimensionen zu erschließen. Das ist ein hohes Ziel, und die Autoren sind sich bewusst, dass ihre Beiträge Schritte der Annäherung an dieses Ziel sind.

Der Auswahl der Elemente lag kein übergreifender Gesichtspunkt zugrunde; Systematik und Vollständigkeit waren nicht das Anliegen der Autoren. Wenn man eine neue Betrachtungsweise erarbeitet, spielen auch subjektive Erfahrungen eine Rolle, z.B. das besondere Interesse an bestimmten Elementen aus dem bisherigen Umgang mit der Chemie. Den Autoren ging es vor allem darum, charakteristische Elemente zu behandeln, die jeweils einen spezifischen Zugang zum Naturverstehen erschließen.

Die Autoren dieses Bandes hatten zunächst die Absicht, das problematische Gebiet der Chemie mit Blick auf die Schule dem Verstehen zu erschließen. Durch die Ausweitung des Horizontes auf die Vorgänge in der unbelebten und belebten Natur wendet sich dieser Band nun nicht nur an Lehrer, die Chemie und Biologie unterrichten, sondern auch an Persönlichkeiten, die durch ihren Beruf mit Substanz- und Lebensprozessen umgehen, d.h. an Landwirte, Pharmazeuten und Ärzte – und selbstverständlich auch an jeden, der etwas von der Bedeutung der Chemie im Ganzen der Natur kennen lernen möchte.

Der fachkundige Leser wird in den folgenden Darstellungen manches vermissen, z.B. eine Behandlung der verschiedenen Theorien chemischer Bindung und eine Auseinandersetzung mit diesen. Das lag nicht im Rahmen einer phänomenologischen Behandlung, soll aber in einer weiteren Publikation über grundlegende Aspekte der Chemie thematisiert werden.

Anmerkungen

1 In verschiedenen Darstellungen zum Chemieunterricht an Waldorfschulen findet man folgende Richtlinien:
1. die knappen Lehrplanhinweise R. Steiners, die dem Lehrer einen ziemlich weiten Raum der konkreten Ausführung offen lassen
2. das methodische Vorgehen, das Rudolf Steiner im dritten Vortrag von *Menschenerkenntnis und Unterrichtsgestaltung* vorschlägt (Steiner, GA 302, S. 46 ff.): An einem Tag führt man die Experimente durch, die bestimmte charakteristische Phänomene sichtbar machen; am nächsten Tag folgt zu Beginn des Hauptunterrichts das gedankliche Durcharbeiten, das von den Phänomenen zum Erfassen der Gesetze führen soll.

Was man an den Experimenten wahrnimmt und bildhafte Anschauungen vermittelt, ist ein Bereich des Rätselhaften. Der junge Mensch nimmt etwas zur Kenntnis, weiß aber nicht, wieso das, was er wahrnimmt, gerade so ist. Er begegnet einer verschleierten Welt. Am nächsten Tag sollen die Rätsel ihre Lösung finden oder Schritte auf dem Weg zu einer Lösung getan werden.

Zur Methode des gedanklichen Verarbeitens hat sich R. Steiner in fast allen pädagogischen Vortragszyklen geäußert. Im elften Vortrag von *Gegenwärtiges Geistesleben und Erziehung* heißt es: «... wir finden das Kind vom 11. oder 12. Lebensjahr ab reif dazu, dasjenige durch den Intellekt aufzufassen, was erarbeitet werden muss nach den Zusammenhängen von Ursache und Wirkung. Und das muss ja in Physik und Chemie geschehen ... Wenn wir vorher einfache physikalische Prozesse oder chemische Prozesse (wie die Verbrennung) beschreiben, dann soll das eine bloß bildhafte Beschreibung sein, dann soll das imaginative Element eine besondere Rolle spielen, nicht der Gedankenzusammenhang von Ursache und Wirkung» (Steiner, GA 307, S. 195).

Man sollte also nicht, wie es zum Teil dargestellt wird, bis zum vierzehnten, fünfzehnten Lebensjahr oder bis in die 9. Klasse bildhaft und dann «begrifflich» vorgehen (Wunderlin 2002, S. 187 ff.), wobei ganz unklar bleibt, was mit begrifflich gemeint ist.

Im fünften Vortrag von *Die pädagogische Praxis vom Gesichtspunkte geisteswissenschaftlicher Menschenerkenntnis* formuliert R. Steiner: Man sollte »mit dem Beibringen der mineralischen Welt erst mit dem 12. Lebensjahr [anfangen]. Und physikalische Begriffe sollten auch erst gegen dieses Lebensjahr hin auftreten, nachdem sie vorher im Grunde genommen nur vorbereitet sind. Da wird das Kind erst reif für das Aufnehmen solcher Begriffe. Alles, was sich auf das Unorganische bezieht, kann das Kind im

Sinne eines Kausalitätsbegriffes erst gegen das 12. Jahr hin begreifen» (GA 306, S. 107).

Auch hier wird auf den Einschnitt im zwölften Lebensjahr hingewiesen und den Beginn kausalen Erkennens von diesem Lebensalter an. Zur organischen Welt gehören die Pflanzen, die Tiere und der Mensch, zur unorganischen die Mineralien, die Physik und weite Bereiche der Chemie.

Im elften Vortrag von *Die gesunde Entwickelung des Leiblich-Physischen als Grundlage der freien Entfaltung des Geistig-Seelischen* heißt es im Hinblick auf das zwölfte Lebensjahr: «Jetzt muss man beginnen, dasjenige, was man zunächst im Bildhaften gehalten hat, was man dann in das lebendig Pflanzliche, in das empfindend Tierische überführt hat, in das verstandesmäßig-intellektualistische Begreifen der unorganischen Natur überzuführen.

Jetzt sind wir erst an dem Punkt, wo sich der Mensch selber als ein physisches Wesen mit Dynamik und Mechanik in die Welt hineinstellt und als solches erlebt. Jetzt ist erst die Möglichkeit geboten, dass man mit dem, was Physik, Chemie auch in ihrem einfachsten Elemente ist, was als Erde der Chemie, Dynamik unterworfen ist, was Mineralogie, Mineralerkenntnis ist, an den Menschen heranzubringen» (GA 303, S. 210).

Zuvor ist von einem Denken die Rede, «das nach der Willensnatur seine Vorgänge in den Knochen, in der Skelettdynamik hat» (GA 303, S. 209).

Im Denken ist der Wille tätig, und ab dem zwölften Lebensjahr kommt der Wille im Zusammenhang mit dem gesteigerten Knochenwachstum in den Gliedmaßen in eine Abhängigkeit von den dynamischen Vorgängen im Skelett.

Im dritten Vortrag des letzten pädagogischen Vortragszyklus, *Die Kunst des Erziehens aus dem Erfassen der Menschenwesenheit,* sagt R. Steiner: «Erst gegen das 12. Jahr hin wird das Kind reif, von Ursachen und Wirkungen zu hören. Sodass man diejenigen Erkenntniszweige, die es mit Ursache und Wirkung hauptsächlich zu tun haben, in dem Sinne, wie man heute von Ursache und Wirkung redet, die leblose Naturphysik und so weiter eigentlich erst in den Lehrplan zwischen dem 11. und 12. Lebensjahr einführen soll. Vorher sollte man über Mineralien, über Physikalisches, über Chemisches nicht zu dem Kinde reden» (GA 311, S. 57).

Hier wird ebenfalls darauf hingewiesen, dass im zwölften Lebensjahr das Erkennen im Sinne der Kausalität beginnen solle, und zwar auch in der Chemie.

Besonders eindringlich ist die Darstellung im sechsten Vortrag von *Die geistig-seelischen Grundkräfte der Erziehungskunst.* R. Steiner schildert, wie das

Kind nach dem zwölften Lebensjahr mit dem Willen in innere Abhängigkeit von dem «Maschinellen des Skelettsystems» kommt. Und die Konsequenz: «... nach dem 12. Jahr beherrscht das Knochensystem, das sich in die äußere Welt hineinstellt, das Muskelsystem und von da aus Geist [das Denken] und die Seele [Wille, Selbsterleben]. Und die Folge davon ist, dass der Mensch jetzt ein innerliches, erlebtes Verständnis bekommt von Ursache und Wirkung, von Kraft und von demjenigen, was als Aufrechtes gefühlt wird, was als Horizontales gefühlt usw.» (GA 305, S. 114).

Dann werden die Gebiete genannt, die mit diesem neuen Denken zu erarbeiten sind: «Mineralogie, Physik, Chemie, Mechanik».

Das sei eine Angelegenheit, die dem Wesen des Chemischen entspricht und die dem jungen Menschen durch die Veränderungen im 12. Lebensjahr zugänglich wird. Das sei zu berücksichtigen, wenn man die Phänomene, die man an einem Tag in den Experimenten wahrgenommen hat, am folgenden Tag gedanklich verarbeitet.

Grundlinien einer phänomenologischen Chemie

Vorbemerkung

Seit einigen Jahren findet man auch außerhalb der Waldorfpädagogik eine Reihe von Darstellungen, die eine phänomenologische Behandlung der Chemie bzw. des Chemieunterrichts thematisieren. Man sucht eine Betrachtung, die dem menschlichen Erleben und Verstehen näher steht als die Molekularchemie, der nahezu alles fehlt, was man an den Stoffen und den chemischen Prozessen wahrnimmt. Phänomenologische Chemie wäre Teil einer umfassenden Phänomenologie der Natur, d.h. einer «Erkenntnisweise ..., die ein Wissen von Natur durch Entfaltung und Wahrung der sinnlichen Gegebenheit gewinnt» (Böhme und Schiemann 1997, S. 8). Wie aber Phänomenologie im Bereich der Chemie zu erarbeiten ist, ist wenig geklärt; zumindest gibt es eine Reihe offener Fragen. Vor allem wird vielfach nicht deutlich zwischen Phänomenologie und Phänomenalismus unterschieden. Phänomenologie ist mehr als Phänomenalismus, der bei der Beschreibung der Erscheinungen stehen bleibt. Sorgfältiges, sensibles Auffassen der Phänomene, «die Entfaltung der sinnlichen Gegebenheit», ist Grundlage der Phänomenologie. Man kann durch Üben die Fähigkeit entwickeln, bei den Phänomenen zu verweilen, sich auf sie einzulassen, ihnen die nötige innere Regsamkeit entgegenzubringen, um wahrzunehmen, was tatsächlich erscheint. Aber ein noch so differenziertes und umfängliches Auffassen der Stoffe und der Veränderungen bei chemischen Reaktionen darf nicht darüber hinwegtäuschen, dass Phänomenologie mehr verlangt. Der Logos der Phänomene zeigt sich nicht dem äußeren Anschauen.

Phänomenologische Chemie ist nicht nur eine kultivierte und geordnete Form des Wahrnehmens, sondern Wissenschaft, und zwar Wissenschaft im modernen Sinne. Die neuzeitliche Wissenschaft ist dadurch gekennzeichnet, dass sie nicht bei den Erscheinungen der Natur stehen bleibt. Sie ist bestrebt, tiefer in die Natur einzudringen und die Faktoren bzw. deren Zusammenwirken aufzudecken, das den Erscheinungen zugrunde liegt. Galilei zeigt, wie die parabelförmige Bewegung eines in horizontaler Richtung geworfenen Körpers aus dem Zusammenwirken von Stoßimpuls und Fallbewegung resultiert. Der Weg von der Erscheinung zu dem zunächst verborgenen «Gewebe» der Natur ist auch von der phänomenologischen Chemie zu beschreiten. Wenn phänomenologische Chemie Wissenschaft im modernen Sinne sein soll, dann muss sie von der Erscheinung der Stoffe zum Zusammenwirken jener Kräfte vordringen, das dieser Erscheinung zugrunde liegt. Ebenso hat sie zu zeigen, wie die im chemischen Prozess neu entstehenden Stoffe das Ergebnis der in ihnen vereinigten Elemente sind. Das wäre in der Chemie der Weg vom bloßen Phänomenalismus zur Phänomenologie.

Das Gebiet der Stoffe und das der Chemie

In jedem Lehrbuch der Chemie wird zwischen Verbindungen und einfachen Stoffen, den so genannten chemischen Elementen, und bei diesen zwischen den physikalischen und den chemischen Eigenschaften unterschieden. Wir wollen zunächst klären, was der Inhalt dieser Begriffe ist, wenn man sich den Stoffen und der Chemie von einem phänomenologischen Standpunkt aus nähert. Wir wenden uns dabei zunächst jenen Stoffen zu, die der unbelebten Natur angehören, wie z.B. das Steinsalz, das Eisen oder der Schwefel.

Jeder dieser Stoffe äußert sich durch seine «substanziellen Eigenschaften» (Psarros 1999, S. 31) auf recht unterschiedliche Weise. Um zu begreifen, was ein solcher Stoff ist, muss man ihn im ganzen Umfang dieser Eigenschaften, d.h. unter einer Anzahl verschiedener Aspekte, erfassen. Die genannten Stoffe haben eine bestimmte Härte und Festigkeit, das heißt, sie bewahren mit unterschiedlicher Intensität ihre Form. Man findet hier ein weites Spektrum zwischen plastisch und spröde. Härte und Festigkeit als das Charakteristische der Formstabilität sind wesentliche Qualitäten des festen Zustandes.

Eine umfassendere Eigenschaft ist die Dichte, denn sie reicht von dem völlig aufgelösten, formlosen Zustand des Gases über den weit dichteren des Flüssigen bis zur noch stärkeren Verdichtung und Erstarrung des festen Aggregatzustands. Nun hat jeder Stoff in diesem weiten Feld einen ganz spezifischen Grad der Verdichtung. Die Dichte eines Stoffes ist seine Masse (Massendichte), d.h. jene Eigenschaft, in der uns das Materielle am stärksten entgegentritt. Aber sie ist ein Merkmal, das den anderen Eigenschaften gleichrangig ist.

Ein wichtiges Kennzeichen der Stoffe ist ihre Beziehung zum Licht. Hier sind die Extreme die Lichtdurchlässigkeit wie bei der Luft, beim Wasser und manchen Kristallen und die Reflexion an der glänzenden Oberfläche von Metallen. Zwischen diesen Extremen stehen die verschiedenen Farben. In ihnen äußern sich jeweils bestimmte Eigenschaften der Stoffe. So schreibt R. Steiner: «Die Farbe gibt sich an der Oberfläche eines Körpers kund. Aber man kann sagen, wie da der Körper sich in seiner Oberfläche offenbart, das ist ein Zutagetreten seiner inneren Wesenheit durch das Mittel des Lichtes» (Steiner, GA 45, S. 34). Das Schwarz des Graphits weist auf eine andere innere Qualität der Substanz hin als das Gelb des Schwefels oder das Blau des Kupfersulfats.

Besonders vielseitig ist die Beziehung der Stoffe zur Wärme. Ist ein Stoff ein Wärmeisolator, dann nimmt er die ihm zufließende Wärme in sich auf und bewahrt sie; das heißt, er durchdringt sich stark mit der Wärme. Ein guter Wärmeleiter lässt die Wärme durch sich hindurchfließen, ohne sich stärker mit ihr zu vereinigen. Wärme wirkt ausweitend und auflösend, d.h. arbeitet den verdichtenden Kräften entgegen und überwindet deren Wirksamkeit vollständig, wenn ein Stoff beim Sieden in den gasförmigen Zustand übergeht. Ein Stoff mit tiefem Schmelz- und Siedepunkt wie z.B. ein Gas ist in diesem Sinne stark von innerer Wärme[1] durchwirkt.

Zu den substanziellen Eigenschaften der Stoffe gehören auch Geruch und Geschmack. Im Geruch nimmt man den Stoff wahr, wie er sich im aufgelösten Zustand des Luftförmigen kundgibt. Es ist allerdings kaum möglich, die Empfindung, die man von einem Stoff durch den Geruchssinn erhält, klar zu formulieren. Stoffe, die sich in Wasser lösen, äußern sich zum Teil in einer der vier Geschmacksqualitäten. Was man da wahrnimmt, ist eine substanzielle Wirksamkeit: eine wärmehafte bei süß, eine scharfe, zersetzend-auflösende bei sauer usw.

Gleichsam tief aus dem Inneren fester Stoffe ertönt der Klang. Höhe und Tiefe des Klanges sind bedingt durch Form und Volumen eines Körpers, die Klangfarbe aber vom Stoff und seiner aktuellen Temperatur. In den verschiedenen Klangfarben, z.B. in der «vollen Wärme», der «Dumpfheit» oder der «hellen Intensität» des Klangs, erfasst man wesentliche Eigenschaften eines Stoffes.

Schließlich hat man die elektrische Leitfähigkeit und die magnetischen Eigenschaften (Diamagnetismus, Paramagnetismus) zu beachten.

Bisweilen trifft man auf die Meinung, diese Qualitäten oder die meisten von ihnen (Farbe, Klang, Geruch, Geschmack) seien Eigenschaften, die dem Stoff nicht wesenhaft zukommen; sie seien eine Summe von Akzidentien. Das ist aber eine recht willkürliche Konstruktion. Die Materie wird dann als eine weitgehend qualitätslose metaphysische Entität gedacht, der die Eigenschaften irgendwie äußerlich anhaften oder von dem Betrachter zugesprochen werden. Die Erfahrung ist eine andere. Ein bestimmter Stoff ist der gesamte Umfang seiner substanziellen Eigenschaften; er ist mit diesen identisch. Es gibt neben diesen Eigenschaften nicht noch zusätzlich eine Materie, die der Träger dieser Eigenschaften wäre.[2] Allerdings, man muss bei jedem Stoff eine Frage aufwerfen: Wie ist der innere Zusammenhang zwischen seinen verschiedenen Eigenschaften? Es wäre recht willkürlich, bei der bloßen Aufzählung der Eigenschaften stehen zu bleiben. Was man dann als den inneren Zusammenhang findet, das ist der Stoff und nicht eine hypothetische Materie.

Bevor wir uns dieser Frage zuwenden, ist zu klären, was die erwähnten Eigenschaften eigentlich sind. Wenn ein Stoff eine bestimmte Dichte hat, dann ist das die Wirkung verdichtender Kräfte in diesem Stoff. Nun hat man immer anzugeben, für welche Temperatur diese Dichte gilt. Das heißt aber, dass auch die ausweitenden bzw. auflösenden Kräfte der Wärme am Werke sind. Die Dichte eines Stoffes ist also die Resultante aus dem Ineinanderwirken von verdichtender Kraft und Wärme. Bei Stoffen mit geringem Ausdehnungskoeffizienten haben die verdichtenden Kräfte eine große Intensität, nicht nur bei Stoffen mit hohem spezifischem Gewicht.

Wie der Dichte liegen auch der Härte und der Festigkeit bestimmte Kräfte zugrunde. Es sind andere Kräfte, denn ein dichter Körper kann hart, ein anderer von ähnlicher Dichte relativ weich bzw. gut verformbar sein. Wir haben schon erwähnt, dass es sich bei Härte und Festigkeit um dem Stoff immanente Formkräfte handelt.

Auch der Beziehung der Stoffe zum Licht liegt ein Zusammenwirken von Kräften zugrunde. Dieses ist recht vielfältig. Es handelt sich hierbei z.B. um die strahlende Energie des Lichtes und die Dichte jener Stoffe, die wir als chemische Elemente bezeichnen. Denn die Durchsichtigkeit bzw. Undurchsichtigkeit ergibt sich weitgehend aus dem Verdichtungsgrad:

Die gasförmigen Elemente sind durchsichtig, die festen fast ausnahmslos undurchsichtig.

Ebenso zeigt sich bei einer genaueren Betrachtung, dass auch die anderen substanziellen Eigenschaften die Manifestation ganz spezifischer Kräfte oder des Zusammenwirkens von Kräften sind.[3]

Wir können nun auf der Grundlage des Vorausgehenden beschreiben, was ein chemisches Element ist. Normalerweise kennzeichnet man jene Stoffe als Elemente, die auf dem Weg der chemischen Analyse nicht weiter zerlegbar sind; es handelt sich um einfache Stoffe, die auch als chemische Individuen bezeichnet wurden. Diese operationale Definition geht auf A. Lavoisier zurück. Er schrieb im Jahr 1789: «Wenn wir mit dem Begriff *Element* einfache, unteilbare Atome bezeichnen, aus denen die Natur zusammengesetzt ist, so halte ich es für äußerst wahrscheinlich, dass wir nichts über sie erfahren. Wenn wir stattdessen den Betriff *Element* oder *Stoffprinzip* als den letzten Punkt bezeichnen, bis zu dem wir die Stoffe zerlegen können, müssen wir alle Substanzen, in die wir, egal wie, die Stoffe zerlegen können, als Elemente anerkennen» (zitiert nach Brock 1997, S. 84).

Nun sind die Elemente inhaltlich durch ihre substanziellen Eigenschaften gekennzeichnet. Man begreift, was ein bestimmtes Element ist, wenn man sich bewusst macht, wie es sich durch diese Eigenschaften zeigt, und wenn man den inneren Zusammenhang derselben aufsucht.

Um nicht bei allgemeinen Aussagen stehen zu bleiben, sei das Gemeinte an einem Beispiel erläutert. Schon Lavoisier hatte erkannt, dass Schwefel ein Element ist. Die Dichte von nur 2,06 g/cm^3 weist darauf hin, dass die verdichtenden Kräfte in diesem Stoff nicht sehr stark wirksam sind. Das Gleiche gilt für die Formkräfte. Schwefel bildet zwar schöne rhombische Kristalle, ihre Härte ist mit einem Wert von 2,5 in der Mohsschen Skala aber gering. Diese inneren Eigenschaften der Schwefelmaterie werden verständlich, wenn man ihre Beziehung zur Wärme ins Auge fasst. Als Wärmeisolator durchdringt sich Schwefel intensiv mit der Wärme. Und die Wärme entfaltet hierbei eine starke Wirksamkeit: Der Ausdehnungskoeffizient ist auffallend hoch. Nur in sechs Elementen wird die Verdichtung durch Wärme noch stärker überwunden als beim Schwefel (beim Phosphor, bei den weichen Alkalimetallen und beim Jod). Und schon bei 112,8 °C werden beim Schmelzen die in der Erstarrung tätigen Formkräfte durch die Wärme paralysiert. Das deutet darauf hin, dass unter den in der Substanz des Schwefels zusammenwirkenden Kräften die Wärme eine besonders starke Wirksamkeit hat. Das zeigt sich nicht nur in der geringen Verdichtung und Erstarrung, sondern auch in seiner Beziehung zum Licht: im Gelb seiner Farbe. Denn Gelb hat im Gegensatz zum Weiß immer den Ausdruck von innerer Wärme. Und so ist es ganz charakteristisch, dass das Gelb intensiver wird, wenn man Schwefel erwärmt. Es gibt weitere Phänomene, die auf eine ungewöhnlich intensive Wirksamkeit der Wärme in der Substanz des Schwefels hindeuten. Das ist vor allem die Wandelbarkeit seiner Substanz unter dem Einfluss von Wärme in den so genannten allotropen Modifikationen, die wir allerdings erst im Kapitel über den Schwefel behandeln. Die Kräfte der Elektrizität haben im Schwefel kaum Bedeutung; denn der Schwefel leitet die Elektrizität praktisch nicht.

Wenn man in dieser Weise auf ein Element hinschaut und sich im Denken den inneren Zusammenhang, vor allem das Zusammenwirken der in den Eigenschaften wirkenden Kräfte, bewusst macht, kommt man zu einem Begriff dieses Elementes. Wir können das, was sich ergibt, am besten durch eine Formulierung R. Steiners wiedergeben: «Elemente sind der Ausdruck bestimmter Kraftbegegnungen; dass sie sich als solche offenbaren, beruht darauf, dass die eine Kraft in der Begegnung mit einer andern eine Wirkung hervorbringt; während andere Kraftwirkungen gegeneinander unwirksam sind» (Steiner, GA 320, Anhang).

Was R. Steiner Begegnung nennt und wir als Zusammenwirken beschrieben haben, ist der äußeren Anschauung nicht zugänglich. Was wir wahrnehmen, ist immer schon das Resultat dieses Zusammenwirkens. Deshalb hat man mit der Aufzählung der substanziellen Eigenschaften noch nicht erfasst, was ein chemisches Element ist. Zu der sinnlichen Auffassung der Eigenschaften muss die geistige Anschauung vom Zusammenwirken der Kräfte hinzukommen. Das heißt aber, dass ein chemisches Element außer der sinnlichen Erscheinung eine geistige Dimension hat, durch die die sinnliche Erscheinung erst verständlich wird.

Alles, was bisher beschrieben wurde, gehört noch nicht in das Gebiet der Chemie. Man muss klar zwischen der physischen bzw. physikalischen Betrachtung der Stoffe und Elemente und der Dimension des Chemischen unterscheiden. Beim physischen Aspekt betrachtet man die Stoffe als voneinander isolierte Substanzen. Man fasst wohl die Elemente zu den Stoffklassen der Nichtmetalle, Halbmetalle und Metalle zusammen; aber auch innerhalb dieser Klassen sind Schwefel und Phosphor oder Kalium und Eisen klar voneinander abgegrenzte Substanzen. In der Sphäre des Chemischen geht es jedoch gerade um das Zusammenwirken der Stoffe, bei dem neue Stoffe erscheinen. Der Prozess, in dem der Schwefel im Zusammenwirken mit dem Sauerstoff der Luft verbrennt, d.h. verschwindet, und ein Gas erscheint, das vorher nicht vorhanden war, ist das Chemische. Wenn man dann hinterher das entstandene Gas mit seinen substanziellen Eigenschaften beschreibt, hat man das Gebiet der Chemie bereits wieder verlassen.

Was ist also das Gebiet der Chemie? Wenn man ein Element wie das Calcium, das Eisen oder den Schwefel betrachtet und sich auch das Zusammenwirken der verschiedenen Kräfte bewusst macht, findet man nichts, was darauf hinweist, dass Calcium unmittelbar mit Wasser reagiert, dass Eisen an der feuchten Luft rostet oder Schwefel beim Erhitzen sich entzündet und mit blauem Flämmchen sich mit dem Luftsauerstoff verbindet. So schreibt N. Psarros: «Wenn wir über chemische Verbindungen und Elemente im Rahmen einer chemischen Theorie reden, interessieren uns nicht mehr substanzielle Eigenschaften wie Siedepunkt, Dichte oder Dielektrizitätskonstante, sondern lediglich diejenigen Eigenschaften, die die Fähigkeit der Stoffe bestimmen, mit anderen Stoffen zu reagieren» (Psarros 1999, S. 138). Diese chemischen Eigenschaften offenbaren sich nur im chemischen Prozess bzw. in der chemischen Reaktion; sie sind jener Anschauung, mit der wir die substanziellen Eigenschaften auffassen, unzugänglich. Sie gehören einer der äußeren Wahrnehmung verborgenen, tieferen Dimension der Elemente und Stoffe an. In dieser Dimension sind die Elemente nicht wie in ihren substanziellen Eigenschaften voneinander getrennt. Im Gegenteil, hier ist das wesentliche Merkmal das aktive Zusammenwirken, d.h. die innere Beziehung der Elemente zueinander. Die Beziehungen eines Elementes zu anderen, seine so genannten Affinitäten, sind in ihrer Intensität recht unterschiedlich.

Beim Übergang von der physischen Betrachtung zur chemischen betritt man gleichsam einen anderen Raum, in dem die innere Beziehung der Elemente untereinander das Wesentliche ist. Hier ist das Calcium nicht mehr vom Sauerstoff, vom Schwefel, vom Chlor, vom Kohlenstoff usw. getrennt. Das eine Element hat sein Dasein aus seiner Beziehung zu den anderen – wie die Töne der Musik nur aus ihrer intervallischen Beziehung untereinander existieren. So schreibt F. H. Julius: «Es gibt also ein alle Stoffe umfassendes

System von Verhältnissen.» Er bezeichnet dieses System als ein Netz und fährt fort: «Wenn einige Stoffe sich miteinander verbinden, wird ... ein Fragment dieses Netzes in unser Blickfeld gerückt» (Julius 1988, S. 72). J. Schummer spricht von einem «relationalen Netz» (Schummer 1996, S. 97).

Schaut man darauf hin, dass man in der Chemie lediglich die Bedingungen herstellen kann, unter denen die Affinitäten wirksam werden und der chemische Prozess aus inneren Kräften abläuft, dann lernt man die aktive Dynamik der Affinitäten kennen. J. Soentgen schreibt: «... alle Stoffe haben Neigungen. Sie sind nicht nur neutrale Massen, die wir unseren Handlungsplänen in der einen oder anderen Weise einspannen können, sondern aktive Einheiten, die aus sich heraus produktiv sind, wenn geeignete Bedingungen vorliegen» (Soentgen 1999, S. 209).

Was ist eine chemische Verbindung?

Die beschriebenen Sachverhalte weisen darauf hin, dass man bei einem Stoff wie einem chemischen Element verschiedene Dimensionen unterscheiden muss. Der unmittelbaren Wahrnehmung sind die substanziellen Eigenschaften zugänglich. Man dringt tiefer in die Substanz eines Elementes ein, wenn man sich bewusst macht, dass der Erscheinung, d.h. den substanziellen Eigenschaften, ein inneres Gefüge im Zusammenwirken verschiedener Kräfte zugrunde liegt. Dieses kann aber nicht mehr durch die Sinne, sondern nur durch das Denken erfasst werden. Es handelt sich um eine zweite Dimension, die deutlich macht, dass ein Element mehr ist als das, was man von außen wahrnimmt. Eine dritte Dimension ist die chemische, die sich in den Affinitäten der Elemente, d.h. durch ihr aktives Zusammenwirken, äußert. Diese Dimension ist für das äußere Anschauen noch verborgener als die zweite; denn man findet sie noch nicht, wenn man sich das Zusammenwirken der verschiedenen Kräfte zum Bewusstsein bringt. Es handelt sich nämlich um eine Qualität, die nicht dem einzelnen Element, sondern seiner Beziehung zu den anderen Elementen zukommt. Hier ist das einzelne Element nur ein Glied in einem umfassenderen Ganzen, das sich in den chemischen Reaktionen ausschnitthaft manifestiert.

Was geschieht nun mit den Elementen bei einer chemischen Reaktion?

Es gibt jenen einfachen Versuch, durch den als Einstieg in das Gebiet der Chemie der Unterschied zwischen einer Mischung und einer chemischen Verbindung demonstriert wird, indem Eisen- und Schwefelpulver in einem bestimmten Mengenverhältnis vermischt und dann entzündet werden. An dem Glühen, das dieses Gemisch ergreift, bemerkt man, dass zwischen den beiden Elementen ein intensives Geschehen stattfindet. Es entsteht eine harte, graue Substanz, die nichts mehr von den Eigenschaften des Schwefels und des Eisens aufweist. Zwei Gruppen von substanziellen Eigenschaften sind verschwunden, und eine neue ist erschienen.

Wer im Sinne einer Substanzmetaphysik[2] die meisten der substanziellen Eigenschaften als unwesentliche Attribute der Materie ansieht, kommt mit einer so rätselhaften Verwandlung ziemlich gut zurecht. Denn er kümmert sich nicht um die Frage, wie der eine Komplex von Erscheinungen übergeht in den anderen. Was ihn interessiert, ist die Masse als Hauptindiz für seine Auffassung von Stoff. Er stellt durch die Waage fest, dass das Gewicht der Mischung und das des neuen Stoffes gleich ist.[4] Er hat lediglich zu erklären, wie die unterschiedlichen Massen der beiden Elemente durch den chemischen Prozess in eine intensivere Beziehung zueinander treten, indem er den Begriff der chemischen Bindung erfindet und diesen, wie das dann geschehen ist, genauer interpretiert.

Wer das Fragwürdige einer solchen Reduktion der Substanz auf eine weitgehend qualitätslose Materie nicht mitzuvollziehen geneigt ist, erlebt Erkenntnisprobleme, die dem anderen müßig erscheinen. Denn zunächst ist ganz unklar, was mit den Elementen bei einer chemischen Reaktion geschieht. Es gibt verschiedene Möglichkeiten, das Verschwinden der substanziellen Eigenschaften der Elemente und das Erscheinen eines Stoffes mit anderen substanziellen Eigenschaften zu deuten. Nach N. Psarros gab es bei namhaften Chemikern bis zum ersten Drittel des 20. Jahrhunderts eine «Diskussion [darüber], ob die Elemente in ihrer Verbindung ‹erhalten blieben› oder nicht» (Psarros 1999, S. 136). Man findet noch heute die Auffassung, dass die Elemente nicht erhalten bleiben. Ich will nur ein Beispiel anführen. F. H. Julius begründet diese Auffassung in folgender Weise. Zunächst weist er darauf hin, dass bei einer chemischen Reaktion «neue Stoffe mit ganz neuen Eigenschaften auf[treten]. Nur eine Eigenschaft, das Gewicht, ist unverändert geblieben. Ist dies nun Grund genug, an eine Erhaltung des Stoffes in der Weise zu glauben, dass man es vor und nach der Reaktion mit den gleichen Stoffen zu tun hat?» Er verneint die Frage und begründet dies mit folgendem Gedanken: «Stoffe erkennt man an ihren Eigenschaften, und diese verschwinden bei einer chemischen Reaktion, d.h. die Stoffe selbst gehen verloren, und neue treten an ihre Stelle. Das totale Gewicht (genauer: die Masse) der Stoffe, also ‹der Stoff› bleibt jedoch bestehen. Gesetz von der Erhaltung der Masse wäre also die richtige Formulierung ...» Julius fährt fort, indem er auf den von uns erwähnten Versuch hinweist, bei dem Schwefel verschwindet, aus dem Schwefeleisen aber wieder gewonnen werden kann: «Man kann jedoch unmöglich sagen, dass der Schwefel beide Male derselbe Schwefel ist» (Julius 1988, S. 69 f.).

Diese Deutung wirft erhebliche Probleme auf, denn es entstehen Fragen, auf die man keine Antwort erhält. Wohin verschwinden die Elemente? Was wird aus ihnen bei der chemischen Reaktion? Und aus welchem Hintergrund entstehen sie dann wieder neu? Man kommt zwangsläufig in ein Gebiet der Ungewissheit, der Spekulation und der vagen Vermutung. Mit der Auffassung vom Verschwinden der Elemente gelangt man in ein spekulatives Terrain, wo es keine Sicherheit der Aussage gibt und Glaube an die Stelle von Einsicht tritt. Ein solches sacrificium intellectus ist für ein kritisches Bewusstsein unzumutbar.

G. Vollmer möchte das Problem durch einen Verweis auf die Systemtheorie lösen. Wenn aus Wasserstoff und Sauerstoff Wasser mit völlig neuen Eigenschaften entsteht, dann käme man zu einer höheren Ebene. «Ein System kann Eigenschaften aufweisen, die keines seiner Untersysteme – auch nicht in ‹Vorstufen› – aufweist» (Vollmer 1986, S. 83). Damit ist aber überhaupt nichts erklärt. Es wird allenfalls ein Problem der Systemtheorie sichtbar, die nämlich – wenn sie nicht zur Übernahme von ungeklärten Aussagen anleiten will – zu erläutern hätte, woher auf einer höheren Ebene die neuen Eigenschaften stammen.

Kehren wir noch einmal zu der Annahme zurück, die Elemente würden bei einer chemischen Reaktion verschwinden. Sie beruht auf dem Schluss: Wenn eine Erscheinung verschwindet und eine andere auftritt, dann ist das, was sich in der ersten Erscheinung gezeigt hat, nicht mehr vorhanden. Das ist aber kein notwendiger Schluss. Es gibt zahlreiche Beispiele, die diesen Schluss in Frage stellen. So kann man zum Beispiel ein Schwarz erhalten, indem man Preußischblau und Zinnoberrot eventuell mit etwas Gelb übereinander malt. In dem Schwarz ist nichts mehr von dem Zinnoberrot zu sehen, dieses ist aber eine Komponente beim Entstehen des Schwarz. Es gibt offensichtlich ein Zusammenwirken, bei dem neue Eigenschaften in Erscheinung treten. Das haben wir nun genauer zu untersuchen.

Die Dynamik bei einem chemischen Prozess, z.B. das Erglühen bei der Reaktion des Schwefels mit dem Eisen, deutet darauf hin, dass die Stoffe in eine innige Wechselwirkung kommen. Und wenn dabei das Gewicht erhalten bleibt, ist das ein wichtiges Indiz; denn das Gewicht der Elemente ist eine Eigenschaft im Zusammenwirken der Kräfte, die keine größere Realität als die anderen Eigenschaften hat. Die verschiedenen Eigenschaften bzw. das ihnen zugrunde liegende Zusammenwirken der Kräfte bilden, wie wir gesehen haben, ein Ganzes. So ist die Tatsache, dass das Gewicht erhalten bleibt, ein Hinweis darauf, dass auch die Elemente bestehen bleiben. Nur muss man klären, in welcher Weise sie bestehen bleiben, wenn sie aufgrund ihrer Affinität in eine intensive Wechselwirkung treten.

Nehmen wir an, man hat zwei verschiedene Komponenten A und B mit unterschiedlichen Eigenschaften. Bei einer Wechselwirkung wirkt die Komponente A mit ihren Eigenschaften und Kräften hinein in die der Komponente B. Zugleich aber wirkt B mit ihren Eigenschaften und Kräften in die von A. Es kommt zu einem Ineinandergreifen, bei dem A durch B und B durch A modifiziert wird. Man kann gar nicht erwarten, dass die Eigenschaften, wenn die Wechselwirkung stattgefunden hat, noch so vorhanden sind wie vorher. Sie sind nicht verschwunden, sondern bilden nun eine Komponente im Zusammenwirken mit einer (oder mehreren) anderen. Man muss sie als Faktor in diesem Zusammenwirken erfassen und nicht mehr bloß für sich. Wenn zwei Elemente zu einem solchen Wechselwirken kommen, dann vereinigen sie sich. Das Schema einer solchen Vereinigung wäre so darzustellen, dass zum Ausdruck kommt, wie A in B und B in A eingreift.

A + B → A x B

A + B entspricht der Mischung von zwei Elementen, A x B ihrer chemischen Verbindung.

Will man in diesem Sinne eine chemische Verbindung begreifen, dann muss man berücksichtigen, dass jeder chemische Prozess zugleich auch ein Geschehen im Bereich der Wärme ist. Entweder strahlt Wärme wie beim Glühen des entstehenden Schwefeleisens aus, oder es wird in der Umgebung kälter, weil in die Verbindung Wärme aufgenommen wird. Bei der exothermen Reaktion steht die Verbindung im Hinblick auf die immanente Wärme auf einem niedrigeren Niveau als die Ausgangselemente, bei der endothermen auf einem höheren. Das ist einem anderen Geschehen ähnlich. Wenn ein Stoff durch Wärme vom festen in den flüssigen oder vom flüssigen in den gasförmigen Aggregatzustand übergeht, dann wirkt die Wärme nicht nur ausdehnend. Ihre auflösende Kraft entfaltet eine machtvollere Wirksamkeit, indem sie durch die Umwandlung in den beweglicheren, aufgelösteren Aggregatzustand tätig wird. Auch hier kommt der Stoff wie bei einer endothermen Reaktion auf ein höheres Niveau von Wärmewirksamkeit. Umgekehrt gelangt der Stoff bei der Umwandlung vom gasförmigen zum flüssigen und vom flüssigen zum festen Aggregatzustand durch das Freiwerden von Wärme beim Phasenübergang – analog der exothermen Reaktion – auf ein niedrigeres Niveau der immanenten Wärme. Dabei nimmt im Gefüge der inneren Kräfte die verdichtende Wirksamkeit zu. Das ist auch bei den chemischen Reaktionen der Fall. Bei endothermen Reaktionen wird die auflösende Wirksamkeit der Wärme beim Entstehen der neuen Substanz stärker, bei den exothermen Reaktionen werden es die Kräfte, die in stärkere Verdichtung und Erstarrung überführen.

Wir wollen nach diesen mehr allgemeinen Betrachtungen nun im Konkreten klären, was eine chemische Verbindung ist. Als Beispiel wählen wir die bei weitem häufigste Substanz unserer festen Erde, den Quarz, und zwar in seiner kristallisierten Form als Bergkristall. Seine Form ist ein sechsseitiges Prisma mit zum Teil komplizierten pyramidenartigen Spitzen an beiden Enden, von denen meistens nur eine an dem freien Ende des Kristalls ausgebildet ist. Der Mineraloge zählt den Bergkristall zum trigonalen Kristallsystem. Der Quarz eines solchen Bergkristalls ist sehr hart (Härte 7 in der Mohsschen Skala), er ist als ganzer intensiv erstarrt.

Das zeigt sich an seiner großen Sprödigkeit. Die hohe Intensität der Formkräfte äußert sich auch in der außerordentlich geringen Wärmeausdehnung; sie beträgt nach Greenwood/Earnshaw nur etwa ein Vierhundertstel von der des gewöhnlichen Glases (Greenwood, Earnshaw 1990, S. 439). Sie äußert sich auch in dem hohen Schmelzpunkt von 1550 °C. Bei dieser Temperatur hat sich der gewöhnliche α-Quarz allerdings in den hexagonalen β-Quarz umgewandelt. Im Gegensatz zu den in der Härte wirkenden Formkräften haben die verdichtenden Kräfte keine große Wirksamkeit: Die Dichte beträgt nur 2,648 g/cm^3. Was den Bergkristall in besonderer Weise auszeichnet, ist seine hohe Lichtdurchlässigkeit. Durch die Klarheit seiner Substanz ist er ganz in das Licht aufgenommen.

Durch die chemische Analyse (siehe das Kapitel «Silizium») erhält man bekanntlich zwei Elemente, die in ihrer Erscheinung kaum gegensätzlicher sein könnten: das einem Metall ähnliche Silizium und das Sauerstoffgas. Die Gewichtsanteile beider Elemente stehen zueinander im Verhältnis 7 : 8 (Silizium zu Sauerstoff). Welches sind nun die Eigenschaften bzw. wie ist das Zusammenwirken der verschiedenen Kräfte bei Silizium und Sauerstoff? Silizium hat einen grauen metallischen Glanz; es reflektiert das Licht, aber nicht vollständig – sonst wäre es silberglänzend. Durch seine ganz spezifische Beziehung zum Licht wandelt es dieses in Elektrizität um (Solarzellen) und kann durch besondere Bearbeitung selbst zur Lichtemission angeregt werden. Im Gegensatz zu den echten, meist plastischen oder duktilen Metallen ist es als Halbmetall sehr spröde und hart (Härte 7 in der Mohsschen Skala). Eine starke Formkraft wirkt der ausdehnenden Wärme intensiv entgegen. So gehört das Silizium zu den Elementen mit geringer Wärmeausdehnung. Silizium ist auffallend leicht. Die Dichte von nur 2,336 g/cm^3 weist auf eine schwache Wirkung der verdichtenden Kräfte hin. Allem Anschein nach ist Silizium so wenig verdichtet, dass es durch starken Druck in dichtere Modifikationen umgewandelt werden kann (siehe Hollemann/Wiberg 1995, S. 879). Der intensiven Erstarrung entspricht offensichtlich die Form: Silizium kristallisiert in Oktaedern, d.h. im kubischen System, in dem die Materie durch die gleichförmige Ausbildung der drei Kristallachsen nach den drei Richtungen des Raumes am meisten in sich zentriert ist. «Die Struktur ist die gleiche wie die des kubischen Diamanten» (Hollemann/Wiberg, S. 878).

Der Sauerstoff ist als Gas eine Substanz mit der Tendenz, sich nach allen Richtungen auszudehnen, d.h. sich zu verflüchtigen. Damit ist er von den formauflösenden Kräften der Wärme völlig durchwirkt und geht erst bei der kaum vorstellbaren Eiseskälte von –183 °C in den flüssigen Zustand über. Er grenzt sich als Gas überhaupt nicht von der Umgebung ab. Diese Offenheit äußert sich in seiner Lichtdurchlässigkeit. Sauerstoff ist allerdings etwas

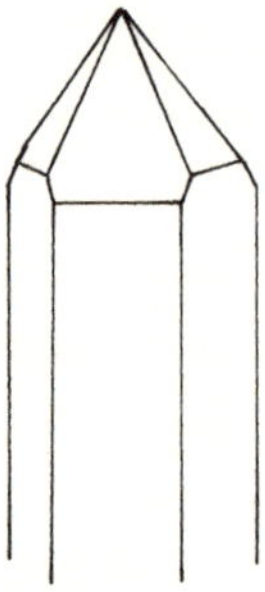

Bergkristall (leicht schematisiert)

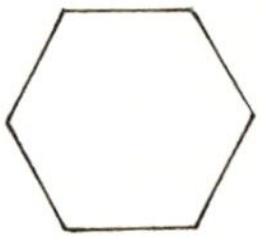

horizontaler Querschnitt durch den Bergkristall

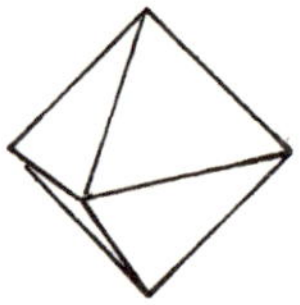

Siliziumoktaeder

horizontaler Querschnitt durch den Siliziumoktaeder

dichter als Stickstoff. Dementsprechend geht er auch stärker in dichtere Zustände über, löst sich z.B. besser in Wasser als Stickstoff. Seine wohl wichtigste Eigenschaft liegt im Bereich des Chemischen. Er hat eine Affinität zu nahezu allen anderen Elementen und die Tendenz, durch die Verbindung mit diesen in den dichteren flüssigen und festen Zustand überzugehen. Denn die Oxidationsprozesse verlaufen in der Regel exotherm und führen, wie das beschrieben wurde, zu einer stärkeren Wirksamkeit der verdichtenden Kräfte.

Diese beiden Elemente sind also im Bergkristall miteinander vereinigt. Wie kommen ihre Kräfte hier zur Geltung? Wie treten sie miteinander in Wechselwirkung? In der spröden und harten Substanz des Quarzes manifestiert sich das Silizium; die Härte des Quarzes ist die des Siliziums. Der Quarz ist aber nicht metallisch reflektierend wie das Silizium. Seine Lichtdurchlässigkeit ist eine Wirkung des Sauerstoffs. Der Sauerstoff durchlichtet mit seinen Kräften das Silizium; er entfaltet seine Wirksamkeit, indem er in der Wechselwirkung mit dem Silizium seine Lichtdurchlässigkeit im Silizium zur Geltung bringt. Zugleich verliert der Sauerstoff die Beweglichkeit des Gaszustandes, indem er sich mit der starken Formtendenz des Siliziums verbindet. Die Wechselwirkung der beiden Elemente äußert sich auch in der Form des Bergkristalls. Dadurch, dass die ausweitende, verströmende

Gasnatur des Sauerstoffes hineinwirkt in das Silizium, wird dessen so stark im Raum zentrierte Kristallstruktur modifiziert. Es entsteht eine Form, in der an die Stelle der kubischen Kristallstruktur des Oktaeders eine andere tritt, die eine starke Beziehung zur Umgebung hat. Das findet man in der Kristallform des Bergkristalls. Mit seiner säulenartigen Gestalt, in der eine der Kristallachsen stark betont ist, löst er sich gleichsam aus der Zentriertheit des kubischen Systems. Und durch die sechs Flächen des Prismas, ebenso durch die komplizierten Pyramiden an dessen Enden, ist die Beziehung zum umgebenden Raum vielseitiger als im Oktaeder des Siliziums. Der Bergkristall ist durch den Sauerstoff gleichsam offener. Und indem der Sauerstoff seine Kräfte im Silizium zur Geltung bringt, entsteht im Übergang von der kubischen Struktur des Siliziums zur trigonal-trapezoedrischen Form des Bergkristalls eine Annäherung an die vollkommene Einordnung in die Umgebung einer runden Säule.

Nun ist der Bergkristall trotz seines Sauerstoffs dichter als das Silizium; er hat auch einen höheren Schmelzpunkt. Beides weist darauf hin, dass die innere Erstarrung und die Verdichtung im Bergkristall intensiver sind als im Silizium. Dieses Rätsel löst sich, wenn man die Entstehung von Quarz aus Silizium ins Auge fasst. Der Verbrennungsprozess verläuft, wenn er bei starker Erhitzung des Siliziums in Gang kommt, exotherm. Wenn 60 g (1 Mol) Quarz entstehen, wird die enorme Wärmemenge von 215 kcal (900 kJ) abgestrahlt. Damit nimmt aber die Wirksamkeit der verdichtenden Kräfte und die des Erstarrens intensiv zu.

So wird der Bergkristall in seiner Form und seiner Substanz aus dem Zusammenwirken seiner Elemente verständlich. Aus dem Vorangehenden wird ersichtlich, dass man den Bergkristall in zweifacher Weise betrachten kann. Einmal so, wie wir ihn zunächst durch seine Substanzeigenschaften beschrieben haben; dann aber so, dass man in ihm das Zusammenwirken von Silizium und Sauerstoff sieht. Das ist kein gewöhnliches Betrachten mehr, denn man vollzieht im Anschauen das Entstehen des Bergkristalls nach. Es handelt sich um ein von denkender Tätigkeit durchdrungenes Anschauen. Diese Art des Betrachtens, die von der äußeren Beschreibung der Stoffe zu dem Zusammenwirken der Elemente fortschreitet, das die Stoffe konstituiert und ein Verstehen erschließt, ist eine Aufgabe der phänomenologischen Chemie.

Diesen Weg mit seinen methodischen Schritten wollen wir noch einmal kurz charakterisieren. Am Anfang steht ein bestimmter Stoff, den man genau im Hinblick auf seine substanziellen Eigenschaften und das Zusammenwirken der ihn konstituierenden Kräfte erfasst. Er ist so, wie er vor uns liegt, ein Rätsel. Dann beginnt die Tätigkeit des Chemikers, der durch Analyse feststellt, welche Elemente in ihm vereinigt sind. Diese Elemente hat man genauso sorgfältig kennen zu lernen wie zuvor den Stoff. Wenn man sich eine klare Anschauung von ihnen erarbeitet hat, dann kann man zur Synthese weiterschreiten. In der Chemie versteht man unter Synthese jenes Verfahren, durch das die Elemente wieder zu dem Ausgangsstoff vereinigt werden. Wir meinen mit Synthese nicht nur eine chemische Operation, sondern vor allem eine geistige, nämlich das ideelle Rekonstruieren des Ausgangsstoffes aus den Anschauungen, die man sich von den Elementen erarbeitet hat. Dieses Rekonstruieren ist ein aktives geistiges Nachvollziehen jenes Geschehens, durch das ein Stoff aus seinen Elementen entsteht. Dadurch lernt man gleichsam von innen kennen, was sich bei einer Synthese als chemischer Prozess abspielt. Man kommt zur Einsicht in die innere Konstitution des Stoffes, d.h. zu intuitiver Erkenntnis im Bereich der Chemie.[5]

Wir können nun beantworten, was eine chemische Verbindung ist. Die Elemente, die einen bestimmten Stoff konstituieren, kommen mit den in ihnen tätigen Kräften zu einer intensiven Wechselwirkung. Sie bleiben nicht, wie sie waren, bevor sie sich vereinigt haben. Denn sie durchdringen sich wechselseitig. Hierauf hat R. Steiner am Beispiel des Wassers hingewiesen, das aus Wasserstoff und Sauerstoff entsteht wie der Quarz aus Silizium und Sauerstoff: «Wasserstoff und Sauerstoff – ... die beiden muss man sich irgendwie ineinander denken ...» (Steiner, GA 326, S. 110).

Dieses wechselseitige Sich-Durchdringen der Elemente beim Entstehen einer chemischen Verbindung ist *das fundamentale Urphänomen der Chemie*. Der Ausdruck Verbindung für diesen Sachverhalt ist eigentlich unzutreffend; denn das, was verbunden ist, steht nur in einer äußeren Beziehung zueinander. Um die Tatsache des Sich-Durchdringens zum Ausdruck zu bringen, müsste man von Vereinigung sprechen.

Was geschieht im chemischen Prozess?

Wir haben am Beispiel des Quarzes bzw. des Bergkristalls dargelegt, dass sich in einer chemischen Verbindung die Elemente vereinigen und sich gegenseitig durchdringen. Dieser Sachverhalt wirft nun zwei Fragen auf: Wie hat man sich konkret vorzustellen, dass zwei verschiedene Elemente sich durchdringen? Und: Welche Kräfte sind es, die das Sich-Vereinigen von Elementen zu Verbindungen bewirken? Die zweite Frage ist die nach dem Wesen der Affinitäten, d.h. aber nach jener Kräftekonfiguration, die dem Netz der chemischen Beziehungen zugrunde liegt.

Für den, der sich die Elemente in irgendeiner Form aus winzigen, diskreten Korpuskeln denkt, ist das gegenseitige Sich-Durchdringen der Elemente eine absurde Vorstellung und die damit verbundenen Fragen ein überflüssiges Thema. Die Auffassung, man habe es mit kleinsten Korpuskeln zu tun, die im Gefolge von J. Dalton das Denken vieler Chemiker im 19. Jahrhundert beherrschte und noch bis in die Gegenwart ihre Schatten wirft, hat sich im 20. Jahrhundert als unzureichende Vorstellung erwiesen. Denn das Atom, das man für den kleinsten Baustein der Materie hält, tritt nur unter bestimmten Bedingungen korpuskulär, unter anderen als im Raum rhythmisch pulsierende Energie («Welle») auf. Nach D. Bohm lässt sich das Atom «am ehesten als eine verschwommene Wolke betrachten, deren jeweilige Gestalt vom ganzen Umfeld ... abhängt» (Bohm 1985, S. 29). Dennoch hält sich die Fiktion einer korpulären Welt der Elemente in den Darstellungen der Chemie bis heute. Wir wollen uns bei der Konzeption einer phänomenologischen Chemie keineswegs auf die Sichtweise der Quantenphysik abstützen – das ist vom Ansatz her unmöglich –, sondern nur darauf hinweisen, dass der erwähnte Einwand gegen unsere Auffassung vom Wesen einer chemischen Verbindung auf einem unzutreffenden Bild der Materie beruht.

Wir müssen nun klären, welches die Bedingungen für das Sich-Vereinigen von Elementen und das chemische Reagieren komplizierterer Stoffe sind, und wenden uns mit dieser Frage zunächst den Aggregatzuständen zu. Im festen Aggregatzustand sind die Stoffe (und Elemente) erstarrt, besonders wenn sie hart und spröde sind. Dadurch befinden sie sich in einem völlig ruhigen Zustand und sind scharf voneinander getrennt. Deshalb kommt es in der Regel zu keiner chemischen Reaktion. Anders ist es, wenn sich ein Stoff in Wasser löst. Indem er in das bewegliche Medium des Wassers übergeht, hört die Wirkung jener Kräfte auf, durch die er vorher erstarrt, d.h. in sich zentriert war (a). Hofmann und Rüdorff weisen darauf hin, dass es sich beim Lösungsvorgang nicht nur um ein Aufgehen im Medium des Wassers handelt: «Es gilt heute als gesichert, dass die gelösten Teilchen mit dem Lösungsmittel zu *Solvaten* verbunden sind, und man führt die Fähigkeit einer Flüssigkeit, als Lösungsmittel zu dienen, auf das Vorhandensein chemischer Kräfte zurück, die das Lösungsmittel an den gelösten Stoff binden» (Hofmann/Rüdorff 1965, S. 64). Beim Lösen vereinigt sich der Stoff mit dem Wasser, d.h. mit einer Substanz, in der es nichts Abgegrenztes gibt. Wasser ist ein in sich bewegliches Ganzes, und der gelöste Stoff wird Teil dieses Ganzen. Was für das Wasser gilt, gilt auch für andere Flüssigkeiten. Hier ist die Substanz nicht wie im Festen in sich zentriert, sondern steht überall zum Ganzen der Flüssigkeit in Beziehung; sie ist an jedem Ort gleichsam zum Ganzen hin aufgeschlossen (b).

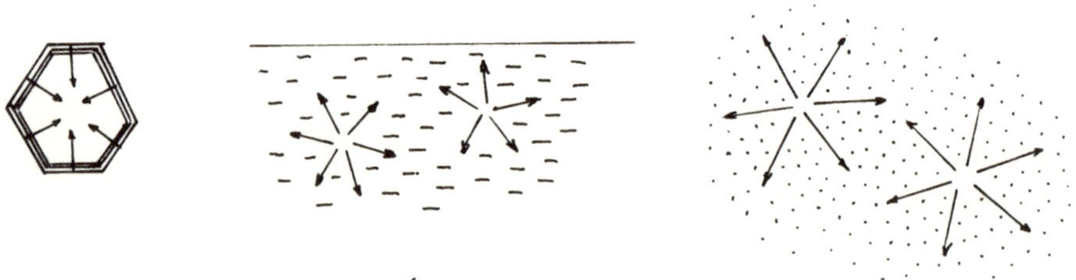

a b c

Wieder andere Verhältnisse herrschen in Gasen bzw. im gasförmigen Aggregatzustand. Denn ein Gas grenzt sich nicht wie eine Flüssigkeit ab. In einer Flüssigkeit wirkt durch die Oberflächenbildung eine Tendenz zur Form, die allerdings ganz unbestimmt ist. Das fehlt im Gas völlig. Hier herrscht mit der Ausdehnungstendenz ein Hingerichtetsein und Hinausstreben zum ganzen Umkreis (c). In diesem aufgelöstesten Zustand des Stofflichen mit seiner weit über das Flüssige hinausgehenden Offenheit findet man den absoluten Gegensatz zum Abgegrenztsein des Festen: das vollständige Sich-Durchdringen der Gase zu einer einheitlich erscheinenden Substanz wie in der Luft. Für eine phänomenologische Betrachtung gibt es im Gas ebenso wenig wie im Flüssigen Korpuskuläres; man kann es nur hineininterpretieren.

Diese in aller Kürze skizzierten Tatsachen[6] zeigen, dass die Bedingungen für chemisches Reagieren der Stoffe im Flüssigen und im Gasförmigen vorhanden sind. Bevor sich zwei Stoffe wechselseitig durchdringen, müssen sie sich mischen. Wenn sich zwei flüssige bzw. gelöste und gasförmige Substanzen miteinander mischen, sind sie nicht mehr voneinander zu unterscheiden. Dadurch, dass jede der beiden zu ihrer Umgebung ganz offen ist, sind sie auch füreinander offen und bilden eine Einheit aus zwei Komponenten. Gießt man zu einer Flüssigkeit oder Lösung eine andere, dann geht sie in jener gleichsam auf.

Nun muss man bedenken, dass das Sich-Vereinigen von Stoffen im chemischen Prozess eine spezielle Art von Gestaltung ist. Damit wird aber deutlich, dass die günstigsten Bedingungen für eine chemische Reaktion im Flüssigen herrschen. Denn im Gasförmigen wirken die zum Umkreis gerichteten Kräfte, die mit ihrer auflösenden Tendenz dem Sich-Vereinigen der Stoffe entgegenstreben. Aus diesem Grunde betrachten wir zunächst die chemische Reaktion im Flüssigen.

Denken wir uns zwei Stoffe A und B. Jeder der beiden ist eine Flüssigkeit oder befindet sich in wässriger Lösung. Diese Stoffe sind ihrer inneren Natur nach, wie das dargestellt wurde, nicht materielle Gebilde, denen eine Anzahl von Eigenschaften anhaftet, sondern ein differenziertes «Gefüge» zusammenwirkender Kräfte. Im festen Zustand ist dieses Gefüge in sich verdichtet, im flüssigen ist es zu seiner Umgebung hin offen. So besteht die Möglichkeit, dass dann, wenn zwei solcher Substanzen sich mischen, das innere Gefüge von A mit dem von B in Beziehung tritt. Soll es zu einer Wechselwirkung und zu einem gegenseitigen Sich-Durchdringen, d.h. zu einer chemischen Reaktion, kommen, müssen aber zusätzlich Kräfte tätig werden. Wir haben am Beginn des letzten Abschnitts in einer Substanz drei Dimensionen unterschieden. Es handelt sich um die Kräfte der dritten Dimension, die im chemischen Prozess als die Affinitäten tätig werden und das Sich-Vereinigen der Stoffe bewirken.

Welcher Art sind nun diese Kräfte? Es sind Kräfte, die nicht nur den einzelnen Stoffen (Elementen) angehören wie die in den substanziellen Eigenschaften sich manifestierenden Kräfte; denn sie stehen von vornherein zu der dritten Dimension der anderen Stoffe in Beziehung – darauf beruht ja das Wesen der chemischen Affinität. Wenn nun zwischen A und B eine Affinität besteht, so ergreift diese das Gefüge der Kräfte von A und B und bewirkt, dass sich beide gegenseitig durchdringen. In der Mischung können A und B noch voneinander unabhängig sein, z.B. wenn durch eine zu geringe Temperatur die Affinität noch nicht wirksam wird. Sobald die chemischen Kräfte

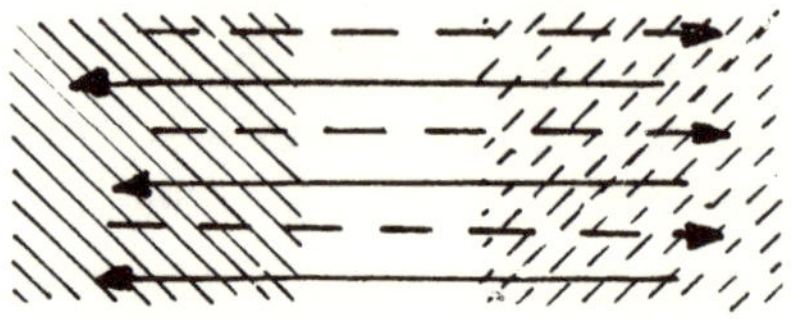

tätig werden, saugen sie das Kräftegefüge von A in das von B bzw. das von B in das von A hinein. Die chemischen Kräfte sind also nicht nur anziehende Kräfte wie die elektrischen und magnetischen, sondern saugende.

Damit sind sie aber dem Bereich der ätherischen Kräfte zuzuordnen, wie das von R. Steiner verschiedentlich dargestellt wurde. Deshalb bezeichnet R. Steiner die chemisch tätigen Kräfte als chemischen Äther,[7] aber auch als chemische Effekte. Diese chemischen Effekte beleben das Flüssige (Steiner, GA 321, S. 202), das heißt, sie dynamisieren das innere Gefüge der Kräfte in A und B. Und dann «packt gewissermaßen das Wesen der chemischen Effekte die Materie an, bringt sie so durcheinander, dass die Materien selbst in Wechselwirkung treten» (Steiner, a.a.O., S. 203).

Was beim Übergang von einer Mischung der Stoffe zur Verbindung durch den chemischen Äther bewirkt wird, ist also das wechselseitige Sich-Durchdringen der Elemente. Das kann auch zwischen Gasen wie beim Entstehen von Wasser aus Wasserstoff und Sauerstoff oder von Ammoniak aus Wasserstoff und Stickstoff geschehen. Mit dem Blick auf die Gase hat F. H. Julius darauf hingewiesen, dass die Elemente sich im chemischen Prozess durchdringen. Im gasförmigen Zustand vereinigen sich die Elemente bekanntlich immer in einem ganzzahligen Verhältnis ihrer Volumina (Gasvolumengesetz). Beim Entstehen von Ammoniak entstehen aus vier Volumina Gas (drei Volumina Wasserstoff und ein Volumen Stickstoff) nur zwei Volumina (Ammoniak). Deutet man diese Volumenverringerung nicht im Sinne von J. Dalton atomistisch, dann muss man sich sagen: «Wenn sie [zwei Stoffe] sich verbinden, treten beide in den gleichen Raum ein» (Julius 1988, S. 54). So gilt für das «chemische Gebiet … das Eindringen der Stoffe in ihr gegenseitiges Sein und Wesen …» (Julius, a.a.O., S. 59). – Man kennt auch zahlreiche Reaktionen zwischen Gasen und Flüssigkeiten, bei denen sich die Gase meistens zunächst im Flüssigen lösen, ebenfalls solche zwischen flüssigen und festen Stoffen, selbst zwischen Gasen und festen Stoffen.

Das Ergebnis einer chemischen Reaktion im wechselseitigen Sich-Durchdringen der Elemente ist eine Art von Harmonie. Denn bei einer Harmonie entsteht – wie in der Musik aus dem Zusammenklingen von zwei Tönen – ein Neues, in dem die beiden Faktoren nicht mehr voneinander getrennt sind. Eine Harmonie beruht immer darauf, dass keiner der Faktoren den anderen zurückdrängt, sondern ein ausgewogenes Verhältnis im Zusammenwirken beider eintritt. In der Musik sind das die Intervalle und ihre physische Manifestation in den harmonikalen Proportionen der Saitenlängen bzw. Schwingungszahlen. In der Chemie manifestiert sich die Harmonie ebenfalls recht eindrucksvoll; denn die Elemente vereinigen sich im gasförmigen Zustand, wie das gerade erwähnt wurde, in ganzzahligen Volumenverhältnissen oder ganz generell in bestimmten Gewichtsverhältnissen (Gesetz der konstanten Proportionen).

Über Wertigkeit

Wir müssen dieses recht allgemeine Bild vom Entstehen einer chemischen Verbindung nach verschiedenen Richtungen konkretisieren; denn bei einer chemischen Reaktion kommen noch andere als die bisher beschriebenen Faktoren in Betracht. So gibt es Elemente, die mit anderen Elementen jeweils nur eine Verbindung eingehen, und solche, die mehrere Verbindungen bilden. Bei der Verbrennung von Magnesium entsteht bekanntlich nur eine Verbindung des Magnesiums mit Sauerstoff, das weiße Magnesiumoxid. Anders ist es beim Schwefel. Hier bildet sich zunächst das gasförmige Schwefeldioxid, das unter bestimmten Bedingungen mit Sauerstoff zum flüssigen bzw. festen Schwefeltrioxid weiter oxidiert. Dabei verbindet sich der Sauerstoff in ganz bestimmten Gewichtsverhältnissen mit dem Schwefel:

Schwefel	+	Sauerstoff	→	Schwefeldioxid
32 g	+	2 x 16 g		64 g
Schwefeldioxid	+	Sauerstoff	→	Schwefeltrioxid
64 g	+	16 g		80 g

Das Quantum Sauerstoff, das sich im Schwefeldioxid mit dem Schwefel vereinigt, steht zu dem im Schwefeltrioxid im Verhältnis 2 : 3, d.h. in einem ganzzahligen Verhältnis. Letzteres gilt ganz allgemein für jene Elemente, die mit einem anderen mehrere Verbindungen eingehen. Dieses Gesetz der multiplen Proportionen zeigt deutlich, dass es bei den chemischen Prozessen nur auf die Verhältnisse ankommt und hier harmonikale, dem Musikalischen entsprechende Gesetzmäßigkeiten herrschen.

Der Chemiker sagt, das Magnesium habe nur eine Wertigkeit, der Schwefel dagegen zwei, und zwar eine niedrigere im Schwefeldioxid und eine höhere im Schwefeltrioxid. Der Begriff der Wertigkeit ist zunächst ziemlich abstrakt.[8] Man unterscheidet bei den Elementen eine Wertigkeit gegen Sauerstoff und eine gegen Wasserstoff. Es geht also um Grade der Verbindung mit diesen so gegensätzlichen Elementen. Im Weiteren berücksichtigen wir nur die Wertigkeit gegen Sauerstoff. Was bedeutet es, dass ein bestimmtes Element nur ein-, zwei- oder höherwertig ist und dass ein anderes Element sich durch verschiedene Wertigkeiten unterschiedlich stark mit Sauerstoff verbindet?

Betrachten wir zunächst Elemente, die mit einem bestimmten anderen nur eine Verbindung eingehen. Zu den einwertigen unter diesen Elementen gehören vor allem die Alkalimetalle, z.B. Natrium und Kalium. Das sind nun höchst ungewöhnliche Metalle. Sie sind nämlich so weich, dass man sie mit einem Messer leicht schneiden kann. Ihre Substanz ist wie eine zäh gewordene Flüssigkeit, die man eigentlich weder dem festen noch dem flüssigen Zustand eindeutig zuordnen kann; bei ihnen ist der plastische Charakter der Metalle am stärksten ausgeprägt. Das weist darauf hin, dass in ihnen die Kräfte des Erstarrens eine nur schwache Wirksamkeit haben. Dem entspricht auch die geringe Verdichtung: das spezifische Gewicht von Natrium d = 0,97 g/cm^3, von Kalium d = 0,82 g/cm^3. Es sind in jeder Hinsicht Elemente mit äußerst schwacher Beziehung zum festen Aggregatzustand, die schon bei geringer Erwärmung ganz flüssig werden: Natrium bei 97,8 °C, Kalium bei 63,6 °C. Dieser so bewegliche Charakter der Alkalimetalle zeigt sich besonders auch in ihrer großen Affinität zum Wasser, d.h. in dem Bestreben, sich bei der leisesten Berührung mit dem Wasser zu verbinden und ganz in den flüssig-aufgelösten Zustand überzugehen (siehe das Kapitel über Natrium).

Durch Oxidation, die Verbindung mit Sauerstoff, wird in der Regel latente, in den Stoffen verborgen wirkende Wärme frei und strahlt hinaus in die Umgebung. Damit wird aber die Wirkung der verfestigenden und verdichtenden Kräfte stärker. Bei Natrium und Kalium erreicht die Oxidation nur die allererste Stufe; es kommt nur zu einer verhältnismäßig schwachen Verringerung der latenten Wärme und damit nur zu einer geringen Zunahme der Verdichtung und Verfestigung. Hierin äußert sich offensichtlich die geringe Beziehung der Alkalimetalle zum festen Aggregatzustand. Die Einwertigkeit ist also tief im Charakter dieser Elemente begründet; denn einwertig gegenüber Sauerstoff bedeutet, dass in dem betreffenden Element trotz rascher Reaktion nur eine schwache Tendenz zum Übergehen in den mineralisch-erstarrten Zustand vorhanden ist.

Bei den Erdalkalimetallen wie dem Magnesium und dem Calcium findet man etwas andere Verhältnisse als bei den Alkalimetallen. Sie sind nicht so weich; Magnesium ist von mittlerer Härte, Calcium etwa so weich wie Blei. Die stärkere Erstarrung äußert sich in einer Reihe weiterer Eigenschaften. So werden Magnesium und Calcium erst bei wesentlich höheren Temperaturen flüssig und gasförmig als Natrium und Kalium: Magnesium bei 650 °C (Schmelzpunkt) bzw. 1105 °C (Siedepunkt) und Calcium bei 839 °C bzw. 1482 °C. Sie sind auch stärker verdichtet (Magnesium d = 1,74 g/cm^3, Calcium d = 1,54 g/cm^3). Diese Tatsachen zeigen, dass in den Erdalkalimetallen die verfestigenden und verdichtenden Kräfte intensiver als in den Alkalimetallen wirken; es herrscht eine größere Tendenz zum Erstarren. Und das manifestiert sich auch in ihrer Zweiwertigkeit gegenüber dem Sauerstoff. Bei der Vereinigung mit Sauerstoff erreicht der Prozess nicht nur die erste Stufe wie bei den Alkalimetallen, sondern sofort die zweite Stufe, also eine vergleichsweise doppelte Intensität und damit eine stärkere Verringerung der latenten Wärme. Und somit ist der Prozess des Erstarrens wesentlich intensiver. Das zeigt der Vergleich von folgenden Zahlen:

Alkalimetalle	Erdalkalimetalle	
Natrium	*Magnesium*	*Calcium*
Na Smp. = 97,8 °C d = 0,97 g/cm^3	Mg Smp. = 650 °C d = 1,74 g/cm^3	Ca Smp. = 839 °C d = 1,54 g/cm^3
-99,82 kcal ↓	-143,8 kcal ↓	-151,8 kcal ↓
Na_2O Smp. = 1132 °C d = 2,27 g/cm^3	MgO Smp. = 2832 °C d = 3,65 g/cm^3	CaO Smp. = 2587 °C d = 3,49 g/cm^3

(Die charakteristische Verbindung ist bei Natrium nicht das Oxid, sondern das Hydroxid NaOH.)

Diese Tatsachen haben im Hinblick auf den Ort der Elemente im Ganzen der Natur eine wichtige Konsequenz. Natrium und Kalium befinden sich in der Natur vorwiegend gelöst in den Salzen des Meereswassers oder in Salzlagern, die in vergangenen Epochen der Erde durch Austrocknen von Meeresbecken entstanden sind. Hier haben die Salze des Magnesiums und des Calciums eine nur geringe Bedeutung. Sie bilden dagegen als Kalk und Dolomit in Form von hart erstarrtem Sedimentgestein mächtige Gebirgsformationen.

Im Aluminium, einem so genannten Erdmetall, treten jene Eigenschaften, die die Erdalkalimetalle gegenüber den Alkalimetallen charakterisieren, noch stärker hervor. So ist Aluminium dichter (d = 2,699 g/cm^3). Sein Schmelzpunkt ist wohl ähnlich dem des Magnesiums, flüssiges Aluminium muss aber viel intensiver von Wärme durchglüht werden, bis es bei 2330 °C verdampft. Im flüssigen Aluminium wirken verdichtende Kräfte der völligen Auflösung in den Gaszustand wesentlich stärker entgegen als beim Magnesium und beim Calcium. Dem entspricht die Dreiwertigkeit, d.h. das momentane Übergehen in die dritte Stufe der Oxidation mit einer mächtigen Wärmeabstahlung. Damit erreichen die Kräfte des Verdichtens, insbesondere aber die des Erstarrens, eine enorme Wirksamkeit, durch die das Aluminium ein so bedeutender Bestandteil der mineralischen Erdkruste sein kann (siehe das Kapitel über Aluminium).

2 Al — Smp. = 660,4 °C; d = 2,699 g/cm^3

$$\downarrow \; -395 \text{ kcal}$$

Al_2O_3 — Smp. = 2323 °C; d = 3,4 – 3,9 g/cm^3

(Korund: Härte = 9)

Diese Beispiele weisen auf einen wichtigen Sachverhalt hin: dass die Wertigkeit gegen Sauerstoff, der Oxidationsgrad eines Elements, tief in dessen Charakter begründet ist. Sie bedeutet eine schwächere oder stärkere Tendenz des Verdichtens und Erstarrens. Dadurch gehören diese Elemente ganz bestimmten Bereichen der Natur an.

Wie ist das aber bei den weit zahlreicheren Elementen, die nicht nur eine Wertigkeit haben? Da können die Kräfte des Verdichtens und Erstarrens bei einem schwachen Oxidationsprozess zunächst eine geringe Bedeutung haben, dann aber durch weitere Stufen der Oxidation größere Herrschaft erlangen. So gelangen sie stufenweise in das Gebiet des Mineralisch-Erstarrten. Durch den Prozess eines allmählichen Hinuntersteigens bzw. tieferen Eindringens in dieses Gebiet sind sie ihm nicht so definitiv verhaftet wie die Elemente mit nur einer Wertigkeit. Die chemischen Prozesse haben eine größere Variabilität, durch die die betreffenden Elemente in verschiedenen Bereichen der Natur wirksam werden können. Das kann man z.B. beim Schwefel und beim Stickstoff, aber auch beim Eisen und bei anderen Metallen verfolgen. Als Gas befindet sich der Stickstoff jenseits des Bereiches, in dem eine Tendenz zum Erstarren herrscht. Durch Stufen der Oxidation kommt es noch im Gasförmigen zu verschiedenen Graden der Verdichtung, bis sich die entstehenden Oxide mit Wasser verbinden und schließlich in Salzen, wenn auch nicht intensiv, erstarren. – Bei jedem der mehrwertigen Elemente kann man die spezielle Dynamik und Wirkung der Oxidationsprozesse verfolgen.

Bereiche des Chemischen

Das Wesen des Chemischen liegt, wie das beschrieben wurde, nicht in den Stoffen, sondern in den Prozessen beim Entstehen der Stoffe. Diese Prozesse verlaufen aber recht unterschiedlich. So kann eine Substanz in dem Moment entstehen, wo sich die beiden Reaktionspartner gegenseitig durchmischen. Das weiße Silberchlorid tritt augenblicklich auf, wenn Kochsalz oder Salzsäure in eine Lösung von Silbernitrat gelangen. Das geschieht so rasch, dass man kaum von einem Prozess sprechen kann. In anderen Fällen bedarf es längerer Zeit, bis sich die neue Substanz gebildet hat, z.B. Äther aus Alkohol. Und schließlich gibt es jenen Bereich, in dem die Bildung neuer Substanzen dauernd im Fluss ist. Das ist das Gebiet des Lebens, wo sich die Substanzbildung und -umbildung im Zusammenhang eines Organismus vollzieht. Hier hat das Chemische seine vollkommenste Stufe, bei den momentanen Reaktionen ist es jeweils nur eine kurze Episode.

Was sind die Gründe für so unterschiedliche Arten des chemischen Geschehens? Um sie zu erfassen, knüpfen wir an das im vorangehenden Abschnitt Behandelte an; denn die Verbrennung (Oxidation) ist einer der fundamentalsten chemischen Prozesse. Hier kann man die Affinität der Elemente zum Sauerstoff besonders am Verlauf des Geschehens kennen lernen. Die heftige Reaktion beim Verbrennen von (pulverisiertem) Aluminium zeigt dessen große Affinität zum Sauerstoff und sein intensives «Bestreben», wieder in den mineralisch erstarrten Zustand überzugehen, d.h. in den Bereich, in dem es seine Funktion im Ganzen der Erde hat. Aber auch bei den langsam verlaufenden Oxidationsprozessen kommen in den Substanzen so, wie das beschrieben wurde, die Kräfte des Erstarrens und Verdichtens als Folge des Abstrahlens von latenter Wärme zu intensiver Wirkung. Durch Oxidation entstehen in der Regel[9] Stoffe, die gleichsam irdischer sind. Damit ist aber vielfach etwas anderes verbunden: Die Oxide können sich im Gegensatz zu den Elementen in Wasser lösen und mit Wasser chemisch verbinden. Dabei bilden sich jene Substanzen, die momentan miteinander reagieren. Bei diesen Reaktionen entsteht dann immer jene Substanz, die sich durch Erstarren aus dem Wasser absondert und unter dem Einfluss der Schwere nach unten sinkt.

Damit eine solche momentane Reaktion eintreten kann, müssen besondere Verhältnisse vorliegen. Wären in den Substanzen, die hier miteinander reagieren, die Elemente intensiv vereinigt, dann müsste sich diese Verbindung erst lösen, bevor sich die Elemente mit denen der anderen Substanz zu einem neuen Stoff vereinigen könnten. Das wäre aber ein zeitlicher Ablauf und kein momentanes Geschehen. Das weist darauf hin, dass in den betreffenden Substanzen die Elemente bzw. Komponenten sich schon mehr oder weniger stark voneinander gelöst haben und etwas wie ein inneres Zerfallen stattgefunden hat. Dadurch kann die auflösende Wirkung des Wassers bis in das innere Gefüge der Substanz eingreifen. Es gibt in der Tat deutliche Indizien für einen solchen Auflösungs- bzw. Zerfallsprozess.[10]

Wodurch kommt es aber zu dieser Veränderung? Sie ist offensichtlich eine Folge des Schwindens der imponderablen Kräfte von Wärme und Licht aus der Substanz bei der Oxidation. Dabei kommt die Substanz, wie das beschrieben wurde, in eine stärkere Abhängigkeit von den irdischen Kräften (Verdichten und Erstarren) – und das bestimmt nun sogar die chemische Reaktion, indem sie als Erstarrungs- und Verdichtungsprozess verläuft.

Dieser Vorgang wird heute als Reaktion zwischen positiv und negativ geladenen Ionen beschrieben, die in der Lösung durch den inneren Zerfall (Dissoziation) der Stoffe (Moleküle) vorhanden seien. Diese Hypothese ist für eine phänomenologische Betrachtung problematisch; denn die Lösung ist neutral und zeigt nichts von elektrischen Partikeln.[11]

Dadurch, dass die Substanz sich in ihrem inneren Gefüge mehr oder weniger stark auflöst, wirken in ihr nicht mehr nur die chemischen Affinitäten; sie kommt stärker unter den Einfluss äußerer Kräfte. Dazu gehört die Schwere (Gravitation), die die Lösung als Ganzes durchsetzt. Was von der Schwere ergriffen wird, wird zum Erdmittelpunkt hin konzentriert und verdichtet. Ein analoger Vorgang spielt sich ab, wenn sich beim Kristallisieren gelöste Substanz vom Umkreis wie zu einem Gravitationszentrum hin verdichtet (siehe Steiner, GA 321, S. 106 f.). In dieser Weise greift die Gravitation in die Substanzbildung ein, wenn bei den momentanen Reaktionen ein mineralisch erstarrter Stoff entsteht. Die chemische Reaktion vollzieht sich unter dem Einfluss der Gravitation.

Zunächst also erlangen die Kräfte der Gravitation bei der Oxidation eine stärkere Wirksamkeit in den Stoffen, und dann bestimmen sie sogar den Verlauf der chemischen Reaktion. Dieses ganze Gebiet kann man als mineralische Chemie bezeichnen, weil es sich um jene chemischen Prozesse handelt, die im Entstehen erstarrter Mineralien kulminieren.

Im Gebiet des Lebendigen herrschen andere Verhältnisse. In einer Pflanze oder einem Tier kann man die meisten Stoffe nicht mehr wie in der mineralischen Chemie nur für sich betrachten, denn sie entstehen und vergehen in dem dynamischen Gewebe der Lebensprozesse. Dem widerspricht nicht, wie vielfach behauptet wird, die Tatsache, dass man viele dieser Stoffe im Labor künstlich herstellen kann. Um die betreffenden Substanzen im Labor zu gewinnen, benötigt man vielfach Bedingungen, die im lebendigen Organismus nicht anzutreffen sind, z.B. Temperaturen und Druckverhältnisse, die jeden Organismus sofort ertöten würden. Aber nur unter bestimmten Bedingungen kann ein Stoff Glied in den Lebensprozessen sein. Das zeigt sich schon bei jener Substanz, die als Erste aus anorganischen Komponenten von der Pflanze in den Blättern unter dem Einfluss des Sonnenlichtes gebildet wird und aus der dann durch vielfältige Verwandlungen jene Substanzen entstehen, in denen die Pflanze gestaltend tätig ist. Diese Substanz ist der Traubenzucker bzw. sein Derivat, die Assimilationsstärke. Der Traubenzucker hat eine interessante chemische Konstitution. In ihm sind nämlich Wasser und Kohlenstoff miteinander vereinigt; beide durchdringen sich gegenseitig (siehe das Kapitel «Kohlenstoff – das Element der Bildsamkeit», S. 107 f.).

Damit entsteht bei der Assimilation eine Substanz, die durch ihre Wasserkomponente mit dem Milieu des Flüssig-Beweglichen verwandt ist und durch ihren Reichtum an latenter Wärme und latentem Licht, wenn sie im Wasser gelöst ist, nicht innerlich zerfällt (keine Dissoziation). Das ist von großer Bedeutung. Wenn in den Reaktionen der mineralischen Chemie schließlich unter dem Einfluss der Gravitation die Substanz kristallisiert, sondert sie sich als fester Niederschlag aus dem Wasser ab; mineralische Substanz entsteht immer durch Absonderung aus dem Flüssigen, in dem sie bzw. ihre Reaktionspartner gelöst waren. Nun ist Traubenzucker nicht nur im Wasser gelöst, sondern auch noch mit ihm chemisch vereinigt. Damit ist er eine Substanz, die nicht dem Bereich der für die mineralische Chemie charakteristischen Reaktionen angehört. Traubenzucker kann wohl kristallisieren, wenn man ihn aus der Pflanze isoliert. Er kann aber nicht mit einer anderen Substanz reagieren wie etwa das Silbernitrat mit Kochsalz – eben weil er innerlich nicht zerfällt und durch seine Wasserkomponente, d.h. durch seine tiefe Verwandtschaft mit dem Wasser, der verdichtenden Wirkung der Gravitation entzogen ist. Er gehört ganz dem dynamischen Milieu des Flüssigen an.

Am Beispiel des Traubenzuckers lernt man kennen, dass die Substanzen im Bereich des Lebendigen eine andere Konfiguration haben als die Substanzen der mineralischen Chemie. Die Tatsache, dass sie im Wasser gelöst nicht dem inneren Zerfall unterliegen, weist darauf hin, dass in ihnen die chemischen Kräfte, durch die sich die Elemente miteinander vereinigen, stärker tätig sind als in den Stoffen der mineralischen Chemie. Damit haben die chemischen Prozesse auch einen anderen Charakter. Sie verlaufen nicht durch Verringerung der inneren (latenten) Wärme in Richtung zur mineralischen Erstarrung, sondern als Stoffumwandlungen, bei denen eine Substanz durch Aufnahme oder Absonderung von bestimmten Komponenten (z.B. von so genannten Radikalen) neue Eigenschaften bekommt, oder als Prozesse der Verdichtung oder innerer Auflösung. Das Wesentliche sind Substanzmetamorphosen.

Die Kräfte in diesen Substanzmetamorphosen sind, wie das beschrieben wurde, die des chemischen Äthers; sie gehören dem Bereich des Ätherischen an. Dadurch stehen sie aber zu den ätherischen Bildekräften in Beziehung, die den Lebens- und Gestaltungsprozessen im Pflanzen-, Tier- und Menschenreich zugrunde liegen. In den Pflanzen, den Tieren und im Menschen wirken diese Bildekräfte in die des chemischen Äthers hinein und manifestieren sich in den Substanzprozessen. Deshalb sollte man die Substanzmetamorphosen im Bereich des Lebendigen möglichst immer in ihrem Zusammenhang mit den Bildekräften behandeln. Insofern in einem Organismus dessen Bildekräfte die Substanzbildung lenken und beherrschen, sind die Substanzen lebendig. Man hat also zwischen den toten Substanzen der mineralischen Chemie und den lebendigen innerhalb eines Organismus zu unterscheiden. – Der physische Aspekt der im Lebendigen sich abspielenden Substanzbildung wird von der Biochemie bzw. physiologischen Chemie erforscht.

Die Chemie gehört verschiedenen Weltbereichen an, dem des Mineralischen und dem des Lebendigen. Gewissermaßen zwischen beiden Gebieten liegt das weite Feld der so genannten organischen Chemie mit jenen Substanzen (Kohlenstoffverbindungen), die nicht dem verdichtenden Einfluss der Gravitation unterliegen, aber außerhalb des lebendigen Organismus im Labor oder industriell hergestellt werden.

Anmerkungen

1 Außer der thermometrisch messbaren Wärme eines Stoffes, die wir als äußere Wärme bezeichnen, weil sie sich nach außen kundgibt, gibt es Wärme, die in einem Stoff wirksam ist, ohne dass sie von außen als solche registriert werden kann. So nimmt ein fester Stoff beim Übergang zum flüssigen Aggregatzustand Wärme auf, ohne selbst wärmer zu werden. Diese Wärme bewirkt die Umwandlung in den meist weniger dichten, beweglichen Zustand; sie ist in diesem als latente Wärme tätig. Außerdem wird bei einer chemischen Reaktion Wärme abgestrahlt oder in den neuen entstehenden Stoff aufgenommen. Die frei werdende Wärme war zuvor in der Materie latent wirksam bzw. äußere Wärme wird in den Stoff aufgenommen. Diese im Stoff wirkende, latente Wärme, die von außen nicht wahrgenommen werden kann, meinen wir mit dem Ausdruck «innere Wärme».

2 J. Schummer erinnert an die historischen Wurzeln dieser Auffassung in der griechischen Philosophie bei Parmenides. Er schreibt: «Nach der ... für die gesamte abendländische Philosophie bis heute einflussreichen Substanzmetaphysik besteht die Welt aus unveränderlichen Substanzen, die Träger von bestimmten Eigenschaften sind. Wir erkennen die Welt, indem wir an jedem Objekt seine ihm wesensmäßigen Eigenschaften erkennen und so eine statische Ordnung der Welt entwerfen. Gegen den, bereits in der Antike geäußerten, Einwand, dass wir doch in einer Welt voller Veränderung leben, behauptet dieser Ansatz, dass sich alle Veränderung auf der Ebene unwesentlicher Eigenschaften abspielen, während die Substanzen selbst, die eigentlichen Wesenheiten, davon unberührt und somit unveränderlich bleiben» (Schummer 1995, S. 94). Eine moderne Version dieser Auffassung ist in der heutigen Chemie die atomare und molekulare Deutung der Stoffe.

3 Dieses Zusammenwirken der Kräfte in den Stoffen zeigt sich beim Klang der Stoffe recht deutlich. Wird der Stoff beim Abkühlen härter, verändert sich die Klangfarbe. Der Klang als solcher ist eine Eigenschaft bestimmter fester Stoffe. Seine jeweilige Klangfarbe ist aber das Resultat des Zusammenwirkens von Wärme und der in der Erstarrung wirkenden Formkraft.

Auch die elektrische Leitfähigkeit, ebenso der Magnetismus eines Stoffes sind abhängig z.B. von dessen innerer Wärme.

4 Diese Aussage trifft nicht ganz zu, weil bei der chemischen Reaktion von Eisen und Schwefel immer ein Quantum Schwefel mit dem Sauerstoff der Luft zu Schwefeldioxidgas verbrennt. Daher muss das Gemisch etwas mehr Schwefel enthalten, als für die Verbindung mit dem Eisen nötig wäre.

5 Analyse und Synthese sind zwei Funktionen in jedem Erkenntnisprozess. Beim Wahrnehmen eines komplexen Gegenstandes, z.B. eines Baumes, ist der erste Eindruck ganzheitlich, aber recht undifferenziert. Um diesen Baum genau kennen zu lernen, muss man ihn nun in seinen einzelnen Teilen (Stamm, Äste, Blätter, Rinde, Holz usw.) betrachten. Dabei zergliedert man das Ganze, man führt eine Analyse aus. Was man gewinnt, ist eine Schärfung des Bewusstseins, aber nicht die Wirklichkeit des Baumes; denn diese hat man zergliedert. Nun muss man zur Synthese übergehen und den inneren Zusammenhang der Teile im Denken aufsuchen bzw. herstellen. Was man dabei ideell erfasst, ist Einsicht in die innere Gesetzmäßigkeit, die man auch als das Wesen bezeichnen kann. – Die Grundfunktionen chemischer Praxis, die Analyse von Stoffen und die Synthese der Elemente zu eben diesen Stoffen, sind nichts anderes als die Anwendung der allgemein notwendigen Schritte zum Erkennen auf einem speziellen Gebiet. Allerdings übersieht man vielfach, dass die Synthese im Denken durchzuführen ist. Die Synthese eines zuvor zergliederten Stoffes aus den Elementen im Labor ist nur die äußere Vergewisserung, dass man von den Elementen wieder zur Verbindung gelangt. Damit kommt man aber noch nicht zur Erkenntnis des betreffenden Stoffes. Die ist nur durch das gedankliche Rekonstruieren dieses Stoffes, d.h. durch eine ideelle Synthese, zu erringen.

6 Eine ausführlichere Behandlung dieser Thematik findet man z.B. bei R. Steiner in GA 321, 7. Vortrag.

7 Hinweise auf den chemischen Äther, der von einem anderen Aspekte aus auch als Klangäther bezeichnet wird, findet man in GA 93a, S. 44; GA 114, S. 147; GA 122, S. 81; GA 130, S. 102; GA 313, S. 29; GA 321, S. 201 ff. Erörterungen über die Eigenschaften und Wirkensbereiche des chemischen Äthers enthalten zwei Schriften von E. Marti (1974, 1989).

8 Eine anschauliche Beschreibung der Wertigkeit findet man bei F. H. Julius (1988, S. 56 ff.). Julius betrachtet das Mengenverhältnis der Volumina gasförmiger Elemente bei ihrer Verbindung. Man kann auch von den Gewichtsmengen ausgehen. Die Elemente vereinigen sich wohl immer in bestimmten Gewichtsverhältnissen. Doch hat jedes Element ein spezielles Gewicht, das diesen Verhältnissen zugrunde liegt, das so genannte Atomgewicht. Wenn man von diesem ausgeht, kann man formulieren: Verbindet sich das Atomgewicht des Elementes A mit 1 g Wasserstoff, dann ist es einwertig. Verbindet sich das Atomgewicht des Elementes B mit 2, 3 oder 4 g Wasserstoff, dann ist es zwei-, drei- oder vierwertig.

Von hier aus ergeben sich die Wertigkeiten aller Elemente.

9 Es gibt Elemente mit großer Dichte und vor allem außerordentlich hohem Schmelzpunkt wie Chrom, Molybdän, Technetium, Ruthenium, Wolfram und Osmium. In diesen Elementen haben die Kräfte des Verdichtens und Erstarrens eine ungewöhnlich große Wirksamkeit, sodass die Metalle hart, z.T. sogar spröde sind. Bei diesen Elementen führt die Vereinigung mit Sauerstoff nicht zu weiterer Zunahme der Verdichtung und Erstarrung. In ihren Oxiden kommt die auflösende Gasnatur des Sauerstoffs zur Geltung. Dadurch sind die Oxide, besonders wenn der Sauerstoffanteil in ihnen hoch ist, viel weniger dicht und erstarrt als die Metalle; ihr spezifisches Gewicht und ihr Schmelzpunkt liegen weit unter dem der Elemente. Ein extremes Beispiel: Osmium schmilzt bei 3045 °C, Osmiumtetroxid aber schon bei 40 °C, d.h. 3005 °C unter dem Element.

10 Siede- und Schmelzpunkt des Wassers verändern sich, wenn Stoffe in ihm gelöst werden. Die Erhöhung des Siede- und die Erniedrigung des Schmelzpunktes hängen von der Menge der gelösten Stoffe ab. Ein Mol des gelösten Stoffes verändert die Werte aber immer um den gleichen Betrag. Bei den Stoffen, um die es hier geht, die Säuren, Laugen und Salze, sind Siedepunkterhöhung und Gefrierpunkterniedrigung aber stärker, als das bei 1 Mol zu erwarten wäre – so als ob mehr als 1 Mol gelöst wäre. Das deutet darauf hin, dass durch einen partiellen inneren Zerfall, die so genannte Dissoziation, die Substanzmenge – nicht das Gewicht – vergrößert ist.

11 Zu der Auffassung, dass die bei dem inneren Zerfall der Stoffe entstehenden Substanzen elektrisch geladen sind, kommt man durch die Elektrolyse. Hier scheiden sich an den Elektroden die durch Dissoziation entstandenen Substanzen ab. Sie müssen aufgrund einer den Elektroden entgegengesetzten elektrischen Ladung von diesen angezogen worden sein. Damit ist aber nicht geklärt, ob die betreffenden Substanzen erst infolge der Spannung zwischen den beiden Elektroden elektrische Merkmale zeigen oder diese schon vorher besitzen.

Zur Anordnung der folgenden Kapitel

In den Lehrbüchern der Chemie folgt die Behandlung der chemischen Elemente vielfach dem Periodensystem der Elemente. Das ist sinnvoll, wenn es darum geht, alle bekannten Elemente zu berücksichtigen. Zweifellos lernt man bei der Betrachtung der Elemente nach den Haupt- und Nebengruppen und in ihrer Aufeinanderfolge innerhalb der verschiedenen Perioden wichtige Zusammenhänge und Gesetzmäßigkeiten kennen. Diese übergreifenden Gesetzmäßigkeiten zeigen, dass die Elemente keine zufällige Vielheit sind. Ihre Einordnung an einen bestimmten Ort innerhalb dieses Systems verdeckt jedoch allzu leicht andere Sichtweisen, z.B. die Bedeutung der einzelnen Elemente in der Natur. Da stehen die Elemente nicht gleichwertig oder in bestimmten Abstufungen neben- und untereinander wie im Periodensystem. Im Gegenteil, manchem Element kommt eine Bedeutung zu, die die vieler anderer Elemente weit übertrifft. Sucht man durch die Chemie Wege zur Vertiefung und Erweiterung des Naturverstehens, dann muss man sich von der Systematik des Periodensystems lösen und sich mit den für ein solches Verstehen bedeutsamen Elementen befassen. Man kann darüber hinaus für diese Elemente eine Systematik suchen wie F. H. Julius in seinem Werk *Grundlagen einer phänomenologischen Chemie* (S. 99 ff.).

Unsere Behandlung der chemischen Elemente beginnt mit einigen Nichtmetallen, die für eine Einführung in das hier angestrebte Verstehen besonders geeignet sind. Es sind Elemente, die nicht sehr verdichtet, zumeist auch nicht stark in sich erstarrt sind, dagegen durch ihre Farbigkeit oder Durchsichtigkeit eine deutliche Beziehung zur Welt des Lichtes, d.h. zum Kosmos, haben und in ihrer Substanz viel innere Wärme enthalten. Es folgen dann vier Elemente, die sich als Gase im völlig aufgelösten Zustand befinden. In ihnen wirkt die immanente Wärme so machtvoll, dass sie – allerdings in unterschiedlicher Intensität – von der Tendenz, zum Umkreis, d.h. zum Kosmos, hin zu verströmen, beherrscht sind. Diese vier gasförmigen Elemente bilden zusammen ein Ganzes, weil jedes von ihnen eine deutliche Beziehung zu jener umfassenden Ganzheit hat, die durch die vier griechischen Elemente

(Feuer, Luft, Wasser, Erde) beschrieben wird. Einen völlig anderen Charakter haben die nachfolgenden Metalle, die sich durch ihren Glanz ganz gegenüber der Welt des Lichtes abschließen, in die die Gase so stark aufgehen. Die hier behandelten Metalle zeigen in ihrem chemischen Wirken jeweils eine spezifische Beziehung zum Flüssigen und zum Festen. Eine Sonderstellung hat das Silizium als ganz ungewöhnliches Halbmetall. Wo es um Verstehen der Chemie geht, sollte das Wasser, in dem so zahlreiche chemische Prozesse stattfinden, nicht fehlen.

In den folgenden Kapiteln sind die bei den chemischen Reaktionen frei werdenden bzw. verbrauchten Wärmemengen nicht einheitlich, sondern z.T. in Kalorien und z.T. in Joule angegeben (1 cal = 4,18680 J; 1 J = 0,238846 cal).

Schwefel – die Bedeutung immanenter Wärme

Der Schwefel gehört zu jenen Elementen, die ihre Bedeutung in verschiedenen Bereichen der Natur haben. Dort wirkt er dem äußeren Blick verborgen vor allem in dynamischen Prozessen. Bisweilen sondert er sich aus diesen ab und erscheint dann als helle, gelbe Substanz. Das geschieht vor allem in der Umgebung von Vulkanen. Dort bildet er z.B. helle Krusten. «Gelegentlich kommt es auch vor, dass durch Wärmezufuhr aus der Tiefe schon zuvor kristallisierter Schwefel wieder geschmolzen wird. So geschah es 1936 am Sirotaka-Vulkan in Japan. Aus einem kleinen Schlot wurde in regelmäßigen Abständen geschmolzener Schwefel ausgeworfen, der sich mit einer Temperatur von etwa 120 °C wie ein Lavastrom talabwärts bewegte und schließlich eine Ablagerung von 1500 m Länge, bis zu 30 m Breite und 5 m Dicke bildete. Kleinere Lavaströme und -seen sind auch auf Hawai und 1989 am Vulkan Poás in Costa Rica beobachtet worden» (Wimmenauer 1992, S. 226). Die kleinen Seen (Durchmesser 20 bis 30 m) im Krater des 2700 m hohen Poás waren «mit flüssigem Schwefel gefüllt … Durch die Flüssigkeit perlende, heiße Gase verhindern das Auskristallisieren» (Trueb 1996, S. 319). Dieser Schwefel stammt aus den dunklen Tiefen des Erdinnern, wo die Materie, die Lava, durch gewaltige Gluthitze flüssig ist. Bei Vulkanausbrüchen gelangen große Mengen von Schwefel vor allem als Schwefeldioxid in die Atmosphäre. Beim Ausbruch des Pinatubo auf den Philippinen im September 1991 sollen es nach Schätzung der Meteorologen 18 Millionen Tonnen Schwefeldioxid gewesen sein. An Vulkanen gibt es außerdem Exhalationen des äußerst giftigen Schwefelwasserstoffgases, aus dem bei Reaktion mit dem Sauerstoff der Atmosphäre Schwefel abgesondert wird. Schwefel gelangt immer wieder in mächtigen Eruptionen aus der Glut des Erdinneren in die uns umgebende Natur. Dort, in der Tiefe, wo sich die Materie, von gewaltiger Hitze durchglüht, in einem Zustand großer Beweglichkeit befindet, ist offensichtlich die Sphäre, in der der Schwefel, der dann an vielen Stoffen und Prozessen beteiligt ist, seinen Ursprung hat.

Bis etwa zum Beginn des 20. Jahrhunderts gewann man den Schwefel vor allem durch Abbau vulkanischer Lagerstätten in Mittel- und Südamerika, auf Neuseeland und den Philippinen, in Japan, Taiwan und Kamtschatka, aber auch in Europa (Italien, Spanien). Schon in den sechziger Jahren des 19. Jahrhunderts hatte man in Louisiana Schwefel im Deckgestein von Salzdomen, mächtig aufgewölbten Salzlagern, entdeckt. Solche Schwefelvorkommen fand man noch in Texas und schließlich 1953 in Polen. Sie wurden eine wichtige Quelle für die großen Mengen von Schwefel, die in der chemischen Industrie verarbeitet werden. Aus Tiefen zwischen 150 und 700 m presst man den Schwefel, der durch überhitzten Wasserdampf flüssig wird, in gewaltigen Mengen an die Oberfläche (sog. Frasch-Verfahren). Dieser Schwefel hat offensichtlich einen anderen als vulkanischen Ursprung. Man nimmt an, dass er durch mikrobielle Tätigkeit besonders aus Gips und Anhydrit, d.h. aus dem Salzzustand, freigesetzt wurde.

Wir betrachten die Substanz des Elementes Schwefel zunächst von außen, um zu erfassen, was sich an besonderen Eigenschaften in der physischen Erscheinung und den physikalischen Tatsachen zeigt. Schwefel, der sich an Vulkanen ausscheidet, erstarrt zum Teil in schönen Kristallen. Die hellgelbe, durchscheinende Materie wird durch die klaren Formen der rhombischen Kristalle umgrenzt. Die Qualität dieses Gelb scheint einer solchen Abgrenzung zu widerstreben; denn im Gelb wirkt die Tendenz des Sich-Ausweitens und Verströmens. Zudem hat Gelb im Gegensatz zum Weiß die Qualität von Wärme. So schreibt Goethe im *Entwurf einer Farbenlehre*, das Gelb «mache einen durchaus warmen … Eindruck» und «eine unmittelbare Wärme scheint uns anzuwehen» (Goethe 1975, S. 291). Die gelbe Farbe des Schwefels weist auf einen besonderen Sachverhalt hin. Auch in anderen Elementen ist Wärme vorhanden; das zeigt sich in den chemischen Reaktionen, bei denen aus der Materie Wärme abstrahlt. Es handelt sich um latente Wärme, von der äußerlich nichts zu bemerken ist, wenn man z.B. Eisen, Calcium oder Kohlenstoff betrachtet. Man kann das schematisch in folgender Weise darstellen:

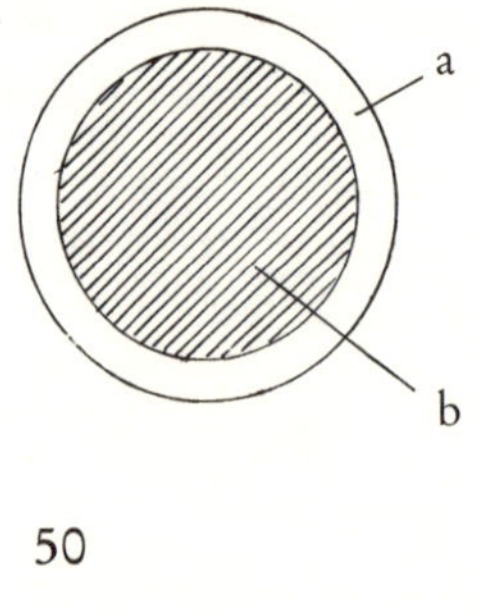

a. ist die äußere Erscheinung des Elementes,
b. ist die in seiner Substanz enthaltene latente Wärme.

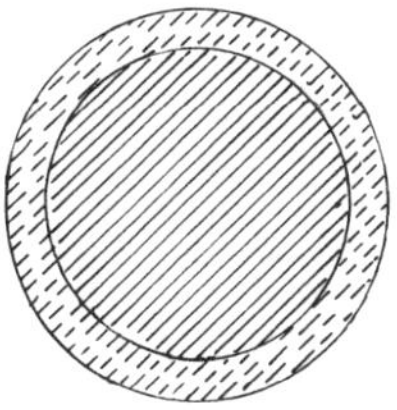

Beim Schwefel muss man die schematische Skizze verändern. Denn bei ihm ist die Wärme nicht nur als latente Wärme gleichsam im Innern der Substanz dem äußeren Wahrnehmen verborgen; Wärme durchwirkt vielmehr die Substanz bis in die äußere Erscheinung. Dadurch ist Schwefel gelb.

Erwärmt man einen Schwefelkristall sorgfältig mit einer Flamme, dann bemerkt man, dass er ziemlich schnell seine Form aufgibt und in den flüssigen Zustand übergeht. Der Schmelzpunkt von nur 112,8 °C weist darauf hin, dass Schwefel nicht intensiv in den festen, kristallisierten Zustand übergeht. Das zeigt sich auch in der geringen Härte von 1,5 – 2 in der Mohsschen Skala. Die im kristallinen Erstarren tätigen Kräfte entfalten im Schwefel offensichtlich eine geringe Wirksamkeit. Es bedarf nur einer relativ schwachen Durchwärmung, um die Erstarrung beim Schmelzen zu überwinden. Die so genannte Gitterenergie ist geringer als bei allen anderen festen Elementen. Auch die Kräfte, die die Stoffe verdichten, wirken im Schwefel nicht stark; sein spezifisches Gewicht beträgt nur 2,069 g/cm^3.

Durch diese Tatsachen erfasst man, wie im Schwefel verschiedene Kräfte in einer für dieses Element spezifischen Weise zusammenwirken. In diesem Kräftegefüge haben die in das Erstarren und die Verdichtung führenden Kräfte nur eine schwache Wirksamkeit, weil die Wärme mit ihrer ausdehnenden und auflösenden Kraft das Übergewicht hat.

Die tiefe Verwandtschaft des Schwefels mit der Wärme äußert sich auch in weiteren Tatsachen. So ist Schwefel ein sehr schlechter Wärmeleiter. Er nimmt die Wärme intensiv in seine Substanz auf und lässt sie nicht einfach durch sich hindurchfließen. Wenn man die Erwärmung des Schwefels genau verfolgt und mit der anderer Elemente vergleicht, dann stellt man fest, dass er unter den festen Elementen zu den am leichtesten erwärmbaren gehört. Im Schwefel haben offensichtlich die der Wärme entgegenwirkenden Kräfte eine geringe Bedeutung. Das zeigt sich auch an einem weiteren Sachverhalt. Wärme überwindet in der Regel die im Verdichten tätigen Kräfte, indem sie die Stoffe beim Erwärmen ausdehnt. Das gilt in besonderer Weise beim Schwefel. Er ist nämlich nach den weichen Alkalimetallen und dem Phosphor das feste Element mit der stärksten Wärmeausdehnung.

Die tief in der Substanz des Schwefels verankerte Beziehung zur Wärme äußert sich besonders in den so genannten allotropen Modifikationen, bei denen die Wärme im Schwefel eine recht ungewöhnliche Wirksamkeit entfaltet. Die Schwefelkristalle, die man in der Natur findet, gehören dem rhombischen Kristallsystem an. Der Schwefel kristallisiert in den drei Raumesdimensionen mit unterschiedlicher Intensität; er geht nicht wie die kubisch kristallisierenden Stoffe vollständig in die Gesetzmäßigkeit des Raumes über. Zudem haben Schwefelkristalle die Form einer Doppelpyramide. Kühlt man flüssigen Schwefel rasch ab, dann erstarrt er schon bei 119 °C, d.h. bei einer Temperatur über dem Schmelzpunkt des rhombischen Schwefels. Es entsteht eine andere, mehr strahlig kristallisierende Form des Schwefels, der so genannte β-Schwefel. Sie geht auch aus dem rhombischen α-Schwefel hervor, wenn man diesen sorgfältig eine gewisse Zeit lang auf eine Temperatur zwischen 95,5 °C und seinem Schmelzpunkt (112,8 °C) erhitzt. Bei dieser Umwandlung nimmt der Schwefel wie bei einer endothermen Reaktion Wärme auf (0,86 kcal/g-Atom). Das ist vergleichbar der Wärmeaufnahme beim Übergang von einem dichteren zu einem weniger dichten Aggregatzustand. Und so wird beim Schwefel der Grad der Verdichtung auch schwächer; das spezifische Gewicht verringert sich auf 1,969 g/cm^3. Dabei geht die Farbe in ein helleres Gelb über, in dem die geringere Dichte sichtbar wird. Vor allem vollzieht sich unter dem Einfluss der zunehmenden inneren Wärme eine Art Formmetamorphose. Der Schwefel geht von der rhombischen in eine monokline Kristallform über:

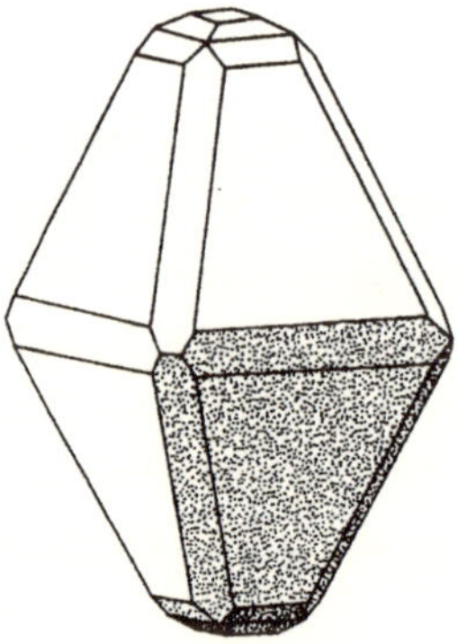

rhombischer α-Schwefel

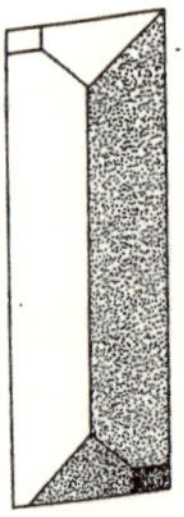

monokliner β-Schwefel

Kristallformen des rhombischen (links) und des monoklinen Schwefels (rechts; aus Wimmenauer 1992).

Wärme ist bekanntlich diejenige Kraft, die der Verdichtung entgegenwirkt und eine Substanz schließlich in die vollständige Auflösung des Gaszustandes führt. Nun kann man die verschiedenen Kristallformen als Ausdruck von unterschiedlicher Verdichtung betrachten. Mit Verdichtung meinen wir hier nicht jene Wirksamkeit, die dem spezifischen Gewicht eines Elementes zugrunde liegt, sondern den Übergang vom flüssigen in den kristallisierten Zustand mit seinen verschiedenen räumlichen Konfigurationen. Demnach wäre der Schwefel in seinen rhombischen Kristallen stärker «verdichtet» als in den monoklinen; denn beim Entstehen dieser Kristalle vollzieht sich die Verdichtung der Substanz – wenn auch nicht gleichmäßig wie im kubischen Kristallsystem – deutlich nach den drei Richtungen des Raumes. Bei den nadelförmigen monoklinen Kristallen ist die Verdichtung dagegen nur nach einer dieser Richtungen intensiv, nach den beiden anderen dagegen geringer als bei den rhombischen Kristallen; zudem stehen nur noch zwei der drei Kristallachsen aufeinander senkrecht. Die Wärme, die der Schwefel beim Übergang von seiner α- in die β-Form in die innere Konfiguration seiner Substanz aufnimmt, kommt also in der Umwandlung seiner Kristallform und in dem geringeren spezifischen Gewicht zum Ausdruck. Im monoklinen Schwefel manifestiert sich die gegenüber dem rhombischen Schwefel stärkere innere Durchwärmung der Substanz.

Unter bestimmten Bedingungen erstarrt flüssiger oder gelöster Schwefel in noch anderen Kristallformen. Man kennt heute etwa zwölf verschiedene Formen festen Schwefels. Kein anderes Element ist so bildsam wie der Schwefel und vermag so viele Formen anzunehmen (siehe Greenwood/Earnshaw 1990, S. 855 ff.).

Der β-Schwefel schmilzt bei 119,2 °C, d.h. erst, wenn der a-Schwefel schon flüssig ist. Er hat seine monokline Kristallform unter dem Einfluss der stärkeren Durchwärmung angenommen, ist also im festen Zustand unter Bedingungen stabil, unter denen der α-Schwefel nicht mehr besteht. So bewahren die monoklinen Kristalle des β–Schwefels ihre Form bei Temperaturen, bei denen α-Schwefel schon flüssig geworden ist. Hält man flüssigen Schwefel etwa zwölf Stunden bei 120 °C, d.h. nur wenig über dem Schmelzpunkt des β-Schwefels, und lässt ihn dann abkühlen, geschieht etwas Überraschendes. Der flüssige Schwefel erstarrt nämlich nicht mehr bei 119,2 °C, sondern erst bei 114,5 °C. Sonst ist der Schmelz- bzw. der Erstarrungspunkt bei den Elementen eine feste Größe, die aus dem spezifischen Zusammenwirken der Kräfte resultiert. Unter dem Einfluss der Wärme erniedrigt er sich beim Schwefel. So sinkt auch der Erstarrungspunkt des α-Schwefels von 112,8 °C auf 110 °C, wenn man Schwefel dicht über dem Schmelzpunkt des α-Schwefels ebenfalls etwa zwölf Stunden tempert.

Durch das Erwärmen wird offensichtlich die innere latente Wärme des Schwefels größer und damit die Wirksamkeit der in das Erstarren führenden Kräfte abgeschwächt. Es verändert sich also das innere Kräftegefüge des Schwefels. Das ist aber ein höchst ungewöhnlicher Sachverhalt; denn sonst ist das innere Kräftegefüge der Elemente stabil. Beim Schwefel ist es labil. Die Wärme hat beim Schwefel einen Einfluss auf die Substanz, den man bei anderen Elementen nicht findet.

Diese Labilität zeigt sich auch an anderen Phänomenen. Wir haben darauf hingewiesen, dass im Gelb des Schwefels zum Ausdruck kommt, wie intensiv seine Substanz von latenter Wärme durchwirkt ist. Kühlt man festen Schwefel ab, dann wird das Gelb blasser; bei –200 °C ist Schwefel schließlich farblos. Auch hier verändert sich das innere Gefüge der Kräfte: Durch die Abkühlung wird die Intensität der latenten Wärme und damit die der gelben Färbung abgeschwächt.

Am eindrucksvollsten äußert sich aber der Einfluss der Wärme auf die innere Konfiguration der Substanz in den Modifikationen, die beim Schwefel in allen drei Aggregatzuständen auftreten. Wenn Schwefel schmilzt, ist

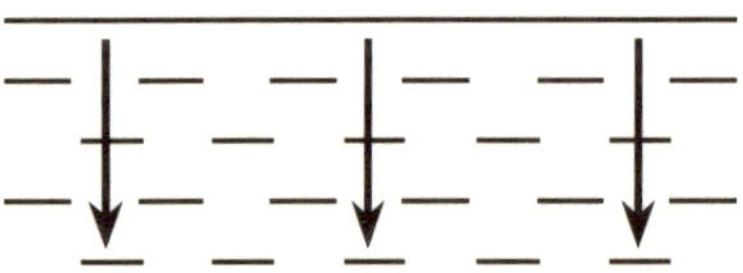

er zunächst eine hellgelbe, leicht bewegliche Flüssigkeit. Sie steht wie alle normalen Flüssigkeiten unter dem Einfluss der Gravitation, die die Grenzfläche gegenüber der Atmosphäre bewirkt. Die Gravitation ist jene Kraft, die zum Mittelpunkt der Erde hin verdichtend wirkt. Wird dieser flüssige λ-Schwefel weiter erhitzt, dann kommt es bei 159,4 °C zu einer dramatischen Veränderung. Die spezifische Wärme steigt sprunghaft an; man muss mehr Wärme zuführen als bisher, wenn die Temperatur kontinuierlich ansteigen soll. Ein wesentlicher Anteil dieser Wärme geht wiederum wie bei einem Phasenwechsel in die innere Konfiguration des Schwefels über – und dabei verwandelt sich der λ-Schwefel in eine neue Modifikation, den so genannten μ-Schwefel: Die hellgelbe Flüssigkeit verdichtet sich zu einer braunen, schließlich dunkelbraunen, zähen Masse. Die Viskosität steigt zwischen 160 und 195 °C auf mehr als das Zehntausendfache an.

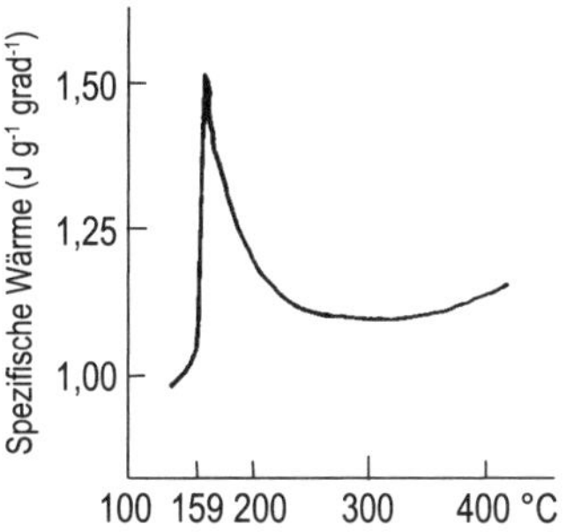

Die spezifische Wärme des flüssigen Schwefels in Abhängigkeit von der Temperatur (aus Cotton/Wilkinson, *Anorganische Chemie*, Weinheim 1985, S. 521).

Es verändern sich auch alle anderen Eigenschaften: die Dichte, die Kompressibilität, die Schallleitung, die elektrische Leitfähigkeit, die Polarisierbarkeit. Indem auch der flüssige Schwefel Wärme als latente Wärme in sich aufnimmt, entsteht innerhalb der flüssigen Phase diese neue Modifikation. Bei weiterer Erwärmung wird der Schwefel kurz vor dem Verdampfen wieder eine recht bewegliche Flüssigkeit. Ihre dunkelrote Farbe zeigt, dass der Schwefel nun stark von latenter Wärme durchwirkt ist. Schüttet man ihn in Wasser, so geschieht etwas Überraschendes: Der Schwefel wird nicht fest. Er erstarrt nicht zu mineralischer Konsistenz, sondern wird zu einer plastischen, gummiartigen Masse. Damit wird deutlich, was bei der Verdichtung oberhalb von 159,4 °C geschehen ist. Der Schwefel ist durch Sulfurisierung, durch ein intensiveres Durchwirktwerden von Wärme, in einen Zustand übergegangen, in dem er sich jenen Kräften völlig entzogen hat, die in der mineralischen Verdichtung wirken; er hat sich in sich verdichtet.

Oberhalb von 159 °C verdichtet sich der Schwefel in sich. Es entstehen durch Polymerisation lange kettenförmige Aggregate.

Wärme wirkt bekanntlich der mineralischen Verdichtung entgegen, zunächst bei der Wärmeausdehnung fester Körper und dann beim Schmelzen. Beim Schwefel kommt es aber zu einer Steigerung dieser Verwandlung: Es entsteht im Flüssigen ein Zustand, der auch dann in der zäh-plastischen Konsistenz seine innere Beweglichkeit bewahrt, wenn die Flüssigkeit beim Abkühlen unter Bedingungen kommt, unter denen sie normalerweise mineralisch erstarren müsste.

Die genannten Modifikationen weisen darauf hin, dass die Wärme einen tiefen Einfluss auf den Schwefel ausübt. Schwefel ist besonders sensibel gegenüber Wärme. Nun steht eine Substanz der Wärme im gasförmigen Zustand am nächsten; denn die auflösende und dynamisierende Wirksamkeit der Wärme manifestiert sich hier am unmittelbarsten. So kommt es, dass im gasförmigen Schwefel die Wirkung der Wärme noch differenzierter ist als im festen und flüssigen.

Wird der flüssige Schwefel – natürlich unter Ausschluss von Sauerstoff, um ein Entzünden zu verhindern – weiter erhitzt, dann verdampft er bei 444,6 °C als rotbraunes Gas. Bei zunehmender Hitze verändert sich die Farbe. Daran sieht man, dass das Gas sich nicht nur in der üblichen Weise ausdehnt, sondern unter dem Einfluss der zunehmenden Hitze verschiedene Zustände durchläuft. Der gasförmige Schwefel hat zunächst eine bestimmte Dichte (S_8), diese löst sich in verschiedenen Schritten allmählich auf (S_7, S_6 usw.). Bei über 720 °C ist er hochgradig aufgelöst (S_2); der Dampf hat nun eine violette Farbe.

Dieses Violett ist die Komplementärfarbe zum Gelb des festen Schwefels. Der Schwefel erscheint gelb, wenn man ihn von außen anschaut. Bei einem Gas gibt es keine Grenzfläche, die ein Außen von einem Innen trennt; es gibt nur ein Innen. So nimmt man im Violett den Schwefel gleichsam von innen wahr. Im Violett offenbart sich sein Inneres: In der dunklen Blaukomponente dieser Farbe erscheint wie aus der Tiefe das Rot der Wärme.

Man kann durch ein recht kompliziertes Verfahren in dem mehr oder weniger hoch erhitzten Schwefeldampf die verschiedenen Verdichtungszustände des gasförmigen Schwefels isolieren. Nun zeigt sich, dass jeder dieser Zustände eine besondere Farbe hat. Kühlt man den Schwefeldampf allmählich ab, dann kommt es zu einer zunehmenden Verdichtung. Das Schwefelgas durchläuft die ganzen Stadien von S_2 bis S_8. Bei jedem Schritt der Verdichtung wird Wärme abgestrahlt (s. Hollemann/Wiberg 1995, S. 549).

S_2	violett
|	
S_3	blau
|	
S_4	kirschrot
|	
S_5	orangerot
|	
S_6	orangegelb
|	
S_7	intensiv gelb
|	
S_8	gelb

Im gasförmigen Zustand ist beim Schwefel die ausdehnend-auflösende Wirkung der Wärme bzw. die verdichtende der Abkühlung weit über das normale Maß gesteigert.

Vor allem zeigt sich, dass der Schwefel durch Stufen der Verdichtung und «inneren Abkühlung» hindurchgehen muss, bevor er sich zur Flüssigkeit kondensieren kann. An den Farben sieht man zum Teil die mit der Verdichtung verbundene «innere Abkühlung». Im leuchtenden Rot von S_4 äußert sich die innere Glut feuerhafter Wärme. Diese Glut verglimmt Schritt um Schritt bis zum Gelb von S_8. Damit wird aber auch deutlich, was das Gelb des festen Schwefels ist: Es ist Ausdruck einer abgeschwächten, in die Verdichtung geronnenen Feuerglut der Wärme.

Es gibt kein Phänomen, in dem sich das Wesen des Schwefels deutlicher äußert als diese Wandelbarkeit in den Modifikationen. So heißt es bei N. Greenwood und A. Earnshaw: «Die Allotropie des Schwefels ist bei weitem umfangreicher und komplexer als die eines jeden anderen Elementes» (Greenwood/Earnshaw 1990, S. 855). Was spricht sich aber in dieser so ungewöhnlichen Wandelbarkeit aus? Im typischen Fall kennt man bei den Stoffen die drei Aggregatzustände des Festen, Flüssigen und Gasförmigen. Der eine dieser Zustände geht bei Erwärmung oder Abkühlung in den anderen über. Und bei dem Phasenwechsel vom Festen zum Flüssigen oder vom Flüssigen zum Gasförmigen führt die Wärme bekanntlich nicht zu einer Temperaturerhöhung. Sie verschwindet aus dem Bereich der Wahrnehmung und bewirkt eine tiefer greifende Zustandsänderung als die Erwärmung, nämlich die Umwandlung der Substanz in den Zustand größerer Dynamik und Aufgelöstheit. Die Wärme wirkt nun in der verwandelten Konstitution des neuen Aggregatzustandes.

Beim Schwefel kommt es aber, wie das beschrieben wurde, im Bereich dieser Aggregatzustände jeweils noch einmal zu Umwandlungsprozessen. Und bei jeder dieser Verwandlungen bewirkt Wärme wie bei einem Phasenwechsel die neue Konfiguration. Während sonst jeder Aggregatzustand in sich eine stabile Phase ist, sind die Aggregatzustände beim Schwefel selbst noch bildsam. Die Substanz enthält eine größere Verwandlungsfähigkeit. M. v. Mackensen spricht von «labilem Schwefel» (v. Mackensen 1994, S. 45). Was ist der Grund für diese Labilität? Die Modifikationen zeigen, dass die Wärme beim Schwefel einen größeren Einfluss auf die innere Konfiguration der Substanz als sonst bei den Elementen hat. Die innere Konfiguration steht offensichtlich in einer tiefen Beziehung zur äußeren Wärme; und so führen Erwärmung und Abkühlung zu zusätzlichen Veränderungen des inneren Kräftegefüges. Dadurch ist der Schwefel jenes Element, in dem die Wärme wie bei keinem anderen Element bildend tätig ist. Wodurch aber kann die Wärme so intensiv in das innere Kräftegefüge des Schwefels hineinwirken?

Am Gelb des Schwefel zeigt sich, dass die innere (latente) Wärme die Substanz bis in die äußere Erscheinung durchwirkt. Dadurch steht der Schwefel aber mit seiner inneren Wärme in unmittelbarer Verbindung mit der äußeren Wärme. Und so gewinnt die äußere Wärme einen starken Einfluss auf die innere (latente) Wärme des Schwefels und damit auf sein inneres Kräftegefüge.

Die Wandelbarkeit des Schwefels muss man aber noch von einer anderen Seite aus betrachten. Wenn ein Stoff von einer Phase in eine dynamischere übergeht, dann muss er bis zu einem ganz bestimmten Grad von Wärme durchglüht sein. Dann wird die bisherige Konfiguration labil; und nun bewirkt die Wärme die Umwandlung in die dynamischere Konfiguration des Flüssigen oder Gasförmigen. Ein analoger Vorgang findet beim Schwefel schon früher statt. Er wird schon bei einem geringeren Grad des Durchglühtseins labil, wenn sich innerhalb der festen und der flüssigen Phase die eine Modifikation in die andere umwandelt. Es muss in der Substanz des Schwefels etwas Besonderes vorliegen, was diese Labilität bewirkt.

Nun enthalten die Elemente latente innere Wärme, die bei exothermen Reaktionen zutage tritt. Ist diese sehr groß und zugleich unter den verschiedenen Kräften, die in einem Element zusammenwirken, die bestimmende Kraft, dann kann schon bei geringerer Erwärmung die Konfiguration labil werden. Das ist aber beim Schwefel der Fall; denn bei ihm ist die innere Wärme so intensiv, dass sie die Substanz in ihrer gelben Farbe vollständig durchwirkt.

So fügen sich die verschiedenen Phänomene zu einem Ganzen zusammen. Man ist deshalb berechtigt, vom Wesen des Schwefels zu sprechen. Dieses Wesen ist mehr als die Summe der Tatsachen; es ist der ideelle Zusammenhang dieser Tatsachen, der sich nur der denkenden Betrachtung erschließt. – Damit haben wir anhand der physikalischen Fakten einen ersten Einblick in die Substanz des Schwefels gewonnen. Die lateinische Bezeichnung Sulfur (sol-fer) deutet darauf hin, dass sie Träger besonderer Kräfte ist, die denen der Sonne (sol) entsprechen. Im Schwefel sind Wärmeenergien offensichtlich in einem höheren Maße als in anderen Elementen konzentriert. Sie sind es, die im Gelb des Schwefels zum Ausdruck kommen.

Die Betrachtung elementarer chemischer Prozesse wird nun zeigen, inwieweit hier die in Bezug auf Wärme so besonders energiereiche Natur des Schwefels wirksam ist. Bekanntlich entzündet sich Schwefel schon bei einer Temperatur von 250 bis 260 °C. Bei dieser im Vergleich zu den anderen

Stoffen geringen Durchwärmung beginnt Schwefel mit dem Sauerstoff der umgebenden Atmosphäre zu verbrennen. Die Erscheinung ist recht charakteristisch: Über dem Schwefel glimmt ein kleines bläuliches, aber sehr heißes Flämmchen. Aus dem verbrennenden Schwefel strahlt viel Wärme, aber nur wenig Licht in die Umgebung. Dabei entsteht ein stechend riechendes Gas, das Schwefeldioxid; gleichzeitig verschwindet allmählich der Schwefel:

$$S + O_2 \rightarrow SO_2 + 70{,}9\ \text{kcal}$$

Wie kommt es zu diesen Erscheinungen? Bei dem Prozess einer chemischen Verbindung (Synthese) entsteht ein Stoff, in dem sich die Qualitäten der beiden Ausgangsstoffe wechselseitig durchdringen und beeinflussen (siehe S. 26 ff.). Die eine Komponente, der Sauerstoff, ist ein Gas, das erst bei –183 °C flüssig wird. Man kann sich vergegenwärtigen, welche machtvolle Wirksamkeit gegen das Verdichten im Sauerstoff tätig ist, wenn er bei dieser nahezu unvorstellbaren Kälte noch Gas ist. Außerdem ist Sauerstoff durchsichtig, d.h. dem Licht gegenüber ganz offen. Schließlich ist es für den Sauerstoff charakteristisch, dass er bei der Vereinigung mit anderen Elementen aus diesen latente Energien, besonders Wärme, entbindet.

Wenn sich Schwefel und Sauerstoff vereinigen und es im Schwefeldioxid zu einer Wechselwirkung zwischen diesen beiden Elementen kommt, dann resultiert Folgendes: Der gasförmige Zustand des Schwefeldioxids und seine Durchsichtigkeit sind eine Wirksamkeit des Sauerstoffs. Indem der Sauerstoff mit dem Schwefel zusammenwirkt, wird seine extreme Gasnatur abgeschwächt – Schwefeldioxid wird beim Abkühlen viel schneller flüssig als Sauerstoff, nämlich schon bei –10,7 °C. Auch die Schwere des Schwefeldioxidgases ist eine Wirkung des Schwefels.

Im festen Zustand war der Schwefel in sich verdichtet und von der Umgebung abgesondert. Nun ist er im Schwefeldioxid ganz aufgelöst. In dem verströmenden Gas wird jetzt etwas von dem aktiven Charakter des Schwefels und seiner inneren Hitze in dem stechenden Geruch wahrnehmbar.

Wieso entsteht aber bei der Vereinigung von Schwefel und Sauerstoff gerade ein Gas? Hier wirken die intensive Gasnatur des Sauerstoffs und der Schwefel zusammen, der so wenig erstarrt ist und in dem die auflösenden Kräfte der Wärme stark wirksam sind. Da hat die Gasnatur des Sauerstoffs eine deutliche Übermacht über das schwache Erstarrtsein des Schwefels.

Im Gegensatz zum Schwefel löst sich das Schwefeldioxid recht gut im Wasser. Substanzen mit viel latenter innerer Wärme haben keine Affinität zum Wasser. Nun ist beim Verbrennen ein erheblicher Anteil dieser Wärme entwichen. Außerdem ist der Schwefel im Schwefeldioxid ganz beweglich geworden. So gehen bei 20 °C fast 4 l Schwefeldioxidgas (3927 cm^3) in 100 cm^3 Wasser über.

Indem es sich mit seinem so deutlich aggressiven Charakter (stechender Geruch) mit dem Wasser vereinigt, entsteht eine Säure, die schweflige Säure. Im Wasser wirkt immer eine auflösende Tendenz. Wird in dieser die viel stärker auflösende Eigenschaft des Gases und dessen aggressiver Charakter wirksam, dann steigert sie sich zur zersetzenden Säure.

Drückt man das Entstehen der schwefligen Säure in dieser Formel aus

$$SO_2 + H_2O \rightarrow H_2SO_3 \quad ,$$

so suggeriert das die Meinung, es gäbe diese Säure wie Phosphorsäure oder Salpetersäure. Das ist nicht der Fall. Man kann schweflige Säure nicht als solche durch Konzentrieren isolieren, weil sich beim Erhitzen das Schwefeldioxid sofort wieder aus seinem Zusammenwirken mit dem Wasser löst. Offensichtlich widerstrebt der Schwefel im Schwefeldioxid einer intensiveren Vereinigung mit dem Wasser.

Es muss eine stärkere Verbindung mit Sauerstoff, d.h. eine weiter gehende Verbrennung, folgen. Sie wird durch bestimmte katalytische Verfahren (Bleikammerprozess, katalytische Schwefeldioxidverbrennung) erreicht. Dabei kommt es zu einer größeren Wirksamkeit des Sauerstoffs und damit zur weiteren Verringerung der dem Schwefel immanenten Wärme.

$$SO_2 + \tfrac{1}{2} O_2 \rightarrow SO_3 \quad + \quad 23{,}5 \text{ kcal}$$

Damit werden aber die im Schwefel wirkenden Kräfte des Verdichtens stärker. Die Konsequenz ist die Verdichtung bis zu einer flüssigen bzw. festen weißen Substanz, dem Schwefeltrioxid. In der Sprache des Chemikers: Der Schwefel geht bei diesem Prozess von dem vierwertigen in den sechswertigen Zustand über. Das bedeutet, dass er sich stärker mit dem jeweils anderen Stoff verbindet; das ist in der Regel mit größerer Verdichtung, d.h. mit dem Übergehen in eine dichtere Konsistenz, verbunden:

	Schwefeldioxid	Schwefeltrioxid*
Schmelzpunkt	– 75,5 °C	+ 16,8 °C
Siedepunkt	– 10,2 °C	+ 44,8 °C

Im flüssigen Schwefeltrioxid verbindet sich der Schwefel mit dem Wasser «so lebhaft, dass beim Auftropfen von Wasser auf Schwefeltrioxid Explosion mit Lichtaussendung eintritt ... Unter dem Wasser vereinigt sich das [flüssige] Trioxid mit diesem unter zischendem und polterndem Geräusch, ähnlich dem, das beim Eintauchen von glühendem Eisen in Wasser entsteht» (Hofmann/Rüdorff 1965, S. 164). Obwohl der Schwefel bereits einen doppelten Verbrennungsprozess durchlaufen hat, ist er im Schwefeltrioxid noch von einer solchen äußerlich nicht wahrnehmbaren Glut, dass die Verbindung mit dem Wasser so dramatisch verläuft. Das Schwefeltrioxid kann in das kühle «Element» des Wassers nur untertauchen, indem es etwas von seinen Energien abstrahlt:

$$SO_3 + H_2O \rightarrow H_2SO_4 + 21\ \text{kcal}$$

Das problematische Verhältnis zum Wasser äußert sich auch in der Art, wie sich das Schwefeltrioxid mit ihm zur Schwefelsäure verbindet. Normalerweise gehen die Oxide beim Entstehen von Säuren in das Wasser über. Die Säure hat dann eine dem Wasser entsprechende Konsistenz. Konzentrierte Schwefelsäure ist aber ölig, d.h. viel dichter als das Wasser. Das Schwefeltrioxid geht bei der Verbindung mit dem Wasser nicht in dieses über; es saugt das Wasser in sich auf. Das zeigt sich an seiner stark hygroskopischen Eigenschaft. Indem das relativ dichte Schwefeltrioxid das Wasser in sich aufnimmt und nicht in ihm aufgeht, entsteht die gegenüber dem Wasser deutlich höhere Viskosität der konzentrierten Schwefelsäure, das so genannte Oleum.

Durch dieses Aufsaugen von Wasser wird die verborgene Glut des Schwefels im Schwefeltrioxid gedämpft. Sie ist aber bei weitem nicht gelöscht. Denn auch die konzentrierte Schwefelsäure ist noch stark hygroskopisch und verkohlt Holz, indem es ihm das chemisch gebundene Wasser entreißt und sich mit ihm zum Mono- bzw. Dihydrat verbindet. So ist auch das

* Man kennt vom Schwefeltrioxid drei Modifikationen unterschiedlicher Konsistenz und mit verschiedenen Schmelzpunkten (16,8 °C, 32 °C, 62 °C).

Verdünnen von Schwefelsäure mit Wärmeabstrahlung, d.h. einer weiteren Verminderung der enormen Wärmeenergien des Schwefels, verbunden:

$$H_2SO_4 \text{ (konzentriert)} + H_2O \rightarrow H_2SO_4 \text{ (verdünnt)} + 20 \text{ kcal}$$

Das Übergehen in das Wasser und das Sich-Vereinigen mit ihm ist für den Schwefel ein komplizierter Prozess. Der Schwefel muss zweimal, einmal im Schwefeltrioxid und dann im Oleum, seine innere Glut verringern. Erst dann kann er sich als Schwefelsäure im Wasser lösen und in das Medium des Wassers übergehen.

Schwefelsäure ist in der chemischen Technologie eine überaus wichtige Substanz. Sie wird in größeren Mengen als jede andere chemische Verbindung hergestellt und in zahlreichen Synthesen verwendet, an erster Stelle in der Düngemittelindustrie (siehe Greenwood/Earnshaw 1990, S. 854).

In den Salzen der Schwefelsäure, den Sulfaten, geht der Schwefel schließlich in den erstarrten mineralischen Zustand über. Bei vielen dieser Sulfate kommt es aber nicht bis zur definitiven Mineralisierung. Das kann man am Unterschied von Gips und Anhydrit bemerken. Gips enthält in seiner Substanz im Gegensatz zum Anhydrit Kristallwasser. Durch dieses in den Gipskristallen gebundene Wasser ist Gips in seiner Kristallform weniger «verdichtet» als Anhydrit, außerdem sind sein spezifisches Gewicht und seine Härte geringer.

Gips	$CaSO_4 \cdot 2H_2O$	Anhydrit	$CaSO_4$
monokline Kristalle		rhombische Kristalle	
Dichte	$= 2{,}2 - 2{,}3$ g/cm^3	Dichte	$= 2{,}9 - 3$ g/cm^3
Härte	= 2 (Mohssche Skala)	Härte	= 3 – 4 (Mohssche Skala)

Allem Anschein nach wirkt in den kristallwasserhaltigen Sulfaten noch ein Rest der Glutnatur des Schwefels, die beim Auskristallisieren Wasser aufsaugt. So kann man bei den Sulfaten zwei Gruppen unterscheiden:

- die Sulfate mit Kristallwasser:
  Gips $CaSO_4 \cdot 2H_2O$, Kieserit $MgSO_4 \cdot H_2O$, Bittersalz $MgSO_4 \cdot 7H_2O$, Glaubersalz $Na_2SO_4 \cdot 10H_2O$, Polyhalit $2CaSO_4 \cdot MgSO_4 \cdot K_2SO_4 \cdot 2H_2O$
- und die stärker mineralisierten Sulfate ohne Kristallwasser:
  Anhydrit ($CaSO_4$), Cölestin ($SrSO_4$), Schwerspat ($BaSO_4$).

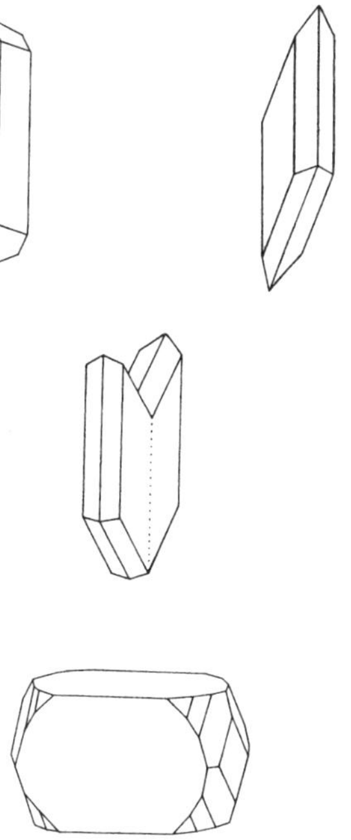

Kristallformen von Gips (man kennt etwa siebzig verschiedene Kristallformen) und Anhydrit [unten] (aus Bud'a/Rejl/Slivak 1997).

In das Gebiet des Mineralischen gelangt der Schwefel als jene so intensiv von Wärme durchwirkte Substanz nur, indem er in dieses ihm so fremde Gebiet durch viele Stufen hinuntersteigt und von einer Stufe zur nächsten viel von seiner sulfurischen Natur durch das Abstrahlen von Wärme aufgibt.

Wir haben verfolgt, wie die in ihrer Natur so sulfurische Substanz des Schwefels in Stufen bis in den Sal-Zustand hinunterdringt. Der Schwefel kann sich aber auch gegenüber dem kosmischen Umkreis aufschließen. Das geschieht, indem er sich mit jenem Element vereinigt, dessen Heimat der Kosmos ist, mit dem Wasserstoff (siehe das Kapitel über den Wasserstoff). Wasserstoff ist unter den Elementen dasjenige, in dem die Wärme ihre stärkste Wirksamkeit entfaltet. So ist er als das dünnste aller Gase die Substanz, die sich am wenigsten verdichtet hat. Wie intensiv in ihm die Wärme wirksam ist, wird an einer weiteren Tatsache deutlich: Wasserstoff setzt der Verdichtung zum

Flüssigen nach dem Edelgas Helium den größten Widerstand entgegen. Er wird erst bei der enormen Kälte von –252,8 °C flüssig. Beim Verbrennen von Wasserstoff tritt in der starken Wärmeabstrahlung bzw. gewaltigen Hitzeentwicklung die tiefe Verwandtschaft mit der Wärme am unmittelbarsten in Erscheinung.

Erhitzt man Wasserstoff mit Schwefel auf 300 °C, dann entsteht langsam, bei katalytischer Beeinflussung wesentlich schneller, der farblose Schwefelwasserstoff. Er ist ein Gas; denn in ihm vereinigt sich der Schwefel eben mit dem Wasserstoff, in dem die auflösende Natur des Gases viel intensiver wirksam ist als im Sauerstoff. So wird Schwefelwasserstoff auch erst bei tieferen Temperaturen (–60,4 °C) flüssig als Schwefeldioxid (–10,2 °C) und fest (Erstarrungstemperatur von Schwefelwasserstoff: –85,6 °C, von Schwefeldioxid: –75,5 °C).

Beim Entstehen von Schwefelwasserstoff aus den Elementen wird nur eine geringe Wärmemenge abgestrahlt:

$$H_2 \quad + \quad S\,(\text{fest}) \quad \rightarrow \quad H_2S \quad + \quad 4{,}76\ \text{kcal}$$

Das bedeutet, dass die dem Schwefel und Wasserstoff immanente Wärme nahezu vollständig im Schwefelwasserstoffgas enthalten ist. So ist Schwefelwasserstoff wohl die Substanz, in der das sulfurische Prinzip eine höchste Intensität erreicht. Sein Geruch – man kann ihn schon etwas an hart gekochten Eiern wahrnehmen – ist ein in höchstem Grade widerwärtiger Gestank, der einen beklemmenden Einfluss auf das Atmen ausübt. In der Natur bildet sich dieses Gas, wo Verwesung, besonders von Eiweißstoffen, unter Sauerstoffmangel stattfindet. Eine wesentliche Komponente im Eiweiß ist die Sulfhydrylgruppe – SH, d.h. mit Wasserstoff verbundener Schwefel. Aus ihr entsteht bei Fäulnis der Schwefelwasserstoff, eines der schlimmsten Gifte. Schon bei der geringen Konzentration 10 ppm führt es zu Übelkeit und Kopfschmerzen, bei 100 ppm zur augenblicklichen Atemlähmung und zum Tod.

Aus Eiweiß sind die meisten Organe des menschlichen Leibes gebildet, z.B. die Leber, die Niere, die Verdauungsorgane und die Muskulatur. Hier ist der Lebensorganismus (Ätherleib) des Menschen tief im Unbewussten unentwegt in der Erneuerung der Gewebe tätig. Und hier hat der Schwefel, wie wir noch besprechen werden, seine Funktion.

Ganz andere Vorgänge spielen sich im Atmen ab. Mit dem Aufwachen am Morgen vertieft sich das Atmen – bei einem Erwachsenen mit 70 kg Körpergewicht von etwa 280 l eingeatmeter Luft auf etwa 400 l pro Stunde. Das Atmen steigert sich weiter, wenn der Mensch seinen Körper im Aufrichten und Bewegen aktiv von innen ergreift. Auf dem Wege über das Atmen verbindet sich das geistig-seelische Wesen des Menschen mit seinem Leib.

Das ist ein völlig anderer Prozess als die Eiweißbildung in den Organen. Beim Atmen ist der Sauerstoff von Bedeutung. Er gelangt durch die roten Blutkörperchen und deren Eisen (im Hämoglobin) in die Organe und bewirkt hier Abbauvorgänge (Oxidationsprozesse). Auf diesem Weg dringt das geistig-seelische Wesen des Menschen bis in die Organe. Bewusstes Seelenleben und Durchseelung des Leibes und die tief im Unbewussten ablaufende Neubildung der Organe sind polare Prozesse. Im einen steht der Sauerstoff im Vordergrund, im anderen hat der Schwefel (-SH) eine zentrale Funktion.

Was geschieht nun bei der Vergiftung durch Schwefelwasserstoff? Da nimmt der Mensch eine Substanz in sein Atmen, d.h. das Medium des bewussten Seelenlebens, auf, die ihrem Wesen nach der Region der unbewussten Leibbildung angehört. Sie ist dem Atemprozess des Menschen vollständig fremd und zerstört ihn. Der Schwefelwasserstoff verbindet sich mit dem Eisen des Hämoglobins und entreißt es dem Atmen; das Hämoglobin wird Sulfhämoglobin. Das Blut verliert seine rote Farbe, es wird braun, schließlich olivfarben. Außerdem wird das Atemzentrum im Hirnstamm gelähmt. Ein Stoff, der in den unbewussten Regionen des Leibes seine Funktion hat, greift gleichsam von unten in das Atmen ein und zerstört die Bedingungen, durch die das seelisch-geistige Wesen des Menschen sich mit dem Leib verbinden kann.

Schwefel hat eine starke Affinität zu den Metallen. Dementsprechend gibt es eine große Anzahl sulfidischer Mineralien und Erze, in denen Schwefel und Metalle miteinander vereinigt sind. Das bekannteste und häufigste dieser Erze ist der goldglänzende Pyrit. In ihm ist der Schwefel mit Eisen vereinigt.

Der metallische Glanz des Pyrits ist offensichtlich die Wirkung der Eisenkomponente. Das Gleiche gilt für die Kristallformen; denn Pyrit kristallisiert wie das Eisen im kubischen System, durch die Wandelbarkeit des Schwefels allerdings in verschiedenen Formen (als Würfel, Oktaeder und Pentagondodekaeder). Der Pyrit ist im Gegensatz zum Eisen, das als reines Metall weich ist, wie die meisten sulfidischen Mineralien spröde. Das Eisen ist von einer Komponente durchwirkt, die die spröde Konsistenz bewirkt – das ist der

Schwefel. Was den Pyrit so besonders schön erscheinen lässt, ist das warme Gelb seines Glanzes. Der metallische Glanz des Eisens ist durchdrungen von der Farbe des Schwefels. Das spezifische Gewicht liegt bei allen sulfidischen Mineralien und Erzen zwischen dem des Schwefels und dem des Metalls. Eisen und Schwefel durchdringen sich wechselseitig in ihren Eigenschaften.

Schwefel		Eisen
$d = 2{,}07\ g/cm^3$	Pyrit	$d = 7{,}88\ g/cm^3$
	$d = 5{,}0 - 5{,}2\ g/cm^3$	

Wie beim Pyrit ist es bei den so genannten Kiesen, einer der drei Gruppen der sulfidischen Mineralien bzw. Erze. Es sind gelb-, gelbbraun- oder bronzeglänzende, spröde Mineralien.

Die Glanze haben auch eine metallisch glänzende Oberfläche. Der Metallcharakter ist durch den Schwefel aber in anderer Weise modifiziert als in den Kiesen. Der metallische Glanz wird nicht von dem wärmehaften Gelb des Schwefel durchsetzt, sondern in verschiedenen Graden abgedämpft, sodass er bleiern und stahlgrau, zum Teil sogar schwarz erscheint. In den Glanzen wird die metallische Komponente durch die des Schwefels stärker modifiziert als in den Kiesen, am intensivsten im Molybdänglanz. Hier entsteht durch den so stark von Wärme erfüllten Schwefel im Zusammenwirken mit dem harten Molybdän eine weiche, bleigraue Substanz, die in verschiedener Hinsicht dem Graphit ähnlich ist.

In den Blenden tritt der Metallcharakter ganz oder wenigstens weitgehend zurück. Die meisten sind gelbe, rote oder hellbraune, durchsichtige bzw. durchscheinende Mineralien. Hier ist der Schwefel die bestimmende Komponente. Das beruht zum Teil darauf, dass er mit Elementen verbunden ist, in denen der Metallcharakter nur schwach ausgeprägt ist wie im Arsen, einem Halbmetall mit einer nichtmetallischen Modifikation, oder dem Quecksilber.

Kiese	*Glanze*	*Blenden*
Pyrit (FeS_2)	Bleiglanz (PbS)	Auripigment (As_2S_3)
Markasit (FeS_2)	Kupferglanz (Cu_2S)	Realgar (AsS)
Magnetkies ($Fe_{11}S_{12}$)	Silberglanz (Ag_2S)	Rotgültigerz (Ag_3AsS_3)
Kupferkies ($CuFeS_2$)	Antimonglanz (Sb_2S_3)	Zinnober (HgS)
Buntkupferkies (Cu_5FeS_4)	Wismutglanz (Bi_2S_3)	Zinkblende (ZnS)
	Molybdänglanz (MoS_2)	Kupferindig (CuS)

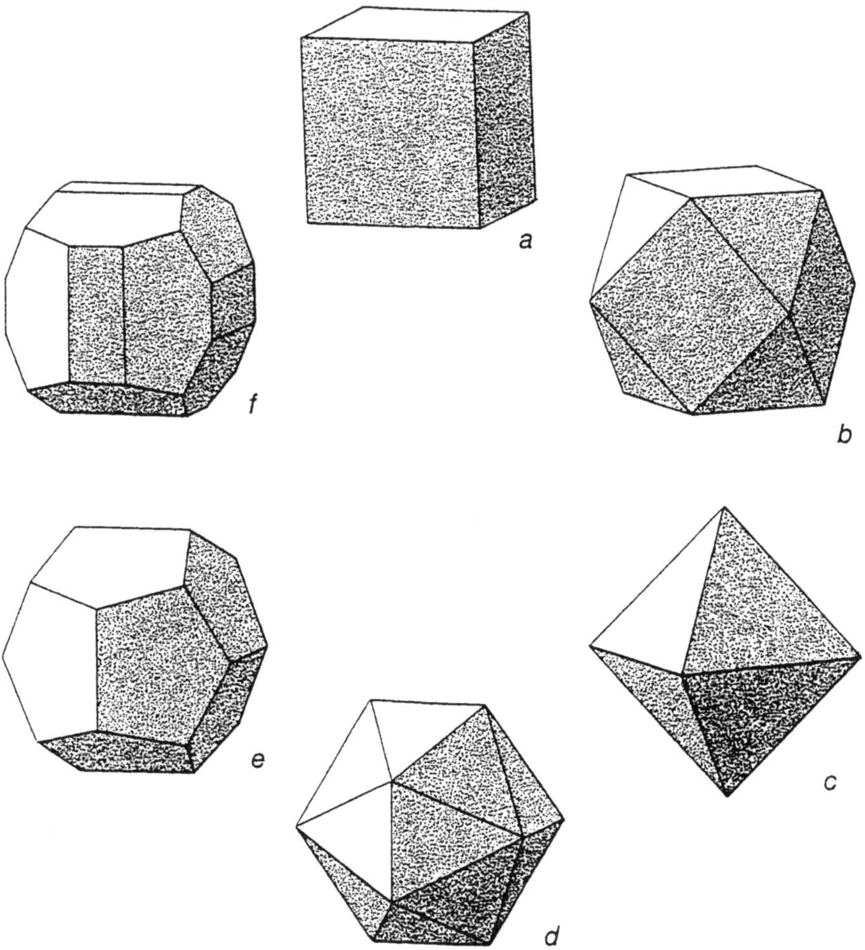

Kristallformen des Pyrits. Einfache Formen: a) Würfel; c) Oktaeder; e) Pentagondodekaeder. – Kombinationen: b) Würfel und Oktaeder; d) Pentagondodekaeder und Oktaeder (Quasi-Ikosaeder); f) Pentagondodekaeder und Würfel (aus Wimmenauer 1992).

Von den zahlreichen Verbindungen des Schwefels sei noch eine erwähnt, die besonders rätselhaft ist, der Schwefelkohlenstoff. Er bildet sich, wenn Schwefeldampf bei 800 °C auf glühende Holzkohle einwirkt. Kohlenstoff ist bekanntlich jenes unter den Elementen, das den festen Formzustand am stärksten repräsentiert; er bleibt bis etwa 3500 °C fest, wo alle übrigen Elemente schon flüssig oder bereits gasförmig sind. Dieser Kohlenstoff vereinigt sich mit dem Schwefel zu einer klaren, im reinen Zustand süß riechenden Flüssigkeit! Wie kann aus der Vereinigung von Kohlenstoff und Schwefel eine Flüssigkeit entstehen?

Bei 800 °C ist der Schwefel als Gas eine im höchsten Grade sulfurische Substanz, die mit ihrer großen Wärmeenergie auf den Kohlenstoff einwirkt. Dieser ist als brennbares Element auch eine sulfurische (energiereiche) Substanz. Indem nun der Schwefel sich mit dem Kohlenstoff vereinigt, wird in die entstehende Verbindung zusätzlich eine große Wärmemenge aufgenommen. Die Synthese verläuft endotherm:

$$C + 2S \rightarrow CS_2 - 21{,}9\ \text{kcal}$$

Ein solcher Vorgang ist, wie das bereits erwähnt wurde, dem Phasenübergang von einem dichteren zum aufgelösteren Aggregatzustand, z.B. vom Festen zum Flüssigen, vergleichbar. So wird bei der Vereinigung des gasförmigen Schwefels mit dem glühenden Kohlenstoff durch die aufgenommene Wärme der starke Formzustand des Kohlenstoffs überwunden. Damit verschwindet aber auch die schwarze Farbe. Denn so wie das Gelb des Schwefels Ausdruck von innerer Wärme ist, ist das Schwarz Ausdruck extremer Zentrierung, die sich z.B. in der Absorbtion, dem Aufsaugen des Lichtes, äußert (siehe das Kapitel über Kohlenstoff). Schwefelkohlenstoff ist also flüssig, weil er von enormer Wärmeenergie durchwirkt ist. Das zeigt sich an verschiedenen Phänomenen. Schwefelkohlenstoff siedet bereits bei 46 °C. Seine Entzündungstemperatur ist mit 262 °C auffallend niedrig. Und wenn er verbrennt, wird außerordentlich viel Wärme frei:

$$CS_2 + 3O_2 \rightarrow CO_2 + 2SO_2 + 260\ \text{kcal}$$

Durch seinen hochgradig sulfurischen Charakter ist Schwefelkohlenstoff ein vorzügliches Lösungsmittel für andere sulfurische Substanzen wie Phosphor, Schwefel, Fette und Harze, im Zusammenwirken mit Natronlauge sogar für Zellulose bei der Herstellung von Kunstseide.

Dass zwei unter normalen Bedingungen feste Elemente im Schwefelkohlenstoff vereinigt sind, zeigt sich in der starken Lichtbrechung. Starke Lichtbrechung ist nämlich für Stoffe mit relativ hoher Dichte charakteristisch.

Wir kommen nun auf die beiden entgegengesetzten Prozesse zurück, auf den Weg des Schwefels in das Gebiet des Mineralischen und die Steigerung seiner sulfurischen Tendenz durch die Vereinigung mit dem Wasserstoff. Diese beiden Prozesse im Anorganischen sind wie ein Abbild von Vorgängen im Lebendigen, wo der Schwefel eine große Bedeutung hat. Hier ist der Schwefel eine wesentliche Komponente im Eiweiß. Wenn z.B. eine Pflanze altert, dann entsteht aus der Schwefelkomponente ihres Eiweißes durch eine Kette physiologischer Vorgänge Sulfat. Beim Altern und Absterben kommt es zu einem Mineralisierungsprozess. Etwas Ähnliches geschieht beim Menschen bei der Ausscheidung. Hier wird zunächst aus der inneren Dynamik des Lebendigen Substanz abgesondert, die ins Unlebendige übergeht. So wird aus dem lebendigen Eiweiß Schwefel abgesondert, in Stufen zu Sulfat umgewandelt und dann in der Niere ausgeschieden. Das ist auch ein Weg in das Gebiet des Mineralischen.

Die Pflanze nimmt dann den Schwefel vor allem als Sulfat durch die Wurzeln auf und gliedert ihn in ihre Lebensprozesse ein, indem sie die Mineralisierung rückgängig macht. Das geschieht im Blattgrün der Blätter unter dem Einfluss der Sonnenenergie. Durch die Sonneneinwirkung entsteht hier die schwefelhaltige Aminosäure Zystein, in der sich der Schwefel in der so genannten Sulfydryl-Gruppe – SH mit dem Wasserstoff vereinigt hat:

- SH Eingliederung in das Leben
Schwefel ↗
Aussonderung - SO_4 ↙ aus dem Leben

Dieser Schwefel erlangt im Leben der Pflanzen seine große Bedeutung. Das zeigt sich, wenn den Pflanzen für ihre Entwicklung nicht genügend Schwefel zur Verfügung steht. Bei der Entwicklung der höheren Pflanzen spielen sich unentwegt zwei recht unterschiedliche Prozesse ab. Der eine ist das Wachstum, bei dem neue Organe gebildet werden. Hier wirken Bildekräfte, die vom kosmischen Umkreis aus gestaltend in das Leben eingreifen (siehe hierzu Steiner, GA 327, S. 64, und Kranich 1997). Der andere führt durch ein Übergewicht der irdischen Kräfte, besonders der verdichtend wirkenden Gravitation, zum Erstarren der gebildeten Formen.

Diese beiden Prozesse haben in den verschiedenen Regionen der Pflanze eine unterschiedliche Intensität. In den Wurzeln kommt es im Längenwachstum unter dem Einfluss der Gravitation sehr rasch zum Erstarren. Auch im Stängel und in den Blattstielen geht das lebendige Gewebe in eine stärkere Verdichtung über. In den anderen Organen haben die verdichtenden Kräfte einen geringeren Einfluss. Vor allem in dem lockeren Gewebe der Blätter und im Reifen von Früchten herrscht eine starke Dynamik des Lebens.

Bei Schwefelmangel ist das Wachstum deutlich gehemmt. Die im Heranwachsen der Pflanze tätigen Bildekräfte können ihre Wirksamkeit nur unvollkommen entfalten. Die Pflanzen bleiben klein (Zwergwuchs) und erstarren übermäßig (Starrtracht). Die kleinen Blätter werden in ihrer Konsistenz fester; im Stängel und den Blattstielen nimmt das Festigungsgewebe und im Ganzen der Pflanze die Trockensubstanz zu. Nur ein Organ entwickelt sich charakteristischerweise normal: die Wurzel. Das bildende und im Wachstum tätige Leben ist abgeschwächt, und damit gewinnen die in das Erstarren einmündenden Prozesse ein Übergewicht.

Diese Phänomene weisen darauf hin, dass die lebendig bildenden Kräfte durch das Medium des Schwefels tätig werden. Die Substanz, in der sie vor allem in den neu entstehenden Organen wirken, ist das Eiweiß. Und gerade in der Eiweißbildung hat der Schwefel eine zentrale Funktion. So ist bei Schwefelmangel die Eiweißbildung und die Neubildung von Gewebe – und damit das Wirken der Bildekräfte – abgeschwächt.

Diese Beziehung des Schwefels zu den bildenden Kräften des Pflanzenlebens äußert sich besonders deutlich in den Blättern. Hier nimmt die Pflanze das Licht in ihre Lebensprozesse auf. Das Licht hat in den Blättern eine zweifache Bedeutung. Seine Kräfte sind es, durch die in der Assimilation mit dem Traubenzucker bzw. der Stärke jene organischen Substanzen entstehen, aus denen durch Umwandlungsprozesse alle übrigen Stoffe des Pflanzenleibes hervorgehen. Licht trägt aber auch formende Kräfte in sich, die in der Pflanzenbildung tätig werden. Mit dem Licht nimmt die Pflanze also belebende und formende Kräfte auf. Das geschieht vor allem im Blattgrün der Chloroplastenkörnchen. Hier befinden sich 70 Prozent des gesamten im Eiweiß enthaltenen Schwefels einer Pflanze. Deshalb werden die Blätter bei Schwefelmangel bleich; die Pflanze kann nun nur noch sehr eingeschränkt Licht aufnehmen. So ist der Schwefel eine wesentliche Bedingung für das Wirken des Lichtes in den Lebensprozessen der Pflanze. Zudem ist das Eiweiß in den Chloroplasten besonders reich an Schwefel.

Die Funktion des Schwefels im Eiweiß, der durch seine Verbindung mit dem Wasserstoff zum kosmischen Umkreis hin offen ist, beschreibt R. Steiner im dritten Vortrag des *Landwirtschaftlichen Kurses* in folgender Weise: Der Schwefel sei der Vermittler zwischen der Gestaltungskraft des Geistigen und dem Physischen; dadurch wirke der Geist in das Physische hinein; der Schwefel werde so zum Träger der Gestaltungskraft des Geistigen, und vermittels des Schwefels werde der Geist, das sind die Bildekräfte, als Plastiker im Physischen gestaltend tätig (GA 327, S. 64).

Das ist eine tiefer gehende Charakterisierung dessen, was bereits geschildert wurde.

Nun gibt es eine Kraft, die allenthalben der Mittler zwischen dem Geistigen und dem Physischen ist, nämlich die Wärme. So werden die im Wachstum der Pflanzen wirkenden Kräfte im Frühjahr erst tätig, wenn die Wärme einen bestimmten Grad erreicht hat. Sollen die Bildekräfte gestaltend bis in das Physische der Pflanze eingreifen, dann benötigen sie eine Substanz, durch deren innere Wärme sie bis in das Materielle hineinwirken können. Das ist der Schwefel. Der Schwefel muss aber zum kosmischen Umkreis, aus dem die Bildekräfte hereinwirken, offen sein. Das geschieht durch seine Vereinigung mit dem Wasserstoff (- SH). So kann der Geist mit seinen gestaltenden Kräften durch den Schwefel in den Pflanzen tätig werden. Das ist die zentrale Bedeutung des Schwefels im Leben der Pflanzen.

Sie gilt auch für die Tiere und den Menschen. Wir haben schon daran erinnert, dass im menschlichen, aber auch im tierischen Organismus die Organe vor allem aus Eiweiß (Proteinen) gebildet werden. Beim Menschen enthält dieses Eiweiß etwa 15 Prozent Schwefel (bezogen auf die Trockensubstanz). Dieser hohe Schwefelgehalt deutet auf die besondere Funktion des Schwefels hin: Durch seine innere Wärme werden die Bildekräfte des menschlichen, aber auch des tierischen Organismus in der so bildsamen Substanz des Eiweißes gestaltend tätig. Auch hier ist der Schwefel der Mittler zwischen den Bildekräften und der physischen Substanz des Leibes.

Phosphor – die Wirksamkeit von immanentem Licht

Als der Hamburger Alchimist Henning Brand um das Jahr 1669 Urin, den er in Kasernen gesammelt hatte, einer umständlichen Prozedur unterzog, «zeigte sich in der Vorlage seiner Retorte plötzlich ein schimmernder Dampf, der zu einer leuchtenden Masse kondensierte. Die Materie sandte ihr eigenartiges Licht aus, ohne erkennbar zu brennen oder zu glühen, und leuchtete sogar unter Wasser einige Zeit» (Priesner 1995, S. 78). Bei seiner Suche nach dem Stein der Weisen hatte Brand eine der ungewöhnlichsten und rätselvollsten Substanzen entdeckt, die dort, wo sie vorgeführt wurde, wie an verschiedenen Höfen, großes Aufsehen erregte. Anlässlich einer solchen Demonstration am Hof des Kurfürsten Friedrich Wilhelm von Brandenburg erhielt sie 1676 ihren Namen: Phosphor, Träger von Licht. Man wusste zunächst nur, dass sie im menschlichen Leib ganz verborgen wirkt. Hundert Jahre später, im Jahre 1769, entdeckte der schwedische Bergwerksingenieur Johann Gottlieb Gahn Phosphor als wesentlichen Bestandteil in menschlichen und tierischen Knochen und zehn Jahre danach in einem Mineral. Allmählich wurde deutlich, dass Phosphor in der Natur weit verbreitet ist, vor allem im Reich des Lebendigen. Heute weiß man durch die Beteiligung des Phosphors in zahlreichen Lebensvorgängen manches von seiner großen Bedeutung. Aber immer noch birgt er eine Reihe unaufgelöster Rätsel. Wir wollen uns ihnen im Folgenden zuwenden.

Phosphor gehört zu jenen Elementen, die an keiner Stelle der Natur in reiner Form erscheinen. Er könnte im Gegensatz zu vielen anderen Elementen, die man ebenfalls erst kennen lernte, als man sie aus dem Gewebe der Natur isolierte, unter den irdischen Verhältnissen nicht bestehen. Man muss ihn mit großer Mühe aus jenen Substanzen, in denen er wirkt, befreien und dann unter künstlichen Bedingungen aufbewahren. Der Phosphor, den man z.B. aus der Knochenasche oder dem Apatit, dem häufigsten Phosphormineral, gewinnt, ist eine vollständig lichtdurchlässige, glasklare Substanz. Sie gehört dem festen Aggregatzustand an, ist aber nur in geringem Maße verdichtet und erstarrt: Das spezifische Gewicht beträgt nur 1,82 g/cm³, seine Konsistenz ist ziemlich weich. Man kann diesen so genannten weißen Phosphor wie Wachs mit dem Messer schneiden – es muss wegen der leichten Entzündlichkeit unter Wasser geschehen. Auch die Tatsache, dass er bereits bei 44,1 °C flüssig wird, zeigt, wie wenig er in den festen, mineralischen Zustand übergeht. Das bemerkt man noch an einer weiteren Eigenschaft: Beim Erwärmen dehnt er sich stärker aus als jedes andere feste Element. In ihm wirken die verdichtenden Kräfte, die die Substanzen erstarren lassen, nur äußerst schwach. So kann die Wärme in ihm ihre ausweitende Wirksamkeit ziemlich ungehindert entfalten.

Wir haben bereits im Schwefel ein Element kennen gelernt, das wohl fest ist, aber nur eine geringe Beziehung zum mineralisch-starren Zustand hat. Diese Beziehung ist beim Phosphor noch schwächer.

	Schwefel (rhombisch)	weißer Phosphor
Dichte	2,07 g/cm³	1,82 g/cm³
Schmelzpunkt	112,8 °C	44,1 °C

Das äußert sich auch im Verhältnis zum Licht: in der klaren Durchsichtigkeit. Die stärkere Verdichtung des Schwefels manifestiert sich in seiner Farbe: Gelb entsteht, wenn es gegenüber der Durchsichtigkeit zu einer Trübung, d.h. zu einer geringeren Durchlässigkeit durch dichtere Konsistenz, kommt. Die übrigen Elemente werden beim Übergang vom gasförmigen zum flüssigen und festen Zustand – mit Ausnahme des Kohlenstoffs in seiner Form als Diamant – undurchsichtig; durch die Verdichtung sondern sie sich aus der Sphäre des Lichtes ab. Der Phosphor bleibt mit ihr aber ganz vereinigt. In ihm wirken offensichtlich Kräfte, die sich der mineralischen Erstarrung noch stärker als die dem Schwefel immanente Wärme widersetzen.

Besteht ein Zusammenhang zwischen diesem Sachverhalt und jener Eigenschaft, die den Phosphor vor allen übrigen Elementen auszeichnet, seinem natürlichen Leuchten? Dieses Leuchten entsteht, indem schon bei normaler Temperatur, d.h. weit unter dem Siedepunkt von 280 °C, immer etwas Phosphor verdampft und der aufsteigende Dampf mit dem Sauerstoff der Luft reagiert. Bei dieser Oxidation strahlt gelb-grünes Licht aus dem Phosphor in die Umgebung. Sonst wird bei Verbrennungsprozessen vor allem Wärme frei. Das geschieht beim Phosphor mit großer Vehemenz, wenn er sich entzündet und verbrennt. Bei der so genannten Chemolumineszenz befreit sich zunächst aber nur Licht aus der Substanz des Phosphors. Dieses Licht muss in irgendeiner Form im Phosphor schon vorhanden gewesen sein.

Um hier zu einer gewissen Klarheit zu kommen, sind zwei Vorgänge zu unterscheiden: das Entstehen und das Erstehen. Beim Entstehen tritt etwas Neues auf, das vorher noch nicht vorhanden war, wie der flüssige Zustand des Wassers beim Schmelzen von Eis oder eine bestimmte Form, wenn eine Substanz aus einer Lösung kristallisiert. Wenn etwas ersteht, war es schon vorhanden. Ein bekanntes Beispiel ist die Wärme, die beim Kondensieren oder Erstarren einer Substanz auftritt. Sie hat vorher als latente Wärme in der Materie deren aufgelösteren und beweglicheren Zustand bewirkt. Was ersteht, war schon in der Materie wirksam und hat ihre Erscheinungsform mitgeprägt.

Nun haben wir am Schwefel gesehen, dass die Wärme in ihm in dreifacher Weise wirksam ist. Zunächst erscheint sie als messbare Wärme in der Temperatur und im Ausdehnen, d.h. im Verringern der Verdichtung. Tiefer greift die Wärme beim Schmelzen und Verdampfen in die Substanz ein. Hier verschwindet Wärme aus dem Bereich der äußeren Wahrnehmung, dringt tief in die Materie und bewirkt beim Phasenübergang das Flüssig- und Gasförmigwerden. Nun kommt die Wärme beim Schwefel nicht nur in den Aggregatzuständen zur Geltung, sondern im Charakter der Substanz selbst. Da ist sie eine Kraft, die der Substanz immanent ist und ihre Eigenart bestimmt, z.B. die ungewöhnliche innere Wandelbarkeit beim Übergehen in die verschiedenen Modifikationen. Sie ist tief in der Substanz tätig und in einer besonders nachhaltigen Art in ihr «verzaubert». Nun kann man sich die Frage vorlegen: Wie wirkt Licht, wenn es in dieser dritten Art zu einer Eigenschaft der Substanz wird? Wie ist eine Substanz, wenn ihr nicht besonders Wärme wie beim Schwefel, sondern vor allem auch Licht gleichsam einverwoben ist?

Licht ist eine leuchtende Kraft, die sich strahlend im Raum ausbreitet. Als solche tritt es aus dem weißen Phosphor hervor. In welchem Zustand ist es, bevor es aus der Substanz des Phosphors ersteht? Wenn Licht der Substanz einverwoben ist, ist es in einen engen Raum gebannt. Da kann es nicht wie sonst ausstrahlend in die Weite verströmen. Indem es sich mit der Materie vereinigt, verschwindet sein machtvolles Strahlen. Das Licht durchwirkt nun die Materie. Dadurch wird die Materie, selbst wenn sie sich bis zum festen Zustand verdichtet, nicht finster; sie wird von innen durchlichtet, d.h. durchsichtig. In der klaren Durchsichtigkeit des reinen weißen Phosphors erscheint die Wirksamkeit des latenten, in die Substanz übergegangenen Lichtes.

Natürlich ist nicht jeder durchsichtige Stoff Ausdruck von latentem Licht. Die Durchsichtigkeit der meisten Stoffe beruht darauf, dass sich bei ihrem Entstehen ein durchsichtiges Gas oder eine durchsichtige Flüssigkeit mit anderen Elementen vereinigt hat. Das ist beim Phosphor nicht der Fall; er ist, wie man seit Lavoisier weiß, ein Element – und zwar ein solches, das seine Durchsichtigkeit dem in seiner Substanz verzauberten Licht verdankt.

Durch diesen Sachverhalt werden Phänomene, auf die bereits hingewiesen wurde, verständlich. Wenn Licht der Substanz immanent ist und sie bis zur völligen Klarheit durchhellt, dann wirkt doch noch seine ausstrahlende Kraft. Diese widerstrebt den verdichtenden Kräften, die den Stoff im festen Aggregatzustand erstarren lassen. Sie ist – zusammen mit der dem Phosphor auch immanenten Wärme (siehe Seite 80) – der Grund für die geringe Dichte des weißen Phosphors und seinen niedrigen Schmelzpunkt. Dadurch, dass beim Phosphor sehr viel Wärme und Licht der Substanz einverwoben sind, ist sie weitgehend von diesen imponderablen Kräften bestimmt. M. von Mackensen beschreibt diesen Sachverhalt mit folgenden Worten: «Keine andere Substanz hat sich die Imponderabilienwirkung so zu Eigen gemacht, d.h. das Imponderable so stark verinnerlicht und zum Kern ihrer physisch-stofflichen Erscheinung gemacht. Es ist, als wenn die Imponderabilien den Phosphor ständig durchglühen» (v. Mackensen 1994, S. 70).

Um den Phosphor weiter zu verstehen, ist es angebracht, sich die spezifischen Wirkungen des Lichtes zu vergegenwärtigen. Man kann sie besonders am Pflanzenwachstum studieren, weil sich die Pflanzen stärker als alle anderen Naturwesen unter dem Einfluss des Lichtes entwickeln. Neben der Beteiligung in der Substanzbildung bei der Assimilation hat das Licht vor allem morphogenetische Wirkungen. So entwickeln sich z.B. die Blätter der zweikeimblättrigen Pflanzen nur, wenn Licht auf die Pflanze einwirkt. Das Entstehen differenzierter und fein gegliederter Formen durch das Licht (Bockemühl 1985, S. 109 ff.) ist in der Regel mit einer Verdichtung der Konsistenz verbunden. So übt Licht einen hemmenden Einfluss auf das Stängelwachstum aus. Und nur unter Einwirkung des Lichtes entsteht das dichte

Festigungsgewebe (Fellenberg 1978, S. 74; 1981, S. 63). Im Gegensatz zur auflösenden Tendenz der Wärme wirkt Licht formend und insofern verdichtend. Es ist aber eine andere Art des Verdichtens als die durch die Schwere (Gravitation), die das, was sie ergreift, in Richtung zum Erdmittelpunkt hin konzentriert. Schwere wirkt von außen auf den Stoff ein; Licht wirkt in die Substanzbildung und in der Substanz. Insofern im Phosphor Licht der Substanz in der geschilderten Weise immanent ist, sind es auch die formenden Kräfte des Lichtes.

Es könnte scheinen, dass unsere bisherigen Aussagen einen Widerspruch enthalten: Einmal soll das Licht im weißen Phosphor dessen überaus geringe Dichte bewirken, selbst aber formend verdichtende Kräfte enthalten. Man muss beim Licht zwei Kräfte unterscheiden: die in den Umkreis verströmende Kraft und die im Licht selbst wirkende Formkraft. Wenn Licht die räumlich begrenzte Materie durchwirkt, kann sich diese durch die verströmende Tendenz des Lichtes nicht stark verdichten. In dieser Substanz wirkt nun die Formkraft des Lichtes.

Das zeigt sich in besonderer Weise beim weißen Phosphor, der durch die Eigenart seiner Substanz eine innere, sensible Beziehung zum Licht hat. Kommt weißer Phosphor unter den Einfluss von äußerem Licht, so dringt dieses in ihn ein und bewirkt sofort eine Veränderung. Er wird gelb und unter längerer Einwirkung des Lichtes rot. Dies ist Ausdruck einer Verwandlung in der Substanz: einer Verdichtung, durch die die Durchsichtigkeit allmählich verschwindet. Es entsteht eine neue Form des Phosphors, der rote Phosphor. Die Substanz verdichtet sich von 1,82 g/cm^3 auf 2,2 g/cm^3. Dabei wird Wärme frei (4,4 kcal/Mol). Indem Licht in die Substanz des weißen Phosphors eindringt, wird sie von den formend-verdichtenden Kräften des Lichtes durchwirkt und geht dadurch in eine dichtere Konsistenz über. Dabei wird der Phosphor hart (Härte in der Mohsschen Skala 3,5); und der Schmelzpunkt steigt von 44,1 °C auf etwa 600 °C! Das ist eine eindrucksvolle Demonstration der im Licht wirkenden Kräfte. Sie kann in dieser Weise allerdings nur dort auftreten, wo die Materie für diese Kräfte dadurch sensibel ist, dass sie durch das ihr einverwobene Licht in sich selbst Kräfte des Formens und Verdichtens enthält.

Der rote Phosphor leuchtet nicht. Aus seiner dichten und festen Materie kann das Licht nicht erstehen wie aus dem feineren weißen Phosphor. Am Verschwinden der Durchsichtigkeit und dem Rotwerden des Phosphors zeigt sich, dass sich das Wirken des Lichtes in der Substanz im Zusammenhang mit der Verdichtung verändert. Was sich hier abspielt, ist einem bekannten Vorgang ähnlich. Wenn Licht durch ein zunächst klares Medium dringt, das dann aber durch das Hinzukommen von dichterer Materie allmählich trüb wird, entsteht leuchtendes Rot. Dieser Vorgang spielt sich ab, wenn das Licht der Sonne am Abend die vom Dunst trübe Atmosphäre durchstrahlt. Je trüber die Atmosphäre ist, desto intensiver und dunkler wird das Rot. In dem weißen Phosphor wird die wenig verdichtete Materie bis zur Durchsichtigkeit durchlichtet. Dann aber wirkt das immanente Licht in der verdichteten Materie. Hier wird seine Wirksamkeit durch die größere Dichte gehemmt und getrübt. Dadurch wird der Phosphor undurchsichtig und rot. So erfasst man, wie bei der durch das Licht bewirkten Verwandlung des weißen in den roten Phosphor die Durchsichtigkeit in das undurchsichtige Rot übergeht. Mit dieser Umwandlung, bei der die Kräfte des Lichtes tiefer in der Substanz zurückgehalten werden, erlischt das Leuchten des Phosphors.

In der chemischen Industrie wird der rote Phosphor auf anderem Wege hergestellt. Weißer Phosphor wird in eisernen Autoklaven unter Luftausschluss auf etwa 270 °C, d.h. bis fast zum Siedepunkt, erhitzt. Es entsteht ein amorphes dunkelrotes Pulver. Wird nun die Temperatur auf 540 bzw. 550 °C erhöht, geht der amorphe rote Phosphor in kristalline Formen über. Diese Umwandlungen widersprechen dem üblichen Verhalten von Stoffen. Normalerweise gehen die Stoffe beim Erhitzen als Folge der größeren Durchwärmung in aufgelöstere Zustände über. Beim Phosphor tritt das Gegenteil ein: die Umwandlung in die dichtere Modifikation. Diese Verwandlung verläuft zudem insofern paradox, als bei dem geringeren Grad der Erhitzung der amorphe und bei dem höheren der kristalline, d.h. ganz durchformte Zustand entsteht. Das weist darauf hin, dass die Kräfte, die beim Phosphor die Verdichtung und Kristallisation bewirken, von anderer Art sind als sonst. Man kann diese Tatsachen in folgender Weise deuten: Durch die Hitze kommt der weiße Phosphor in einen labilen Zustand. Hier können nun die Verdichtungs- und Formkräfte, die im weißen Phosphor latent schon vorhanden waren, ihre Wirksamkeit entfalten und die Materie stärker durchprägen als zuvor. Wir haben diese Kräfte kennen gelernt: Es sind die verdichtenden und formenden, dem Phosphor einverwobenen Kräfte des Lichtes.

Bei der Umwandlung des weißen Phosphors in den roten verändert sich die Substanz noch in anderer Weise. Der weiße Phosphor ist außerordentlich giftig (siehe Seite 83 f.). Er zerstört lebendiges Gewebe; unter seiner Einwirkung degenerieren bestimmte Organe, vor allem die Leber. Ein kleines Stück brennenden Phosphors erzeugt eine tief sich in das Fleisch hineinfressende Wunde, die nur sehr schwer heilt. Die so extrem entzündliche und zum Verbrennen tendierende Natur des weißen Phosphors wirkt auf das lebendige Gewebe zerstörerisch. Nach R. Steiner ist der Phosphor eine Substanz, die im menschlichen Leib die «Formen auslöscht» (Steiner, GA 319, S. 120). Indem nun der weiße Phosphor in die dichtere Form des roten Phosphors mit seiner viel geringeren Entzündbarkeit übergeht, verschwinden die Giftigkeit und die zersetzende Wirkung.

Der Phosphor kann sich unter bestimmten Bedingungen noch stärker zu einer grauschwarzen metallischen Modifikation verdichten. Man muss weißen Phosphor mehrere Tage auf 380 °C, d.h. deutlich über den Siedepunkt, erhitzen. Enthält der gasförmige Phosphor fein verteiltes Quecksilber als Katalysator und Impfkristalle aus schwarzem Phosphor, dann bewirken die dem Phosphor immanenten Formkräfte die Verdichtung bis zum spezifischen Gewicht von 2,70 g/cm^3 des schwarzen Phosphors. Die grauschwarze Farbe zeigt nichts mehr von der lichthaften Natur des Phosphors. Sie ist nur noch Ausdruck der dem Licht immanenten Verdichtungstendenz, die im schwarzen Phosphor den Höhepunkt ihrer Wirksamkeit erreicht. Wenn eine Substanz intensiv von verdichtender Kraft durchsetzt ist, dann wirkt diese gegenüber der Umgebung aufsaugend. Wird Licht von der Substanz aufgesogen, dann erscheint sie schwarz.

Man hat den schwarzen Phosphor allerdings auf anderem Wege entdeckt. Weißer Phosphor wurde auf 200 °C erhitzt und im flüssigen Zustand dem gewaltigen Druck von etwa 12.000 atm ausgesetzt. Hier geschieht die Verdichtung durch die von außen einwirkenden Druckkräfte. Ohne die dem Phosphor immanente Verdichtungstendenz aber könnte der Druck die Umwandlung zum schwarzen Phosphor nicht bewirken. Zunächst entsteht die orthorhombische Form des schwarzen Phosphors. Wird der Druck noch gewaltiger, kommt es zu zwei weiteren Stufen der Verdichtung, zuletzt zum schwarzen kubischen Phosphor ($D = 3{,}88\ g/cm^3$).

Der Phosphor ist ähnlich wie der Schwefel in besonderer Weise Träger von imponderablen Kräften, die als Licht und Wärme dem Bereich des Ätherischen angehören.[1] Durch ihre intensive Verbindung mit diesen Kräften sind beide Elemente besonders bildsam und verwandlungsfähig; sie können in verschiedenen Modifikationen erscheinen. Es bestehen allerdings charakteristische Unterschiede. Der Schwefel durchläuft durch seine ganz von Wärme bestimmte Substanz beim Erwärmen bzw. Abkühlen in allen drei Aggregatzuständen verschiedene Modifikationen. Der Phosphor hat dagegen nur in dem Aggregatzustand mehrere Modifikationen, in dem die formenden Kräfte des Lichtes wirksam werden, d.h. im Festen.

Die bisher betrachteten Phänomene bezeugen, dass der Phosphor seiner Bezeichnung entsprechend Lichtträger ist, d.h. eine von Licht durchwirkte Substanz. Nun gibt es zahlreiche Stoffe, die verborgenes Licht enthalten. Zu ihnen gehören Traubenzucker und Stärke, die in den grünen Blättern bei der Assimilation entstehen. Hier geht Licht in die chemische Verbindung der den Traubenzucker und die Stärke konstituierenden Elemente über. Beim Phosphor ist das Licht nicht in der chemischen Verbindung der Elemente, sondern tiefer in der Materie, nämlich im Element selbst, enthalten. Es gehört zum Stoff wie dessen Dichte; es ist eine Komponente der Substanz. Wie äußert sich das nun in den elementaren chemischen Prozessen und Verbindungen?

Der weiße Phosphor entzündet sich durch seine geringe Verdichtung und seine reichen latenten Energien bereits bei 35 °C. Man muss deshalb sehr vorsichtig mit ihm umgehen. An der Luft verbrennen weißer wie roter Phosphor mit außerordentlich heller Flamme. Dabei strahlt ungewöhnlich viel Energie in die Umgebung. Daran wird deutlich, in welch hohem Ausmaß Licht und Wärme dem Phosphor einverwoben sind. An der gleißenden Helligkeit der Phosphorflamme erlebt man die Intensität und Fülle des strahlend aus der Substanz hervorbrechenden Lichtes.

Bei der Vereinigung des Phosphors mit dem Sauerstoff der Luft entsteht Phosphorpentoxid. In der enormen Hitze des Verbrennungsprozesses bildet es sich zunächst als Gas. Bei etwa 300 °C geht es dann direkt in den festen Zustand über und rieselt in unmittelbarer Nähe des verbrennenden Phosphors als feines weißes Pulver nieder.

$$4\,P + 5\,O_2 \rightarrow P_4O_{10} + 2 \times 370\ \text{kcal}$$

Im Weiß dieser Substanz kommt zum Ausdruck, dass sich die lichthafte Substanz des Phosphors und die durchsichtige des Sauerstoffs vereinigt haben:

Weiß ist jene Farbe, in der das Helle von keiner Trübung abgedämpft ist; es steht unter allen Farben dem Licht am nächsten.

Die Verbrennung des Phosphors verläuft wesentlich dramatischer als die des Schwefels. Beim Schwefel entsteht bekanntlich zunächst das gasförmige Schwefeldioxid und dann erst in einem zweiten Schritt der Oxidation das flüssige Schwefeltrioxid. Der Phosphor verbrennt sofort vollständig; er geht unmittelbar durch das intensive Abstrahlen von Wärme in den dichteren Zustand der zweiten Oxidationsstufe über. Nur dann, wenn der Verbrennungsvorgang durch mangelhafte Luftzufuhr verlangsamt ist, bildet sich als erste Oxidationsstufe Phosphortrioxid. Es ist ebenfalls weiß und von wachsartiger Konsistenz. Wenn man bedenkt, dass Phosphor weniger verdichtet ist als Schwefel, könnte man erwarten, dass bei der Vereinigung mit dem gasförmigen Sauerstoff wie beim Schwefel ein Gas entsteht. Dann berücksichtigt man aber nicht, dass im Schwefel vor allem die Kräfte der Wärme, im Phosphor besonders auch die des Lichtes wirken. Sie bewirken, dass sich das Oxid schon bei dem ersten Schritt des Oxidationsprozesses bis zum festen Zustand und einem Molekulargewicht verdichtet, das nicht der Formel P_2O_3, sondern P_4O_6 entspricht. Ebenso hat das Phosphorpentoxid die der Formel P_4O_{10} entsprechende Dichte.[2]

Die Prozesse beim Entstehen der beiden Phosphoroxide sind komplizierter, als es auf den ersten Blick erscheint. Zunächst kann man feststellen, dass bei der Bildung des Phosphorpentoxids wesentlich mehr Wärme aus der Substanz abstrahlt als beim Phosphortrioxid und deshalb die Kräfte des Verdichtens und Erstarrens eine größere Wirksamkeit erlangen.

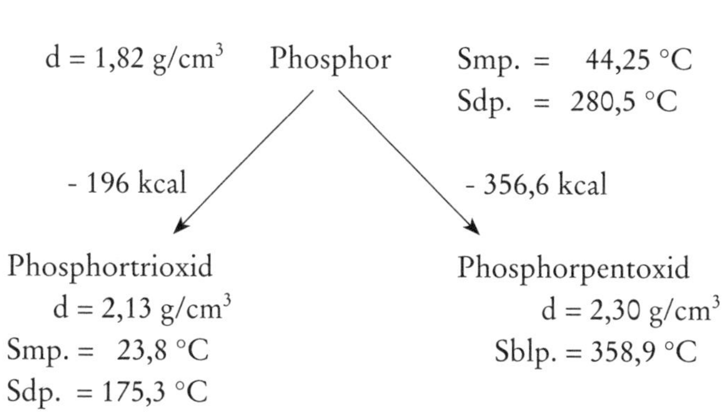

Im Phosphorpentoxid wird beim Erwärmen der feste Zustand so lange festgehalten, dass er schließlich sublimiert, d.h. unvermittelt, in den gasförmigen Zustand übergeht.

Das Rätselhafte zeigt sich, wenn man feststellt, dass das Phosphortrioxid trotz der starken Verminderung von latenter Wärme schneller schmilzt und verdampft als der Phosphor. Und die Tatsache, dass das Phosphorpentoxid trotz der enormen Wärmeabstrahlung bei einer nur um knapp 80 °C höheren Temperatur als der Phosphor verdampft, ist auch ungewöhnlich. Diese Phänomene werden verständlich, wenn man bedenkt, dass der Phosphor nur sehr wenig verdichtet ist. So kommt im Zusammenwirken mit dem Sauerstoff dessen gasförmig-auflösende Natur stärker zur Geltung als in der Verbindung mit einem dichteren Element. Damit wird aber die Wirksamkeit der zum Erstarren führenden Kräfte abgeschwächt.

Am Phosphorpentoxid wiederholt sich, was wir bei der Umwandlung des weißen in den roten Phosphor durch Erhitzen bereits kennen gelernt haben. Wird das hexagonal kristallisierende Phosphorpentoxid bis über den Sublimationspunkt von 358,9 °C auf 400 °C erhitzt, dann kommt es im Medium dieser starken Wärme nach etwa zwei Stunden zu einer Verdichtung. Das gasförmige Phosphorpentoxid polymerisiert zu der dichteren, weniger flüchtigen rhombischen Form und bei wesentlich längerem Erhitzen auf 500 °C zu einer zweiten noch stabileren rhombischen Form. Auch hier sind es die im Phosphor wirkenden Kräfte des Lichtes, die die Substanz dichter werden lassen.

Wird Phosphorpentoxid dem Licht ausgesetzt, dann beginnt es grünlich zu leuchten. Dieses Leuchten hält auch nach der Belichtung einige Zeit an (Phosphoreszenz). Im Gegensatz zum weißen Phosphor leuchtet das Phosphorpentoxid nicht, weil der in ihm enthaltene Phosphor einen Teil seines immanenten Lichtes beim Verbrennungsprozess abgestrahlt hat. Nun nimmt dieser Phosphor Licht auf und kann dadurch für eine gewisse Zeit wieder leuchten.

Die ungewöhnlich starke Affinität des Phosphors zum Sauerstoff, die sich in dem so heftig verlaufenden Verbrennungsprozess äußert, weist auf die dem Phosphor innewohnende Tendenz hin, intensiv in dichtere Zustände überzugehen. Diese Tendenz wirkt nun auch in der Affinität des Phosphorpentoxids zum Wasser. Phosphorpentoxid saugt Wasser mit großer Vehemenz auf; es ist so hygroskopisch,[3] dass es selbst der konzentrierten Schwefelsäure (Oleum) die Wasserkomponente entreißt. Die Reaktion des Phosphorpentoxides mit Wasser ist nahezu so dramatisch wie die des Phosphors mit Sauerstoff; sie verläuft «sehr heftig, fast explosionsartig und unter großer Wärmeentwicklung» (Greenwood/Earnshaw 1990, S. 645). Auf diese Weise entsteht Phosphorsäure, in der der Phosphor nun im Flüssigen wirkt. So ist konzentrierte Phosphorsäure dichter als konzentrierte Schwefelsäure (Oleum), nämlich sirupförmig. Sie erstarrt sogar und geht in den kristallisierten Zustand über. Wird sie verdünnt, kommt es zu einer schwachen Erwärmung. Phosphor ist jetzt in jenem Zustand, in dem er im Bereich des Lebendigen seine vielfältige Wirksamkeit entfaltet.

Die Verbindung mit Wasser ist außerordentlich vielgestaltig. Die Säure, die zunächst entsteht,

$$P_4O_{10} + 6\,H_2O \rightarrow 4\,H_3PO_4$$

die Orthophosphorsäure, ist nämlich nur eine von vielen Säuren. Der Phosphor bildet mehr Säuren als jedes andere Element. Durch die in ihm wirkenden Kräfte kommt es zu verschiedenen Arten und Graden der Verdichtung, zur Diphosphorsäure, Triphosphorsäure, Polyphosphorsäure, zur Hypophosphorsäure usw.; man kennt heute weit mehr als zwanzig Sauerstoffsäuren des Phosphors, von denen die Orthophosphorsäure die wichtigste ist. Man kann an diesen Säuren verfolgen, wie die immanenten Kräfte des Verdichtens das chemische Verhalten des Phosphors bis in das Gebiet des Wässrigen bestimmen und hier besonders reich zur Geltung kommen. Mit anderen Worten: Die formend-verdichtenden Kräfte des Lichtes dringen im Phosphor tief in das Gebiet der chemischen Prozesse hinunter, schließlich bis in die Mineralien, die den Phosphor als Phosphat in sich enthalten.

Man kennt eine große Anzahl solcher Mineralien. Sie sind über die ganze Erde verteilt, besonders in Eruptivgesteinen. Meist sind es aber nur geringe Beimengungen. Das häufigste dieser Mineralien ist der Apatit, ein Kalziumphosphat mit Beimengungen von Fluor oder Chlor. Aus ihm wird heute der Phosphor gewonnen. Der fein gemahlene Apatit wird mit Quarz und Kohle gemischt. In der enormen Hitze eines Lichtbogenofens wird das Phosphat durch die Kieselsäure verdrängt und dann durch Kohle zu Phosphor reduziert. Die Phosphordämpfe kondensieren dann zu weißem Phosphor.

Ursprünglich verwendete man den weißen Phosphor zur Herstellung von Zündhölzern (seit 1812). Durch die große Giftigkeit kam es zu zahlreichen Vergiftungen. Bereits 0,1 g weißen Phosphors durch den Mund aufgenommen sind tödlich. Bei schwerer Vergiftung kam es zu intensiver Entzündung des Magens, heftigem Durstgefühl, brennendem Schmerz in Hals und Bauch und zu starken Durchfällen. Ein rascher Verfall der Kräfte führte dann zum Tod. Wie energisch der weiße Phosphor in den Organen die formend tätigen Kräfte ertötet, zeigte sich z.B. an den Muskeln, der Leber und den Nieren. Hier war das lebendige Gewebe bereits nach weniger als zwei Wochen in fettige Degeneration übergegangen. Bei Arbeitern, die in den damaligen Zündholzfabriken während längerer Zeiträume geringe Mengen von weißem Phosphor aufnahmen, kam es zu einer chronischen Phosphorvergiftung. Sie führte unter anderem in dem Bereich des menschlichen Organismus, wo der Phosphor als Phosphat ein wesentlicher Bestandteil ist, in den Knochen, zu Erkrankungen und zu nekrotischen Veränderungen, bei denen der Unterkiefer abstarb. In einem Bericht aus dem 19. Jahrhundert heißt es: «Der Betroffene wird ... anfällig für eine Art von Influenza, begleitet von häufigem Niesen; der Patient leidet zunächst gelegentlich, später häufig unter Zahnschmerzen. Die Schmerzen werden mit der Zeit schwerwiegend, besonders wenn sich der Betroffene keiner geeigneten Behandlung unterzieht. Bei lang andauernder Phosphorexposition schmerzen nicht mehr nur die Zähne, sondern der gesamte Ober- und Unterkiefer, das Gesicht und angrenzende Bereiche des Halses. Die Lymphdrüsen am Hals schwellen und sind druckschmerzhaft, das Zahnfleisch entzündet sich, die Wange schwillt an und wird fest. Das Zahnfleisch ist größtenteils weich und elastisch, besonders am Oberkiefer. Am Unterkiefer bilden sich oft Abszesse mit widerlichem, faulig riechendem Ausfluss. Auf der betroffenen Seite werden alle Zähne, ob kariös oder nicht, locker. Sie fallen entweder von selbst aus oder können leicht mit den Fingern herausgezogen werden. Neue Abszesse bilden sich am Zahnfleisch, welches seine rote Farbe verliert, blau und so von den Eiterherden unterwandert wird, dass es aussieht wie ein Sieb, aus dessen Löchern übel riechende Flüssigkeit dringt. In einigen Fällen werden neben dem gesamten Zahnfleisch und den Kieferknochen das Wangengewebe sowie Bereiche des Halses von der schrecklichen Krankheit in Mitleidenschaft gezogen» (zitiert nach Emsley 2001, S. 104 f.).

Heute sind Phosphorvergiftungen äußerst selten, denn in den Zündhölzern wurde von 1855 an der weiße Phosphor durch den ungiftigen roten (auf der Reibefläche) und Phosphorpentasulfid (in den Köpfchen der Streichhölzer) ersetzt.

Der Phosphor bildet mit verschiedenen anderen Elementen eine große Anzahl von Verbindungen, besonders mit Wasserstoff, Schwefel, Stickstoff und Halogenen. Wir gehen nur kurz auf einige der zahlreichen Phosphorwasserstoffe ein, weil die Verbindungen des Phosphors mit Wasserstoff denen des Phosphors mit Sauerstoff polar entgegenstehen. Die einfachste und bekannteste dieser Verbindungen ist das Phosphin (Monophosphan), ein farbloses, äußerst giftiges und unangenehm riechendes Gas. Es entsteht, wenn man weißen Phosphor mit Lauge, z.B. Kalilauge, kocht. Wenn es sich aus den Elementen bildet, wird Wärme in die Vereinigung von Phosphor und Wasserstoff – wie beim Entstehen des Schwefelwasserstoffs aus den Elementen – aufgenommen:

$$P + \frac{3}{2} H_2 \rightarrow PH_3 - 2{,}2 \text{ kcal}$$

Im Phosphin wirken der Wasserstoff mit seinen intensiv auflösenden Kräften, seiner großen immanenten Wärme und diese zusätzliche Wärmeenergie zusammen. So entsteht im Gegensatz zur Verbindung des Phosphors mit Sauerstoff ein Gas, das erst bei –87,4 °C in den dichteren flüssigen Zustand übergeht. Phosphin ist durch seine Phosphorkomponente sehr giftig. So kam es bei der Bekämpfung von Mehlmotten und Kornkäfern mit Phosphin in Lagerhäusern zu tödlichen Vergiftungen. Als eine außerordentlich energiereiche Substanz entzündet sich Phosphin leicht, besonders wenn es ganz trocken ist, und verbrennt, ähnlich dem Phosphor, mit hell leuchtender Flamme.

Wie Schwefelwasserstoff tritt Phosphorwasserstoff bei Fäulnis auf, außerdem in den Ausscheidungen. Nach M. von Mackensen wurde das natürliche Vorkommen von Phosphin mehrfach beschrieben und immer wieder bezweifelt, «bis es 1988 in den Abgasen von Kläranlagen nachgewiesen wurde; später im Hamburger Hafenschlick, in schlammigen Meeressedimenten und in Fäkalien», auch in denen des Menschen (v. Mackensen 1994, S. 72 f.).

In einer weiteren Verbindung des Phosphors mit Wasserstoff, dem Diphosphin (Diphosphan P_2H_4), hat der Phosphor eine stärkere Wirksamkeit. So ist diese Substanz dichter; es ist eine klare, stark lichtbrechende Flüssigkeit, die schon bei 57 °C in den gasförmigen Zustand übergeht. Indem im Diphosphin der verflüchtigende Wasserstoff gegenüber dem Phosphor zurücktritt, wiederholt sich bei ihm, was wir bei der Umwandlung des weißen in den roten Phosphor kennen gelernt haben. Unter der Einwirkung von Licht verdichtet sich das Diphosphin. Die farblose klare Flüssigkeit wird zu einer amorphen gelben Masse, dem festen Phosphorwasserstoff. Diese Verdichtung geht offensichtlich von dem im Diphosphin enthaltenen Phosphor aus. Wie das Diphosphin durch den Wasserstoff gegenüber dem weißen Phosphor flüssig ist, so geht die Verdichtung – ebenfalls durch den Wasserstoff – nicht so weit wie beim roten Phosphor. Dementsprechend ist der feste Phosphorwasserstoff gelb.

Auch wenn der Phosphor durch die verschiedenen Phosphatmineralien in der Gesteinswelt weit verbreitet ist – Phosphor steht unter den Elementen der Lithosphäre im Hinblick auf die Häufigkeit an elfter Stelle –, so liegt seine Bedeutung doch vor allem im Bereich des Lebendigen. Hier ist er eine der wichtigsten und im Hinblick auf das weite Spektrum seiner Beteiligung in den Lebensprozessen am umfassendsten wirksamen Substanzen. Man kann das an der Pflanze bemerken, wenn ihr für die Entwicklung nicht genügend Phosphor zur Verfügung steht. Dann ist das Wachstum in allen Organen beeinträchtigt. Die Pflanzen erscheinen in ihrer Vitalität geschwächt. Die Wurzel entwickelt sich nur schwach, ebenso der Spross. Die Pflanzen bleiben klein, die Stängel auffallend dünn; und die ganze Erscheinung wirkt wie erstarrt. Am stärksten macht sich der Mangel an Phosphor bei der Verwandlung zum Blühen und den letzten Stadien der Entwicklung, der Frucht- und Samenbildung, bemerkbar. Mit dem Blühen löst sich die Pflanze von den terrestrischen Kräften, die vor allem in Wurzel und Stängel wirken. Indem die Stängelbildung beim Entstehen von Kelch und Krone erlischt, kommen die Bildungsprozesse unter den verstärkten Einfluss der kosmischen Kräfte von Licht und Wärme. Bei diesem Übergang ist der Phosphor mit seinem immanenten Licht von Bedeutung. Wenn unter normalen Bedingungen Blütenknospen entstehen, reichert sich in ihnen Phosphor an. Durch ihn gelangt das Pflanzenleben mehr und mehr in den Wirkensbereich der kosmischen Einflüsse. So entwickeln sich bei Phosphormangel die Blüten nur kümmerlich und unvollständig. Und das Reifen der Früchte, bei dem sich die Pflanze noch stärker aus ihrer Verflechtung mit den äußeren Naturkräften löst, ist zum Teil schwer beeinträchtigt. Den höchsten Gehalt an Phosphor findet man im Samen, d.h. dort, wo in der völligen Absonderung von den äußeren Naturkräften der Keim einer neuen Pflanze entsteht. Hier ist die äußere Wirkung des Lichtes gleichsam durch die im Phosphor verinnerlichte ersetzt.

Wenn hier von Phosphor die Rede ist, dann ist nicht der Phosphor als Element gemeint, sondern jene Verbindung, durch die er als Phosphat im Medium des Wässrigen und damit im Bereich der Lebensprozesse seine Wirksamkeit entfaltet. In der Pflanze findet man ihn in jenem Geschehen an zentraler Stelle, von dem alle lebendige Substanz ihren Ursprung hat, in der Assimilation. Hier wird Licht in den grünen Blättern dem Stoff einverwoben. Da muss das Licht in eine Substanz aufgenommen werden. Das geschieht bei der so genannten Photophosphorylierung, indem sich mit dem bereits phosphorhaltigen Adenosindiphosphat Phosphor (als Phosphat) zu Adenosintriphosphat vereinigt. Das ist insofern ein bemerkenswerter Vorgang, als sich hier der seinem Wesen nach «lichthafte» Phosphor mit sich selbst verbindet und dabei das von der Sonne stammende Licht in sich hineinnimmt. Durch sein immanentes Licht hat der Phosphor zu dem der Sonne eine innere Beziehung und wird nun zum Träger von Sonnenlicht. Dieses Adenosintriphosphat vermittelt die Sonnenenergie dann zu jenem Prozess, in dem das aus der Atmosphäre in eine bestimmte organische Substanz aufgenommene Kohlendioxid mit ihr zusammen zu Zucker umgewandelt wird. Dadurch entsteht im Traubenzucker eine Substanz, der das von der Sonne stammende Licht gleichsam eingewoben ist; sie ist also nicht mehr rein irdischer Natur. Das trifft auch für alle organischen Substanzen zu, insofern sie durch Verwandlung aus Traubenzucker hervorgehen. Deshalb kann man das Licht als eine in diesen Substanzen chemisch wirksame Energie bezeichnen.

Eine Funktion, die der bei der Assimilation nicht unähnlich ist, hat das Adenosintriphosphat bei zahlreichen anderen Prozessen der Substanzbildung in den Pflanzen, aber auch im Organismus der Tiere und des Menschen. Im Atmungsstoffwechsel der Gewebe werden organische Substanzen abgebaut. Dabei wird die Energie, die in ihnen gebunden war, frei. Es handelt sich bei ihr vor allem um das den Substanzen eingewobene Licht. Diese Energie nimmt das Adenosintriphosphat in sich auf wie das Sonnenlicht bei der Photophosphorylierung, nämlich in die Verbindung von Adenosindiphosphat mit Phosphat. Sie wird auch hier im Phosphor bzw. Phosphat weiter vermittelt. Eine große Anzahl der Substanzen im lebenden Organismus kann nur entstehen, wenn sie in ihre Bildung jenes Licht – auch Wärme – aufnehmen, das ihnen vom Adenosintriphosphat zufließt, indem sich dieses wieder in Adenosindiphosphat und Phosphat zurückverwandelt. So ist der lebendige Organismus in seiner immer erneuerten Substanzbildung durch den Phosphor bzw. das Phosphat wie von einem feinen Gewebe durchsetzt, indem Kräfte des Lichtes im Entstehen der Stoffe wirksam sind.[4]

Im Folgenden sei noch auf zwei Organe des menschlichen Leibes mit einem zum Teil weit über dem Durchschnitt liegenden Gehalt an Phosphor hingewiesen, auf das Skelett und das Gehirn: Die Knochen des Skeletts enthalten 11 Prozent Phosphor, das Gehirn 3,4 Prozent.[5] Im Skelett befindet sich der weitaus größte Teil des Phosphors als Hydroxylapatit, ein Kalziumphosphat ($Ca_5(PO_4)_3OH$),[6] das in den Zähnen durch Fluor noch eine besondere Härte erhält. Es sind 85 Prozent des gesamten im menschlichen Leib vorhandenen Phosphors, d.h. 700 Gramm. 6 Prozent des Phosphors enthält die Muskulatur mit ihrer starken Stoffwechseldynamik; die restlichen 9 Prozent verteilen sich auf die übrigen Organe, unter denen das zentrale Nervensystem und die von ihm ausgehenden Nervenbahnen besonders phosphorreich sind.

Um die Beteiligung des Phosphors am Skelett zu verstehen, muss man die Beziehung dieses Organsystems zum Wesen des Menschen ins Auge fassen. Die Gestalt des menschlichen Leibes beruht in erster Linie auf den Formen des Skelettes. In der vertikalen Haltung, der Grundsignatur des Leibes, gliedert sich der Mensch vollständig in die Wirkensrichtung der Schwere ein und überwindet sie fortwährend von den Füßen bis zum freien Tragen des Hauptes. Dabei hält er sich im Gleichgewicht. So ergreift der Mensch am Skelett seinen Leib durch die innere Kraft seines Willens und erlebt sich in diesem Wirken als eine in sich zentrierte Wesenheit, d.h. als Ich. Zusammen mit den entsprechenden Teilen der Muskulatur ist das Skelett Organik des Ich.

Das Ich ergreift das in seinen Formen geronnene und weitgehend erstarrte Skelett wie von außen; der Mensch lebt in den Knochen nicht wie z.B. in der Lunge beim Atmen. Dennoch besteht eine innere Beziehung zwischen dem Ich und dem Skelett, die man bemerkt, wenn man dessen Formen genau betrachtet. Man findet in ihnen den Ausdruck von Auseinandersetzung und Überwindung der Schwere: im Gewölbe des Fußes, in den Formen des Schienbeins und des Oberschenkelknochens, in den Kurvaturen der Wirbelsäule und in der vertikalen Organisation des Schädels (z.B. in der Orthognathie und der Lage des Hinterhauptsloches) (siehe Kranich 2003, das Kapitel «Die vertikale Organisation des Menschen»). In den Formen des Skeletts erscheint die Signatur des Ich, das im Bereich der Schwere wirkt und sie überwindet.

Zu dieser Auseinandersetzung kann es nur kommen, weil sich ein Teil des menschlichen Organismus in der Knochenbildung bis zur Mineralisierung verdichtet und sich dabei vom Inneren des Menschen weitgehend absondert. Dadurch können von außen die Kräfte der Schwere diesen Teil des Leibes durchwirken. Das Ich dringt unterbewusst bis in dieses Gebiet des menschlichen Leibes, in dem die Mineralisierung des Knochens stattfindet, und wirkt hier in den Gestaltungsvorgängen.

Wie aber kann sich die Wirksamkeit des Ich bis in den mineralischen Anteil des Skeletts erstrecken? Im Apatit der Knochenmaterie wirken vor allem Kalzium und Phosphor in der Form des Phosphats zusammen. Das Kalzium ist jenes Element, das überall dort wirksam ist, wo sich aus dem Lebendigen etwas durch einen Prozess des Verdichtens und Absterbens absondert (siehe das Kapitel über das Kalzium). Diese Funktion hat es auch bei der Absonderung des Apatits in die organische Knochengrundsubstanz des Osteoids. Das Ich dringt aber offensichtlich durch den Phosphor des Apatits mit seiner Wirksamkeit bis in die Gestaltungsvorgänge, die sich beim Prozess der Mineralisierung abspielen.

Man kann sich das in folgender Weise verdeutlichen: Das Ich ist mit seinen dem Willen verwandten Kräften ein geistiges Wesen. Es kann seine Kräfte im Bereich der Schwere nur durch das Medium einer Substanz entfalten, die eine Beziehung zum Geistigen hat und in sich selbst die Tendenz zur Formbildung trägt. Das ist der Phosphor mit den ihm innewohnenden Kräften des Lichtes. Licht ist eine übersinnliche Entität, die wir nur indirekt bemerken, z.B. wenn sie an einer Wasserfläche erglänzt. Als machtvoll strahlendes Wesen galt das Licht seit jeher als die äußere Manifestation des Geistes. Indem dieses Licht in der Substanz des Phosphors wirkt, kann das Ich mit seinen Kräften durch den Phosphor den Leib bis in die unbewussten Regionen des sich entwickelnden Skelettes durchdringen und diesem seine Signatur einprägen (siehe hierzu Steiner, GA 313, S. 91 f.).

Das Gehirn war das erste Organ, in dem man 1811 Phosphor in einer organischen Verbindung entdeckte. Durch eine verfeinerte Analysetechnik lernte man dann eine Anzahl phosphorhaltiger Substanzen unterscheiden. Sie gehören zu den dem Fett verwandten Gehirnlipiden. Es handelt sich um die so genannten Glycerinphosphatide, von denen als erstes 1850 das Lezithin identifiziert wurde; außerdem um die Sphingosinphosphatide. Diese Phosphatide bilden zusammen mit den Cerebrosiden, die ebenfalls eine dem Fett ähnliche Konstitution haben, die wichtigsten Substanzen jener eigenartig spiralisierten Myelinhülle, die die Nervenfortsätze, die Axone, umgibt.

Hier befindet sich der Phosphor in einem anderen Zustand als im Adenosintriphosphat. Das Adenosintriphosphat ist in einem dauernden Werden und Vergehen (zu Adenosindiphosphat), d.h. ganz in der Dynamik des Lebens. Die Gehirnlipide der Myelinhülle zeichnen sich dagegen durch eine ungewöhnliche Trägheit und einen Turnover aus, der gegenüber dem ähnlicher Stoffe in anderen Organen des menschlichen Organismus um ein Vielfaches geringer ist (siehe Jatzkewitz 1978, S. 116). Sie sind aus dem Leben weitgehend abgesondert und dadurch im Zustand hochgradiger Unbeweglichkeit und Passivität.

Um zu begreifen, was der Phosphor in dieser Materie bedeutet, muss man die Funktion des Gehirns ins Auge fassen. Die Assoziationsfelder und Assoziationsbahnen, die den größten Teil des Vorderhirns bilden, sind die neurologische Grundlage für das Vorstellungs- und Gedankenleben. Hier fasst der Mensch in bestimmten Regionen des Gehirns durch die Vorstellungen die Sinnesimpressionen zu Ganzheiten zusammen, durch die er die Gegenstände seiner Umgebung wahrnimmt und ihre Bedeutung begreift. In anderen Regionen verknüpft er durch Gedanken die Vorstellungen und kommt zum Verstehen größerer Zusammenhänge. Im Bilden einer Vorstellung und im Erfassen eines ideellen Zusammenhanges ist aber das Ich mit seinen willenshaften Kräften tätig. Hier greifen zwei Vorgänge ineinander: das Bewusstwerden von Vorstellungen und Gedanken und das Ich in dem bewusst geführten Vorstellungs- und Gedankenprozess.

Sollen im Gehirn Gedanken und Vorstellungen aufleuchten, so bedarf das eines entsprechenden physiologischen Mediums. Es darf während des Vorstellens und Denkens keine Eigentätigkeit entfalten, weil eine solche die Vorstellungs- und Gedankenbildung beeinflussen und trüben würde. Das ist in den Gehirnlipiden gegeben. In ihnen ist die Vitalität durch die Absonderung aus der Dynamik des Lebens weitgehend erloschen. Der Phosphor in den Gehirnlipiden ist aber jene Substanz, durch die das Ich nur in anderer Weise als im Phosphor des Skeletts tätig ist, wenn es mit seinen Willenskräften im Bilden von Vorstellungen und Begriffen beim Denken wirkt. Nach R. Steiner «regt [Phosphor] die bewusste Tätigkeit des Menschen an» (Steiner, GA 27, S. 74, siehe auch GA 347, S. 113 f.).

Anmerkungen

1 Man muss zwischen den physischen Kräften wie die der Schwere, des Verdichtens, des Erstarrens usw. und den ätherischen Kräften unterscheiden. Die physischen Kräfte sind auf Zentren hingerichtet (Zentralkräfte), die ätherischen zum Umkreis hin (Universalkräfte). Im Bereich der ätherischen Kräfte kann man vier Qualitäten unterscheiden: Wärmeäther, Lichtäther, Klang- oder chemischer Äther, Lebensäther.

2 F. H. Julius erklärt die Tatsache, dass beim Verbrennen von Phosphor festes Phosphorpentoxid entsteht, anders. Zunächst schildert er den Verbrennungsprozess: «Die Phosphorflamme beginnt mit dem Aufstrahlen und Verfliegen, das kennzeichnend ist für das Feuer im Allgemeinen, fast gleichzeitig setzt jedoch die Erstarrung ein, eine Art Sturz in die Tiefe. In diesem Aufflammen und sogleich wieder Zurückgeschlagenwerden spricht sich die Natur des Phosphors besonders deutlich aus. Besonders vielsagend ist, dass sich die Neigung zur Erstarrung bis in das Feuer fortsetzt.» Er fährt dann fort: «Alchemistisch gesprochen könnte man die Phosphorflamme bezeichnen als einen Sulfurprozess, in welchen ein Salprozess eindringt» (Julius 1988, S. 200). Gegenüber dieser schwierigen Vorstellung wird das Erstarren des Phophorpentoxids besser verständlich, wenn man die Wirksamkeit des dem Phosphor immanenten Lichtes mit seinen formend-verdichtenden Kräften berücksichtigt.

3 Aufgrund dieser Eigenschaft ist das Phosphorpentoxid ein vorzügliches Trocknungsmittel.

4 In dieser Beschreibung ist von einer Kette physiologischer Prozesse die Rede:

– Abbau von organischer Substanz im Atmungsstoffwechsel
– Bildung von Adenosintriphosphat
– Neubildung bestimmter Substanzen unter Beteiligung der vom Adenosintriphosphat vermittelten Energie.

Nun beruht das Wesen der Lebensprozesse unter anderem auf Wechselwirkungen. Deshalb wirkt die Bildung neuer Substanzen über das Adenosintriphosphat auch zurück auf die Intensität der Atmungsprozesse. Die Schlüsselfunktion bei der Impulsierung der Atmung in den Organen hat der Phosphor, indem er die im Atmungsstoffwechsel frei werdende Energie im Adenosintriphosphat in sich aufnimmt und zu den verschiedensten Substanzbildungen hin vermittelt. Kommt es im menschlichen Organismus zu einem Mangel an Adenosintriphosphat, dann ist eine verschlechterte Sauerstoffversorgung der Gewebe die Folge. Damit hat der Phosphor indirekt einen Einfluss auf das Atmen. Hierauf hat R. Steiner hingewiesen. In einem der medizinischen Vorträge heißt es, der Phosphor sei «der treibende Motor für die Einatmung, [für alle] nach innen gerichteten Atmungsprozesse» (R. Steiner, GA 319, S. 121).

5 Phosphor in den Organen des menschlichen Leibes:

Zähne	13 %	Nieren	1,8 %
Knochen	11 %	Lunge	1,6 %
Gehirn	3,4 %	Herz	1,5 %
Leber	2,7 %	Haut	0,4 %
Muskeln	1,8 %	Haare, Nägel	frei von Phosphor

(aus Emsley 2001, S. 50)

6 Der Hydroxylapatit ist das wichtigste Mineral im menschlichen Skelett. Die Knochenasche, die man durch Ausglühen eines Knochens erhält, besteht zu etwa 85 Prozent aus diesem besonders harten Kalziumphosphat. Außerdem enthält sie etwa 10 Prozent Kalk (Kalziumkarbonat), einen geringen Anteil Magnesiumphosphat (1,5 Prozent), Alkalisalze (etwa 2 Prozent) und geringe Mengen von Kalziumfluorid (Flussspat) und Kalziumchlorid. Über die unterschiedliche Bedeutung des Kalziumphosphates und des Kalziumkarbonates findet man einen Hinweis in einem der medizinischen Vorträge R. Steiners (GA 316, S. 49).

Kohlenstoff – das Element der Bildsamkeit

Die Pflanzenwelt tritt uns in einer großen Anzahl unterschiedlicher Gestalten entgegen. Bei den Pflanzen des Landes sind es vor allem die Kräuter, Sträucher und Bäume. In ihrem Wachstum manifestiert sich das Leben in vielfältiger Weise – im Sprießen von Stängel und Blättern, im Entstehen der Blüten und Reifen der Früchte. Immer gehen die Organe aus zarten Anlagen hervor, die sich in den lebendigen Bildungsprozessen zu den definitiven Formen differenzieren. Dabei werden die zunächst weichen Gebilde dichter. Das gestaltende Leben gerinnt schneller oder langsamer in den unveränderlichen Endzustand der Form, schreitet aber zugleich zur nächsten Stufe der Entwicklung weiter, bis es in den Früchten und Samen einen vorläufigen oder endgültigen Abschluss findet.

In diesem Geschehen muss man zwei Faktoren unterscheiden, die im Leben einer Pflanze immer ineinander greifen. Das eine sind die Gesetze der Formbildung, das andere die Substanzprozesse, in denen sich die Formbildung verwirklicht. Bei jeder Pflanze gibt es einen inneren Zusammenhang zwischen der Art, wie sich die einzelnen Organe gestalten. Dieses Bildungsgesetz ist eine spezielle Ausprägung des allgemeinen Pflanzenwesens, das Goethe in seiner Schrift *Die Metamorphose der Pflanzen* als den Typus bzw. die Urpflanze beschrieben hat (siehe hierzu R. Steiner 1979, S. 95 ff., und Kranich 1997, S. 108 ff.). In der ausgewachsenen Pflanze hat sich dieses Bildungsgesetz in den materiellen Organen ausgestaltet. Welcher Art ist die Materie, in der sich die Bildungsgesetze der Pflanzen verwirklichen?

Man kann bestimmte Organe einer Pflanze wie den Stängel oder die Blätter so erhitzen, dass ein Verbrennen vermieden wird. Es entweichen Dämpfe, und eine schwarze Masse bleibt zurück. Wenn man besondere Sorgfalt anwendet, kann sie noch alle Strukturen aufweisen, die man am lebenden Stängel und den Blättern beobachtet hatte. Durch das Erhitzen wird die organische Substanz zersetzt. Nur eine Komponente bleibt übrig: Die schwarze Materie ist Kohlenstoff, eines der chemischen Elemente. Dieser Kohlenstoff ist offensichtlich in der Pflanzensubstanz jene Komponente, in der sich die

Formgesetze der wachsenden Pflanze ausprägen. Wenn man eine bestimmte Pflanze betrachtet, kann man sich also sagen: Den sichtbaren Formen dieser Pflanze liegt ein durch und durch strukturiertes Kohlenstoffgerüst zugrunde, das dadurch entstanden ist, dass die Gesetze der Formbildung beim Entstehen der Organe in den Kohlenstoff bestimmter organischer Verbindungen geronnen sind. «Man hat hier», nach einer Formulierung von F. H. Julius, «eine Haupteigenschaft des Kohlenstoffs vor sich: die Fähigkeit, sich durch das Leben formen zu lassen und die entstandenen Formen festzuhalten» (Julius 1988, S. 129). Durch welche Eigenschaften aber ist der Kohlenstoff in der angedeuteten Weise vom Leben so formbar und zugleich so beständig?

Man kennt heute drei verschiedene Formen des Kohlenstoffs. Der schwarze bzw. dunkelgraue metallisch glänzende Graphit und der in jeder Hinsicht so gegensätzliche Diamant sind die seit langem bekannten Modifikationen. 1985 wurde in einem amerikanischen Forschungslabor bei bestimmten Experimenten mit Graphit eine dritte Modifikation entdeckt, die Fullerene (siehe Smolka 1994). Für uns ist zunächst der Graphit von Interesse, weil der Kohlenstoff in den Pflanzen dieser Modifikation entspricht. So enthält die Steinkohle, die aus dem Holz von mächtigen Gewächsen, vor allem der Karbonvegetation, stammt, «kleinste Graphitkriställchen» (Hofmann/Rüdorff 1969, S. 329); und der aus Steinkohle gewonnene Koks «besteht neben den Aschebestandteilen und Resten von Kohlenstoffverbindungen aus ... sehr kleinen Graphitkristallen ...» (a.a.O., S. 319).

Der Graphit gehört zu den wenigen Mineralien, in denen eines der chemischen Elemente in reiner Form auftritt. Er bildet meist schuppige oder flockige Aggregate. Nur selten tritt er in Form von Kristallen, d.h. in dicht übereinander liegenden Schichten mit hexagonaler Struktur, auf. Die geringe Kristallisationstendenz weist darauf hin, dass die Formkräfte im Graphit keine starke Wirksamkeit entfalten. Das zeigt sich auch an anderen Phänomenen. So ist Graphit auffallend weich.[1] Man empfindet das unmittelbar: Er fühlt sich fettig an; er kann mit dem Messer geschnitten und sogar etwas gebogen werden. Man gewinnt den Eindruck, dass der Kohlenstoff im Graphit nicht vollständig in den festen Zustand übergegangen ist und noch etwas von der Beweglichkeit des Flüssigen in sich enthält. Mit einer Härte von nur 1 bis 1,5 in der Mohsschen Skala ist Graphit eines der weichsten Mineralien. Fein gemahlen dient er sogar wie sonst nur Mineralöle als Schmiermittel.

Der geringen Härte entspricht das geringe spezifische Gewicht von 2,27 g/ cm^3. So ist nicht nur die Wirkung der Formkräfte, sondern auch die der verdichtenden Kräfte schwach. Dieser Sachverhalt wird verständlich, wenn man bedenkt, dass beim Verbrennen aus dem Graphit außerordentlich viel Wärme frei wird. Diese Wärme war in der Substanz als latente Wärme tätig und hat den Einfluss der verdichtenden Kräfte weitgehend eingedämmt. Die Wirksamkeit der latenten Wärme im inneren Kräftegefüge des Graphits ist auch der Grund für seine leichte Erwärmbarkeit.

Überblickt man die bisher erwähnten Tatsachen, dann zeigt sich eine Nähe zum Schwefel. Graphit ist nur um weniges dichter als Schwefel, in seiner Härte etwas geringer; auch Schwefel lässt sich leicht erwärmen. So wäre zu erwarten, dass Graphit beim Erhitzen ähnlich wie Schwefel leicht in den flüssigen und dann in den gasförmigen Zustand übergeht. Das ist aber keineswegs der Fall. Im Gegenteil: Man findet kein anderes Mineral außer dem Diamant, das den festen Zustand mit solcher Intensität festhält. Graphit ist noch fest, wenn alle anderen Elemente, selbst Osmium (Schmelzpunkt = 3045 °C) und Wolfram (Schmelzpunkt = 3410 °C), schon flüssig, zum Teil sogar schon verdampft sind wie z.B. Gold, Silber und Eisen. Oberhalb von 2600 °C wird er jedoch plastisch verformbar. Aber noch in der hellsten Weißglut verharrt Graphit bis etwa 3500 °C im festen Aggregatzustand (Schmelzpunkt nach Greenwood/Earnshaw = 3800 °K bei 0,2 bar). Nur der Diamant widerstrebt dem Übergehen in die beweglichen Zustände des Flüssigen und Gasförmigen mit gleicher Intensität. Das zeigt sich selbst noch beim Schmelzvorgang, bei dem eine weit höhere Wärmemenge benötigt wird als bei jedem anderen Element.

Dieses außergewöhnliche Widerstehen gegenüber dem Flüssig- und Gasförmigwerden äußert sich schon bei schwacher Erwärmung. Unter der Einwirkung von Wärme dehnt sich feste Materie bekanntlich aus, indem die Wirksamkeit der verdichtenden Kräfte abgeschwächt wird. Nun führt Erwärmung beim Graphit (und beim Diamant) zu einer geringeren Ausdehnung als bei allen anderen Elementen. Die geringe Dichte, die den Graphit kennzeichnet, wird mit großer Zähigkeit gegenüber der ausdehnenden Kraft der Wärme festgehalten.

Das alles ist höchst rätselhaft, besonders wenn man an die weiche Konsistenz des Graphits denkt. Der weiche und so wenig verdichtete Graphit ist, paradox formuliert, zusammen mit dem harten Diamant der festeste

Stoff. Es ist aber eine besondere Form der Festigkeit. Mit fest bezeichnet man, was erstarrt, hart und oft auch spröde ist und beim Erwärmen in der Regel nicht leicht flüssig wird. Wir wollen diesen Zustand als «äußere Festigkeit» bezeichnen, um von ihm einen anderen Zustand, den der «inneren Festigkeit», zu unterscheiden. Will man Graphit charakterisieren, dann braucht man den Begriff der «inneren Festigkeit». Er weist hin auf eine in der Substanz liegende Eigenschaft, durch die die weiche Konsistenz gegen eine überaus intensive Wirksamkeit der Wärme festgehalten wird. Im Graphit ist der Kohlenstoff so von innerer Erstarrung durchsetzt, dass die weiche Konsistenz in einem hohen Grade stabilisiert wird. In dieser «inneren Festigkeit» wirken Kräfte, die man sonst kaum bei den Elementen findet.

Auf diese Kräfte weist die Farbe des Graphits hin: das Dunkelgrau und Schwarz. Bei der Betrachtung des Schwefels haben wir gesehen, dass die Farbe etwas über die in der Substanz wirkenden Kräfte aussagt: In dem Gelb offenbart sich die tiefe Beziehung zur Wärme und deren ausweitend-verströmender Wirksamkeit. Der Charakter des Dunkelgrau und Schwarz ist dem des Gelb nahezu entgegengesetzt: Er ist nicht zentrifugal ausstrahlend, sondern zentripetal zum Innern der Substanz gerichtet. Diese zentripetale Wirksamkeit des Schwarz bemerkt man, wenn man in einer hellen Fläche einen schwarzen Kreis wie ein Loch empfindet, das in die Tiefe führt. Im Dunkelgrau und Schwarz äußert sich eine Kraft, durch die die Materie auf das intensivste sich in sich, d.h. zentripetal, konzentriert. Eine Substanz, in der zentrierende Kräfte so stark wirken, dass sie dunkelgrau oder schwarz ist, setzt den ausdehnenden und auflösenden Kräften einen stärkeren Widerstand entgegen als die übrigen Stoffe.

gelb schwarz

Diese zentrierenden Kräfte sind es, die die innere Festigkeit des Graphits bewirken. Sie offenbaren sich nach außen dem Licht gegenüber als das Dunkelgrau und Schwarz des Graphits. Diese Kräfte manifestieren sich auch noch in anderer Weise. Die Aktivkohlenstoffe, die aus organischen Substanzen wie Holz, Kokosschalen und Torf, aber auch aus Steinkohle gewonnen werden, haben durch zahlreiche Poren eine große innere Oberfläche, an der die zentrierenden Kräfte ihre Wirkung entfalten. Sie adsorbieren (giftige) Gase aus der Luft und Verunreinigungen sowie Farbstoffe aus Flüssigkeiten.

Welcher Art sind aber diese Kräfte? Sie gehören nicht zu den Verdichtungskräften, die sonst zum Erstarren der Stoffe führen; denn dann müsste der Graphit hart sein. Es handelt sich also nicht um die physischen bzw. physikalischen Kräfte des Verdichtens, sondern um solche, die tiefer im Innern der Substanz wirken. Nun hat der Kohlenstoff eine Eigenschaft, die man sonst nur noch vom Silizium und vom Germanium kennt, die bei diesen beiden Elementen aber bei weitem nicht so stark ausgeprägt ist wie beim Kohlenstoff: Es ist die Fähigkeit, sich nicht nur mit anderen Elementen zu verbinden, sondern auch mit sich selbst. Wenn sich ein Element mit einem anderen verbindet, dann kommt es zu einem wechselseitigen Sich-Durchdringen (siehe das Kapitel «Grundlinien einer phänomenologischen Chemie», S. 28 ff.) und dabei zu einer so intensiven Vereinigung, dass der neu entstehende Stoff in der Regel gegenüber den Einwirkungen der verschiedenen äußeren Kräfte außerordentlich beständig ist. Nun kann Kohlenstoff sich in diesem Sinne auch mit sich selbst verbinden – und zwar in unterschiedlichen Graden. Er kann sich also in sich mehr oder weniger stark verdichten, d.h. in dichtere oder aufgelöstere Zustände übergehen und sich zugleich mit anderen Elementen verbinden. Im Graphit ist er allerdings nur mit sich selbst verbunden. Das bewirkt die hohe innere Stabilität seiner Substanz. Die Vereinigung des Kohlenstoffs mit sich selbst ist eine zentripetale Wirksamkeit, bei der Kohlenstoff sich mit Kohlenstoff mehr oder weniger stark durchdringt. Diese zentripetale Wirksamkeit ist in jedem kleinsten Teil des Graphits tätig und erscheint nach außen in der finsteren Farbe.

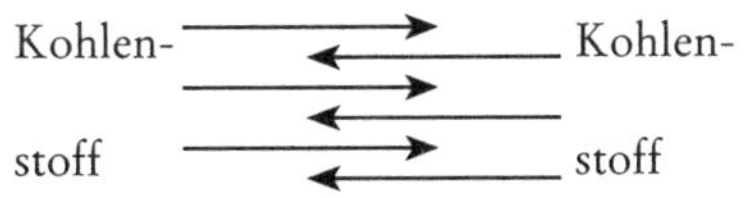

Durch den bisherigen Gang der Betrachtung haben wir das Zusammenwirken der verschiedenen Kräfte im Graphit bis zu einem gewissen Grade kennen gelernt und Einsicht gewonnen in zwei seiner besonderen Eigenschaften: in seine Weichheit und seine so ungewöhnliche Beständigkeit. Durch diese Eigenschaften ist der graphitische Kohlenstoff geeignet, jenes Gerüst zu bilden, das den äußeren Pflanzenformen zugrunde liegt: Dadurch, dass er weich ist und keine bestimmte Form hat, ist er formbar; durch seine Beständigkeit hält er die Formen, die er annimmt, mit großer Intensität fest.

Damit ist aber noch nicht geklärt, wie dieses Kohlenstoffgerüst der Pflanzen entsteht.

Der Graphit wird als Halbmetall bezeichnet (Greenwood/Earnshaw, S. 343); er hat eine Mittelstellung zwischen den Metallen und den Nichtmetallen. In seinem Glanz, seiner Weichheit und seiner Leitfähigkeit für Wärme und Elektrizität steht er den Metallen nahe, in seiner Farbe und den chemischen Eigenschaften des Kohlenstoffs den Nichtmetallen. Über sein Vorkommen in der Natur liest man bei N. N. Greenwood und A. Earnshaw (S. 330 f.): «Graphit findet man überall auf der Welt, wenn auch das meiste davon nur geringe technische Bedeutung besitzt. Große Kristalle oder ‹Flocken› findet man in umgewandelten Sedimentgesteinen wie Quarz, Glimmerschiefer und Gneis; die Kristallgröße schwankt von Millimeterbruchteilen bis zu etwa 6 mm (im Durchschnitt ~ 4 mm); die Vorkommen sind tellerförmig, bis zu 30 m dick und erstrecken sich über einige Kilometer in der Horizontalen. Der durchschnittliche Kohlenstoffgehalt beträgt 25 Prozent, er kann jedoch bis auf 60 Prozent ansteigen (Madagaskar).» Größere Vorkommen gibt es vor allem in China und Korea, dann in den USA (Alabama), Sibirien (Botogolsker Lager), Kanada (Quebec), Mexiko, Deutschland (Harz) und auf Sri Lanka. Der Bedarf an Graphit ist aber weit größer als die Fördermenge. Deshalb wird graphitischer Kohlenstoff in großen Mengen aus Kohle, Erdöl und Erdgas hergestellt.[2]

Dass Graphit Kohlenstoff ist, wurde 1779 entdeckt. Im Jahr 1796 fand man, dass auch der Diamant eine Form des Kohlenstoffs ist. Das ist höchst erstaunlich; denn es gibt unter den Mineralien kaum einen größeren Gegensatz als den von Graphit und Diamant. So wie der Graphit eines der weichsten Mineralien ist, ist der Diamant das härteste und dauerhafteste (Härte 10 in der Mohsschen Skala); es gibt kein anderes Mineral, in dem die Kräfte des Erstarrens eine solche Intensität erreichen wie beim Diamant.

Graphit und Diamant sind, wie bereits erwähnt, Modifikationen des Kohlenstoffs. Nun kennt man auch von anderen Elementen verschiedene Modifikationen im Bereich des festen Aggregatzustandes. Hier gilt, dass die dichtere Modifikation bei einer anderen, meist höheren Temperatur schmilzt als die weniger dichte. Bei dem deutlichen Unterschied in der Dichte (Graphit $d = 2{,}27\ g/cm^3$, Diamant $d = 3{,}514\ g/cm^3$) und vor allem bei der gewaltigen Differenz in der Härte wäre zu erwarten, dass der Diamant bei einer Temperatur schmilzt, die deutlich über der des Graphits liegt. Das ist aber eben nicht der Fall. Beide so unterschiedlichen Modifikationen haben praktisch den gleichen hohen Schmelzpunkt! Das ist wiederum äußerst rätselhaft. Dieser erstaunliche Sachverhalt weist aber darauf hin, dass es im Diamant die gleichen Kräfte sind wie im Graphit, die dem Übergehen in die beweglichen Zustände des Flüssigen und des Gasförmigen so machtvoll widerstehen. Wie kommt es dann aber, dass der Kohlenstoff einmal so weich, das andere Mal aber so hart ist?

Der Graphit besteht aus äußerst dünnen Schichten, die nicht völlig fest miteinander verbunden sind. Die innere Festigkeit wirkt nur innerhalb der Schichten. So ist der Kohlenstoff im Graphit nicht nach allen drei Dimensionen in gleicher Weise erstarrt. Zwischen den Schichten besteht sogar eine gewisse Beweglichkeit. Dadurch ist der Graphit weich. Beim Diamanten durchwirkt die innere Festigkeit den Kohlenstoff nach allen drei Dimensionen des Raumes mit gleicher Intensität. So kristallisiert er im kubischen System als Oktaeder, Würfel oder Rhombendodekaeder.[3] Die chemische Vereinigung des Kohlenstoffs mit sich selbst und deren enorme Stabilität durchsetzt den ganzen Kristall. Im Sinne der Festkörperphysik ist der Diamant ein «Valenzkristall», d.h. ein Kristall, dessen Festigkeit durch die Kräfte der chemischen Bindung (Valenzen) bewirkt wird. Dadurch ist der Diamantkristall ein «Riesenmolekül» (Gerthsen/Vogel, S. 718); er ist ein Körper, der durch das wechselseitige Sich-Vereinigen des Kohlenstoffs in seiner Ganzheit, d.h. vollständig, in die Erstarrung übergegangen ist, nicht nur partiell wie der Graphit. Im Diamant wird die innere Festigkeit des Graphits auch zur äußeren. Und damit kommt es zum Extremzustand der Erstarrung und Festigkeit. Im Zusammenhang mit der gesteigerten Erstarrung ist der Kohlenstoff im Diamanten gegenüber dem Graphit dichter (s. o.) und spröde.

Was den Diamanten so wertvoll macht, ist vor allem sein Verhältnis zum Licht. Er ist in den meisten Fällen ganz durchsichtig und hat durch seine Dichte eine starke Lichtbrechung und Dispersion. Wird er zum Brillanten geschliffen, dann «beginnt ein Spiel mit dem Licht, das glänzender ist als bei anderen Stoffen» (Julius, S. 120). Das Licht funkelt und erglänzt in zahlreichen Farben. Das ist der Glanz und das Feuer des geschliffenen Diamanten. So vereinigt der Diamant in sich die größte irdische Härte und das so lebendige Verhältnis zum Licht.[4]

Wie aber kommt es, dass der Kohlenstoff im Diamant ein so ganz anderes Verhältnis zum Licht hat als im Graphit? Das Dunkelgrau bzw. Schwarz des graphitischen Kohlenstoffs ist Ausdruck einer starken Wechselwirkung zwischen der Materie und dem Licht, bei der das Licht stark bzw. nahezu vollständig von der Materie aufgesogen wird; das Licht verschwindet in der Materie. Beim Diamanten beobachtet man das Gegenteil. Wenn er durch nichts getrübt wird, ist der Diamant ganz lichtdurchlässig. Wenn eine Substanz so hart und erstarrt ist wie der Kohlenstoff im Diamant, dann ist die Materie ganz in sich zentriert. Sie hat sich aus der Beziehung zu den immateriellen Kräften der Natur abgesondert. Deshalb ist der Diamant gegenüber dem Graphit durchlässig für das Licht. Er hat auch die höchste Wärmeleitfähigkeit; sie ist fünfmal größer als die von Kupfer! Wenn die Materie so intensiv erstarrt wie im Diamant, dann hat die Wärme praktisch keinen Einfluss auf ihre Konsistenz. Es kommt nur zu einer geringen Wechselwirkung; deshalb fließt die Wärme weitgehend ungehemmt durch den Diamanten hindurch.

Der Diamant stammt aus früheren Epochen der Erde als der Graphit. Man findet ihn heute vor allem in so genannten Kimberlitröhren, in denen basaltartige Massen aus tieferen Regionen, aus dem Erdmantel, emporgestiegen sind. Man nimmt an, dass der Diamant aus Tiefen von 100 bis 200 Kilometern stammt. Der erste dieser weit in das Erdinnere hinabreichenden Schlote wurde 1870 in Südafrika entdeckt. Seitdem hat man solche Kimberlitröhren auch in anderen Bereichen des afrikanischen Kontinents (im Kongogebiet, in Botswana, Angola, Sierra Leone, Namibia), in Sibirien und Australien gefunden. Das Gestein dieser Schlote, der so genannte Kimberlit, enthält in einer Tonne etwa 1 Gramm (5 Karat) Diamant. Es bedarf eines großen Aufwandes, um die Diamanten aus dem harten Kimberlit zu befreien. Das Gestein muss in immer größeren Tiefen abgesprengt, dann in Brechwerken und zwischen Walzen so weit zerkleinert werden, dass man die meist kleinen Diamantkristalle, nachdem sie noch angereichert wurden, herauslesen kann. – Seit 1955 kann man unter Anwendung von gewaltigem Druck und hohen Temperaturen aus Graphit Diamant herstellen. Heute arbeitet man bei der industriellen Umwandlung von Graphit in Diamant mit Temperaturen zwischen 1500 °C und 1800 °C und einem Druck von 53.000 bis 100.000 bar. Durch diese Druckkräfte wird in der Gluthitze die schon im Graphit wirkende Erstarrung auf das intensivste im Kohlenstoff verstärkt. Die meisten künstlichen Diamanten haben einen Durchmesser bis 1 mm; der größte war ein Kristall von 38,4 Karat (Trueb 1996, S. 263). Erhitzt man einen Diamanten unter Luftabschluss auf 1500 °C, dann wird durch die enorme Hitze die gesteigerte Erstarrung überwunden: Der Diamant verwandelt sich unter geringer Wärmeabstrahlung (0,45 kcal/mol) in weichen, schwarzen Graphit. Graphit ist die stabile Kohlenstoffmodifikation; Diamant ist unter normalen irdischen Verhältnissen metastabil.

Die bisherige Betrachtung zeigt, dass der Kohlenstoff innerhalb der chemischen Elemente eine besondere Substanz ist. Sonst vereinigt sich ein Element aufgrund seiner Affinitäten nur mit anderen Elementen. Die Kräfte, die bei einer solchen Vereinigung das wechselseitige Durchdringen der Elemente bewirken, sind die des chemischen Äthers (siehe das Kapitel «Grundlinien einer phänomenologischen Chemie»). Das gilt auch für den Kohlenstoff. Bei ihm kommt aber noch etwas hinzu. Das ist seine Fähigkeit, sich auch mit sich selbst zu verbinden und sich dabei – je nach Intensität dieses Geschehens – in unterschiedlichen Graden zu verdichten und die verschiedensten Formen anzunehmen. Damit erweitert sich das Gebiet der Chemie um eine bedeutende Dimension. Bei jeder chemischen Vereinigung von verschiedenen Elementen entsteht innerhalb der Stoffeswelt eine neue Konfiguration. Der Kohlenstoff kann aber darüber hinaus in zahlreiche Grade der Verdichtung und unterschiedliche Konfigurationen übergehen. Er ist fähig, selbst zahlreiche Konfigurationen anzunehmen. Sein besonderer Charakter liegt in seiner großen Bildsamkeit.

So gibt es beim Kohlenstoff zwei verschiedene Gebiete des Chemischen. Einmal dasjenige, in dem sich der Kohlenstoff ganz normal mit anderen Elementen verbindet. Dieses Gebiet zählt man zur anorganischen Chemie. Dann jenes andere, in dem aufgrund der Bildsamkeit des Kohlenstoffs die Formen der Lebewesen, besonders auch die der Pflanzen, mit ihren Organen und Organstrukturen entstehen können. Das ist das weite Gebiet der organischen Chemie, die allerdings sehr viel mehr umfasst als die in der Welt des Lebendigen entstehenden Kohlenstoffverbindungen. – Wir wenden uns zunächst dem ersten dieser zwei Gebiete zu.

Der schwarze Kohlenstoff ist, wie wir gesehen haben, eine sehr beständige Substanz. Er kann als Kohle viele Jahre auf einer Halde im Freien liegen, ohne sich zu verändern. Unter normalen Bedingungen reagiert er mit keinem Element außer dem überaus aggressiv-zersetzenden Fluor (Ruß glüht in einer Atmosphäre von Fluorgas auf und verbindet sich mit diesem). Durch seine innere Festigkeit befindet er sich im Zustand großer Stabilität. Erst wenn er bei starkem Erhitzen zu glühen beginnt, fängt er an zu brennen; Graphit reagiert erst bei etwa 700 °C mit dem Sauerstoff der Luft. Kohle verbrennt ganz anders als Schwefel, weil sie nicht wie dieser flüssig wird und nicht verdampft. Im glühenden Zustand wird sie langsam vom Sauerstoff der Luft verzehrt. Dabei strahlt sehr viel Wärme aus dem verbrennenden Kohlenstoff in die Umgebung. Aus 1 kg Kohlenstoff werden 8000 kcal frei; das ist mehr als bei allen anderen festen Elementen – lediglich Silizium strahlt beim Verbrennen die gleiche Wärmemenge ab (Hofmann/Rüdorff, S. 332). Deshalb ist Kohle ein so vorzügliches Heizmaterial.

Beim Verbrennen der Kohle entsteht aus der Vereinigung des Kohlenstoffs mit dem Sauerstoff der Luft ein vollständig durchsichtiges, geruchloses Gas, das Kohlendioxid:

$$C + O_2 \rightarrow CO_2 + 96\text{ kcal}$$

Weshalb ist dieses Gas, das aus dem schwarzen Kohlenstoff entsteht, unsichtbar und nicht deutlich gefärbt, z.B. grau oder wenigstens trüb? Beim Verbrennen der Kohle wird durch einen Teil der frei werdenden Wärme die Verbindung des Kohlenstoffs mit sich aufgelöst, das heißt, die zentripetale Wirkung wird überwunden (Hofmann/Rüdorff, S. 341 f.). Damit verschwindet aber die schwarze Farbe. Insofern wäre es ganz unzutreffend, sich vorzustellen, schwarzer Kohlenstoff würde sich mit dem Sauerstoff vereinigen. Beim Verbrennen geht der Kohlenstoff durch die Verbindung mit dem gasförmigen Sauerstoff in einen völlig aufgelösten Zustand über.

Kohlenstoff und Sauerstoff durchdringen sich wechselseitig im Kohlendioxid. Dessen gasförmiger Charakter ist die Wirkung der Sauerstoffkomponente. Durch den Kohlenstoff als festes Element wird aber die Gasnatur des Sauerstoffs (Siedepunkt –183 °C) deutlich modifiziert. Kohlendioxid geht bei –78,8 °C unmittelbar in den festen Zustand über. Der Kohlenstoff schwächt im Zusammenwirken mit dem Sauerstoff dessen intensive Gasnatur ab. Offensichtlich wirkt im Kohlenstoff des Kohlendioxids noch eine Tendenz des Verfestigens. Denn das Kohlendioxidgas geht unter Überspringung der flüssigen Phase unmittelbar in den festen Aggregatzustand über.

Das Kohlendioxid ist mit 0,038 Volumenprozent ein geringer, allerdings wichtiger Bestandteil der Luft. In ihm befindet sich der Kohlenstoff in seinem aufgelöstesten Zustand. Unentwegt strömt aus den Zersetzungsvorgängen im Boden, aus dem Atmen der Tiere und der Menschen und vor allem aus den technischen Verbrennungsprozessen, auch aus Vulkanen, Kohlendioxid in die Atmosphäre. Unentwegt wird ihr aber auch Kohlendioxid durch die Pflanzen entzogen und in das Assimilationsgeschehen aufgenommen. Bevor wir den Weg des Kohlenstoffs in das Gebiet des Lebens verfolgen, müssen wir noch einige andere Tatsachen ins Auge fassen.

Wir haben darauf hingewiesen, dass der Kohlenstoff des Graphits und der Kohle viel latente Wärme enthält. Auch wenn beim Verbrennen viel Wärme frei wird, so hat das Kohlendioxid durch seine Kohlenstoffkomponente noch eine innere Beziehung zur Wärme. Es nimmt einen Teil der Wärmestrahlung in sich auf; es erwärmt sich und damit die Atmosphäre (Treibhauseffekt). Im Kohlendioxid wirkt eine starke Sulfurisierungstendenz, d.h. ein intensives Bestreben, sich mit Wärme zu durchdringen und sich in immer aufgelöstere Zustände auszudehnen.

Durch seine innere Beweglichkeit und seine Sauerstoffkomponente hat das Kohlendioxid aber auch eine starke Beziehung zum Wasser; es taucht leicht in das flüssige Medium des Wassers unter und löst sich stärker als die anderen Gase der Luft (bei 0 °C lösen sich in 1 l Wasser 1,7 l Kohlendioxid, 23,2 cm^3 Stickstoff und 49,9 cm^3 Sauerstoff). Die chemische Affinität des Kohlendioxids zum Wasser ist aber äußerst schwach. Von dem gelösten Kohlendioxidgas verbindet sich kaum 1 Prozent mit dem Wasser. Bei intensiver Verbindung mit dem Wasser würde das Kohlendioxid vollständig in das dichtere Medium übergehen. Dem widerstrebt aber die eben erwähnte Sulfurisierungstendenz. Soweit sich aber Kohlendioxid mit dem Wasser verbindet, entsteht durch die gasig-auflösende Kohlendioxidkomponente eine schwache Säure, d.h. eine Flüssigkeit mit schwach zersetzender Wirkung, die Kohlensäure:

$$CO_2 + H_2O \rightarrow H_2CO_3$$

Die Verbindung des Kohlendioxids mit dem Wasser ist aber so schwach, dass sich das Kohlendioxid beim Erhitzen wieder löst. Auch hier äußert sich die Sulfurisierungstendenz des Kohlendioxids, d.h. sein Bestreben, sich im gasförmigen Zustand mit der Wärme zu vereinigen.

Die geringe Tendenz des Kohlendioxids, sich mit dem Wasser zu verbinden, erscheint im Blick auf das Ganze der Natur äußerst sinnvoll. Würde sich das Kohlendioxid intensiver mit dem Wasser vereinigen, dann würde das Wasser in den Flüssen, Seen und Meeren seinen für das Leben so wichtigen neutralen Charakter verlieren. Zum anderen müsste der für das Leben der Pflanzen so wichtige Kohlendioxidgehalt der Luft deutlich unter den Wert von 0,03 Prozent absinken.

Die Kohlensäure bildet eine ganze Reihe von Salzen, die so genannten Karbonate. Da die Kohlensäure als schwache Säure nur eine geringe auflösende Kraft entfaltet und der Kohlenstoff in ihr zum Festen hin tendiert, sind die meisten Karbonate unlösliche Stoffe. Viele von ihnen sind Mineralien der Härte 3 bis 5 (in der Mohsschen Skala) wie der Eisenspat ($FeCO_3$), der Zinkspat ($ZnCO_3$), der Manganspat ($MnCO_3$), das Weißbleierz ($PbCO_3$), der Azurit ($Cu_3 (OH/CO_3)_2$), der Strontianit ($SrCO_3$), der Witherit ($BaCO_3$). Die geologisch wichtigsten unter den Karbonaten sind aber Kalk (Kalkspat, $CaCO_3$; siehe das Kapitel Calcium) und Dolomit ($CaMg (CO_3)_2$). Lediglich die Alkalikarbonate lösen sich gut, weil ihre Metallkomponente eine starke Affinität zum Wasser hat (siehe die Kapitel über Natrium).

Außer dem Kohlendioxid kennt man noch einige weitere Sauerstoffverbindungen des Kohlenstoffs, vor allem das Kohlenmonoxid. Es entsteht, wenn Kohle durch unzureichende Luftzufuhr nur unvollständig verbrennt. Dann kann man über der glühenden Kohle kleine bläuliche Flämmchen beobachten, die dadurch entstehen, dass das Kohlenmonoxidgas im Kontakt mit der umgebenden Luft zu Kohlendioxid weiterverbrennt. Dabei wird sehr viel Wärme frei:

$$2\,CO + O_2 \rightarrow 2\,CO_2 + 68\ \text{kcal.}$$ [5]

Kohlenmonoxid ist wie das Kohlendioxid ganz durchsichtig und geruchlos. Der mit dem Kohlenstoff vereinigte Sauerstoff bewirkt auch hier den gasförmigen Aggregatzustand. Dieses Gas ist aber durch seine Kohlenstoffkomponente im Gegensatz zum Kohlendioxid noch sehr reich an latenter Wärme. Dadurch setzt es beim Abkühlen dem Verdichten zur Flüssigkeit und dem Festwerden einen großen Widerstand entgegen:

Kohlenmonoxid		Kohlendioxid	
Siedepunkt	– 191,8 °C		
Schmelzpunkt	– 205,0 °C	Sublimationspunkt	– 78,8 °C

Durch seinen Energiereichtum kondensiert es sogar erst bei größerer Kälte als der Sauerstoff. Die große innere Wärme verstärkt beim Zusammenwirken des Kohlenstoffs mit dem Sauerstoff offensichtlich noch dessen gasigauflösende Tendenz. So ist im Kohlenmonoxid der Charakter des Gasartigen wesentlich stärker ausgeprägt als im Kohlendioxid. Dementsprechend bewahrt es diesen auch intensiver und löst sich viel schwächer in Wasser als Kohlendioxid: Bei 0 °C lösen sich, wie bereits erwähnt, 1,7 l Kohlendioxid, aber nur 0,35 l Kohlenmonoxid in 1 l Wasser.

Das Kohlenmonoxid ist bekanntlich sehr giftig; es zerstört die Atmungsfunktion des Blutes. In der Lunge nehmen die roten Blutkörperchen den Sauerstoff aus der eingeatmeten Luft auf, den die Organe für die Impulsierung ihrer Lebensprozesse benötigen. In den inneren Atmungsvorgängen der Organe entsteht dann Kohlendioxid, das von den Organen abgesondert und vom Blut aufgenommen wird, und zwar auch vor allem von den roten Blutkörperchen. Das Kohlendioxid ist aber eine Substanz, die dem Anorganischen nahe steht, denn sein Kohlenstoff hat seine latente Wärme weitgehend abgegeben. Deshalb wird es in der Lunge leicht aus dem Blut abgesondert. Anders ist es beim Kohlenmonoxid. Atmet ein Mensch dieses Gas ein, dann bindet es sich fest an das Hämoglobin der roten Blutkörperchen, und zwar um ein Vielfaches intensiver als der Sauerstoff. Dadurch verliert das Blut seine so lebenswichtige Atmungsfunktion. 0,3 Prozent Kohlenmonoxid in der Luft führen bereits nach fünfzehn Minuten zum Tod. Eine schwache Kohlenmonoxidvergiftung kann allerdings durch lebhaftes Einatmen von frischer Luft beseitigt werden.

Auch das Kohlendioxid ist ein allerdings viel schwächeres Gift. 8 bis 10 Volumenprozent Kohlendioxid in der Atemluft lösen Kopfschmerzen, Schwindel und Erregungszustände aus. Bei noch höheren Konzentrationen, wenn der Mensch schon bewusstlos und gelähmt ist, verdrängt das Kohlendioxid schließlich wie das Kohlenmonoxid den Sauerstoff aus seiner Bindung an das Hämoglobin.

Der Kohlenstoff, von dem wir bei der Betrachtung der Verbrennung und der an die Verbrennung anschließenden Prozesse ausgegangen sind, ist eine aus dem Leben abgesonderte, erstarrte Substanz. Ursprünglich war der Kohlenstoff, der uns in der Kohle vorliegt, in den Lebens- und Gestaltungsprozessen der organischen Natur eingeflochten. Das gilt offensichtlich auch für den Graphit (siehe Pflug, S. 79). Graphit und Kohle sind das erstorbene Absonderungsprodukt aus längst vergangenem Leben. Deshalb bekommt man nur ein recht einseitiges Bild von Kohlenstoff, wenn man von seiner erstorbenen Form ausgeht. Strahlt der Kohlenstoff dann noch beim Verbrennen Wärme und Licht in die Umgebung ab und ist im Kohlendioxid von den Imponderabilien weitgehend «entblößt» (Steiner), dann geht er noch mehr in das Gebiet des Anorganischen über. In den Karbonaten befindet er sich schließlich im mineralisierten Zustand. Hier enthält er nichts mehr von seiner inneren Bildsamkeit, die wir als eine seiner wesentlichen Eigenschaften kennen gelernt haben.

Damit wird deutlich, was eine Bedingung seiner Bildsamkeit ist. Das ist seine große latente Wärme, d.h. jene Kraft, die dem Erstarren entgegenwirkt und ermöglicht, dass der Kohlenstoff in den Organismen unter dem Einfluss der lebendigen Gestaltungskräfte in verschiedene Grade der Verdichtung und vielfältige Konfigurationen übergehen kann. So enthält der Kohlenstoff in sich die Möglichkeit einer großen Zahl von Sustanzbildungsprozessen. Wir können aus diesem weiten Gebiet der organischen bzw. physiologischen Chemie nur weniges herausgreifen.

Man weiß seit langem, dass die Pflanzen das Kohlendioxid und damit Kohlenstoff aus der Atmosphäre in das Leben ihrer grünen Blätter aufnehmen. Hier entstehen in einem komplizierten Prozess, in den das Kohlendioxid aus der Luft und das Wasser aus dem Boden eingehen, Traubenzucker und durch Verdichtung von Traubenzucker Stärke. An der Bildung des Traubenzuckers ist wesentlich das Sonnenlicht beteiligt, das als kosmische Energie dem Traubenzucker eingewoben wird. Damit entsteht eine irdisch-kosmische Substanz: irdisch durch die in ihr zusammenwirkenden Elemente, kosmisch durch die im inneren Gefüge dieser Elemente vorhandene Sonnenenergie. Was die Bildung des Traubenzuckers in der Assimilation bedeutet, kann man ermessen, wenn man bedenkt, dass alle organischen Substanzen in den Pflanzen, Tieren und Menschen letztlich zu einer Quelle zurückführen, nämlich zum Traubenzucker; denn aus ihm gehen sie alle durch mannigfaltige Umwandlungen hervor.

Traubenzucker kann man aus süßen Früchten, vor allem aber durch hydrolytische Zersetzung von Stärke, gewinnen. Er ist ein farbloser, fein kristallisierter Stoff, der sich leicht in Wasser auflöst. In ihm wirkt neben der Tendenz zum Erstarren eine deutliche Beziehung zum beweglichen

«Element» des Wassers. Der süße Geschmack, der für die verschiedenen Arten des Zuckers so charakteristisch ist, ist eine Manifestation der aus der Sonne stammenden, in die Substanz eingewobenen Wärme. Traubenzucker ist allerdings nicht so süß wie Rohrzucker, in dem Trauben- und Fruchtzucker miteinander vereinigt sind. (Wegen der Verbindung aus zwei Zuckern bezeichnet man den Rohrzucker als Disaccharid, den Trauben- und Fruchtzucker als Monosaccharid.)

Wenn man Traubenzucker erhitzt, wird er zunächst flüssig; er ist also nicht sehr stark erstarrt. Dann verändert sich seine Substanz und beginnt sich zu zersetzen. Am Boden des Reagenzglases bleibt schließlich eine schwarze Masse zurück, und am Rand kondensiert eine klare Flüssigkeit. Aus dem Traubenzucker sind Kohlenstoff und Wasser entstanden.

Durch diese einfache Analyse (thermische Zersetzung) erhält man einen wichtigen Einblick in die Substanz des Traubenzuckers. In ihm waren Kohlenstoff, das Element, das den Formzustand des Festen am intensivsten verkörpert, und Wasser miteinander vereinigt, das durch und durch beweglich ist und aus sich selbst keine eigene Form hat, sondern fließend von einer Form in eine andere übergeht. Was resultiert, wenn Kohlenstoff und Wasser sich im Traubenzucker gegenseitig durchdringen? Wenn das bewegliche, formlose Wasser mit Kohlenstoff in Wechselwirkung tritt, wird es von dessen Erstarrungstendenz durchwirkt: Das Beweglich-Fließende kann in Form übergehen. «Das Wasser erhält durch den Kohlenstoff eine innere Struktur» (Wolff, S. 39) Und indem die so starke Erstarrungstendenz des Kohlenstoffs mit Wasser in Wechselwirkung kommt, wird sie dynamisiert. Aus der Vereinigung dieser so gegensätzlichen Stoffe entsteht eine Substanz, deren wesentliche Eigenschaft Formbarkeit ist.

Wir behaupten keineswegs, dass sich bei der Assimilation Kohlenstoff und Wasser verbinden, sondern dass das Resultat eine Substanz ist, in der Kohlenstoff und Wasser in der geschilderten Weise miteinander vereinigt sind. Damit ist der Traubenzucker aber eine Substanz, die dem Wesen des Lebendigen adäquat ist. Das Leben bildet aus unbestimmten, weitgehend formlosen Anfängen bestimmte Formen, verliert dabei aber nicht seine Gestaltungskraft. Der gestaltenden Tätigkeit des Lebens entspricht die Formbarkeit der Substanz, des Traubenzuckers.

Die gute Löslichkeit des Traubenzuckers beruht auf seiner Wasserkomponente. Sein Kristallisationsvermögen zeigt, dass der Kohlenstoff in ihm durch seine Fähigkeit, sich mit sich zu verbinden, erstarren kann. Das Sich-Durchdringen von Kohlenstoff und Wasser kommt in der Formel des Traubenzuckers zum Ausdruck. Sie zeigt, dass Kohlenstoff im Wasser wirkt:

$$\begin{array}{c} | \\ H - \mathbf{C} - OH \\ | \end{array}$$

Den Grad der Verdichtung kann man vereinfacht in folgender Weise formulieren:

$$(H - \mathbf{C} - OH)_6$$

Nun kann man den Traubenzucker noch von einem anderen Gesichtspunkt aus betrachten. Anorganische Verbindungen wie z.B. Salze, Säuren und Laugen gehen, wenn sie sich lösen, ganz in das Medium des Wassers über. Ihr Verhältnis zum Wasser ist dabei, selbst wenn Solvate entstehen, letztlich doch ein äußerliches. Beim Traubenzucker ist das anders. Hier hat sich der Kohlenstoff vollständig mit dem Wasser vereinigt. Er ist in die bewegliche Substanz, in der das Leben seine gestaltende Tätigkeit ausübt, eingegliedert. Dadurch aber kann er von dem gestaltenden Leben gehandhabt werden.

Das geschieht in der Pflanze, z.B. dann, wenn sich die verschiedenen Organe bilden. Wir haben eingangs daran erinnert, dass deren Konsistenz zunächst bildsam ist und schließlich in den Formen erstarrt. Dabei entstehen aus Traubenzucker zuerst weiche, quellbare Stoffe wie die Pektine, dann aber vor allem Zellulose. Sie ist es insbesondere, in der sich die Formgesetze der Pflanze ausprägen. Der Traubenzucker selbst ist durch seine Löslichkeit ungeeignet, in die Formen einer Pflanze zu gerinnen. Er muss eine bestimmte Verwandlung durchlaufen. Jene Komponente, durch die er löslich ist, muss vermindert und die andere, die in die Erstarrung führt, verstärkt werden. So wird beim Entstehen der Zellulose aus dem Traubenzucker Wasser ausgesondert; und indem sich der Kohlenstoff nun um ein Vielfaches stärker als im Traubenzucker mit sich verbindet, d.h. in sich verdichtet, entsteht die feste, wasserunlösliche Zellulose:

$$n\,C_6H_{12}O_6 - nH_2O \rightarrow (C_6H_{10}O_5)n$$

$$(n = 2000 \text{ bis } 15000)$$

Einen solchen Verdichtungsvorgang, bei dem Wasser ausgeschieden wird, bezeichnet man als Polykondensation und die Zellulose als ein Polysaccharid.

In diesem Prozess wirkt die formbildende Tätigkeit der Pflanze und prägt sich in dem entstehenden Zellulosegerüst aus. Wenn in den Pflanzen wie in den Sträuchern und Bäumen Holz entsteht, wird das Zellulosegerüst mit dem druckfesten Lignin inkrustiert.

Auch die Organe des tierischen und des menschlichen Leibes mit Ausnahme des Skeletts verdanken ihre Formen und ihre Konsistenz dem Kohlenstoff. Hier entsteht allerdings nicht wie bei den Pflanzen ein starres Kohlenstoffgerüst. Die Formen bleiben weich und werden fortwährend neu gebildet. Das Erstarren wird durch zwei Tatsachen verhindert. Zum einen wird durch die inneren Atmungsvorgänge unentwegt Kohlenstoff aus den Organen herausgelöst und im Kohlendioxid ausgeschieden; dadurch bleiben die Formen in statu nascendi. Außerdem werden sie nicht aus Zellulose, sondern aus Eiweiß gebildet, dessen Stickstoff ihrem Erstarren widerstrebt (siehe das Kapitel über Stickstoff). Aber auch den Organen des Menschen und der Tiere liegt ein allerdings dynamisches Kohlenstoffgerüst zugrunde. Es hat von Organ zu Organ, von Gewebe zu Gewebe jeweils eine ganz spezifische Konfiguration, in der sich die Bildekräfte der betreffenden Organe und Gewebe ausprägen. Dabei verwirklichen sich die Bildekräfte in der inneren Bildsamkeit des Kohlenstoffs. So kann man sagen: «Der Kohlenstoff ist … der Träger der Gestaltungsprozesse in der Natur» (Steiner, GA 237, S. 66). Man erfasst, «dass allem Lebendigen ein entweder mehr oder weniger festes oder mehr oder weniger fluktuierendes kohlenstoffartiges Gerüst zugrunde liegt, auf dessen Bahnen sich das Geistige [die lebendige geistige Gestaltungskraft] bewegt …» (Steiner, GA 237, S. 67).

Man kennt heute eine kaum überschaubare Anzahl von Kohlenstoffverbindungen. Sie werden zum Teil in den Forschungslaboratorien der Universitäten und der chemischen und pharmazeutischen Industrie hergestellt. Viele entstehen im Organismus der Pflanzen, der Tiere und des Menschen. Weitere findet man in der anorganischen Natur. Diese haben großenteils ihren Ursprung im Bereich des Lebens wie die Kohle, das Erdöl und das Erdgas. Die Kohle in den Schichten vergangener Erdepochen ist, wie schon erwähnt, aus dem Holz von Bäumen und baumartigen Gewächsen entstanden. Im Prozess der so genannten Inkohlung haben sich aus der Materie des Holzes die flüchtigen Komponenten gelöst. In der Steinkohle und dem Anthrazit aus dem Oberkarbon ist fast nur noch der Kohlenstoff übrig geblieben:

Anthrazit besteht durchschnittlich zu 92 Prozent, Steinkohle durchschnittlich zu 85 Prozent aus Kohlenstoff. Bei der meist jüngeren Braunkohle ist die Inkohlung nicht so weit fortgeschritten; sie enthält durchschnittlich 70 Prozent Kohlenstoff. Wärme und Licht, die beim Verbrennen aus der Kohle frei werden, sind Sonnenenergie, die von den Pflanzen in der Vergangenheit bei der Assimilation in die organische Substanz aufgenommen wurde und dann in der Kohle durch lange Zeiträume verzaubert war.

Erdöl hat eine andere Herkunft. Man nimmt an, dass es auf Algen vergangener Zeiten zurückgeht. Algen «häufen gelegentlich enorme Mengen an Fettstoffen in ihrem Körper an … So kann der Fettgehalt in einer Zelle zwischen 20 Prozent und 77 Prozent (der Trockenmasse) schwanken» (Pflug 1984, S. 19). In Fetten ist noch mehr Wärme gebunden als in Zucker und Holz. Eine wesentliche Komponente ihrer Substanz ist der Wasserstoff. Vor allem aus solchen Fetten und verwandten Stoffen ist vermutlich das Erdöl entstanden. Wenn man das tiefbraune Erdöl erhitzt, entweicht aus ihm eine ganze Anzahl von Substanzen. Es ist also keine einheitliche Substanz, sondern ein Gemisch; zudem unterscheidet sich das Erdöl aus den verschiedenen Gegenden der Erde in der feineren Konstitution seiner Bestandteile.[6] Durch fraktionierte Destillation kann man die einzelnen Bestandteile voneinander trennen, weil sie unterschiedliche Siedepunkte haben.

Wir erwähnen das Erdöl nicht nur, weil es die Grundlage eines ganzen Industriezweiges, der Petrolindustrie, geworden ist, sondern weil in den verschiedenen seiner Stoffe der Kohlenstoff mit dem Wasserstoff, d.h. dem feinsten und der Wärme am nächsten stehenden Element, verbunden ist. Dadurch sind die Kohlenwasserstoffe sehr energiereich und so wichtige Heiz- und Treibstoffe. Man kann an ihnen besonders gut studieren, wie im Kohlenstoff dann, wenn er sich mit sich verbindet, die Erstarrungstendenz zunimmt, diese aber durch die so stark auflösende Wirksamkeit des Wasserstoffs großenteils paralysiert wird. Das Zusammenwirken dieser gegensätzlichen Tendenzen zeigt sich, wenn man z.B. die Siedepunkte in der Reihe der paraffinartigen Kohlenwasserstoffe betrachtet:

		Siedepunkt	
Methan	CH_4	–161,5 °C	im Erdgas der Erdölquellen
Ethan	C_2H_6	– 88,6 °C	im Erdgas und den Abgasen der Erdölverarbeitung
Propan	C_3H_8	– 42,2 °C	Gase, die man bei der Erdölraffination gewinnt; Heizgas
Butan	C_4H_{10}	– 0,5 °C	
Pentan	C_5H_{12}	+ 36,1 °C	flüssige Fraktion: Leichtbenzin, Schwerbenzin, Kerosin, Dieselkraftstoff, Heizöl
Hexan	C_6H_{14}	+ 68,8 °C	
.			
.			
.			
Heptadecan	$C_{17}H_{36}$		
Octodecan	$C_{18}H_{38}$		fest (Wachsdestillat, Bitumen)
.			
.			

Alle diese Stoffe haben durch ihre hohe innere Wärme bzw. den hohen Anteil des Wasserstoffs keinerlei Affinität zum Wasser und damit keine Beziehung zum Bereich des Lebens. Sie stehen den Sauerstoffverbindungen des Kohlenstoffs, besonders dem energiearmen Kohlendioxid, gleichsam gegenüber. Und die Mitte zwischen diesen Extremen bilden die im Leben der Pflanzen, der Tiere und des Menschen so wichtigen Kohlenhydrate:

Wasserstoff	←	Kohlenstoff	→	Sauerstoff
		↓		
		Wasser		
Kohlenwasserstoffe		Kohlenhydrate		Kohlenmon- und Kohlendioxid

Zum Schluss dieser knappen Skizze sei kurz auf die dritte Modifikation des Kohlenstoffs, die Fullerene, hingewiesen. Es handelt sich um eine Form des Kohlenstoffs, die in der irdischen Natur nicht vorkommt, wohl aber in Meteoriten (*Naturwiss. Rundschau,* 5/2001, S. 253 f.). Man gewinnt sie in geringen Mengen, indem man Graphit durch die enorme Hitze des Lichtbogens in einer Heliumatmosphäre verdampft. Aus dem Kohlenstoffgas kondensiert dann zunächst Kohlenstoff in einer sphärischen Konfiguration, den Fullerenen. Würde man langsam bis zur normalen Temperatur abkühlen, würde sich diese Kohlenstoffmodifikation in Graphit umwandeln. Das verhindert man durch thermisches Abschrecken. Die Fullerene sind also eine Zwischenstufe zwischen gasförmigem Kohlenstoff und festem Graphit.

Bei den Fullerenen hat man seit ihrer Entdeckung mehrere Formen mit unterschiedlichen Graden der Verdichtung gefunden. Die bekannteste von ihnen (C_{60}) bildet weiche, braungelbe Kristalle von hexagonaler und kubischer Struktur. Weil die Fullerene eigentlich nur unter hohen Temperaturen stabil sind und lediglich durch den Kunstgriff der thermischen Abschreckung in unsere irdischen Verhältnisse (metastabil) hineingebannt werden, sind sie weniger dicht (Dichte = 1,65 g/cm^3) als der Graphit. So gehen sie auch bereits bei etwa 600 °C, d.h. weit unter dem Schmelzpunkt des Graphits und des Diamanten, in den Dampfzustand über, dem sie eigentlich angehören.

Im gasförmigen Zustand wirken die zentrifugal nach allen Richtungen ausweitenden Kräfte der Wärme. Dem entspricht die sphärische Konfiguration des Kohlenstoffs in den Fullerenen. Im Graphit lernt man eine Form des Kohlenstoffs kennen, die mit ihren dünnen, gegeneinander gleitfähigen Schichten Eigenschaften des Flüssigen hat. Und im Diamanten erreicht das Irdisch-Feste seinen Höhepunkt. So findet man in den drei Modifikationen des Kohlenstoffs gleichsam Bilder der drei Aggregatzustände. Hier manifestiert sich die Bildsamkeit des Kohlenstoffs im Bereich des Anorganischen in einer besonders umfassenden Weise. Die Bedeutung des Kohlenstoffs in der Natur liegt aber in seiner Gestaltungsfähigkeit, in der sich die Bildekräfte der Pflanzen, des tierischen und des menschlichen Organismus verwirklichen.

Anmerkungen

1 Graphit haftet auch leicht an Gegenständen, mit denen er in Berührung kommt. Deshalb wurde Graphit um 1564 in England zur Herstellung von Bleistiftminen verwendet. Die unterschiedliche Härte der Minen erreicht man durch verschieden hohe Zusätze von Ton und durch verschiedene Temperaturen beim Brennen des Gemisches.

2 Künstlicher Graphit und graphitischer Kohlenstoff werden in verschiedenen Formen gewonnen.

Als *Kunstgraphit* dient er u.a. zur Herstellung von Elektroden, Gießformen für den Guss bestimmter Metalle und als Moderatormaterial in Kernreaktoren. *Koks* wird vor allem in den Hochöfen für die Gewinnung von Stahl aus oxidischen Eisenerzen gebraucht und für die Erzeugung von Generator- und Wassergas. *Ruß* wird in großen Mengen für die Herstellung von Autoreifen benötigt; er gibt dem Gummi die nötige Festigkeit. So genannte *Aktivkohlen* werden durch ihre starke Absorptionsfähigkeit u.a. für die Entfernung von Farbstoffen und Verunreinigungen (z.B. zur Entfärbung von Rohrzucker) und als Filter (z.B. in Gasmasken) verwendet.

3 Neben der kubischen Form des Diamanten gibt es eine sehr seltene hexagonale Modifikation, den Lonsdaleit.

4 Dieser doppelten Beziehung des Diamanten zu den Kräften der Erde und denen der Sonne entsprechen bestimmte Elemente, die in geringen Mengen im Diamant enthalten sind. Ein kleiner Teil der Diamanten enthält etwas von dem für die feste Erdkruste so charakteristischen Aluminium, z.B. die besonders wertvollen blauen Diamanten (siehe das Kapitel über das Aluminium). In den meisten Diamanten ist etwas Stickstoff enthalten, d.h. jenes Gas, das besonders stark zum Kosmos in Beziehung steht (siehe das Kapitel über den Stickstoff).

5 Durch seinen Energiereichtum ist Kohlenmonoxid ein vorzügliches Heizgas. Deshalb wird es in großen Mengen hergestellt. Bläst man Luft durch eine 1 bis 3 Meter hohe Schicht von glühendem Koks oder Braunkohle, verbrennt die Kohle zu Kohlendioxid, das durch eine weitere Reaktion mit der Kohle zu Kohlenmonoxid reduziert wird (Generatorgas). – Bei der Reaktion von glühender Kohle mit Wasserdampf entsteht das so genannte Wassergas, eine Mischung aus Kohlenmonoxid und Wasserstoff.

Kohlenmonoxid ist außerdem das wichtigste Reduktionsmittel der Metallgewinnung. Es reduziert z.B. die oxidischen Eisenerze im Hochofen zu Eisen, indem es ihnen bei seiner Oxidation zu Kohlendioxid den Sauerstoff entreißt.

6 Das pennsylvanische Erdöl besteht z.B. vor allem aus Paraffinen (Alkanen), das rumänische und russische (kaukasische) Erdöl dagegen bis zu 80 Prozent aus cyklischen Kohlenwasserstoffen. Das indonesische Erdöl enthält im Gegensatz zu dem aus anderen Fördergebieten bis zu 40 Prozent aromatische Kohlenwasserstoffe (Benzol, Toluol, Xylol usw.).

Wasserstoff – Wärmeträger für irdisches Leben

In der uns umgebenden Welt erleben wir einen Urgegensatz. Über uns weitet sich der Himmel ins Unermessliche; die Atmosphäre der Erde geht unmittelbar in den Himmelsraum über. In der Atmosphäre wie am Himmel herrscht, wenn auch in sehr unterschiedlicher Art, fortwährend Bewegung. In der Atmosphäre weht der Wind, toben Stürme, wandern die Wolken und fallen Tau, Regen und Schnee. Diesen chaotisch und ungeordnet erscheinenden Bewegungen steht das geordnete und ruhige Wandern der Gestirne gegenüber, sei es die Bewegung von Sonne, Mond, Planeten und Fixsternen im Tageslauf oder das langsame Fortschreiten der Planeten vor dem Fixsternhintergrund. Atmosphäre und Kosmos sind jener Bereich der uns umgebenden Welt, der durch Weite, Grenzenlosigkeit und Bewegung charakterisiert ist.

Den Gegensatz dazu bildet die feste Erde unter uns. In der Senkrechten, die Himmel und Erde zueinander in Beziehung setzt, wirkt die Schwerkraft, die, zum Erdmittelpunkt gerichtet, durch ihre verdichtende Tendenz alles zur Ruhe bringt. Die Erde selbst erzeugt von sich aus keine Bewegung und ist so dicht, dass sie dem Auge eine unüberwindliche Grenze bietet. Mit ihrer Ruhe und Bewegungslosigkeit bildet sie die sichere und feste Grundlage für das Leben, das sich auf ihr an der Grenze zur Atmosphäre entfaltet.

Der Schwerkraft, die den unendlichen Weiten des Kosmos polar gegenübersteht, unterliegen alle Dinge, die uns mit dem Tastsinn erreichbar sind: alle festen Körper und alle Flüssigkeiten. Gehen wir dieser Tatsache genauer nach, so stellen wir fest, dass alle Gegenstände, die Masse haben, der Schwerkraft unterliegen. Dies gilt auch für die Luft, deren Gase durch die Gravitation der Erde im Bereich der Atmosphäre festgehalten werden. Bewegt sich etwas, das Masse hat, entgegen der Schwere nach oben, so können wir sicher sein, dass hier eine Kraft tätig ist, die der Gravitation entgegenwirkt, sei es der Flügelschlag eines Vogels, der Rotor eines Hubschraubers oder die Wärme der Luft, die beim thermischen Aufstieg Blätter mit sich aufwirbelt.

Bei den Aggregatzuständen der Stoffe nimmt die Dichte in der Regel vom festen über den flüssigen zum gasförmigen hin ab; die den Raum ausfüllende

Masse wird also zunehmend geringer. Im Übergang zu den Gasen vollzieht sich ein qualitativer Sprung, indem sie in ihrer inneren Dynamik nicht mehr wie das Flüssige und Feste zentripetal, sondern zentrifugal orientiert sind und damit aus sich heraus keine Begrenzung mehr zeigen. Sie haben die Tendenz, sich immer weiter in den Raum hinein auszudehnen und ihn vollständig zu durchdringen. Die Gase der Luft werden jedoch aufgrund ihrer Masse durch die Schwerkraft von der Erde festgehalten.

Es gibt aber zwei Gase, die sich trotz ihrer Masse der Schwerkraft widersetzen und in die Fernen des Kosmos entweichen: der Wasserstoff und das Helium. Letzteres spielt im Substanzgeschehen der Erde kaum eine Rolle, während der Wasserstoff insbesondere in der Lebenswelt und als Bestandteil des Wassers eine herausragende Bedeutung hat.

Die Tatsache, dass der Wasserstoff ungehindert aus ihm immanenten Eigenschaften in den Kosmos entweicht, macht diesen zu seiner eigentlichen Heimat. Die Spektralanalyse hat ergeben, dass der Wasserstoff ca. 75 Prozent der Masse der im Kosmos vorhandenen Materie ausmacht. Dieser Wasserstoff verteilt sich einerseits auf die Sterne, aber auch in sehr beträchtlichem Maße auf die interstellare Materie. Der Raum zwischen den Sternen ist keineswegs ein leerer Raum, sondern von feinst verteiltem Gas (interstellare Materie aus 60 Prozent Wasserstoff, 38 Prozent Helium und 2 Prozent andere Elemente), Licht, Wärme und verschiedensten Formen der Strahlung erfüllt.

Wasserstoff ist das Element mit der geringsten Masse. Seine Gasnatur ist derart gesteigert, dass die Masse der Erde nicht ausreicht, um ihn in ihrem Gravitationsfeld festzuhalten.

Berechnungen zeigen, dass der Wasserstoff bis in eine Tiefe von 30 km mit einem Massenanteil von nur 0,9 Prozent wie ein seltenes Element der Erde ist. Der allergrößte Teil befindet sich im Wasser; sein Massenanteil an der Gesteinshülle (Lithosphäre) beträgt nur 0,15 Prozent. (Hier ist der Wasserstoff vor allem im Kristallwasser verschiedener Mineralien und in den Hydroxylgruppen des Glimmers und der Hornblende.) Die Atmosphäre enthält nur 0,01 Prozent elementaren Wasserstoff, der durch Zersetzung von Wasser kontinuierlich neu gebildet wird. In großer Erdtiefe wird Wasser unter hohem Druck und bei Temperaturen von mehreren hundert Grad in Wasserstoff und Sauerstoff zerlegt, wobei der Sauerstoff mit seiner Umgebung neue chemische Verbindungen eingeht, während der Wasserstoff durch das überlagernde Gestein aufsteigt und schließlich in den freien Weltraum entweicht.

Das Hauptvorkommen des Wasserstoffs auf der Erde ist im Wasser. 70,8 Prozent der Erdoberfläche sind vom Wasser der Ozeane bedeckt. Im Bereich der Kontinente ist das Wasser allgegenwärtig: in den Flüssen und Seen und als Grundwasser. Schließlich ist die Atmosphäre mehr oder weniger stark von Wasserdampf durchsetzt. Hier überall entfaltet der Wasserstoff in der chemischen Vereinigung mit dem Sauerstoff seine Wirksamkeit. Weitere Substanzen, in denen der Wasserstoff im Bereich der Erde vorkommt, sind Ammoniak, Schwefelwasserstoff, Säuren und Laugen und eine unüberschaubare Vielfalt organischer Stoffe im Bereich des Lebens.

Diese knappe Übersicht zeigt deutlich, dass der Wasserstoff vor allem dem Kosmos angehört und auf der Erde in den beweglichen Zuständen des Wassers und den dynamischen Vorgängen der Lebensprozesse vorkommt. Wasserstoff ist ein Element ohne Beziehung zum Bereich mineralischer Wirksamkeit. Die weiteren Betrachtungen werden dies noch deutlicher sichtbar machen.

Mit einem Gewicht von 0,08988 g/l erscheint der Wasserstoff als nahezu masseloses Gas; er ist damit 14,4-mal leichter als Luft. Um ihn zu verflüssigen, ist eine Abkühlung auf –252,8 °C nötig, was dem absoluten Nullpunkt (–273,16 °C) sehr nahe kommt. Die latente Wärme, von der der Wasserstoff durchdrungen ist, muss ungeheuer groß sein, wenn er sich bis zu so tiefen Temperaturen im Gaszustand halten kann. Auch als flüssiger Wasserstoff zeigt er seine geringe Verdichtung: Seine Dichte beträgt nur 0,0708 g/cm^3, das heißt, ein Liter flüssiger Wasserstoff wiegt nur knapp 71 g! Kühlt man den Wasserstoff weiter ab, so kann er die dem gasförmigen und flüssigen Zustand eigene innere Beweglichkeit nur für kurze Zeit bewahren. Bereits bei –262 °C wird er fest. Was bis dahin durch die latente Wärme als innere Beweglichkeit vorhanden war, verschwindet, jedoch wirkt die Wärme auch in der festen Phase weiter: Die Dichte im festen Zustand beträgt nur 0,0706 g/cm^3. Fester Wasserstoff würde also auf flüssigem schwimmen. Was im Gas durch die innere Wärme ausdehnend wirkt und sich im Flüssigen als Beweglichkeit äußert, führt im festen Zustand zur Volumenvergrößerung. Dieser Eigenart begegnet man beim Wasser wieder.[1]

In seiner Beziehung zur Wärme ist der Wasserstoff einzigartig. Er hat mit 3,41 cal/g °C die größte Wärmekapazität überhaupt. Um ein Gramm Wasserstoff um 1 °C zu erwärmen, bedarf es fast der gleichen Wärmemenge, die ein Gramm Quecksilber um 100 °C erwärmt. Dies bedeutet, dass die Wärme beim Wasserstoff zum allergrößten Teil als latente Wärme in diesen hinein verschwindet. Keine andere Substanz kann eine so große Wärmemenge als latente Wärme in sich aufnehmen. Wie intensiv der Wasserstoff von Wärme durchdrungen ist, wird deutlich, wenn man den erwähnten niedrigen Siedepunkt berücksichtigt. Trotz enormer Wärmefreisetzung beim Abkühlen bleibt Wasserstoff so von Wärme erfüllt, dass er bis –252,8 °C gasförmig ist. Nur das ebenfalls sehr leichte Edelgas Helium kommt dem Wasserstoff mit einer Wärmekapazität von 1,24 cal/g °C nahe. Darauf folgt das Wasser mit einer Wärmekapazität von 1,0 cal/g °C.[2] Wenn man die Wärme nicht nur thermometrisch auffasst, sondern qualitativ als das betrachtet, was allen verdichtenden Kräften polar gegenübersteht, so ist verständlich, dass gerade der Wasserstoff mit seiner geringen Dichte der Wärme gegenüber so offen ist und eine so hohe Wärmekapazität aufweist.

Aber nicht nur in der hohen Wärmekapazität zeigt sich die Nähe des Wasserstoffs zur Wärme, sondern auch in der Tatsache, dass er unter allen Gasen die höchste Wärmeleitfähigkeit aufweist (vgl. Hofmann/Rüdorf, S. 39); sie ist sechsmal besser als die der Luft. Beim Schwefel (vgl. den Beitrag zum Schwefel) wurde deutlich, dass er gleichsam «zur festen Materie verdichtete Wärme» ist. Der Schwefel lässt sich sehr leicht erwärmen und ist gleichzeitig eine Substanz, die die Wärme sehr gut festhält (geringe Wärmeleitfähigkeit). Diese Eigenschaften zeigen, dass er mit Wärme gesättigt ist und sich deshalb durch von außen zugeführte Wärme rasch erwärmt (relativ geringe Wärmekapazität). Der Wasserstoff verhält sich entgegengesetzt: Er kann trotz seines Wärmecharakters sehr viel latente Wärme aufnehmen und die Wärme nahezu ungehindert weitergeben. Er ist also keineswegs «mit Wärme gesättigt».

Auch eine weitere Tatsache zeigt die große Nähe des Wasserstoffs zur Wärme. Die kritische Temperatur, oberhalb derer eine Druckverflüssigung nicht möglich ist, liegt mit –240 °C sehr niedrig. Wasserstoff ist so intensiv von Wärme durchwirkt, dass selbst größter mechanischer Druck keine Verflüssigung bewirkt, wenn nicht die verdichtende Wirkung extremer Kälte, eben mindestens –240 °C, hinzukommt. Allerdings ist dann der zur Verflüssigung nötige Druck (kritischer Druck) mit 12,8 atm gering.[3]

Bereits aus diesen wenigen physikalischen Eigenschaften wird deutlich, dass der Wasserstoff der Repräsentant von Wärme, Ausdehnung und Leichtigkeit innerhalb der Stoffeswelt ist. Er verkörpert innerhalb der Elemente den Gegensatz des Materiellen, soweit dieses den Kräften der Gravitation unterworfen ist. Im Aggregatzustand des Festen erlebt man den Materiecharakter einer Substanz durch die Härte, die Dichte und das Gewicht am deutlichsten. Beim Flüssigen bleiben wenigstens noch Dichte und Gewicht erhalten. Gasförmige Substanzen sind zwar Stoffe mit Masse, stehen aber dem naiven Erleben von Materie recht fern, da sie sich dem Tasten weitestgehend entziehen. Nun gehört der Wasserstoff zu den Gasen, er geht aber mit seinen Wärmeeigenschaften in der Auflösung des Stofflichen noch einen Grad über den normalen Gaszustand hinaus. Drückt man diesen Sachverhalt im Sinne der griechischen Elementenlehre aus, dann gehört das Feste, das Materie am deutlichsten repräsentiert, zum Element Erde (kalt/trocken). Was der Wasserstoff als Eigenschaften offenbart, ist gerade das Gegenteil: er ist leicht, formlos und beweglich, gehört also zum Element Luft (feucht/warm) mit deutlicher Betonung der Wärme.

Gelangt der Wasserstoff nun in Form chemischer Verbindungen in den Bereich der Erde, erfahren seine «kosmischen» Qualitäten eine Verwandlung und kommen in veränderter Weise zur Wirksamkeit. Dies soll im Folgenden deutlich werden.

Der Wasserstoff, wie er uns normalerweise im elementaren Zustand vorliegt, ist bereits die Folge seiner chemischen Reaktion mit sich selbst. Erhitzt man diesen Wasserstoff im Lichtbogen auf 5000 °K, so verändern sich seine Eigenschaften, und sein Volumen verdoppelt sich. Der Gasstrom, der hinter dem Lichtbogen austritt, behält die Temperatur von 5000 °K über längere Zeit, während das Volumen auf das ursprüngliche Maß zurückgeht. Zunächst löst sich bei den enormen Temperaturen des Lichtbogens der Wasserstoff aus seiner Verdichtung (H_2); indem sich das Gasvolumen verdoppelt, entsteht so genannter naszierender Wasserstoff (H). Hinter dem Lichtbogen verbindet sich der Wasserstoff aber wieder mit sich, wobei große Energiemengen frei werden, die die hohe Temperatur aufrechterhalten;[4] das Gasvolumen ist nun wieder entsprechend kleiner geworden. Zwei Gramm Wasserstoff geben hierbei eine Wärmemenge von 103 kcal frei; das ist mehr Wärme, als beim Verbrennen von Kohlenstoff entsteht (93,6 kcal). Diese Verbindung des Wasserstoffs mit sich selbst ist eine der stabilsten binären Verbindungen. Trotz dieser enormen Wärmeabstrahlung ist der Wasserstoff als H_2 immer noch das leichteste Gas mit dem größten Gehalt an latenter Wärme.[5]

Wenden wir uns nun dem Wasser, der bedeutsamstem Verbindung des Wasserstoffs, zu. Mengenmäßig übertrifft das Wasser alle übrigen Verbindungen des Wasserstoffs. Über das Wasser selbst wird an anderer Stelle ausführlich gesprochen (siehe den Beitrag zum Wasser). Hier soll das Wasser nur so weit behandelt werden, als es in unmittelbarem Zusammenhang mit den Eigenarten des Wasserstoffs steht. Wasser ist chemisch betrachtet bekanntlich die Verbindung von Wasserstoff und Sauerstoff. Der Sauerstoff ist das Element, das die anderen Elemente in Form der Oxide in jenen Zustand bringt, in dem die Eigenschaften der betreffenden Elemente prozessual wirksam werden können. Die Metalle, die Nichtmetalle und eben auch der Wasserstoff werden durch den Sauerstoff so verändert, dass sie ihre Aktivität in chemischen Prozessen entfalten können. Im Elementzustand ruht eine Substanz mit ihren Eigenschaften zunächst gewissermaßen in sich. Tritt sie mit einer anderen in Wechselwirkung, entsteht zwischen beiden ein Kraftfeld, in dem sich die Eigenschaften beider Substanzen gegenseitig durchdringen. Die Eigenschaften der Elemente bleiben erhalten, bringen aber in ihrer Wechselwirkung neue Erscheinungen hervor (siehe hierzu den Abschnitt «Was ist eine chemische Verbindung?» in dem Kapitel «Grundlinien einer chemischen Phänomenologie»). Dies ist den Intervallen in der Musik vergleichbar, wo im Zusammenklang zweier Töne ein im Einzelton nicht Wahrnehmbares erscheint; in analoger Weise erscheinen bei den chemischen Verbindungen spezifische Qualitäten in der Wechselwirkung der Elemente. In diesem Zusammenhang spielt der Sauerstoff eine besondere Rolle. Im musikalischen Vergleich müsste man sagen, dass er nicht nur einer unter vielen Tönen ist, sondern gleichzeitig auch eine Art Instrument, das – wie das oben angedeutet wurde – das Zusammenklingen der Töne in vielen Fällen erst ermöglicht.

Das Besondere bei der Vereinigung von Wasserstoff mit Sauerstoff ist die Tatsache, dass zwei gasförmige Elemente eine Flüssigkeit ergeben. Dabei wirkt die ausgesprochen starke Fähigkeit des Sauerstoffs, in die Verdichtung zu führen. Die Reaktion der beiden Gase geschieht explosionsartig schnell (Knallgas) unter Abstrahlung von sehr viel Wärme aus dem verbrennenden Wasserstoff. So kommt es zu einer intensiven Steigerung der verdichtend wirkenden Kräfte. Zunächst entsteht in der enormen Hitze Wasser in Form des Dampfes, der sich dann aber zu flüssigem Wasser kondensiert. Trotz des hohen Wärmeverlustes bleibt die hohe Wärmekapazität des Wasserstoffs nun als Eigenschaft des Wassers erhalten. Das gilt auch für die bereits oben erwähnte Anomalie des Wasserstoffs (Dichte bei 0 °C fest: 0,99987 g/cm^3; bei 4 °C flüssig: 1,00 g/cm^3). Beim Vergleich der Zahlenwerte zeigt sich aber, dass die Wärmekapazität und die Dichteanomalie im Wasser gegenüber dem Wasserstoff abgeschwächt sind, also qualitativ ebenfalls einen Verdichtungsprozess durchgemacht haben. Sein sensibles Verhalten gegenüber der Wärme verdankt das Wasser ebenfalls dem Wasserstoff, auch die Fähigkeit, vielfältige Stoffe in sich aufzulösen. Der Sauerstoff ist es also, der den dem Kosmos verwandten zentrifugalen Wasserstoff in tellurische Zusammenhänge hineinführt.

Zu den Eigenschaften des Wassers gehört es, selbst keine chemische Aktivität zu entfalten. Es verhält sich wie kein anderer Stoff seiner Umgebung gegenüber völlig neutral. Sind sich in der Durchdringung von Sauerstoff und Wasserstoff zwei Prinzipien begegnet, in denen der Grund zu dieser Neutralität zu suchen ist?

Die Erde und der sie umgebende Kosmos bilden eine Einheit, doch sind beide innerhalb dieser Einheit polar zueinander. Im Kosmos stehen die zentrifugalen Kräfte im Vordergrund, im Bereich der Erde die zentripetalen. Zwischen Erde und Kosmos vermittelt die Atmosphäre mit ihrem gasförmigen Aggregatzustand. Stickstoff, Sauerstoff und Wasserstoff sind die Repräsentanten des Gasförmigen in der Stoffeswelt. Unter ihnen ist der Stickstoff am ausgeprägtesten Luft (vgl. den Beitrag zum Stickstoff). Der Sauerstoff ist jener Anteil der Atmosphäre, der mit seinen zentrifugalen Kräften zahlreiche Stoffe in den Bereich des Irdischen hineinführt und für Prozessuales aufschließt (vgl. den Beitrag zum Sauerstoff). Der Wasserstoff dagegen ist ein Gas, das, wie wir gesehen haben, dem tellurischen Bereich entflieht. So ist das Wasser aus Gasen, d.h. aus zentrifugal zum Kosmos hin orientierten Substanzen, entstanden, die mit ihren polaren Wirkungstendenzen nun als Wasser die Grundlage für die Manifestation des Lebens schaffen. Indem das Wasser dem Bereich des Zentrifugal-Gasförmigen entstammt, selbst aber zentripetal orientiert ist, kann es sowohl Gasförmiges als auch Festes in sich aufnehmen und im Bereich des Lebendigen wirksam werden lassen.

Der neutrale Charakter des Wassers verschwindet vielfach, wenn es sich mit anderen Stoffen vereinigt. Dies wird besonders deutlich an den Säuren und Laugen, die aus der Verbindung mit Nichtmetall- und Metalloxiden hervorgehen. Säuren und Laugen sind polare Gegensätze, in deren Spannungsfeld sich im Lebendigen ein großer Teil der Stoffwechselprozesse abspielt. Wasser, saures Milieu und basisches Milieu sind eine wesentliche Grundlage für die Äußerungen des Lebendigen, und an allen dreien ist der Wasserstoff beteiligt.

Wenden wir uns nun den organischen Substanzen zu, die aus der Tätigkeit der Lebewesen entstehen. Das Wasser ist das Medium, in dem sich das Leben auf der Erde entfaltet hat und in dem sich die Stoffwechselprozesse der Organismen abspielen. Hier wird eine unübersehbare Vielfalt an Substanzen auf der Grundlage von Wasserstoff, Sauerstoff, Stickstoff und Kohlenstoff gebildet. Keine von ihnen ist ohne den Wasserstoff mit seinen dynamischen Eigenschaften zu denken. Unter den organischen Verbindungen sind es insbesondere die Fette und Öle, aber auch die ätherischen Öle, die Terpene und in weniger ausgeprägter Form die Alkohole und organischen Säuren, bei denen der Wasserstoff mit seinen spezifischen Eigenschaften in den Vordergrund tritt.

Richten wir zunächst den Blick auf die Fette und Öle. Sie zeichnen sich dadurch aus, dass sie keine innere Beziehung zum Wasser haben, sehr leicht sind und sich in ihrer Konsistenz durch Formlosigkeit und einen starken inneren Zusammenhalt auszeichnen. Auf Wärme reagieren die Fette und Öle sehr sensibel durch relativ starke Ausdehnung und die Tatsache, dass sie als Wärmespeicher einmal aufgenommene Wärme nur langsam wieder abgeben. Man findet sie in der Lebenswelt überall dort, wo sich der Organismus aus den Lebensprozessen herauszieht: bei den Pflanzen in den Früchten und vor allem in den Samen, also dort, wo sich die Pflanze in den inneren Wärmeprozessen der Reifung aus dem unmittelbaren Zusammenhang mit der Umgebung absondert. Im Zustand der Ruhe, im Samen, umgibt und durchdringt sich der Pflanzenkeim mit Fett bzw. Öl. Beim Tier wird insbesondere dann viel Fett gebildet, wenn es sich zur Winterruhe zurückzieht. Aber auch Tiere, die im Wasser leben, bilden große Mengen Fett, durch die sie sich gegenüber der Umgebung isolieren: die Fische durch den Tran, die Wale und Robben durch mächtige Fettschichten. Ein ganz anderer Bereich, in dem sich der Organismus aus den Lebensprozessen zurückzieht, ist das Nervensystem, wo es in der Myelinscheide zur Absonderung fettartiger Substanz kommt (vgl. den Beitrag zum Phosphor). Die Fette und Öle ermöglichen es dem Organismus, sich aus der unmittelbaren, aktiven Wechselwirkung mit der Umgebung herauszusondern, die Lebensprozesse im Inneren aber aufrechtzuerhalten. Der hydrophobe (wasserabweisende) Charakter der Fette macht das Abgrenzen möglich, durch den hohen Gehalt an latenter Wärme sind sie gleichzeitig Energieträger im Stoffwechsel und Energiespeicher. Der hohe Energiegehalt der Fette und Öle erlaubt es den Organismen, auch ohne unmittelbaren Kontakt zur Umgebung (z.B. durch Nahrungsaufnahme) die Lebensprozesse aufrechtzuerhalten.

In den Fetten und Ölen wirken vor allem Wasserstoff und Kohlenstoff zusammen, während der Sauerstoff quantitativ in den Hintergrund tritt. Dass die Fette feste und die Öle zähflüssig-ölige Substanzen sind, haben sie sicher dem Kohlenstoff zu verdanken. Wie kein anderes Element ist der Kohlenstoff in der Lage, sich den auflösenden Kräften der Wärme zu widersetzen und durch die Verbindung mit sich selbst komplexe Strukturen zu bilden, ohne dabei zu sehr in die Verdichtung zu gehen (vgl. den Beitrag zum Kohlenstoff). Dadurch kann der Wasserstoff in der chemischen Verbindung mit dem Kohlenstoff seine zentrifugalen Kräfte nicht mehr in einer Flüchtigkeit der Substanz zur Geltung bringen; diese Kräfte des Wasserstoffs werden gewissermaßen durch den Kohlenstoff «gebannt».

Dagegen geht die Eigenart der Fette und Öle, formlos, weich und leicht zu sein, auf den Wasserstoff zurück. Durch den Kohlenstoff wird der Wasserstoff im festen und flüssigen Aggregatzustand festgehalten; im inneren Gefüge dieser Substanzen wirkt das Dynamische des Wasserstoffs und äußert sich in der Formlosigkeit, Weichheit und Leichtigkeit, ebenso im sensiblen Umgehen mit der Wärme. Die große Wärmekapazität des Wasserstoffs, also die Fähigkeit, viel Wärme aufzunehmen, ohne sich äußerlich zu verändern, bewirkt, dass Fette und Öle sich bei Erwärmung ausdehnen und viel Wärme aufnehmen.

Lebensprozesse, besonders auch der Stoffwechsel im eigentlichen Sinne, sind der intensive Umgang des Lebendigen mit der Materie. Nun haben wir den Wasserstoff als eine Substanz kennen gelernt, die von sich aus nicht in den materiellen Zusammenhang der Erde hineingeht; er flieht das Tellurische. Erst der Sauerstoff war in der Lage, den Wasserstoff zu binden und der Erde verfügbar zu machen. Der Stoffwechsel im Organismus selbst wird auch zu einem großen Teil erst durch den Sauerstoff möglich. Dort, wo sich die Lebensdynamik aus der Substanzbildung zurückzieht, entstehen, wie oben erwähnt, die Fette und Öle, die sich gerade auch dadurch auszeichnen, dass in ihnen der Sauerstoffanteil zurückgeht. Wäre nicht der Kohlenstoff an der Substanzbildung beteiligt, so würde der Wasserstoff wohl entweichen und sich aus seinem Zusammenhang mit dem Leben auf der Erde lösen. Zurückgehalten durch den Kohlenstoff, kann er aber nicht entweichen und trägt nun mit seinen Eigenschaften dazu bei, dass sich der Organismus aus der Umgebung und den aktiven Lebensprozessen zurückziehen kann.

Diese Tendenz des Wasserstoffs in den Fetten und Ölen, sich aus dem Zusammenhang mit der Umgebung zurückzuziehen, äußert sich auch im chemischen Verhalten: Fette und Öle reagieren nur sehr schwer mit anderen Substanzen, mit Säuren und Laugen nur bei starker Erwärmung oder unter hohem Druck. Bevor sie im Verdauungsprozess angreifbar werden, muss ihr innerer Zusammenhalt durch Gallensaft überwunden werden. Auch das Entzünden der Fette und Öle ist nicht ohne weiteres möglich. Sie müssen, bevor sie sich mit dem Sauerstoff in der Flamme vereinigen, gasförmig werden. Als Gas brennen sie dann z.B. am Docht einer Talgkerze oder einer Öllampe aber sehr gut. Dabei wird doppelt so viel Wärme frei wie beim Verbrennen von Kohlenhydraten oder Eiweiß. Während bei Letzteren die Verbrennung oft unvollständig verläuft und ein kohliger Rest zurückbleibt, verbrennen die Fette und Öle vollständig, oder der unvollständig verbrannte Kohlenstoff entweicht als Ruß in die Luft.

Untersucht man die große Zahl der Fettsäuren, die in den Fetten und Ölen mit Glycerin verbunden sind, auf ihre chemische Struktur und mengenmäßige Zusammensetzung von Kohlenstoff und Wasserstoff, so offenbart sich das äußerst differenzierte Zusammenwirken der beiden Elemente (vgl. Wolff 1998).

Bei den ätherischen Ölen und den Terpenen wird die Wirksamkeit des Kohlenstoffs durch den Wasserstoff teilweise so weit überwunden, dass die Substanzen als Flüssigkeiten viel weniger viskos sind und schon vor dem Erreichen des Siedepunktes stark zur Verdunstung neigen. Die entweichenden Gase haben die unterschiedlichsten Nuancen aromatischer Gerüche.

Bei den Alkoholen, die nicht mehr den hydrophoben Charakter der Fette und Öle haben, treten in zunehmendem Maße wässrige Eigenschaften dadurch auf, dass der Sauerstoff [in den so genannten Hydroxylgruppen (OH-)] modifizierend auf den Wasserstoff einwirkt. Dennoch bleibt die Wirkung des Wasserstoffs in der Flüchtigkeit und Brennbarkeit der Alkohole deutlich erhalten. In den Karbonsäuren wird die Beziehung zum Wasser noch stärker; der Einfluss des Sauerstoffs nimmt weiter zu, sodass die auflösende Qualität des Wassers in den Vordergrund zu treten beginnt. Die fettigen und öligen Eigenschaften, die aus der direkten Wechselwirkung von Wasserstoff und Kohlenstoff resultieren, treten in den Hintergrund zugunsten einer säureartigen Wirksamkeit des Wasserstoffs.

In den Fetten und Ölen ist die unmittelbare Wechselwirkung des Wasserstoffs mit dem Kohlenstoff am deutlichsten; in den Alkoholen und Karbonsäuren gewinnt der Sauerstoff zunehmend Einfluss. Den Endpunkt bildet die vollständige Oxidation der Fette, bei der Wasserstoff und Kohlenstoff durch den Sauerstoff vollständig voneinander getrennt werden, indem Wasser (H_2O) und Kohlendioxid (CO_2) entstehen.

Zunehmender Einfluss des Sauerstoffs:	Terpene ⇩ Fette/Öle ⇩ ätherische Öle ⇩ Alkohole ⇩ organische Säuren ⇩ Wasser

Stirbt organische Substanz, besonders Fett und Öl, dort ab, wo kein Sauerstoff vorhanden ist, z.B. bei der Bildung von Faulschlamm am Grund von stehenden Gewässern oder bei der Erdöl- und Erdgasbildung in den tieferen Ablagerungen der Meere (heute z.B. im Schwarzen Meer), so entstehen Kohlenwasserstoffe.

Der im Lebenszusammenhang entstandene Zusammenhalt von Stickstoff, Sauerstoff, Schwefel, Kohlenstoff und Wasserstoff löst sich in der toten organischen Substanz auf. Dabei entstehen Verbindungen des Wasserstoffs mit jedem dieser Elemente: in Verbindung mit dem Stickstoff Ammoniak (NH_3), mit dem Sauerstoff Wasser (H_2O), mit dem Schwefel Schwefelwasserstoff (H_2S) und mit dem Kohlenstoff eine Vielzahl unterschiedlicher Kohlenwasserstoffe (C_nH_{2n+2}). Ammoniak und Schwefelwasserstoff entweichen als Gas oder werden in Salzen gebunden, das Wasser vereinigt sich mit dem Wasser der Umgebung, nur die Kohlenwasserstoffe reichern sich an. Hier soll nur kurz auf die letztgenannte Stoffgruppe eingegangen werden.

Die Kohlenwasserstoffe zeigen eine gewisse Verwandtschaft mit den Fetten und Ölen und werden, sofern sie flüssig sind, als Mineralöle bezeichnet. Sie haben ebenfalls die Eigenart, leicht flüchtig zu sein, gut zu brennen und sensibel auf Wärme zu reagieren. Letzteres zeigt allerdings eine Besonderheit: Mit zunehmender äußerer Temperatur wird die Wärmekapazität der Kohlenwasserstoffe größer. Das bedeutet, dass mit steigender Wärme in ihnen der Wasserstoffcharakter zunimmt, indem dessen hohe Wärmeaufnahmefähigkeit gegenüber dem Kohlenstoff immer stärker in den Vordergrund tritt. Die so genannten gesättigten Kohlenwasserstoffe (mit dem größtmöglichen Wasserstoffanteil) werden auch als Paraffine bezeichnet, um ihre chemische Beständigkeit gegen andere Substanzen zu kennzeichnen. Die Qualität des Sich-Absonderns, die im Zusammenhang mit den Fetten besprochen wurde, tritt hier besonders markant in Erscheinung, indem die reinen Kohlenwasserstoffe nicht mehr ohne weiteres in die Lebensprozesse einbezogen werden, ohne dort als Gift zu wirken. Dies wird uns bei jedem Unglück von Öltankern mit der damit verbundenen Ölpest von neuem vor Augen geführt.

Zusammenfassend lässt sich über die Beziehung des Wasserstoffs zum Lebendigen sagen, dass er die Substanz ist, die Wärme in die leibliche Substanz der Lebewesen hineinträgt. Als «kosmisches» Gas paralysiert er hier die verdichtenden Kräfte und ermöglicht damit das Leben.

Ergänzende Bemerkungen

Die Chemie des Wasserstoffs ist ein sehr weites Gebiet, sodass eine umfassende Behandlung den Rahmen dieser Betrachtung überschreiten würde. Es sollen aber noch zu einigen Bereichen kurze Bemerkungen angefügt werden.

1. Zum Wasserstoffperoxid H_2O_2

Neben dem Wasser gibt es noch eine weitere Verbindung des Wasserstoffs mit Sauerstoff, das Wasserstoffperoxid, in dem der Sauerstoffanteil doppelt so groß ist. In den atmosphärischen Niederschlägen ist Wasserstoffperoxid in großer Verdünnung vorhanden (110 mg / 600 kg Wasser). Es erscheint ferner in pflanzlichen und tierischen Säften im Zusammenhang mit den Atmungsvorgängen.

Wasserstoffperoxid unterscheidet sich in seinen Eigenschaften deutlich vom Wasser. Der Schmelzpunkt liegt mit –0,8 °C in der Nähe von dem des Wassers, doch der Siedepunkt dieser klaren, farblosen Flüssigkeit ist mit 151 °C weit höher. Wasserstoffperoxid hat also eine ausgeprägtere Flüssigphase als das Wasser, was seinem Sauerstoffanteil entspricht. Gleiches gilt auch für die Dichte, die mit 1,463 g/cm^2 deutlich über der des Wassers liegt. Der hohe Siedepunkt und die relativ große Dichte sind dennoch erstaunlich, da das Wasserstoffperoxid einen wesentlich höheren Energiegehalt aufweist als das Wasser. Bei der Zersetzung in Wasser und Sauerstoff wird eine Wärmemenge von 46 kcal/Mol frei. Trotz der hohen latenten Wärme ist die verdichtende Wirkung des Sauerstoffs im Wasserstoffperoxid so groß, dass Siedepunkt und Dichte über der des Wassers liegen.

Bei Kontakt mit anderen Substanzen ist das Wasserstoffperoxid sehr unbeständig; es zerfällt leicht in Wasser und Sauerstoff und kann dabei erstaunlicherweise sowohl oxidierend als auch reduzierend wirken. Schwache Säuren, wie schwefelige Säure oder salpetrige Säure, werden zu starken Säuren (Schwefelsäure, Salpetersäure) oxidiert; ebenso werden die niederen Oxide einer Reihe von Metallen (z.B. Eisen, Mangan, Chrom) zu den höheren weiteroxidiert. Das Freiwerden des Sauerstoffs aus dem Wasserstoffperoxid kann auch schon durch feinen Staub bewirkt werden, mitunter sogar explosionsartig schnell. Durch die reduzierende Wirkung wird aus Silber- und Quecksilberoxid und aus Goldchlorid das Metall abgeschieden und gleichzeitig Sauerstoff und Wasser gebildet:

Silberoxid + Wasserstoffperoxid → Silber + Wasser + Sauerstoff

$$AgO + H_2O_2 \rightarrow Ag + H_2O + O_2$$

2. Zum Wasserstoff und den Metallen

Gegenüber den Metallen verhält sich der Wasserstoff in besonderer Weise. Es gibt eine ganze Reihe schwerer Metalle, die den Wasserstoff in sehr großer Menge aufnehmen. Der Wasserstoff dringt so in das Metall ein wie andere Gase in das Wasser, wenn sie sich lösen. Die Fähigkeit des Wasserstoffs, in die Metalle einzudringen, nimmt mit steigender Temperatur zu, nur das Palladium macht von dieser Regel eine Ausnahme. Es ist für den Wasserstoff das beste Lösungsmittel: Es nimmt sehr schnell das sechshundertfache Volumen Wasserstoff in sich auf. Diese Tatsache wird technisch bei der Reinigung von Wasserstoff ausgenützt. Trotz dieser ungeheuren Menge Wasserstoff verändert das Metall seine äußere Erscheinung nicht; lediglich das Volumen wird etwas größer. Im Palladium nimmt der Wasserstoff einen ungewöhnlichen Zustand an: Er wird atomar (siehe S. 119).

Kupfer absorbiert in flüssigem Zustand große Mengen Wasserstoff und gibt beim Erstarren das 4,8-Fache seines eigenen Volumens wieder ab; beim Eisen ist es das Siebenfache und beim Nickel das Zwölffache. Tantal nimmt beim Erwärmen auf 800 °C Wasserstoff auf und behält beim Abkühlen auf Zimmertemperatur 50 ml H_2/g, Niob 100 ml/g und Titan sogar 400 ml/g gelöst in sich zurück. Die Metalle bewahren dabei ihre innere Struktur, nur ihre Dichte wird etwas geringer.

In der Elementenlehre des Aristoteles gehören die Metalle mit ihrem inneren Zusammenhalt, ihrer Plastizität und Duktilität nicht nur zum Element Erde, sondern zugleich auch zu dem des Wassers. Damit wird auf einen wichtigen Sachverhalt hingewiesen: dass die meisten Metalle in ihrer Konsistenz nicht wie die Mineralien erstarrt sind, sondern etwas von der Beweglichkeit des Flüssigen haben. In dem voll beweglichen Flüssigen des Wassers lösen sich viele Gase, in dem äußerst zähen und dichten Flüssigen der Metalle löst sich nur das dünnste und beweglichste Gas, der Wasserstoff.

Der Wasserstoff bildet mit Metallen auch echte Verbindungen, die Hydride. Es handelt sich zum Teil um metallisch erscheinende Substanzen, aber auch solche mit Salzcharakter. Die Hydridbildung erfolgt zumeist exotherm, also als echter Verdichtungsprozess. Ein großer Teil der Hydride ist, bei relativ niedrigen Schmelzpunkten, sehr unbeständig und zersetzt sich bei Erwärmung, bisweilen sogar explosiv. Bei größerer Beständigkeit erfährt mit zunehmender Dichte des Metalls die flüssige Phase eine Ausdehnung. Dies weist darauf hin, dass die verdichtenden Kräfte zunehmen, aber auch die Dynamik und Wärme des Wasserstoffs in dem ausgedehnten flüssigen Aggregatzustand zum Ausdruck kommen.

Aus dem Vorangehenden wird die Bedeutung des Wasserstoffs sichtbar. Es ist der Wasserstoff, der Qualitäten des Kosmischen am reinsten in sich vereinigt: zentrifugale Kräfte, Beweglichkeit, Dynamik, Grenzenlosigkeit und Lichtoffenheit. Dies sind Qualitäten, die auch das Lebendige auszeichnen, nur mit dem Unterschied, dass sie in räumlich begrenzter Gestalt erscheinen. Der Wasserstoff, als Repräsentant des Kosmischen in der Stoffeswelt, ist Grundlage dafür, dass sich Leben im Bereich des Irdischen entfalten kann. Dass sich das Leben aber in konkreten Gestalten manifestiert, ist nicht dem Wasserstoff zuzuschreiben, sondern vielmehr dem Sauerstoff mit seiner verdichtenden Wirkung und dem Kohlenstoff als dem Träger der Gestaltung.

Beim Betrachten der Erde und ihrer Stoffeswelt zeigt sich, dass keines der Elemente eine in sich bestehende Ganzheit ist, sondern dass sich erst im Zusammenwirken mit den anderen ein Sinnzusammenhang ergibt. So wie sich ein Organ in seinem Sinn erst aus dem Zusammenwirken mit den anderen Organen im Ganzen des Organismus erschließt, so werden die einzelnen chemischen Elemente in ihrer Bedeutung erst verständlich, wenn es wenigstens ansatzweise gelingt, sie in ihrem Zusammenhang mit dem Erdganzen zu erfassen. Unter diesem Gesichtspunkt ist der Wasserstoff einerseits nur eine Komponente unter vielen anderen innerhalb der Elemente, aber er nimmt aber andererseits eine Sonderstellung ein, indem er als Substanz das Kosmische zur Erscheinung bringt. Er ist somit eine wesentliche Voraussetzung dafür, dass Leben in der Substanz wirken kann.

Anmerkungen

1 Eine Abnahme der Dichte im festen gegenüber dem flüssigen Aggregatzustand ist eine sehr seltene Erscheinung. Außer beim Wasserstoff und beim Wasser ist sie noch beim Silizium (siehe den Beitrag zum Silizium), beim Gallium und beim Wismut anzutreffen.

2 Auf das Wasser folgen:

Auf das Wasser folgen:	Lithium	0,85 cal/g °C
	Beryllium	0,436 cal/g °C
	Natrium	0,293 cal/g °C
	Stickstoff	0,249 cal/g °C
Sehr geringe Wärmekapazität zeigen:	Gold	0,0308 cal/g °C
	Platinmetalle	0,0312 – 0,0317 cal/g °C
	Quecksilber	0,0331 cal/g °C

3 Daran zeigt sich, dass die dem Wasserstoff eigene Tendenz zur Ausdehnung durch seine Wärmeeigenschaften sehr stark ist, die kritische Temperatur also sehr niedrig ist, dass aber dem äußeren Druck nur wenig Widerstand entgegengesetzt wird, wenn die zentrifugale Wirksamkeit einmal weitgehend überwunden ist. So reicht ein relativ geringer Druck aus, um den Wasserstoff zu verflüssigen.

Kritische Temperatur und kritischer Druck anderer Gase zum Vergleich:

Gas	*kritische Temperatur in °C*	*kritischer Druck in atm*
Helium	–268,0	2,24
Neon	–228,8	27,24
Argon	–122,4	48,06
Stickstoff	–147,0	33,45
Sauerstoff	–118,6	49,77
Fluor	–128,9	51,46
Chlor	+143,3	78,7

4 Mit Ausnahme der Edelgase liegen alle Gase bei Zimmertemperatur als binäre Verbindungen mit sich selbst vor. Der Gaszustand steht den tellurisch-verdichtenden Kräften polar gegenüber. Im Bereich der Erde kommen die Gase in den gravitativen Einfluss und verdichten sich, was durch die Verbindung mit sich geschieht. Dabei wird ein beträchtlicher Teil der latenten Wärme frei, der beim Wasserstoff extrem hoch ist. Nur ein sehr hohes Maß an Wärme ist in der Lage, den zentripetalen Einfluss der Erde zu überwinden und den «reinen» Gaszustand wiederherzustellen.

5 Interessant ist in diesem Zusammenhang, dass der Wasserstoff der interstellaren Materie als so genannter atomarer Wasserstoff vorliegt, also in der Form, die dem naszierenden entspricht. Daran wird deutlich, dass der interstellare Raum den Qualitäten der Wärme so weitgehend entspricht, dass der Wasserstoff hier in seiner ausgedehntesten Form vorhanden ist.

Stickstoff – Erstarrung wird überwunden

Stickstoff und Luft

In selbstverständlicher Weise leben Pflanzen, Tiere und Menschen in und von der Luft. Diese bewegliche, alle Räume erfüllende Substanz lässt durch ihre klare Durchsichtigkeit die Farben der Welt zur Geltung kommen. Das Fehlen eines eigenen Geruchs und Geschmacks machen es möglich, dass Tier und Mensch Sinneseindrücke in dem entsprechenden Gebiet empfinden, beim Geruchsempfinden sogar mit der Luft als Trägermedium.

Die als einheitliche Substanz erlebte Luft hat eine gewisse Leichtigkeit und Beweglichkeit; der Begriff «Luftdruck» bleibt dem Erleben fremd, weil die Luftsäule über uns den Menschen nicht drückt und beschwert und weil die Luft unsere Bewegungen nicht durch ihren Widerstand zu hemmen scheint. Sie ist flüchtig, formlos, und vom Hauch bis zum rasenden Sturm legt die Luft Kunde ab von fernem Kräftewirken. Sie ist unabdingbar für die Übermittlung von Geräuschen und ermöglicht durch Töne und Laute die Wahrnehmung eines anderen Wesens in besonders intensiver Weise.[1]

Und letztendlich atmen Mensch und Tier diese Luft unablässig ein und aus und sind so mit ihr aufs tiefste verbunden und von ihr abhängig. Das Atmen ist ein tief in das Leben hineinwirkender Vorgang. Auch die Pflanzen werden in der ihnen gemäßen Weise von Luft durchströmt, «atmen» also auch. Der Mensch fühlt sich durch sein Atmen frei und wach und bereit zur Tat. Und im Ausatmen wird die Luft in Sprache oder Gesang zum Medium der Mitteilung und der Vermittlung innerer seelischer Erlebnisse.

Die Erfahrung lehrt uns, dass zum Unterhalt eines Feuers Luft zugegen sein und fortwährend zufließen muss, denn durch das Feuer wird Luft verbraucht. Dabei lodern Licht und Wärme auf und wirken in den umgebenden Raum hinein.

Im 18. Jahrhundert wurde von mehreren Chemikern unabhängig voneinander bemerkt, dass die so einheitlich erlebte Luft differenzierter aufzufassen ist. Diese als Einheit wirkende und erlebte Luft, die man im Sinne der

Griechen als eines der vier Elemente auffasste, offenbarte im Experiment ein neues, zunächst rätselvolles Phänomen. Es zeigte sich, dass beim Verbrennen z.B. eines Stücks Holzkohle lediglich etwa ein Fünftel des Luftvolumens verbraucht wird. Die restliche Luft unterhält die Verbrennung nicht mehr, sondern erstickt den Verbrennungsprozess und auch das Leben. 1772 beschrieben Scheele und etwa gleichzeitig auch Cavendish und Priestley derartige Beobachtungen.[2]

Es war dann der Chemiker Rutherford, der die erstickende Substanz, die 78,08 Prozent der Luft ausmacht und dem Verbrennungsprozess widersteht, als chemisches Element erkannte. Der in seiner Zeit führende Chemiker, der Franzose Lavoisier, schließlich gab diesem Element den Namen «Azote», das heißt das Leben nicht unterhaltend.[3] Der deutsche Name «Stickstoff» ist leicht nachzuvollziehen. 1790 prägte der Franzose Chaptal aufgrund der Beteiligung des Stickstoffs an der Bildung von Salpeter die Bezeichnung «Nitrogen» (Salpeterbildner), von der das Elementsymbol «N» abgeleitet wurde.

Stickstoff und Sauerstoff bilden in der Luft ein inniges Miteinander. Der Sauerstoff erfährt durch den Stickstoff die dem Leben zuträgliche Mäßigung seiner verbrennenden und verzehrenden Wirkung; die Feuererscheinungen verlaufen in der Luft nicht so heftig und explosiv wie in einer reinen Sauerstoffatmosphäre. Und die vergiftende, zerstörerische Wirkung des reinen Sauerstoffs auf zartes neues Leben wird zum belebenden Einfluss modifiziert. In der einheitlich erlebten Luft wirken die beiden Anteile so aufeinander, dass Leben möglich wird.

Obwohl er der Menge nach vorherrscht, wird der Stickstoff in seiner Eigenart erst fassbar, wenn der Sauerstoffanteil entfernt ist. Doch dann ist er durch seine Geschmack-, Geruch- und Farblosigkeit und die Tatsache, dass er chemisch nicht ohne weiteres reagiert, eine zunächst wenig eindrucksvolle Substanz.

Der Stickstoff als chemisches Element

So bleibt der Stickstoff in seinem Bereich, dem gaserfüllten Luftraum, weitgehend verborgen. Um ihn mit seinen besonderen Eigenschaften und Wirkungen wahrzunehmen, sind besondere Arbeitsschritte nötig, wie sie im Experiment unter Laborbedingungen ausgeführt werden können. Wenn man z.B. die Abluft einer Verbrennung, bei der der Sauerstoffanteil der Luft verbraucht wurde, durch eine Alkalilauge leitet und auf diese Weise das entstandene Kohlendioxid aufgefangen wird, dann erhält man den Stickstoffanteil der Luft von vier Fünfteln des Ausgangsvolumens.

Es kann auch ein Quantum Luft über ein glühendes Stück Kupfer geleitet werden; dann verbleiben der Luftstickstoff und die geringen Mengen von Edelgasen im Gasstrom.

Heute werden ungeheure Mengen an Energie dafür verwendet, um den Sauerstoff und den Stickstoff der Luft in großen Mengen voneinander zu trennen. Im Linde-Verfahren wird die Luft in starken Kompressoren enorm verdichtet (auf etwa 200 bar) und anschließend plötzlich entspannt. Dadurch kühlen die Gase der Luft um etwa 30 °C ab. Diese abgekühlte Luft wird erneut den starken Verdichtungskräften unterworfen, wiederum expandiert, weiter abgekühlt und so fort, bis schließlich eine Temperatur von –200 °C erreicht ist. Hier endlich wird die Luft flüssig.[4] Zur Verdeutlichung seien die verschiedenen Parameter der beiden «Luftgase» im Vergleich zu denen des Wasserstoffs angeführt:

		Wasserstoff	Stickstoff	Sauerstoff
Siedepunkt		–252,8 °C	–195,5 °C	–183 °C
Schmelzpunkt		–262,0 °C	–214,0 °C	–218 °C
Dichte	gasförmig	0,08988 g/l	1,2504 g/l	1,429 g/l
	flüssig	0,0707 g/cm³	0,9976 g/cm³	1,429 g/cm³
	fest	0,0706 g/cm³	1,2504 g/cm³	1,42 g/cm³

Bei dieser unvorstellbaren Kälte ist die Gasnatur der Luft überwunden. Durch vorsichtige Erwärmung – eine recht merkwürdige Formulierung in diesem Bereich größter Kälte – können die verschiedenen Anteile der Luftgase voneinander getrennt werden.[5] Bei –195,82 °C kann Stickstoff als Flüssigkeit gelagert werden.

Die Anwendung dieses flüssigen Stickstoffs ist weit verbreitet: zur Ausbildung von so genannten Schutzatmosphären, in denen Lebensvorgänge (in der Lebensmitteltechnologie) oder Oxidationen unterdrückt werden (in der Metallurgie) und als Kältemittel in Technik, Medizin, Chemie und weiteren Bereichen.

Stickstoff als isoliertes Element ist für dieses Luftgas ein weitgehend wesensfremder Zustand;[6] er ist zu innig mit seinem «Geschwisterelement» Sauerstoff in der Luft gemischt. Wir erleben die Luft als etwas Einheitliches. In der Luft modifizieren sich beide Gase in ihren Wirkungen gegenseitig in einer für das Weltganze sinnvollen Weise.

Erst nach dieser schwierigen Auftrennung des Luftgases lässt sich der Stickstoff in seinen Elementeigenschaften beschreiben und untersuchen. Dabei erweist er sich als eine Substanz, die ihre Herkunft aus der Luft als inneren Wesenszug immer wieder sehr deutlich unter Beweis stellt.

Zum Vorkommen des Stickstoffs ist zu bemerken, dass er zu 0,017 Prozent in der Lufthülle und der Erdrinde zu finden ist; er zählt damit zu den seltenen Elementen der Erde. Doch muss man diese Angabe unbedingt präzisieren, ist doch der Stickstoff fast ausschließlich, nämlich zu 99 Prozent seines Vorkommens, Bestandteil der Luft. Nur eine äußerst geringe Menge ist im Bereich des Mineralischen und des Lebendigen gebunden und nicht als Gas anzutreffen. Im Bereich des Lebendigen unterliegt der Stickstoff einem steten Wechsel; er wird aus den organischen Substanzen, wenn sie dem Leben entfallen, wieder in den Luftraum entlassen und immer wieder neu in die Lebenssphäre hereingenommen.[7]

Nur dort, wo das Leben erstorben ist und die lösenden Kräfte des Wassers fehlen, finden sich bisweilen (in Indien, in Wüstenregionen Südamerikas) feste Substanzen, in denen Stickstoff gebunden ist, die Nitrate. Diese kristallinen Salze bilden an der Oberfläche zum Teil mächtige Lagerstätten.

So wie der Stickstoff im Festen selten vorkommt und kaum eine Beziehung zum Bereich des Mineralischen hat, so dringt er durch seine geringe Löslichkeit auch nur wenig in das Wasser ein. In 1 Liter Wasser lösen sich lediglich 23 ml Stickstoff (bei 0 °C); dies entspricht etwa dem halben Wert der Löslichkeit von Sauerstoff (49 ml/l Wasser).

Stickstoff in chemischen Verbindungen

Nun sei geschildert, wie der Stickstoff durch einen Naturprozess aus seinem Bereich, der Luft, in das Gebiet anderer Stoffe und des Lebens gelangt.

Das dumpfe Grollen des Donners, das helle Flackern und Zucken der Blitze, die Düsternis, die über einer Landschaft liegt, die mächtigen dunklen Wolkengebirge und schließlich der heftige, rasch versiegende Regenguss – das Geschehen eines Gewitters ist für uns Menschen eine äußerst eindrückliche Erfahrung.

Der Blitz, diese Manifestation von Elektrizität in der Natur, kann den Stickstoff der Luft in eine chemische Bindung mit dem Sauerstoff hineinzwingen. Es entstehen Stickstoff-Sauerstoff-Verbindungen, die Stickoxide. Sie werden vom Regen aus der Atmosphäre gelöst und gelangen in den Erdboden. Die Organismen des Bodenlebens und die Pflanzen bemächtigen sich dieser Substanzen und offenbaren in der Steigerung der Bodenfruchtbarkeit eine bedeutende Seite der Stickstoffwirkung im Bereich des Lebendigen.

Auf diesem Wege ist der Zugang zur äußerst vielfältigen Stickstoffchemie erschlossen. Hier stößt man auf ein Paradoxon, denn der Stickstoff ist sehr reaktionsträge. Ist er aber dem Gaszustand entrissen, erweist er sich als überaus vielfältig reagierendes Element, sodass neben der Kohlenstoffchemie das Gebiet der Stickstoffchemie das umfassendste innerhalb der Chemie ist.

Stickstoff ist ein Element, das mit anderen Elementen zahlreiche Verbindungen eingeht. Dies gilt besonders auch für die Welt des Lebendigen. Denn hier spielen Stickstoffverbindungen aufgrund ihrer geringen Neigung zur Verfestigung, ihrer Wandelbarkeit und ihrer Vielgestaltigkeit eine herausragende Rolle. In den Eiweißverbindungen, jenen vielfältigen Grundsubstanzen des Lebendigen, ist der Stickstoff eine wesentliche Komponente. Nur im belebten Organismus können die Eiweiße ihren lebendig-dynamischen Charakter bewahren. Mit dem Tod beginnt der Zerfall unmittelbar. Die konstituierende Kraft des Lebens muss stetig in den Eiweißen mit ihrem geringen Grad an Formung wirken.

Bevor nun zwei bedeutende Gruppen der Stickstoffverbindungen eingehender dargestellt werden – die Verbindungen mit dem Sauerstoff und diejenigen mit dem Wasserstoff –, seien einige grundlegende Tatsachen angeführt.

Der Stickstoff, so zeigten unsere Schilderungen, ist ein Element, das der Verbindung mit anderen Substanzen erheblichen Widerstand entgegensetzt und den Gaszustand beizubehalten bestrebt ist. Er gehört zu den Elementen, die chemisch inert genannt werden; darin steht er den Edelgasen nahe.

Lediglich mit einigen der Metalle wie dem Lithium reagiert er spontan zu einer Metall-Stickstoff-Verbindung, dem Lithium-Nitrid.[8] Das Lithium gehört als Alkalimetall zu jener Gruppe von Metallen, die von den verdichtenden Kräften der Schwere nur wenig durchwirkt und verfestigt sind und eine besondere, immanente Beziehung zum Licht zeigen.[9] Wohl durch die geringe Verfestigung und das lebhafte Reaktionsvermögen besteht eine Affinität zum Stickstoff.

In der Technik lassen sich durch großen Druck und hohe Temperaturen oder durch elektrische Entladungen die Bedingungen schaffen, durch die der Stickstoff aktiviert wird und mit anderen Elementen reagiert.

Nach den Anschauungen der Chemie wird der Stickstoff bei dieser Aktivierung vom zweiatomigen in den noch dünneren einatomigen Zustand versetzt. Erst in diesem Zustand gesteigerter Gaseigenschaft kann er sich mit anderen Elementen vereinigen.

Dieser reaktionsbereite Zustand offenbart sich in einem gelben Leuchten, das über Stunden anhält (Hollemann/Wiberg 1995, S. 642). Dieses Leuchten des Stickstoffs zeigt, dass er in seinem intensivierten Gaszustand ein inniges Verhältnis zum Licht gewinnt. Bei der entsprechenden Aktivierung strahlt der Wasserstoff kein Licht, sondern Wärme ab; beim Sauerstoff beobachtet man ein kurzes rotes Aufleuchten, ein Ausdruck von aktiver Wirksamkeit. Demgegenüber ist der Stickstoff ganz lichthaft.[10]

Stickstoff mit Sauerstoff in chemischen Verbindungen

Der Sauerstoff ist es, durch den der Stickstoff im Bereich anderer Substanzen wirksam wird. Es ist erstaunlich, wie viele Verbindungen der Stickstoff mit dem Sauerstoff bildet (siehe die Tabelle auf S. 139). Etliche dieser Verbindungen entstehen nur unter den besonderen Bedingungen des Labors oder in technischen Anlagen. Dennoch zeigt die Vielzahl der Oxide eine Wandelbarkeit im Zusammenwirken des Stickstoffs mit dem Sauerstoff. Mit anderen Worten: Der Stickstoff ist in seiner Wertigkeit außerordentlich vielfältig; diese variiert von 2 bis 5. Das bedeutet, dass sich Stickstoff besonders variabel in unterschiedlichen Mengenverhältnissen mit anderen Elementen vereinigen kann und gleichsam sensibel bei verschiedenen Mengenverhältnissen der anderen Elemente reagiert.[11] Die Folge der Stickstoffoxide zeigt in klarer Weise, wie der Stickstoff in seinen Sauerstoffverbindungen stufenweise in den Bereich des Flüssigen und des Irdisch-Mineralischen hinunterdringt.

Nachdem der Stickstoff durch eine außerordentlich starke Einwirkung von Energie reaktionsfähig wurde, bildet sich in einer ersten Stufe das Stickoxid NO in einer stark endothermen Reaktion (+ 180,6 kJ/mol). Diese Verbindung zeigt deutlich die Wirkung des flüchtigen, beweglichen Stickstoffs. Siedepunkt und Schmelzpunkt liegen noch in einem niedrigen Bereich, die Dichte ist wenig gesteigert und liegt zwischen der von Stickstoff und Sauerstoff. So hat das Stickoxid auch die Farblosigkeit der beiden Luftgase. Ebenso ist seine Wasserlöslichkeit gering. Bemerkenswerterweise steigert das Stickoxid die oxidierende Wirkung des Sauerstoffs und lässt Kohlenstoff, Phosphor und Magnesium lebhaft verbrennen. Ohne besondere Vorkehrungen geht das Stickoxid eine weitere, intensivierte Wechselwirkung mit dem Sauerstoff ein und wird zu Stickstoffdioxid NO_2. Dieser Reaktionsschritt ist nun deutlich exotherm (–114,2 kJ/mol).

In den beiden zuletzt genannten Tatsachen spricht sich die geringe Stabilität des Stickoxids aus, die ihre Ursache wohl vor allem in der Bildungsenergie hat.

Wenn die so stark vorherrschende Gasnatur dieser Substanz durch die erstarrende Wirkung großer Kälte überwunden ist und schließlich bei –163 °C aus dem farblosen Gas eine bläuliche Flüssigkeit wird, dann kommt es zu einer zusätzlichen Verdichtung: Das NO dimerisiert zu N_2O_2. Dabei wird etwas von der latenten Wärme aus der Substanz ausgesondert (–10,5 kJ/mol), die Dimerisierung ist exotherm.

Im menschlichen Organismus wirkt das farblose Stickoxid als Atemgift erstickend. Es verdrängt nicht nur den Sauerstoff, sondern besetzt die Substanz des Blutes, die eigentlich dem Sauerstoff vorbehalten ist, das Hämoglobin. Dieses wird durch eine chemische Reaktion mit dem NO gegenüber dem Sauerstoff aus der Luft unempfänglich. Das Stickoxid wirkt nicht nur erstickend, es reizt auch vielfältig und zerstört das Lungengewebe – wie dann, wenn der Sauerstoff zu intensiv und zu aggressiv in den Organismus hereinwirkt.[12]

Die nächste in der Reihe der Stickstoff-Sauerstoff-Verbindungen ist das Stickoxidul N_2O, Distickstoffoxid oder Lachgas. Lachgas tritt in der Natur nur in Spuren auf, und zwar im Zusammenhang des Stickstoffkreislaufs, in dem der Stickstoff einen Wandel zwischen atmosphärischem Gas als Distickstoffoxid und dem Einverwobensein in Lebenszusammenhänge durchläuft.

Lachgas wirkt mit seinem angenehmen Geruch in charakteristischer Weise auf den Menschen. Es erregt zunächst Heiterkeit und macht den Menschen bei stärkerer Einwirkung ohnmächtig; das heißt, es bewirkt eine Exkarnation der Seele. Hier manifestiert sich die aus allem Dichten hinausstrebende Wirksamkeit des Stickstoffs. Lachgas befeuert Verbrennungsvorgänge in verblüffender Weise – Schwefel, Phosphor oder Kohlenstoff verbrennen in ihm aufs heftigste, und zusammen mit Wasserstoffgas kommt es zu einer Knallgasexplosion. In diesen Phänomenen begegnet uns der Sauerstoff in gesteigerter Wirksamkeit. Man erkennt, wie sich im Stickoxidul die beiden Elemente noch nicht definitiv vereinigt haben, sondern jedes für sich seine eigene Wirksamkeit, und zwar intensiviert, entfalten kann; Lachgas zersetzt sich leicht in Stickstoff und Sauerstoff. Siedepunkt und Schmelzpunkt sind gegenüber denen der beiden in ihm vereinigten Gase schon deutlich gestiegen, doch die verdichtenden Kräfte sind noch gering, sodass die Gasnatur überwiegt. Dies zeigt sich auch in der geringen Löslichkeit in warmem Wasser, während die geringe Kälte von kaltem Wasser die Wasserlöslichkeit erheblich steigert (1,3 l Gas/l Wasser bei 0 °C). Die Wärme befördert im Lachgas die luftig bewegte Seite des Stickstoffs, die konzentrierende Wirkung von Kälte macht das Lachgas mehr dem Wässrig-Flüssigen verwandt und bringt so einen Aspekt der Sauerstoffqualität zum Vorschein.

Auf der nächsten Stufe begegnen wir einer Stickstoff-Sauerstoff-Verbindung, die nach dem Verlust von innerer, latenter Wärme so weit zur Ruhe gekommen und verdichtet ist, dass der Stickstoff nun in irdische Wirkenszusammenhänge eingegliedert ist. Das Stickstoffdioxid NO_2 ist bei Raumtemperatur flüssig. Es löst sich nicht nur gut in Wasser, sondern reagiert darüber hinaus mit dem Wasser und vereinigt sich mit ihm zu einer neuen Substanz, der Salpetersäure. Die Gasnatur des Stickstoffs ist nun so weit herabgedämpft, dass sie, vor allem durch den Verlust an innerer Wärme, ganz in den Bereich des Wässrigen übergehen kann. Die erstarrenden Kräfte der

e Sauerstoffverbindungen des Stickstoffs im Überblick

ame der rbindung	Formel	Sdp.	Smp.	Dichte g/cm³	Bildungsenergie / weitere Eigenschaften
ickstoff	N_2	–195,5 °C	–214 °C	0,997	wenig in Wasser löslich, farblos, chemisch inert, ohne Geruch
uerstoff	O_2	–182,9 °C	–218,7 °C	1,14	doppelt so gut in Wasser löslich, farblos, chemisch aktiv und sehr verbindungsfreudig
ickoxid	NO	–151 °C	–163 °C	1,039	die Bildung ist endotherm: + 180,6 kJ/mol, wenig in Wasser löslich, farbloses Gas – blaue Flüssigkeit, Atemgift, Botenstoff
istickstoff-oxid	N_2O_2	Dimer des NO			bildet sich nur im Festen; diese Dimerisierung ist exotherm (– 10,5 kJ/mol)
ickoxidul achgas	N_2O	–88 °C	–90,8 °C	1,53	in kaltem Wasser löslich, in warmem bedeutend schlechter; süßlicher Geruch, wirkt fördern auf Verbrennungen und halluzinogen; in der Kälte weiße Kristalle
lpetrigsäure-hydrid	N_2O_3	–40 °C	–103,7 °C		Bildung nur bei Kälteeinwirkung aus NO mit NO_2, also den nitrosen Gasen; die Bildung ist exotherm (–39,7 kJ/mol); tiefblaue Flüssigkeit – blaue Kristalle; zusammen mit Wasser Bildung der Salpetrigen Säure
ickstoff-oxid	NO_2	21,1 °C	–11,2 °C	2,01	die Bildung aus NO mit Sauerstoff ist exotherm (– 114,2 kJ/mol); im Wasser gut löslich bzw. sogar reagierend zu Salpetersäure; braunes Gas – rotbraune Flüssigkeit – farblose Kristalle; intensiver Geruch; starkes Gift; wirkt heftig oxidierend
istickstoff-traoxid	N_2O_4	Dimer des NO_2			die Dimerisierung ist exotherm (–57,2 kJ/mol); oberhalb 150 °C Zerfall; das Dimer steht mit dem Gas bzw. der Flüssigkeit im Gleichgewicht; Farbaufhellung bei Dimerisierung
ickstoff-ioxid	NO_3				nur bei sehr tiefen Temperaturen beständig; Bildung aus NO_2 mit O_2, besser noch mit Ozon O_3 bei vermindertem Druck

ten aus Erdmann 1902, Hollemann/Wiberg 1995, Römpp 1995.

Kälte müssen nun nur gering einwirken, um das Stickstoffdioxid fest werden zu lassen (Sdp. 21 °C, Smp. –11 °C).

Die Kraft der Kälte wirkt intensiv auf das rotbraune gasförmige Stickstoffdioxid, sodass es heller wird und bei –11,2 °C farblose Kristalle entstehen. Was sich hier vollzieht, ist eine gesteigerte Verdichtung, bei der das Stickstoffdioxid sich zu Distickstofftetroxid (N_2O_4) unter Abstrahlung von innerer Wärme (–57,2 kJ/mol) dimerisiert. Die Kälte bewirkt hier nicht nur den Übergang in den dichteren Aggregatzustand, sondern eine zusätzliche Substanzumbildung. Das ist Ausdruck einer ungewöhnlich großen Reagibilität dieses Stickstoffoxids.[13]

Stickstoffdioxid hat den aggressiv zersetzenden Geruch von Chlor. Es wirkt zerstörend auf die Strukturen jedes lebendigen Organismus. Auch dieses Oxid des Stickstoffs steigert die Verbrennungsprozesse, wenn auch nicht so stark wie das Lachgas.

Weitere Stickstoff-Sauerstoff-Verbindungen seien nur genannt, aber nicht eingehender beschrieben: Distickstoffpentoxid, Stickstofftrioxid, Distickstoffhexaoxid. Sie lassen sich nicht aus den Elementen bilden, sondern nur unter bestimmten Bedingungen im Labor. Deshalb erscheint es gerechtfertigt, sie nicht in diese Stufenfolge, die sich an dem in der Natur erlebbaren Weg des Stickstoffs orientiert, aufzunehmen. Doch können sie das Bild von der großen Vielfalt, in der die zwei Elemente der Luft, Stickstoff und Sauerstoff, miteinander reagieren, abrunden.

Man darf mit Recht sagen, dass es sich um Geschwisterelemente handelt. Denn sie sind nicht nur in der Luft intensiv gemischt und wirken hier modifizierend aufeinander, sondern offenbaren im Chemischen und damit in einer tieferen Dimension eine große Affinität.

Die im Naturzusammenhang bedeutenden Stickstoff-Sauerstoff-Verbindungen im Überblick:

Substanz	Stickstoff N_2	Sauerstoff O_2	Stickstoffoxid NO	Stickstoffdioxid NO_2
Siedepunkt	–195,5 °C	–182,9 °C	–151 °C	21,1 °C
Schmelzpunkt	–214,0 °C	–218,7 °C	–163 °C	–11,2 °C
Dichte	0,997	1,14	1,039	2,01
Bildungsenergie	—	—	+ 180,6 kJ/mol	–114,2 kJ/mol

Werte aus Hollemann/Wiberg 1995

Stickstoffsäuren, Salze

Nachdem gezeigt wurde, wie der aus dem Gaszustand kommende und immer dorthin zurückstrebende Stickstoff durch die Wechselwirkung mit dem Sauerstoff an den Bereich des Wässrigen und so an den des Chemischen herangeführt wird, soll nun die Stickstoffwirkung im Wässrigen und im Festen beschrieben werden.

Im Verlauf der im Vorhergehenden geschilderten Stufenfolge findet sich mit dem Stickstoffdioxid eine Stickstoff-Sauerstoff-Verbindung, die so nahe dem Bereich des Wässrig-Flüssigen steht, dass sie leicht zu verflüssigen ist, sich in Wasser löst und mit diesem sich in einer exothermen Reaktion (–30 kJ/mol) zu Salpetersäure vereinigt. Stickstoff wirkt nun in einer flüssigen Substanz.

Hält man einen glühenden Span über erhitzte Salpetersäure, so glüht dieser stärker auf und entflammt schließlich. Offensichtlich steigt aus der Salpetersäure ein Gas mit starker Sauerstoffwirkung auf. Eine solche Sauerstoffwirkung zeigt sich auch, wenn z.B. Schwefel im Kontakt mit konzentrierter Salpetersäure zu Schwefeltrioxid verbrennt.

Im Bereich des Lebendigen schädigen die aus der Salpetersäure aufsteigenden Gase die Atemorgane. Durch Salpetersäure selbst entstehen schlecht heilende Wunden oder bei milder Einwirkung gelbliche Verfärbungen, die allmählich in Zersetzung übergehen. Salpetersäure wirkt nicht so dramatisch zerstörend wie Schwefelsäure, sondern erst nach längerem Einwirken.

Die starke Wirkung des Gasförmigen zeigt sich auch darin, dass Salpetersäure schon bei geringfügiger Erwärmung in Wasser und Stickstoffdioxid zerfällt. Und nur eine deutliche Einwirkung der Kälte bringt die innerlich bewegte Natur der Salpetersäure bei –41,6 °C zum Erstarren.

Im Zusammenwirken der Salpetersäure mit den verfestigenden Kräften der Metalle zeigt sich ein neues Bild – es bilden sich Salze, die Nitrate. Doch auch sie offenbaren immer noch etwas von den unbändigen Gaseigenschaften des Stickstoffs. Diese sind wirksam, wenn sich die Nitrate außerordentlich leicht und in großen Mengen in Wasser lösen. Das innere Gefüge der Nitrate ist so wenig in sich gefestigt, dass sie schon bei geringer Erwärmung flüssig werden und sich schließlich zersetzen. Durch Erwärmen nimmt auch die Löslichkeit der Nitrate bedeutend zu.[14]

Zur Verdeutlichung sei die Löslichkeit von Kaliumnitrat und Kaliumchlorid vergleichend in einer Grafik dargestellt:

Löslichkeit von Kaliumsalzen

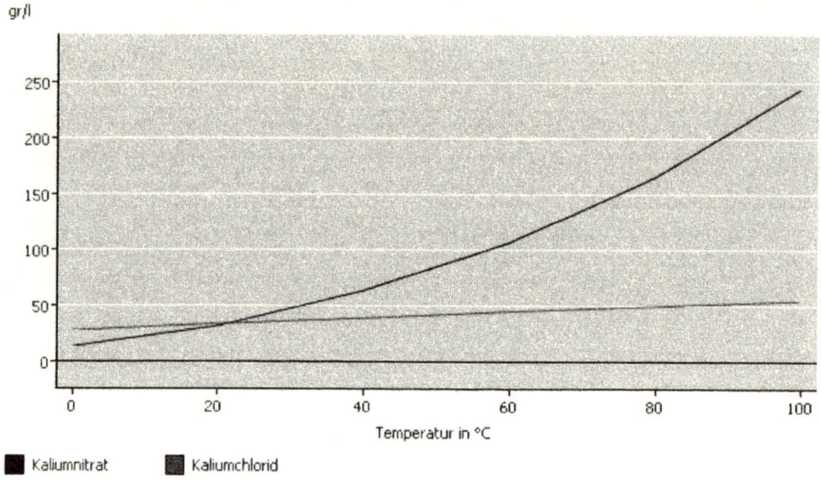

Werte aus: M. v. Mackensen, Salze – Säuren – Laugen, Kassel 1979

Diese ausgeprägte Tendenz der Beweglichkeit und die geringe Erstarrung zeigen sich ebenfalls am natürlichen Vorkommen der Nitrate. Fein verteilt im Erdboden werden sie leicht ausgewaschen und gelangen in das Oberflächen- oder Grundwasser. Sie können sogar leicht mit der Feuchtigkeit in den Wänden von Ställen und in anderen Gebäuden, in denen sie sich ebenfalls bilden, meterhoch emporsteigen.

Die geschilderten Eigenschaften der Nitrate sind die Wirkung des in ihnen gebundenen Stickstoffs, durch die diese Salze sich so leicht im Wasser lösen. Diese Tendenz äußert sich auch in der starken Hygroskopie einiger Nitrate und in der besonderen Neigung, Hydrate zu bilden.[15]

Im Hydrat eines Salzes wird Wasser in die feste Substanz hineingenommen; erst dadurch bilden sich die Formen der Salzkristalle. Hierdurch kommt es durch das Abstrahlen von latenter Wärme zu einer inneren Abkühlung und damit zur Erstarrung. Erwärmung treibt das Wasser wieder aus und bewirkt im Zerfallen der Kristalle eine Chaotisierung.

Die tiefe Beziehung des Stickstoffs zum Licht findet sich in der Durchsichtigkeit und den lichten Farben der Nitrate wieder, wenn die verdichtenden Kräfte der Schwere durch die Metallkomponente nicht zu stark sind. So sind die Nitrate der Alkalimetalle farblos. Dagegen zeigen die Nitrate der dichteren Schwermetalle verschiedene, allerdings nie dunkle Farben. Selbst diese Substanzen erfahren durch den Stickstoff noch eine Durchlichtung.

In einer weiteren Stickstoff-Säure, der Salpetrigen Säure, wirkt die auflösende Gasnatur des Stickstoffs noch bedeutend stärker. Zur Bildung dieser Säure lässt man die nitrosen Gase mit Wasserdampf chemisch reagieren; dann bildet sich Salpetrige Säure in großer Reinheit. Diese löst sich aber nur wenig im Wasser; es entstehen immer nur verdünnte Lösungen. Doch unter Einwirkung von Wärme zersetzt sich diese Säure und entflieht gleichsam aus dem flüssigen Bereich in den Luftraum.

Die Salpetrige Säure greift nur schwach in das Gefüge fester Substanzen ein – zu stark ist die Hinorientierung zur Luft. Lediglich ein Metall, das wie das Natrium wenig von den Verdichtungskräften des Irdischen durchwirkt ist, wird zu Natrium-Nitrit zersetzt. Viele andere Metalle und Substanzen werden von der Wirkung dieser schwachen Säure kaum angegriffen. Die Nitrite sind noch weniger verfestigt als die Nitrate und noch deutlicher von den auflösenden Kräften des Stickstoffs beherrscht. Ihre Wasserlöslichkeit ist ausgeprägter, die ausdehnenden Kräfte der Wärme bewirken noch rascher den Zerfall. Schon kaltes Wasser wirkt so stark auflösend, dass viele Nitrite in der Lösung zerfallen.

Es seien noch zwei Phänomene geschildert, die nicht fehlen dürfen. Seit vielen Jahrhunderten werden die Nitrate Natriumnitrat (= Chilesalpeter), Calciumnitrat (= Mauersalpeter) und Kaliumnitrat genutzt, um Schwarzpulver herzustellen. Sie wurden daher in der Natur gesucht und abgebaut; ebenso wurde ihre Gewinnung auf chemisch-technischem Wege perfektioniert (Lavoisier war ein Meister der Salpeterherstellung im revolutionären Frankreich).

Mischt man z.B. Kalisalpeter in einem bestimmten Verhältnis mit Kohlenstaub und Schwefel und entzündet diese Mischung, so kommt es zu einer ungeheuren Gasentwicklung.[16] Gewaltige Gasmengen breiten sich rasch aus und erfüllen den Raum innerhalb kürzester Zeit. Hier befreit sich der in feste Substanzen hineingezwungene Stickstoff im Zusammenwirken mit Schwefel und Kohlenstoff schlagartig bzw. explosionsartig. Dieses Schießpulver wirkt im Feuerwerk und dient im Bergbau zur Effektivierung der Arbeit. Es steigerte aber auch in großem Ausmaß die Wirkung der Waffen. Der Staat, der über die größten Mengen an gutem, d.h. chemisch reinem und wasserfreiem Nitrat verfügte, hatte im Konfliktfall entscheidende Vorteile.

Ein weiterer Sachverhalt zeigt, welche explosiven Kräfte Stickstoff entfalten kann. Beim Versuch, Baumwolle zu entzünden, kommt es zumeist lediglich zu einem Glühen und langsamen Verschwelen. Behandelt man Baumwolle mit Nitriersäure (einer Mischung aus Salpetersäure mit Schwefelsäure[17]) und durchtränkt sie auf diese Weise mit der Stickstoffwirksamkeit, dann verändert sich ihr äußeres Aussehen nur geringfügig: Sie ist nun etwas rau, spröde und glänzend. Wird diese Schießbaumwolle entzündet, so stiebt ein Feuerball in die Luft, keinerlei fester Rückstand bleibt zurück, und die Unterlage ist von dieser beeindruckenden Feuererscheinung überhaupt nicht berührt. In ähnlicher Weise wie die Schießbaumwolle gewinnt man aus dem wässrig-viskosen Glycerin das hochexplosive Nitroglycerin. Eindrücklicher lässt sich kaum die zentrifugale Wirksamkeit des Stickstoffs demonstrieren.

Die Wasserstoffverbindungen des Stickstoffs

Am Ende des 19. Jahrhunderts war es gelungen, den Stickstoff für die Landwirtschaft und die Sprengtechnik dienstbar zu machen. Den Weg dahin hatte die Natur selbst gewiesen: Mithilfe von Elektrizität wurde Luft im Lichtbogen verbrannt und der Stickstoff in eine Verbindung mit dem Sauerstoff hineingezwungen. Die so gebildeten Stickoxide ließen sich zu den erwünschten Nitraten weiterverarbeiten. Die Unabhängigkeit von den überseeischen Nitratvorkommen, die aus politischen Gründen angestrebt wurde, schien in greifbare Nähe gerückt zu sein. Aber der Aufwand an elektrischer Energie war enorm hoch, und die Ausbeute an gebundenem Stickstoff blieb trotz aller Fortschritte in der Technik der Luftverbrennung bescheiden. Nur in Ländern, die elektrischen Strom durch Wasserkraft günstig erzeugten (Norwegen, Schweiz), war dies ein akzeptables Verfahren.

Zu Beginn des 20. Jahrhunderts wurde ein anderer Zugriff auf das Element Stickstoff erarbeitet, der nun nicht mehr der Natur abgeschaut war, sondern ganz aus den neu erwachsenen technischen Fertigkeiten möglich wurde: die direkte Verbindung von Stickstoff mit dem Wasserstoff, diesen beiden so erdfernen Elementen, zu Ammoniak NH_3. Von dieser Verbindung ausgehend, konnten dann in der Folgezeit Stickstoffverbindungen fast beliebiger Art, insbesondere aber Nitrate und Salpetersäure, in unbegrenzter Menge für die Landwirtschaft und die Industrie hergestellt werden.

Die Schwierigkeiten, die sich dem Chemiker und Techniker in den Weg stellten, waren außerordentlich groß. Erst bei hohen Temperaturen (400 °C und mehr) gehen Stickstoff und Wasserstoff eine chemische Bindung ein. Doch in diesem Temperaturbereich zerfällt das gebildete Ammoniak gleich wieder. Nun erhöhte man den Druck im Reaktionsraum (auf 200 bar und mehr), erhielt dadurch zwar eine Steigerung der Ausbeute, doch wuchsen die technischen Schwierigkeiten unermesslich. Denn bei diesen Verhältnissen diffundiert Wasserstoff selbst durch dicke Metallwandungen und verändert dabei z.B. Eisen zu Eisenhydrid. Dadurch werden die Wände spröde und können den hohen Druckkräften nicht mehr standhalten.

Die heutigen Kontaktöfen haben innen einen Mantel aus Weicheisen, in den der Wasserstoff eindringen kann. Oder man verwendet entsprechend eine dünne Lage aus hochwertigem Spezialstahl, der nur wenig Wasserstoff hindurch diffundieren lässt. In beiden Fällen werden die Druckkräfte durch außen anliegende Wicklungen aus Stahlbändern aufgefangen. Solche Kontaktöfen sind etwa zwanzig Meter hoch und haben einen Durchmesser bis zu vier Meter.

Im Jahr 1913 waren durch den Chemiker F. Haber[18] und den Techniker Bosch die Schwierigkeiten so weit beherrscht, dass die erste derartige Anlage zur Ammoniaksynthese in Betrieb gehen konnte. Eine besondere Fähigkeit Habers war es, die geeigneten Katalysatoren ausfindig zu machen. Nach langen Versuchsreihen erwiesen sich solche aus Eisenoxid am wirksamsten, um die Ausbeute an Ammoniak zu steigern.

Heute gehört Ammoniak zu den chemischen Substanzen, die in größten Mengen technisch hergestellt werden (ca. 120 Millionen Tonnen Weltjahresproduktion; in Mol gemessen ist Ammoniak die Substanz mit der größten Produktionsmenge). Das Haber-Bosch-Verfahren ist inzwischen weiter perfektioniert worden; es wird in den verschiedenen Ländern im Hinblick auf Druck (100 – 1000 bar) und Temperatur (400 – 800 °C) variiert. So sind Ausbeute, Reaktionsgeschwindigkeit, Zusammensetzung und Struktur der Katalysatoren sowie die Konstruktion der Kontaktöfen unterschiedlich. Das gebildete Ammoniak wird zumeist in einem weiteren speziellen Verfahrensschritt an Platin-Katalysatoren verbrannt (Ostwald-Verfahren) und so zu

Salpetersäure verarbeitet. Große Mengen von Ammoniak werden auch zur Herstellung von Ammoniumsalzen verwendet, die vor allem als Düngesalz in der Landwirtschaft gebraucht werden.

Ammoniak NH_3 ist eine bemerkenswerte Substanz. Die Synthese aus den Elementen ist eigentlich ein exothermer Prozess (–46,1 kJ/mol); dennoch ist zur Initiierung der chemischen Reaktion eine starke Erhitzung des Reaktionsgemischs nötig. Das bewirkt im Reaktionsraum eine starke Expansionstendenz des Wasserstoffs und des Stickstoffs, durch die der Stickstoff reaktionsfähig wird.

Nun zeigt sich gewissermaßen ein Paradoxon: Die zwei gasförmigen Elemente erfahren durch die starke Wärmewirkung eine Steigerung ihrer zentrifugalen Tendenz. Sie sollen sich aber in einer Verdichtung vereinigen: 3 Vol. Wasserstoff + 1 Vol. Stickstoff → 2 Vol. Ammoniak. Das bedarf starker Druckkräfte. Dann vollzieht sich durch den Verlust von latenter Wärme ein innerer Abkühlungsprozess und somit eine Verdichtung.

Das gasförmige Ammoniak hat eine starke Gasnatur. Rasch breitet es sich im Raum aus und gibt sich durch einen charakteristischen stechenden Geruch zu erkennen. Dieser Geruch wirkt überfallartig und äußerst unangenehm. Augen, Bronchien, besonders aber die lufterfüllten Räume im Kopfbereich wie die Stirnhöhlen beginnen intensiv zu schmerzen.

Im Geruch äußert eine Substanz etwas von ihrer inneren Natur im Medium der Luft. Stickstoff, aber auch Schwefel und Phosphor äußern sich in Verbindung mit Wasserstoff als Ammoniak, Schwefelwasserstoff und Phosphorwasserstoff durch sehr starke Gerüche. Beim Ammoniak ist die Geruchsäußerung besonders intensiv und durchdringend. Der obere Mensch wird im Nasenraum und in den Stirnhöhlen, etwas später auch in den Bronchien und der Lunge, massiv geschädigt. Deshalb zählt Ammoniak zu den Atemgiften. Bei längerer Einwirkung wird zusätzlich das zentrale Nervensystem, besonders das Gehirn, geschädigt (Löffler, Petrides 1997, S. 529).

Ammoniak ist ein unsichtbares, farbloses Gas von geringer Dichte (sie ist gegenüber dem Wert 1 für Luft 0,596). Man erwartet eigentlich, dass der als Gas relativ dichte Stickstoff in der Vereinigung mit dem am wenigsten verdichteten Element, dem Wasserstoff, eine Verringerung der Dichte erfährt. Weil aber bei der Bildung ein Teil der inneren latenten Wärme als Reaktionswärme nach außen abgegeben wird, liegen Siedepunkt und Schmelzpunkt von Ammoniak weit oberhalb der Werte von Stickstoff und

Wasserstoff. Und die Spanne zwischen Siedepunkt und Schmelzpunkt ist mit 44,6 °C größer als beim Stickstoff und beim Wasserstoff.

Inwieweit weist diese Eigenschaft des Ammoniaks im Vergleich zu Wasserstoff und Stickstoff auf eine besondere Beziehung zum Bereich des Flüssigen hin?

Durch Druck lässt sich Ammoniak leicht verflüssigen, eine Eigenschaft, die in der Kälteindustrie technisch genutzt wird. Denn dort dient Ammoniak als Kältemittel. Ammoniak widersteht den mechanischen Kräften der Verdichtung nur wenig, es verharrt nicht stark im Gaszustand. Um das verflüssigte Ammoniak wieder in den Gaszustand zu bringen, sind aber große Wärmemengen nötig.[19]

Das ist überraschend. Es scheint, dass die verdichtenden Kräfte der Kälte und des Drucks intensiver in der Substanz wirken, als es sonst beobachtet wird, und nicht nur in einer bloßen Änderung des Aggregatzustandes ihren Niederschlag finden. Das erinnert an die Reaktion der Stickstoff-Sauerstoff-Verbindungen, die unter Kälteeinwirkung nicht nur flüssig und fest werden, sondern sich in der Dimerisierung zusätzlich verdichten.

Im kalten Ammoniak kommt es durch die verdichtenden Kräfte zu einer Polymerisierung; im Ammoniak entstehen Polymere, die in einem ständigen Prozess des Werdens und Vergehens bleiben (Hollemann/Wiberg 1995, S. 649). So herrscht im flüssigen Ammoniak eine unentwegte Dynamik zwischen Verdichtung und Auflösungsprozessen bis hin zum Gasförmigen. Um dieses flüssige, gleichsam polymerisierte Ammoniak wieder in gasförmiges zu verwandeln, sind die großen Wärmemengen notwendig.

In diese Dynamik des flüssigen Ammoniaks werden andere Substanzen mit hineingenommen. Ammoniak ist nämlich ein außerordentlich gutes Lösungsmittel – sogar für einige Metalle! Man ist der Auffassung, dass sich im flüssigen Ammoniak zwei Zustands(Molekül-)formen in stetigem, sehr raschem Wechsel befinden, der so genannten Inversion des Ammoniaks (Hollemann/Wiberg 1995, S. 657).[20] Somit würde das Ammoniak dem Wasser sehr ähneln.

In der Chemie wird flüssiges Ammoniak häufig als Reaktionsmilieu für chemische Reaktionen genutzt, denn viele Substanzen werden im Ammoniak von der oben beschriebenen inneren Dynamik ergriffen und reaktionsfähiger. Häufig muss man allerdings hinnehmen, dass die gelösten Metalle mit dem Lösungsmittel Metallamine bilden. Das äußerst intensive Ineinander der Lösung geht in chemische Verbindungen über.

In 1 Liter Wasser löst sich bei 0 °C die unglaubliche Menge von 1176 Litern Ammoniakgas, bei 20 °C sind es immerhin noch 702 Liter. Bei diesem Lösungsvorgang tritt Erwärmung auf (–37,1 kJ/mol), es wird also Wärme ausgesondert. Die Lösung ist weniger dicht als Wasser: Das Volumen weitet sich um etwa 20 Prozent. In diesen erstaunlichen Phänomenen verbirgt sich ein Rätsel. Diese besonders ausgeprägte Löslichkeit und die darin sich aussprechende Beziehung zum Bereich des Flüssigen ist schwer zu verstehen, wenn man bedenkt, dass Ammoniak durch zwei Gase gebildet ist, die eine außerordentlich geringe Beziehung zum Wässrigen haben. Um dieses Rätsel zu lösen, sei der Blick zunächst in Kürze auf das Wasser gerichtet. In ihm wirken die beiden Elemente Wasserstoff und Sauerstoff zusammen; bei der Bildung werden große Mengen an latenter Wärme ausgesondert (Knallgasreaktion).[21] Die so starke auflösende Gaseigenschaft des Wasserstoffs ist durch die mehr zum Irdischen gerichtete Tendenz des Sauerstoffs und den bei der chemischen Reaktion eintretenden Verlust an latenter Wärme so weit modifiziert, dass eine Flüssigkeit entsteht.

Was ist nun an Phänomenen zu beobachten, wenn das «Geschwisterelement» des Sauerstoffs, der Stickstoff, mit dem Wasserstoff chemisch reagiert? Bildet sich dann eine dem Wasser vergleichbare Substanz?

Ammoniak ist wie das Wasser ein starkes Lösungsmittel; hier liegt eine gewisse Übereinstimmung. Das Vermögen, andere Stoffe zu lösen, ist, wie erwähnt, allerdings wesentlich größer, und zwar so stark, dass sogar einige Metalle gelöst werden.[22] Außerdem zeigt sich in der inneren Dynamik des flüssigen Ammoniaks eine Verwandtschaft mit dem Wasser.

Bei Raumtemperatur ist Ammoniak nicht flüssig. Allerdings setzt es als Gas den verdichtenden Kräften des Drucks und der Kälte nur einen geringen Widerstand entgegen und lässt sich leicht verflüssigen. Die Spanne des Flüssigseins ist bei weitem schmaler als beim Wasser; sie beträgt nur 44,6 °C. Darin spricht sich ein deutlich geringerer Bezug zum Bereich des Flüssigen aus. Die Ursache dafür liegt im Prozess der Bildung und im Kräftegefüge der wirkenden Elemente. Verdichtende Kräfte bestimmen die Qualitäten des Wassers bedeutend stärker als die des Ammoniaks. In diesen wirken die beiden am stärksten gasförmigen chemischen Elemente, und bei ihrer Vereinigung ist der Verlust von latenter Wärme geringer als beim Entstehen des Wassers. Zudem muss man bedenken, dass der Stickstoff im Ammoniak eine viel tiefere Beziehung zum gasförmigen Zustand hat als der Sauerstoff im Wasser.

Werden nun Wasser und Ammoniak mit ihren qualitativ ähnlichen, quantitativ aber unterschiedlichen Eigenschaften zusammengegeben, dann gibt es zwischen ihnen keine Grenze. Es gelten nicht mehr die normalen Bedingungen eines Lösungsvorgangs. Die Substanzen wirken intensiver ineinander.

Die Lösung von Ammoniak in Wasser wirkt als Lauge; das heißt, die lösenden Eigenschaften des Wässrigen sind noch einmal gesteigert.[23] Diese Lauge, das Ammoniumhydroxid, lässt sich nicht zu einer festen Base konzentrieren; das ist bei der Stickstoff- und Wasserstoffkomponente dieser Lauge nicht verwunderlich. Deshalb ist ihre Wirkung auf andere Substanzen relativ schwach.

Aus der großen Vielfalt der Stickstoff-Wasserstoff-Verbindungen seien einige weitere noch kurz beschrieben:

Die Stickstoffwasserstoffsäure N_3H ist eine giftige, explosive Verbindung, deren Salze, die Azide, als Initialsprengstoffe bekannt sind. Bei leichtem Stoß zerfallen sie explosionsartig in gasige Substanzen.

Das Hydrazin N_2H_4 ist eine stark hygroskopische Substanz, die bei Kontakt mit Wasser sehr viel Wärme abgibt, sehr giftig ist und eine starke Laugenwirkung zeigt. Im wasserfreien Zustand ist Hydrazin schwer zu handhaben – es explodiert leicht (daher rührt seine Verwendung als Raketentreibstoff). Im Hydrazin liegt so etwas wie potenziertes Ammoniak vor.

Diimin N_2H_2 ist eine sehr labile Substanz mit schwachen Laugeneigenschaften. Sie zerfällt bereits unter Lichteinwirkung explosionsartig.

Im Bereich des Lebendigen sind all diese Substanzen stark giftig. Die zentrifugale Wirkung des Wasserstoffs und des Stickstoffs ist so intensiv, dass die aufbauenden und konfigurierenden Kräfte des Lebens keine Zugriffsmöglichkeiten im Physischen finden.

Die Gasnatur und die Intensität der latenten Wärme erfahren in diesen Verbindungen solch eine Steigerung, ja fast schon Übersteigerung, dass diese Substanzen fast nicht beständig sind. In ihnen wirken mächtige Kräfte des explosionsartigen Auseinanderstrebens. Wasserstoff und Stickstoff drängen in ihren angestammten Bereich, in das Gebiet der Gase.

Die Wasserstoffverbindungen des Stickstoffs

Name der Verbindung	Formel	Sdp.	Smp.	Dichte g/cm^3	weitere Eigenschaften
Wasserstoff	H_2	–252,7 °C	–259,2 °C	0,07	sehr reaktionsfreudig, unsichtbares, geruchloses Gas
Stickstoff	N_2	–195,5 °C	–214 °C	0,997	wenig in Wasser löslich, farblos, geruchlos, chemisch inert
Ammoniak	NH_2	–33,4 °C	–77,6 °C	0,2623	farbloses Gas, sehr geruchsintensiv, sehr gut in Wasser löslich, nach Verflüssigung Bildung von Molekülaggregaten, als Flüssigkeit sehr gutes Lösungsmittel; beim Lösen in Wasser Freiwerden von Lösungswärme (–37,1 kJ/mol); flüssiges Ammoniak benötigt beim Verdampfen sehr viel Verdampfungswärme (+1370 kJ/mol); schwach basisch in Wasser – stark basisch gegenüber Säuren
Stickstoff-Wasserstoff-Säure	N_3H	35,7 °C	–80°C	1,26	farblose, leicht bewegliche Flüssigkeit; Bildung stark endotherm +204 kJ/mol; sehr giftig
Hydrazin	N_2H_4	113,5 °C	2 °C	1,03	ölige, farblose Flüssigkeit; bildet leicht Hydrate, dann basisch reagierend; giftig; zersetzlich
Diimin	N_2H_2	bei –180°C fest, oberhalb dieser Temperatur Zersetzung, insbesondere bei Lichteinwirkung			leuchtend gelbe Farbe; Grundlage der oft farbigen Diazo-Verbindungen; Herstellung aus Hydrazin unter vermindertem Druck und bei Bestrahlung mit Mikrowellen
Tetrazen	N_4H_4			1,4	farblose Nadeln; bei 0 °C spontaner Zerfall; bei vermindertem Druck stabiler als bei Normaldruck; sehr schwach basisch reagierend

Daten aus Erdmann 1902, Hollemann/Wiberg 1995, Römpp 1995.

Zur Physiologie des Stickstoffs

Möchte man Vorkommen und Wirkungen des Stickstoffs im Bereich des Lebendigen beschreiben und charakterisieren, dann muss man zuerst das Eiweiß, jene Substanz, die für das Leben geradezu Bedingung ist, erwähnen; sie enthält ungefähr 18 Prozent Stickstoff!

Dieses Eiweiß ist geradezu *das* Substanzprinzip des Lebendigen (R. Steiner 1924); alle Lebensvorgänge haben als sichtbaren Ausdruck die verschiedenartigsten Eiweißformen. Dies sind im Allgemeinen sehr zarte, nur wenig physisch gewordene Substanzen. Sie sind ganz im Wässrigen (nur wenige Prozent Substanz im Wasser) aufgelöst wie im Plasma der Zellen, zeigen kaum eine sichtbare Formung und erscheinen als Schlieren und Fadengebilde. Hier ist kaum eine Verdichtung. Man wird lichter, beweglicher und zarter Gebilde ansichtig, wie sie sich im Schleimigen zeigen, erste Spuren des Lebens in der Welt der physischen Substanzen.

Haare, Hufe, Nägel an Zehen und Fingern, ebenso Federn sind hart gewordene Eiweißstrukturen, bei denen Kiesel oder Calcium in die Eiweißbildung hineinwirkt. Hier können mechanische Kräfte abnutzend angreifen. Die Erneuerung dieser Strukturen geschieht als Absonderung aus dem Lebendigen.

Bestimmte Pflanzen aus der Familie der Leguminosen wie Luzerne, Klee oder Lupinen u.a. nehmen den Stickstoff aus der Luft in ihre Lebensvorgänge auf.[24] Die Aufnahme vollzieht sich sonst zumeist auf der Stufe der Nitrate, dieser dem Wässrigen so nahe stehenden Salze. In mehreren Schritten entstehen dann unter anderem durch Reaktion mit Wasserstoff dem Ammoniak verwandte Substanzen, aus denen dann Aminosäuren gebildet werden (Strasburger 1999, S. 329 ff.). Diese sind chemisch in ihrer Grundstruktur den Kohlenwasserstoffen, die eine Tendenz der Formbildung zeigen, ähnlich. Doch in der Umbildung zu den Aminosäuren und Proteinen wird diese Formtendenz entscheidend abgeschwächt: Der so bewegliche und zentrifugale Stickstoff bewirkt die Überwindung jeglicher Tendenz zu erstarrender Form und zum Festwerden.

So entstehen die äußerst labilen, wässrigen, schleimigen Substanzen, die als Plasmaeiweiß nachgerade Ausweis des Lebendigen sind. Beim Erlöschen der Lebensaktivität zerfallen sie rasch. Im durchlebten Organismus herrscht in der Eiweißsphäre ein ständiges Werden und Vergehen. Fortwährend geht ein Teil des Eiweißes zugrunde und wird neu gebildet. Deshalb kann bei den Eiweißen von einer biologischen Halbwertszeit gesprochen werden. Durch diese fortwährende Erneuerung bleiben die Substanzen des durchlebten Organismus jung und werden in der Dynamik des Lebendigen gehalten.

Wie ein feines Vibrieren durchzieht das Leben weiterhin das gebildete Eiweiß. So ist es auch äußerst labil gegenüber äußeren Einflüssen. Temperatur, Säurewert des umgebenden Milieus, Feuchte, Anwesenheit von Metallwirksamkeiten haben jeweils feine Änderungen im Gefüge der Proteine zur Folge. Doch auch ohne Einwirkungen von außen ist den Eiweißsubstanzen innere Regsamkeit und ein großes Umbildungsvermögen eigen (Hobohm et al. 1994 und 1992).

Ein qualitativ überwiegender Teil der Proteine gehört zur Gruppe der Enzyme. Durch sie wird die Verwandlungsfähigkeit in anderen Substanzen erregt. So sind sie unabdingbare Begleiter zahlreicher Stoffwechselschritte im Gesamtgefüge der Lebensvorgänge.

Durch die geringe Durchformung können auch seelische Kräfte in die Proteine eingreifen: der Wille in die Muskulatur der Gliedmaßen und die Gefühle in die Mimik, die Gesten und die Haltung. So ist es verständlich, dass die Pflanzen, die in ihren Formen weitgehend erstarren, in der Regel bedeutend ärmer an Eiweiß sind als Mensch und Tier. Besonders beim Menschen werden außerdem die Körpersubstanzen weitgehend individualisiert und im Zustand besonders ausgeprägter innerer Dynamik gehalten.

Für die Gesamtheit der Proteine eines Organismus wurde in den letzten Jahren der Begriff des «Proteoms» geprägt. Nicht zufällig erinnert dieser Begriff an die schon länger geläufige Bezeichnung «Genom» für die Gesamtheit der genetischen Information eines Lebewesens. Ursprünglich wurde die genetische Information als Ursache der Lebensvorgänge und als etwas wenig Dynamisches gedacht. Inzwischen weiß man, dass die vielen verschiedenen Proteine eines Lebewesens miteinander ein Tätigkeitsgefüge bilden, das dem Genom erst seinen Sinn gibt und gleichartigen Genen verschiedenen Ausdruck ermöglicht. Die aktuelle Forschung hat sich deshalb vom Genom ein Stück weit abgewandt hin zum Proteom. Hier ist man näher an den eigentlichen Lebensprozessen, und wenn man erkenntnismäßig tiefer in dieses Gebiet eindringen könnte, käme man einem Verständnis des Lebens viel näher als durch Erforschung des Genoms (Rain et al. 2001, Kumar 2002).

Wärme, Säure und die Wirkung von Metallen treiben Proteine in die Verdichtung und lassen sie gerinnen. Damit fallen sie aus dem Bereich des Lebendigen heraus. Laugenwirkung verstärkt die Kräfte der Auflösung und lässt aus den Proteinen Ammoniak entweichen. Auch das führt zu einer Zerstörung der für das Leben unverzichtbaren Substanzen.

Bei den Pflanzen findet sich Stickstoff besonders in den Blättern, und zwar in den Chloroplasten, den Organellen der Photosynthese. Diese sind in besonderer Weise Orte der Lichtwirksamkeit und der Entbindung des Sauerstoffs. Die Blätter sind intensiv dem Luftraum und dem Licht zugewandt. Ihr Schwammparenchym ist sogar von lufterfüllten Räumen durchzogen. Bis in die Anatomie sind die Blätter durch die Luft und die Wirkungen des Lichts geprägt. So ist es nicht erstaunlich, dass das Luftelement Stickstoff mit seiner zum Licht orientierten Wirksamkeit hier besonders reich zu finden ist; 50 Prozent des Gesamtstickstoffgehalts einer Pflanze sind in den Blättern, davon wiederum 70 Prozent in den Chloroplasten.

Im Leib des Menschen und der Tiere ist der relative Masseanteil des Stickstoffs groß: Bei einem 70 kg schweren Menschen sind etwa 2,5 kg Stickstoff (dies entspricht 3 Prozent) in den Substanzen des Körpers enthalten; damit steht der Stickstoff unter den chemischen Elementen im Menschen an vierter Stelle.[25] Außer in den Proteinen findet er sich in einer Fülle weiterer Verbindungen wie den Nukleinsäuren und vielen Coenzymen.

Die Bildung von Ammoniak ist in der Natur der Hinweis auf Eiweiß, das aus dem Bereich des Lebens herausgefallen ist. Die Entgiftung dieses Ammoniaks ist eine wichtige Stoffwechselleistung und geschieht vor allem durch die Leber. In den Pflanzen wird Ammoniak vorübergehend in der Aminosäure Cystein gebunden, kann dann aber wieder für weitere Stoffwechselschritte mobilisiert werden.

Pflanzen zeigen bei Stickstoffmangel, d.h. bei Mangel an Nitraten im Boden, Kümmerwuchs, Vergilbungserscheinungen, Stängelbetonung und eine deutliche Zurücknahme der Blattbildung (Haase 1972, S. 75). Bei einem übergroßen Stickstoffangebot werden die Blätter groß und wenig durchformt, bleiben aber weich. Die ganze Pflanze zeigt Mängel in der Strukturierung und Standfestigkeit. An den Früchten kommt es zu Erscheinungen, die an Fäulnis erinnern. Stickstoff ist das Element, durch dessen Wirksamkeit Pflanzen in ihren Bildungs- und Lebensprozessen Beziehung zum Umkreis aufnehmen. Bei Stickstoffmangel kommen die Pflanzen nur unvollständig mit den Kräften des Umkreises in Zusammenhang.

Unter dem Einfluss von Stickstoff oder Stickstoffverbindungen lassen sich für den Menschen – und Vergleichbares findet sich auch bei vielen Tieren – folgende Wirkungen und Erscheinungen beschreiben:

Stickstoff selbst wirkt zunächst lediglich erstickend im Sinne eines Fernhaltens des Sauerstoffs (Keidel 1987). Andererseits dämpft er durch seine Anwesenheit, wie schon erwähnt, die Wirkung des Sauerstoffs in einer den Lebensprozessen zuträglichen Weise; in einer reinen Sauerstoffatmosphäre würde das Leben schwer geschädigt.

In der Taucherkrankheit zeigt sich eine besondere Wirkung des Stickstoffgases auf den Menschen. Wenn nämlich durch den Druck in größeren Wassertiefen der Stickstoff der Atemgase in das Blutserum hineingezwungen wird, treten eigenartige Symptome auf: Orientierungslosigkeit, euphorische Gefühls- und traumartige Bewusstseinszustände. Für den Taucher hat das lebensbedrohliche Folgen, weil er die eigene Lage nicht mehr rational und zutreffend beurteilen und sein Handeln nicht mehr folgerichtig planen kann. Das Lachgas, Stickoxidul N_2O, hat eine ähnliche Wirkung auf den Menschen.[26] Diese Gase bewirken ein Auflösen des konturierten Denkens und der Orientierung in Raum und Zeit. Das Ich verliert seinen Zusammenhang mit der Realität.

Stickoxid NO ist, wie schon erwähnt, ein Atemgift, das die Atemfunktion des Blutes blockiert. Als Folge tritt die gefürchtete Blausucht auf als Anzeichen eines inneren Erstickens.

In etlichen Organbereichen bildet sich so genanntes biogenes Stickoxid. Diesem kommt eine besondere Bedeutung zu. Es wurden nur niedrige Konzentrationen dieser flüchtigen Substanz jeweils für die kurze Zeitspanne von wenigen Sekunden in glatten Muskelzellen und bestimmten Regionen des Gehirns nachgewiesen. Es diffundiert fast frei durch alle Zellmembranen, wird von vielen Nervenzellen abgegeben und wirkt in das umgebende Gewebe als «second messenger», nachdem die Transmittersubstanz Acetylcholin von Nervenendigungen ausgesondert wurde (Stahnke 1998). Im Gehirn tritt es im Gefolge der Neurotransmitter auf. Im Immunsystem erscheint das Stickoxid nach Immunaktivierung als ein universeller Botenstoff. Die schon lange bekannte Wirksamkeit des Nitroglycerins bei Herzinfarktpatienten und bei Anfällen von Angina pectoris scheint letztendlich auf die Wirkung von NO zurückzuführen zu sein.

Das Gemeinsame in all diesen Einzelerscheinungen ist eine entspannende, weitende Wirkung. Im Erleben des Menschen kommt es zu seelischer Entspannung und einer Verminderung der Verkrampfung und von Angst und Enge. Muskulatur, die durch Gefühle der Angst und Beklemmung verdichtet und verhärtet war, kann sich wieder weiten und lockern. Das ist begleitet vom Auftreten des Stickoxids. Die entspannende Wirkung des Stickoxids kann bis zu einem bedrohlichen Blutdruckabfall führen, wenn die glatte Muskulatur des Gefäßsystems reagiert. Stickoxid ist ein universeller Botenstoff in sehr verschiedenartigen Organbereichen und scheint keinerlei Eigenwirkung zu entfalten. R. Steiner weist im fünften Vortrag des Vortragszyklus *Menschenfragen und Weltenantworten* auf die Bedeutung des Stickstoffs im Weltganzen hin: Als Antagonist zum Kalk mit den verdichtenden, verfestigenden Kräften bewahrt der Stickstoff dem lebendigen Organismus Offenheit gegenüber der Umgebung im allerumfassendsten Sinn, gegenüber dem Kosmos.[27]

Ammoniak NH_3 bewirkt als starkes Reizgas im Bereich der Atemorganisation Lungenödeme, Atemkrämpfe und Nekrosen. Diese Phänomene verweisen auf die große Affinität des Ammoniaks zum Wässrigen und auf seine im Lebenszusammenhang auflösenden Tendenzen (Löffler/Petrides 1997, S. 529).

Der Stickstoff ist das chemische Element, das die Substanzen, die durch die Lebensprozesse gebildet werden, in der Schwebe des Veränderlichen hält. Offenheit für Veränderungen, für Verwandlungen, aber auch für den Zerfall bleibt dadurch bestehen. So können die Substanzen jederzeit Abbild der sich verändernden Bedingungen werden. Dies ist ein Urmotiv des durchlebten, mehr aber noch des durchseelten Organismus, der nie in der Form erstarren darf. Die innere Dynamik der vom Stickstoff durchwirkten Substanzen ermöglicht es, dass die Impulse des Willens und des Seelischen in ihnen ihren Ausdruck finden können: Sie sind gleichsam offen für solche Kräfte. So ist es auch verständlich, dass Pflanzen weit weniger vom Stickstoff durchwirkt sind als Mensch und Tier.

Die Vielfalt der natürlichen Stickstoffsubstanzen ist ungeheuer groß, sodass sie im Physischen das Korrelat für die ebenso große Vielheit der Lebensprozesse sein kann. In dem Gewebe des Lebens wird alle Substanz zwischen dem Pol einer stärkeren Formung und dem der Formauflösung in der Schwebe gehalten.

Die Chemie des Stickstoffs ist in großen Teilen eine dynamische Chemie, in der der Gaszustand immer wieder in die Erscheinung drängt. Formen werden wenig erhalten; auflösende Kräfte, reagibles Verhalten und große Vielfalt zeigen sich in den Substanzen. Das Bewegte und Bewegende der Luft, aber auch ihre Durchlässigkeit und Fähigkeit, Qualitäten eines Anderen zur Geltung zu bringen, offenbaren sich besonders im Stickstoff und überall dort, wo Stickstoff in chemischen Prozessen und in Substanzen tätig ist.

Anmerkungen

1 Julius (1965, S. 208) und v. Mackensen (2001, S. 75) haben ihre Darstellung zum Stickstoff jeweils mit einer ausführlichen Beschreibung im hier versuchten Sinne begonnen, ebenso Seelbach den Beitrag zum Sauerstoff im vorliegenden Band. R. Steiner (1920) macht innerhalb eines pädagogischen Vortrags auf diese Einheitlichkeit der Luft bei substanzieller Verschiedenheit aufmerksam und gibt dabei gleich einen wichtigen methodischen Hinweis.

2 Der entsprechende Versuch ist im experimentellen Teil beschrieben. Siehe auch v. Mackensen 2001, S. 82.

3 In der Nomenklatur mancher Stickstoffverbindungen findet sich bis heute diese erste Namengebung wieder: Diazoverbindungen, Azide u.a.

4 Diese und die folgenden Substanzdaten sind entnommen aus: Erdmann, H. 1902; Hollemann/Wiberg 1995; Römpp 1995.

5 Dieses Verfahren der fraktionierten Destillation wird heute in größtem Maßstab in der chemischen Industrie genutzt, um Luft zu verflüssigen und Sauerstoff, Stickstoff, aber auch die Edelgase Argon, Neon usw. als Industriegase zu gewinnen.

6 Wir sind uns durchaus der Problematik dieser Vorgehensweise bewusst. Dennoch liegt die Überzeugung zugrunde, dass auf diesem Weg Eigenschaften gefunden werden können, die unzweifelhaft Charakteristisches vom Stickstoff zeigen und insofern helfen, das Bild des Stickstoffprozesses aufzuhellen. Die Schwierigkeit liegt vielmehr darin, die physischen Erscheinungen wesensgemäß denkerisch zu ordnen und zu durchdringen, sodass die Stufe der Erkenntnis erreicht werden kann (siehe Rozumek 2003).

7 Über Einzelheiten dieses als «Stickstoffkreislauf» und «Stickstofffixierung» bekannten großen Prozesses möge sich der Interessierte in der Spezialliteratur

informieren; genannt seien Strasburger (1999, S. 338) und Erfkampp/Müller (1990, S. 267 ff.).

8 Viele Nitride zeigen die rätselvolle Eigenschaft, außerordentlich hart und dennoch relativ gut wasserlöslich oder in flüssigem Ammoniak löslich zu sein. Dies gilt weniger für die Alkalimetallnitride als für die Schwermetallnitride. Dieses Vermögen wird in der Technik zur Oberflächenhärtung von Metallwerkstücken vielfach genutzt (nitrierte Stähle).

9 Siehe das Kapitel über Natrium.

10 Die besondere Beziehung des Stickstoffs zum Licht wird später im Abschnitt «Zur Physiologie des Stickstoffs» nochmals betrachtet werden.

11 Zum Begriff der Wertigkeit siehe das Kapitel «Grundlinien einer phänomenologischen Chemie».

12 Auf die rätselvolle Wirkung des Stickoxids als Botenstoff wird im weiteren Verlauf der Darstellung im Abschnitt «Zur Physiologie des Stickstoffs» eingegangen.

13 Zur Vervollständigung des Bildes ist anzumerken, dass die so genannten nitrosen Gase, eine Mischung aus NO und NO_2, bei Kälte ebenfalls diesem Prozess der Dimerisierung, d.h. einer inneren Verdichtung, unterliegen. Diese ist exotherm (–39,7 kJ/mol).

14 Beispielsweise lösen sich in 100 ml Wasser bei 0 °C 13,3 g Kaliumnitrat KNO_3, bei 100 °C sind es bereits 246 g; das ist eine Steigerung um 232,7 g. Diese beträgt bei Natriumnitrat $NaNO_3$ 107 g. Zum Vergleich die Werte zweier Chloride: NaCl erreicht in diesem Wert 3,5 g, KCl 28,1 g.

15 Natriumnitrat ist stark hygroskopisch, Kaliumnitrat bedeutend weniger. Das weist auf den natürlichen Ort der beiden Alkalimetalle hin (siehe die entsprechenden Beiträge). Calciumnitrat bildet ein Hydrat unter besonders großer Wassereinbindung. Auch hier wird man auf Wesenhaftes des Calciums hingewiesen.

16 Im experimentellen Teil zum Stickstoff ist dieser Versuch auch quantitativ beschrieben.

17 Auch dieser Versuch ist im experimentellen Teil quantitativ beschrieben.

18 Das persönliche Schicksal von Fritz Haber als Erfinder und Nobelpreisträger, der in seiner Zeit schuldig geworden ist, lässt sich gut mit Schülern aller Klassenstufen als Beispiel für die Problematik der modernen Wissenschaften und ihrer Persönlichkeiten besprechen.

19 In der Literatur finden sich Beträge von 1370 kJ/kg bzw. 23,35 kJ/mol für diesen Verdampfungsprozess. Diese enormen Wärmemengen sind es, die das Ammoniak als Kältemittel so geeignet machen!

20 Zwischen den beiden Isomeren des Ammoniaks besteht nach diesen Befunden nur eine niedrige Energiebarriere, sodass der Wechsel sehr rasch erfolgen kann, nämlich mit einer Häufigkeit von 2,38 · 10^{10}/sec. Das Wasser unterliegt in beiden dargestellten Vorgängen – der Polymerisierung und der Inversion der Moleküle – vergleichbaren Bedingungen. Allerdings ist die innere Dynamik des Wassers etwas geringer, denn z.B. ist die Energiebarriere zwischen den Isomeren des Wassermoleküls höher.

21 Die hier nur angedeuteten Zusammenhänge sind in den Abschnitten zum Wasserstoff und mehr noch in dem zum Wasser umfassend dargestellt; an dieser Stelle muss es bei diesen wenigen Andeutungen bleiben.

22 Hier ist es wenig verwunderlich, dass gerade die Alkalimetalle besonders gut vom flüssigen Ammoniak gelöst werden können, zeigen sie doch eine besonders starke Betonung der allgemeinen Metallqualität «Flüssigsein», aber eine nur geringe Verdichtung.

23 Zum Begriff der Lauge siehe das Kapitel über Natrium.

24 Die näheren Einzelheiten dieser komplexen Stoffwechselvorgänge möge der Interessierte in der physiologischen Spezialliteratur nachlesen, z.B. Erfkamp/Müller 1990 oder Strasburger 1999.

25 Die häufigsten Elemente sind Sauerstoff, Wasserstoff und Kohlenstoff.

26 Lachgas wurde bereits kurz nach Entdeckung seiner Wirkung und wird auch heute noch missbraucht. Ursprünglich war es in feinen Gesellschaftskreisen Mode, sich durch Lachgas zu erheitern; heute überwiegt bei Jugendlichen der Drang, sich durch das Schnüffeln dieses Gases zu berauschen.

27 Ähnliche Aussagen im Hinblick auf den menschlichen Organismus findet man bei R. Steiner in GA 312 und GA 351.

Sauerstoff – das Element des Lebens

Im Bewusstsein der meisten Menschen hat der Sauerstoff eine bedeutende Funktion für das Leben. Er erhält mit jedem Atemzug unser Leben und ist wesentlicher Bestandteil der Lufthülle unserer Erde. In noch größerem Umfang ist er im Wasser und in der festen Erdkruste gebunden. Aber auch an vielen Prozessen, in denen Stoffe verwandelt werden, ist er maßgeblich beteiligt.

Doch wer hat ihn schon einmal wahrgenommen? Und: Was ist eigentlich Sauerstoff? Um ein Bild oder einen Begriff von ihm zu gewinnen, muss die Vielfalt seiner Wirksamkeiten in der Welt betrachtet und geordnet werden. Zuerst folgen wir seinen Erscheinungen und Aufgaben in der Atmosphäre, um einen Begriff vom Sauerstoff als Element zu erhalten. Sodann sei über die Oxidation der Weg des chemisch gebundenen Sauerstoffs vom Oxid zum Salz beschrieben und schließlich die Rolle des Sauerstoffs in den Lebensprozessen ins Bewusstsein gerufen.

Der Sauerstoff in der Atmosphäre

Was wäre die Erde ohne die Lufthülle?! Wenn sie am Tage vom Sonnenlicht durchhellt wird, erleben wir durch sie die Tiefe des Raums; wenn dieser durch die Finsternis der Nacht verhüllt ist, leuchtet der erhabene Sternhimmel über allem. Die Luft trägt die ziehenden Wolken und bewirkt mit Wärme oder Kälte das sich immer wieder wandelnde Wetter und die Jahreszeiten. Unsichtbar und schwerelos hüllt sie uns ein, ohne zu beengen, und lässt uns ihre Kraft im Wind oder Sturm spüren. Sie nimmt den Klang der Stimme auf, trägt ihn und lässt ihn schon bald wieder verebben.

Die Luft erleben wir einheitlich, als Element, so wie die Erde unter unseren Füßen oder wie Wasser und Feuer. Die Luft ist durchsichtig, beweg-

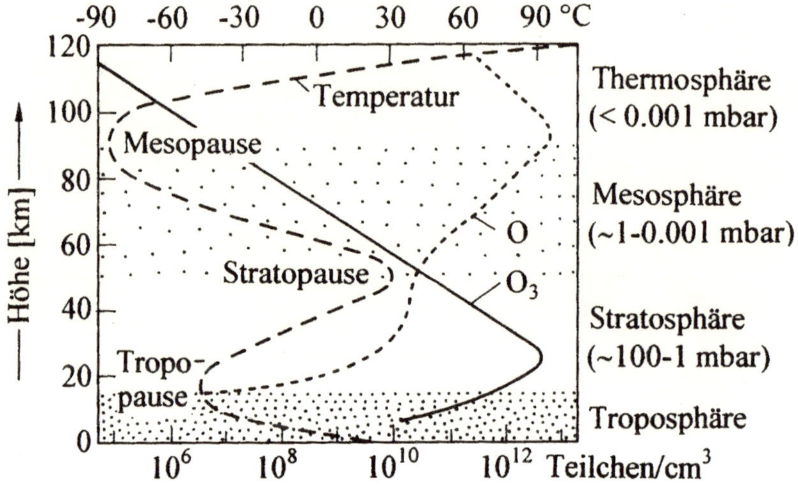

Sauerstoffatom-, Ozon- und Temperaturprofil der Erdatmosphäre am Äquator während des Tags (aus Hollemann/Wiberg 1995).

lich, nicht tastbar, geruchlos, geschmacklos und farblos, also weitgehend unwahrnehmbar; dadurch aber vermittelt sie gerade den Geruch, den Klang sowie Farbe und Form der Dinge.

Die Einheitlichkeit der Luft wurde Ende des 18. Jahrhunderts in Frage gestellt, als es gleich mehreren Forschern gelang, eine die Verbrennung und das Leben fördernde und eine beides erstickende Komponente der Luft stofflich voneinander zu trennen (Joseph Priestley in England, Carl Wilhelm Scheele in Schweden und Antoine Laurent de Lavoisier in Frankreich). Letzterer nannte die eine «principe oxygène», die andere «principe azote», auf Deutsch: Sauerstoff und Stickstoff.

Lavoisier erkannte durch die Anwendung der Waage, dass der verbrennungsförderliche Sauerstoff verbraucht wird, weil er sich mit den verbrennenden Stoffen verbindet. In der Folge lernte man Stofflichkeit und chemische Reaktivität von Stickstoff und Sauerstoff immer besser kennen, besonders als es durch Lindes Kältetechnik gelang, diese Gase voneinander zu isolieren und in großen Mengen zu gewinnen (s. den Beitrag zum Stickstoff). Ohne aber schon jetzt auf ihre physikalischen Daten einzugehen, sei zunächst das Verhalten des Sauerstoffs in der höheren Atmosphäre betrachtet.

Schon in der oberen Troposphäre, in ca. 10 km Höhe (s. die Abbildung auf der gegenüberliegenden Seite), nimmt der Sauerstoff Ultraviolett-(UV-)Anteile der Sonnenstrahlung in sich auf, indem er sich chemisch verändert. Aus Luftsauerstoff wird ein höchst aktiver Sauerstoff, der sich mit weiterem Luftsauerstoff zu Ozon verbindet. Der Chemiker nennt Ersteren atomaren oder radikalen Sauerstoff, weil er höchst reaktionsfähig ist. Ozon dagegen ist eine verdichtete Form des Sauerstoffs, die aber die reagible Potenz des atomaren Sauerstoffs in sich trägt und unter weiterer UV-Aufnahme wieder zerfällt. Dabei werden erhebliche Wärmemengen freigesetzt (s. Tabelle I).

Tabelle I : Trennung und Bindung von Sauerstoff in der Atmosphäre

ab 10 km Höhe:	$O_2 \xrightarrow{< 242\ \text{nm}} 2\,O^{\circ}$	$O^{\circ} + O_2 \longrightarrow O_3$ (Ozon)
(max. 23 km H.):	$O_3 \xrightarrow{> 310\ \text{nm}} O_2 + O^{\circ}$	
in jeder Höhe:	$2\,O_3 \longrightarrow 3\,O_2 + 285{,}6\ \text{kJ}$	
ab 80 km Höhe:	$H_2O \longrightarrow 2\,H^{\circ} + O^{\circ}$	$O^{\circ} + H^{\circ} \longrightarrow OH^{\circ} / H_2O$
ab 115 km Höhe:	$CO_2 \longrightarrow C^{\circ} + 2\,O^{\circ}$	$O^{\circ} + C^{\circ} \longrightarrow CO / CO_2$

Nach Hollemann/Wiberg 1995

Durch die UV-Aufnahme und die Wärmeabgabe hier in der Höhe entfaltet der Sauerstoff eine große Aktivität, sodass die Temperatur in der Stratosphäre von –60 °C an der Tropopause auf über 0 °C zur Stratopause hin ansteigt (s. die Abbildung auf der gegenüberliegenden Seite). Das Maximum der Umwandlung von Luftsauerstoff in Ozon findet in der danach benannten Ozonosphäre in 20 – 25 km Höhe statt. Diese Schicht entsteht dadurch, dass die UV-Strahlung hier auf eine so hohe Sauerstoffkonzentration trifft, dass der frisch gebildete atomare Sauerstoff sich sofort mit Luftsauerstoff zu Ozon verdichtet.

Mit der kontinuierlichen Abnahme der Luftdichte in höheren Schichten entsteht mehr atomarer Sauerstoff, als Luftsauerstoff für die Ozonbildung benötigt wird. Jetzt ergreift er so genannte Quellgase, gasförmige Bestandteile, die von der Erde aufgestiegen sind, beispielsweise Wasserdampf, Methan, Kohlendioxid, aber auch stoffliche Zerfallsprodukte aus dem Kosmos, die wie z.B. atomarer Kohlenstoff (mit dem Atomgewicht 14) in die obere Atmosphäre der Erde eingedrungen sind.

In der Mesosphäre steigt die Konzentration an elementarem Sauerstoff bis zu einem Maximum in der Mesopause. Dieser stammt aus dem Zerfall von Wasser oder Kohlendioxid. Auch er bindet sich rasch wieder (s. Tabelle I), benötigt aber durch die außerordentlich dünne Atmosphäre eine gewisse Zeit, bis er auf einen potenziellen Bindungspartner trifft. Auch bei der Aufspaltung dieser Verbindungen wird UV-Strahlung absorbiert und Wärme frei. So entstehen in der höheren Atmosphäre rege chemische Prozesse durch die Sonnenenergie, und die isolierten Elemente und einfachsten Verbindungen bewegen sich, energetisch aufgeladen und quasi leicht geworden, aufwärts, sodass atomarer Wasserstoff sogar die Erde verlassen kann. Wenn aber in der Nacht die Sonne verschwindet, entsteht kein atomarer Sauerstoff mehr. Jetzt führt der gebundene Sauerstoff seine Partner durch die Schwere der Verbindungen wieder der Erde zu.

All diese mit dem Tag-Nacht-Rhythmus einhergehenden Prozesse des Sauerstoffs erinnern an ein gewaltiges Aus- und Einatmen. Dieser Rhythmus hat eine außerordentliche Bedeutung für das Leben auf der Erde: Die UV-Strahlung ist so energiereich, dass sie chemische Veränderungen bewirkt. Rudolf Steiner nennt sie deshalb den chemischen Anteil des Lichts (R. Steiner 1972, S. 130). UV-Strahlung regt die menschliche Haut nicht nur zur Pigmentbildung an, sondern verbrennt sie bei längerer Einwirkung und kann bei wiederholten Sonnenbränden sogar zu Hautkrebs führen. Indem der Sauerstoff diese das Leben schädigende Energie auffängt und in Wärme umwandelt, entsteht eine Wärmehülle um die Erde, die die extremen Wärmeschwankungen zwischen Tag und Nacht mildert. Die Aktivität des Sauerstoffs in der höheren Atmosphäre schafft also erst die Lebensbedingungen auf der Erde.

Es ist verwunderlich, dass sich der Luftstickstoff an diesen Prozessen kaum beteiligt, indem er seine normale (molekulare) Konsistenz bis in die Thermosphäre, in der es sonst nur noch atomare Stofflichkeit gibt, bewahrt.

Ähnlich gegensätzlich verhalten sich Sauerstoff und Stickstoff an der unteren Grenze der Atmosphäre gegenüber Wasser und Erdreich. Sauerstoff löst sich mehr als doppelt so gut wie Stickstoff im Wasser (s. Tabelle II). Zusammen mit Wasser kann Sauerstoff chemisch aktiv werden (s. S. 169).

Auch in der bodennahen Luft verändert sich das Verhältnis von Sauerstoff und Stickstoff. Ersterer wird von fast allen Lebewesen eingeatmet und als

Tabelle II: Löslichkeit von Gasen in Wasser

O_2	49,0 ml / l Wasser
N_2	23,5 ml / l Wasser
H_2	21,0 ml / l Wasser

Jeweils bei 0 °C und 1013,25 hPa (Rüdorff 1998)

Kohlendioxid wieder ausgeatmet. Außerdem verbindet er sich in der Bodenfeuchte mit allem Oxidierbaren. Dadurch enthält bodennahe Luft stets etwas weniger als ein Fünftel Sauerstoff und einen erhöhten CO_2-Wert. Der Stickstoff beteiligt sich dagegen nur an den Bodenprozessen, wenn er von nitrifizierenden Bakterien aufgenommen wird.

In den Grenzbereichen der Atmosphäre – in der Höhe wie am Boden – tritt also der Sauerstoff aus dem einheitlichen Luftelement heraus: In der Höhe wird er kosmisch aktiviert, im Boden und in den Lebewesen bindet er sich an ihre Stoffe.

Woher kommen Luftstickstoff und -sauerstoff? Über die Erde hin ist das Verhältnis der Gase zueinander in der Luft weitgehend konstant. Als Quelle für den Stickstoff der Luft wird Vulkanismus genannt (Hollemann/Wiberg 1995), was meines Erachtens nur bedingt zutreffen kann, weil gebundener Stickstoff in der Erde kaum vorkommt. Sein Hauptvorkommen ist die Luft, aus der heraus sich der Stickstoffkreislauf der Lebewesen speist und auf die die heutige Stickstoffindustrie als Rohstoffquelle zurückgreift (s. das Kapitel über Stickstoff).

Ganz anders verhält es sich beim Sauerstoff. Er wird durch die Photosynthese der grünen Pflanzen am Sonnenlicht ständig neu gebildet. Die Entstehung des Luftsauerstoffs ist also Teil eines die Erde umfassenden und das Leben erhaltenden gewaltigen Kreislaufs. Bis jetzt scheint dieser Kreislauf erstaunlich elastisch auf die Sauerstoffentnahme z.B. für Verbrennungsmotoren, zur Energiegewinnung etc. zu reagieren, obwohl z.B. der Sauerstoffverbrauch in den USA schon in den siebziger Jahren größer war als die Sauerstoffproduktion. Global erhält sich also der Gehalt an Luftsauerstoff in einem dynamischen Gleichgewicht zwischen Neubildung und Einbindung.

Die drei Arten von Sauerstoff in der hohen Atmosphäre sind nun genauer zu betrachten: der atomare Sauerstoff O°, der Luftsauerstoff O_2 und das Ozon O_3.

Der *atomare Sauerstoff*, früher «Sauerstoff in statu nascendi» genannt, lässt sich nicht als Substanz gewinnen. Er ist die aktive Form, die in der Wärme agiert und erst in der neuen Verbindung zur Ruhe kommt. Eine längere Lebensdauer dieser atomaren Übergangsform vermutet man nur in der energiereichen Sonnenstrahlung der oberen Atmosphäre oder im vierten Aggregatzustand, dem Plasmazustand, in der heißen Flamme.

Der *Luftsauerstoff* ist beweglich wie die Luft; als ihr Bestandteil ist er chemisch inaktiv, solange Wärme oder Feuchtigkeit ihn nicht zur Reaktion zwingen. Dieser passive Zustand ist als ein mittlerer zwischen zwei aktiven mit gegensätzlicher Tendenz anzusehen.

Um die Besonderheiten des Luftsauerstoffs kennen zu lernen, seien zunächst seine physikalischen Daten mit denen des Stickstoffs verglichen (Tab. III).

Beide Gase sind für unsere Sinne ununterscheidbar, verhalten sich aber deutlich verschieden, wenn sie mithilfe der Kälte in die Verdichtung geführt werden. Der Sauerstoff wird in den unteren Aggregatzuständen hellblau und verdichtet sich stärker als der Stickstoff. Dieser bewahrt auch noch im festen Zustand die Durchsichtigkeit der Luft. Fest ist er nur etwa achthundertmal dichter als im gasförmigen Zustand, während der feste Sauerstoff fast tausendmal so dicht ist wie der gasförmige. Auffallend ist die ausgedehnte flüssige Phase beim Sauerstoff, in die dieser mit deutlich geringerem Energieaufwand als Stickstoff aus dem festen Zustand übergeht. Bei steigender Temperatur wechselt Stickstoff schon wesentlich früher und mit geringerem Energieaufwand aus der flüssigen in die gasförmige Phase. In der Kälte zeigt also der Sauerstoff eine deutliche Affinität zum flüssigen Aggregatzustand. Die beiden letzten Werte der Tabelle betreffen die Kondensierbarkeit der Gase. Oberhalb der kritischen Temperatur sind sie überhaupt nicht zu verflüssigen, und bei der kritischen Temperatur ist der «kritische Druck» erforderlich. Auch hier zeigt der Sauerstoff sein besonderes Verhältnis zum Flüssigsein: Bei Abkühlung verflüssigt er sich schon früher als Stickstoff. Da Sauerstoff aber durch seine höhere Temperatur noch eine große Expansionskraft als Gas hat, muss bei ihm stärkerer Druck als beim Stickstoff aufgewendet werden, damit er kondensiert.

Bei der Betrachtung des Sauerstoffs der Atmosphäre an den Grenzen in der Höhe fiel seine von kosmischer Strahlung angeregte Reaktionsbereitschaft auf, in Bodennähe seine Tendenz, sich in lebendige oder unbelebte Prozesse einzubinden. Jetzt zeigt auch die physikalische Untersuchung des Luftsauerstoffs ein ähnliches Zusammenwirken entgegengesetzter Kräfte: Einerseits folgt er als Gas der Beweglichkeit und Ausdehnungskraft der Luft und unterscheidet sich hierin in keiner Weise von seinem großen Partner, dem Stickstoff. Sobald aber Kälte in massiver Weise auf ihn einwirkt, zeigt er einen deutlichen Bezug zur Konzentration im Flüssig- und Festwerden. Auf diese Tendenz zur Verdichtung stießen wir schon bei der Ozonbildung.

Tabelle III : Vergleich von Sauerstoff und Stickstoff

		Sauerstoff	Stickstoff
Farbe		gasförmig: farblos flüssig, fest: hellblau	farblos
relative Atommasse		15,9994	14,0067
Dichte in g/cm³:	gasförmig	0,001429	0,00125
	flüssig	1,140 (bei –183 °C)	0,8076
	fest	1,426 (bei –252 °C)	1,0265
Schmelzpunkt in °C		–218,7 (kub. Kristalle)	– 210,0
Siedepunkt in °C		–183,0	– 195,8
Schmelzenthalpie in kJ/mol		0,444	0,720
Verdampfungsenthalpie in kJ/mol		6,82	5,577
kritische Temperatur in °C		–118,6	–147,0
kritischer Druck in atm		49,77	33,45

Daten übernommen von Hollemann/Wiberg 1995, Rüdorff 1998 u.a.

Ozon: Sein spezifisches Gewicht ist in allen drei Aggregatzuständen höher als das des Luftsauerstoffs (Tab. IV). Dessen Tendenz zur Verdichtung in der Kälte setzt sich im Ozon auch in Farbe, Geruch und in dem deutlich höheren Siede- und Schmelzpunkt fort. Hinsichtlich Wasserlöslichkeit und flüssiger Phase übertrifft das Ozon den Luftsauerstoff bei weitem.

Tabelle IV: Ozon

Aggregatzustand	Dichte (g/cm³)	Farbe
gasförmig		blau
flüssig	1,46	violettblau
fest	1,73	schwarzviolett
Temperaturen		
Siedepunkt	–110,51 °C	
Schmelzpunkt	–192,5 °C	

Wasserlöslichkeit bei 0 °C: 494 ml in 1 l Wasser
typischer Geruch noch bei 0,02 ppm in Luft, MAK 0,1 ppm

Aus Hollemann/Wiberg 1995

Ozon ist in der Lage, seine hohe latente Wärme bis in die Verdichtung mitzuführen, sodass es z.B. bei –120 °C im flüssigen Zustand explodieren kann. Bei der Ozonbildung entsteht ein schweres Gas; in dieses trägt aber der aktivierte atomare Sauerstoff sehr viel Energie, die nun beim Zerfall des Ozons frei wird.

Wie wir gesehen haben, ist Ozon in der Ozonosphäre Ausdruck einer dramatischen, aber für das Leben auf der Erde segensreichen Dynamik. Ozon kann aber auch in der untersten Atmosphäre entstehen, z.B. wenn Stickoxide (s. das Kapitl über den Stickstoff), vom Licht angeregt, zerfallen; dann kehrt der Stickstoff meist in die elementare Form zurück; der Sauerstoff kann sich aber leicht zu Ozon verdichten – mit verheerenden Folgen für das Leben: Im Wasser spaltet Ozon atomaren Sauerstoff ab, der alles Oxidierbare – auch in den Organismen – an sich reißt. Er wirkt lebenzerstörend. Schon unterhalb der Wahrnehmbarkeit greift Ozon die Atemorgane an, sodass an warmen Sommertagen bei längerem Aufenthalt im Freien gesundheitliche Gefahr droht. – In der Höhe schützt Ozon das Leben, am Erdboden aber, quasi am unrechten Ort, wirkt es als Gift.

Der Sauerstoff in seiner chemischen Aktivität

Das Vorkommen des Sauerstoffs ist nicht auf die Atmosphäre beschränkt. In Oxiden und Salzen gebunden, bildet er eine wesentliche Komponente in den Gewässern und in der festen Erdoberfläche. Seine Gesamtmasse in der Erdkruste ist so groß wie die aller anderen Elemente zusammen. Er ist also nicht nur das mit Abstand häufigste Element der Erde, sondern wie kein anderes an der Bildung der Luft, des Wassers und der festen Erde beteiligt.

Erde und Gesteine lassen sich in Oxide und Salze gliedern. Schon die weiche Erde, der Mutterboden, enthält als wichtigste Mineralien Ton, Siliciumdioxid (Quarz) und Kalk (Calciumcarbonat). Die große Bedeutung des Siliciumdioxids im Quarz und in den Silikaten besteht in der innigen Verbindung von Silicium, Aluminium, Schwer- und Leichtmetallen mit Sauerstoff. Salzartige Gesteine sind vor allem Carbonate und Sulfate wie z.B. Gips (Calciumsulfat). Die Mineralien ohne Sauerstoff sind die sulfidischen Erze und die Salze der Halogene. Wie zeigt sich der Sauerstoff nun in seinem chemischen Verhalten, und wie wirkt er in seinen Verbindungen? Seine wohl charakteristischste Reaktion ist die Oxidation.

Oxidation

Ein loderndes Holzfeuer mit seinen emporschlagenden Flammen und dem hoch wirbelnden Rauch hinterlässt einen Aschenhaufen, dessen Substanz so leicht ist, dass ein Windhauch sie davonträgt. Dabei wird die in Jahrzehnten aufgebaute Struktur des Holzes in kurzer Zeit völlig vernichtet. Bei genauer Beobachtung des Feuers lassen sich zwei Phasen unterscheiden: Zunächst entweichen alle in der Hitze flüchtigen Stoffe mit leuchtender Flamme. Unterbricht man hier die Verbrennung, so erhält man einen schwarzen Stoff, der die Holzstruktur noch weitgehend in sich trägt, die Holzkohle. Erst in der zweiten Phase, in der Glut des Feuers, verschwindet diese Kohle restlos im Kohlendioxid. Das Aschehäufchen sind ein paar verbleibende Kali- und andere Salzreste, die im Holz gespeichert waren.

Aber nicht nur in der Hitze des Feuers wirkt der Sauerstoff verwandelnd. Der Metallglanz eines frisch bearbeiteten Werkstücks aus Eisen weicht in feuchter Luft über Nacht einem braunen Rostüberzug.

Beides sind Beispiele für das unmittelbare chemische Einwirken des Luftsauerstoffs, die so genannte Oxidation.[1] Das Feuer kann auch das Eisen ergreifen, sodass es sprühend verbrennt; die feuchte Luft wirkt ebenfalls auf das Holz ein, indem es langsam verrottet. Oxidation kann also rasch und heftig oder langsam, dann meist unter Beteiligung von Wasser, geschehen. Bei diesen Prozessen verbindet sich immer der Sauerstoff mit dem Element, auf das er einwirkt. Den hierbei entstehenden Stoff nennt man Oxid, das je nach Element fest, flüssig oder gasförmig sein kann.

Die Vorgänge der heißen Oxidation interessieren vor allem technisch, da ihre Geschwindigkeit gewaltige zerstörerische Kraft entwickeln kann. Oxidationen unterscheidet man nach ihrer Dynamik und Intensität folgendermaßen:

1. Autoxidation:	Rosten, Korrosion, Atmung, Rotte, ohne Licht und kaum Wärme, ein langsamer bis sehr langsamer Prozess
2. Verbrennung:	Feuer aller Art, Licht und Wärme abstrahlend
3. Verpuffung:	schlagartige Flamme, viel Licht, viel Hitze
3.a Explosion:	Verpuffung in einer Kapsel zersprengt diese, sodass eine Druckwelle mit Knall entsteht
3.b Detonation:	Explosion mit Druckwelle und Knall, aber ohne Kapsel

Woher kommen die Wärme- und Lichterscheinungen bei der heißen Oxidation? Sauerstoff selbst verbrennt nicht, er impulsiert nur die Verbrennung. Die Imponderabilien stammen aus der verbrennenden Substanz und werden in dem Moment frei, in dem sich diese mit dem Sauerstoff verbindet. Dadurch ist das Oxid in der Regel enthalpieärmer, also innerlich kühler, als das zugehörige Element. Außer dem Sauerstoff gibt es nur wenige Elemente, die eine der Verbrennung ähnliche Reaktion bewirken wie die Halogene Fluor und Chlor.

Ein Feuer kann in der Regel erst bei einer bestimmten Temperatur entzündet werden. Sie ist die Voraussetzung dafür, dass die im Stoff gebundenen Imponderabilien frei werden. Außerdem benötigt die Verbrennung eine ausreichende Luftzufuhr. Starker Sauerstoffzustrom beschleunigt sie unter gewaltiger Hitze- und Lichtentwicklung und kann eine rote Holzkohlenglut bis zur Weißglut steigern. Das entstandene Oxid kann in der Regel nicht mehr entzündet werden, es sei denn, dass die Oxidation unvollständig war, wie z.B. dann, wenn Kohlenstoff nur zu Kohlenmonoxid und nicht zu Kohlendioxid verbrennt. Die Energiemengen, die bei der Verbrennung von Kohle zu Kohlenmonoxid und bei der weiteren Verbrennung zu Kohlendioxid frei werden, sind in ihrer Summe gleich der Energie bei der vollständigen Verbrennung der Kohle zu Kohlendioxid.

Woher hat der Brennstoff seine Imponderabilien? Beim Holz ist es die in der Assimilation gebundene Sonnenenergie. Bei Metallen ist es die innere latente Wärme. Je nachdem, wie edel oder unedel ein Metall ist, hält es diese mehr oder weniger fest. Dementsprechend ist es langsamer oder schneller oxidierbar.

Wie ist die Oxidation vom Sauerstoff her zu verstehen? Bevor sich eine Substanz entzündet, muss sie in der Regel durch Erwärmen so weit gelockert sein, dass der Sauerstoff in sie eingreifen kann. Manche Stoffe müssen sogar in den gasförmigen Zustand gebracht werden. Aber auch der Sauerstoff muss sich durch Wärme – und zwar durch den Betrag der so genannten Bindungsenergie (Tab. IX)[2] – aus dem Zustand des Luftsauerstoffs in den atomaren auflösen, bevor er seine chemische Aktivität entfaltet. An der Entzündungstemperatur wird die unterschiedliche Stärke, mit der die Imponderabilien in die verbrennende Substanz gefesselt sind, bemerkbar.

Das zeigt sich auch bei der langsamen Oxidation, wo die Affinität von Wasser und Sauerstoff z.B. zum Metall wirksam wird. Wie beim Feuer die Wärme vermittelt jetzt das Wasser zwischen Metall und Sauerstoff. Ohne Initialwärme findet der Luftsauerstoff im Milieu des Flüssigen Zugang zur Oberfläche des Metalls und regt es zur Abgabe seiner Imponderabilien an, wobei sich dieses nicht nur mit dem Sauerstoff, sondern auch mit dem Wasser verbindet. Wird z.B. blankes Eisen feuchter Luft ausgesetzt, verliert sich, wie schon erwähnt, in kurzer Zeit der spiegelnde Metallglanz in einem stumpfen

Braun von Rost, einem neuen Stoff. Dieser hat etwas von der Festigkeit und Schwere des Eisens, ebenso etwas von der Luftigkeit und Beweglichkeit des Sauerstoffs in seiner lockeren Kruste, die mit ihrem besonderen Verhältnis zum Wasser weiter wächst. Beim Rosten entsteht eben kein Metalloxid, sondern in Verbindung mit dem Wasser eine Base (Metallhydroxid, siehe den Abschnitt über Basen). – Bei der langsamen Oxidation wirken bestimmte Eigenschaften des Luftsauerstoffs: sein relativ großes Lösungsvermögen im Wasser, seine Neigung zur Konzentration im Flüssigen und Festen in der Kälte; was der elementare Sauerstoff als physikalische Tendenz äußert, taucht hier als chemische Aktivität wieder auf.

Beide Oxidationsarten – die kalte und die heiße Oxidation – haben wir schon an den Grenzbereichen der Atmosphäre kennen gelernt: die langsame Oxidation an der feuchten Erde, im oberen Bereich der Atmosphäre mit der Bildung des atomaren Sauerstoffs und seinen raschen Reaktionen, auch mit Quellgasen, die heiße Oxidation. Was oben in der Atmosphäre als Weltprozess stattfindet, wiederholt sich im Kleinen bei jedem Feuer.

Vom Oxid zum Salz

Das älteste Zeugnis gewaltiger oxidischer Gesteinsmassen sind die kristallinen Gebirge.[3] Wie ein fester Mantel umkleiden sie die Erde und setzen sich auch – in anderer Zusammensetzung – unter den Meeren fort. In Verbindung mit dem Quarz, dem Siliciumdioxid, bilden Leicht- und Schwermetalloxide vielfältige Mineralien wie z.B. die drei Hauptbestandteile des Granits: Feldspat, Quarz und Glimmer.

Bei der Verwitterung trennen sich die Metalloxide vom Siliciumdioxid und gehen natürlicherweise über das Hydroxid in die Salzform über. Da der Sauerstoff diesen Weg durch das Oxid eröffnet hat und im Hydroxid weiter begleitet, sei nun der Weg vom Element zum Salz beschrieben.

Betrachten wir zunächst die durch ihre Eigenschaften uniform erscheinenden Metalle. Schon auf den ersten Blick gewinnt man den Eindruck, dass sich Leicht- und Schwermetalloxide charakteristisch unterscheiden: Leichtmetalloxide sind fast immer weiß und schwerer als ihre Elemente, Schwermetalloxide dagegen meist farbig oder bisweilen auch weiß und meist leichter als ihre Elemente. Entsprechend der Verdichtung bei den Leichtmetalloxiden erhöhen sich die Schmelz- und Siedepunkte gegenüber dem zugehörigen Metall; bei den Schwermetalloxiden sind sie niedriger.

Schon diese wenigen Tatsachen zeigen, dass die Eigenschaften der Oxide vom oxidierten Element und weniger vom Sauerstoff abhängen. Einzig die ascheähnliche Konsistenz der Leichtmetalloxide erinnert, soweit sie direkt aus der Verbrennung stammen, an die luftige Substanz des Sauerstoffs und gibt ihr eine gewisse Flüchtigkeit, die sich bei den Oxiden der Alkalimetalle auch in ihrer schwachen Hitzebeständigkeit ausspricht. Dagegen sind die Erdalkalimetalloxide mit erstaunlich hohen Schmelz- und Siedepunkten wesentlich fester.

Die Leichtmetalle sind leicht entzündbar und verbrennen schon an der Luft mit greller, oft sogar weißer Flamme zu einer weißen ascheähnlichen Substanz.

Die langsame Oxidation an der Luft benötigt bei Natrium und anderen Alkalimetallen immer Feuchtigkeit, die das Metall relativ rasch bis zur Lauge verflüssigt, wobei Wasserstoff und Wärme freigesetzt werden. Magnesium verändert sich an der Luft kaum, da sich ähnlich wie beim Aluminium an der Luft eine Oxidhaut bildet, die eine weitere Oxidation verhindert. Allerdings schützt diese Haut nicht vor schwachen Säuren, wie z.B. Kohlensäure, durch deren Einwirkung bald Salzkrusten entstehen.

Dieses unterschiedliche Verhalten der Leichtmetalle bei der stillen Oxidation spiegelt sich auch in der Reaktion mit dem Wasser wieder. Wirft man Natrium oder Kalium ins Wasser, so erhitzen sie sich sofort bis zur Schmelze und wandeln sich rasch – zum Teil explosionsartig durch Entzünden von frei werdendem Wasserstoff – in das Hydroxid um. Erdalkalimetalle sinken unter und lassen mehr oder weniger rege Wasserstoffblasen aufsteigen, wobei sich das Wasser durch die Bildung der sich nur wenig lösenden Lauge langsam trübt. Aluminium hingegen ist durch seine Oxidhaut sogar vor dem Wasser geschützt.

Schon an diesen wenigen Reaktionen zeigen die Leichtmetalle aus den drei ersten Hauptgruppen des Periodensystems charakteristische Unterschiede in ihrer Beziehung zum Sauerstoff. Dieser Eindruck wird durch die Eigenschaften auf dem Weg vom Element zum Salz weiter differenziert.

Wir beginnen mit der Betrachtung der Alkalimetalle als einer recht einheitlichen Gruppe. Ihre Schmelz- und Siedepunkte fallen merkwürdigerweise mit steigender Dichte der Elemente; bei Caesium liegt der Schmelzpunkt nur wenig über Zimmertemperatur! Die flüssige Phase zwischen Schmelz- und Siedepunkt ist erstaunlich ausgedehnt. Die Dichte dieser Metalle ist nur bei Rubidium und Caesium größer als die des Wassers.

Mit der Oxidation verdichtet sich die Substanz erstaunlich stark: Lithiumoxid ist viermal, Caesiumoxid noch doppelt so schwer wie sein Metall. Auf dem Weg durch diese Hauptgruppe verdunkelt sich die Farbe vom Weiß des Lithiumoxids schrittweise bis zum Orange beim Caesiumoxid. Gleichzeitig steigern sich die Schmelzpunkte gegenüber denen der Metalle enorm: bei Lithium um ca. 1000 °C (etwa siebenfach), bei Caesium noch um 370 °C (etwa zwölffach). Da der Siedepunkt bei Lithiumoxid nur 350 °C über dem des Metalls liegt, ist die flüssige Phase gegenüber der des Metalls erheblich reduziert. Noch erstaunlicher ist, dass die anderen Alkalimetalloxide in der Hitze sogar zerfallen, bevor sie verdampfen.

Was geschieht hier durch die Verbindung mit dem Sauerstoff? Durch die Abstrahlung der Wärme erstarrt die Substanz, und so wird ihre Beziehung zum Flüssigen eingeschränkt. Die Vereinigung mit dem Sauerstoff ist aber nicht intensiv, sodass die Oxide in der Hitze zerfallen.

Konträr zu den Oxiden verhalten sich die Hydroxide. Sie haben eine etwas geringere Dichte, da durch die Verbindung mit dem Wasser das innerlich Starre des Oxids abgeschwächt wird. Die Schmelzpunkte fallen vom Lithium- zum Caesiumhydroxid ähnlich wie bei den Elementen, während die Siedepunkte – soweit vorhanden – sehr hoch liegen. Im Wasser gelöst entfalten die Alkalihydroxide ihre besondere Eigenschaft, die dieser Metallgruppe den Namen gibt, ihre starke Wirksamkeit als Lauge.

Die Salze der Alkalimetalle bilden farblos durchsichtige Kristalle und sind wie ein erstarrtes Bild des Wassers. Sie lösen sich leicht in ihm und äußern eine nur geringe chemische Dynamik, sodass sie in den Lebenstätigkeiten der Organismen eine große Bedeutung erlangen.

Die Erdalkalimetalle kommen in bestimmten, oft gebirgsbildenden Gesteinen vor, z.B. das Calcium im Kalk. Diese Gesteine sind, chemisch gesehen, Salze mit erstaunlich geringer Wasserlöslichkeit, wodurch sie sich von den Salzen der Alkalimetalle deutlich unterscheiden.

Erdalkalinetalle sind mindestens doppelt so schwer wie die Alkalimetalle

Tabelle V: Alkalimetalle

Metall	Dichte g/cm³	Schmelzpunkt °C	Siedepunkt °C	
Lithium	0,534	180,54	1347	
Natrium	0,97	97,8	882,9	
Kalium	0,86	63,65	774	
Rubidium	1,532	38,89	688	
Caesium	1,8785	28,4	678,4	
Metalloxid				Bildungsenthalpie (kJ)*)
Li_2O	2,013	1200	> 1700	– 599,1
Na_2O	2,27	1275 sublimiert	---	– 418
K_2O	2,32	350 zerfällt	---	– 363
Rb_2O	3,72	400 zerfällt	---	– 331
Cs_2O	4,25	400 zerfällt	---	– 346
Metallhydroxid				
LiOH	1,46	450	924 zerfällt	– 484
NaOH	2,130	318,4	1390	– 427
KOH	2,044	360,4	1320	– 426
RbOH	3,203	301	---	– 418
CsOH	3,675	272,3	---	– 417

Handbook of Chemistry and Physics, Cleveland / Ohio, 56. Auflage 1975/76
**) aus Hollemann/Wiberg 1995*

und haben erheblich höhere Schmelz- und Siedepunkte. Wie der Name schon andeutet, haben diese Metalle einen inneren Bezug zum Festen und Kalten, dem Erdelement der Griechen.

Tabelle VI: Erdalkali- und Erdmetalle

Metall	Dichte g/cm^3	Schmelzpunkt °C	Siedepunkt °C	
Beryllium	1,85	1278	2970	
Magnesium	1,74	648,8	1090	
Calcium	1,54	839	1484	
Strontium	2,6	769	1384	
Barium	3,51	725	1640	
Metalloxid				**Bildungsenthalpie (kJ) *)**
BeO	3,01	2530	ca. 3900	---
MgO	3,58	2800	3600	– 602,1
CaO	3,3	2580	2850	– 635,5
SrO	4,7	2430	ca. 3000	---
BaO	5,72	1923	ca. 2000	---
Metallhydroxid				keine Werte für die Bildungsenthalpie gefunden
$Mg(OH)_2$	2,36	350 (- H_2O)	---	
$Ca(OH)_2$	2,24	580 (- H_2O)	---	
$Sr(OH)_2$	3,625	375 (in H_2)	710 (- H_2O)	
$Ba(OH)_2 \cdot 8H_2O$	2,18	78	780 (- H_2O)	
Erdmetall				
Aluminium	2,7	660,4	2467	
Al_2O_3	3,99	2323	3300	– 1677
$Al(OH)_3$	2,47	300	---	– 1282

Handbook of Chemistry and Physics, Cleveland / Ohio, 56. Auflage 1975/76
**) Hollemann/Wiberg 1995*

In ihnen kommt der Sauerstoff anders zur Wirkung als bei jenen. Diese Oxide sind fast doppelt so schwer wie ihre Elemente und außerordentlich hitzebeständig. Bei der Oxidation von Calcium oder Magnesium wird fast doppelt so viel Wärme abgestrahlt wie bei den entsprechenden Alkalimetallen. Dadurch gewinnen die verfestigenden Kräfte eine so große Wirksamkeit.

Dagegen zerfallen die Hydroxide in der Hitze leicht wieder in Metalloxid und Wasser. In diesem lösen sie sich nur wenig. Da sie nur geringe Affinität zum Wasser haben, ist ihre Laugennatur um etliche Grade schwächer als bei den Alkalimetallen (siehe das Kapitel über Calcium).

Von den Erdmetallen der dritten Hauptgruppe des Periodensystems[4] sei nur auf das Aluminium in seiner Beziehung zum Sauerstoff kurz hingewiesen. Es kommt in der Natur vor allem als Oxid vor – als Kaolin (Aluminiumhydroxid-Silikat), als Bauxit und Laterit mit Eisenoxid vermischt oder als Ton und Mutterboden mit weiteren Komponenten (siehe das Kapitel über Aluminium). In seinem Oxid ist das Aluminium äußerst intensiv mit Sauerstoff verbunden, was sich auch in der Struktur der Oxidhaut ausspricht, die das Aluminium gleichsam versiegelt und für Wasser unangreifbar macht.

So offenbart sich die Wirkung des Sauerstoffs in den Leichtmetalloxiden vor allem in ihrer Dichte und in ihrer überwiegend weißen Farbe.

Der lichtdurchlässige Sauerstoff öffnet die lichtabweisende metallische Stofflichkeit dem Licht gegenüber, wobei die neue Substanz unter erheblicher Licht- und Wärmeabgabe oft auf das Doppelte gegenüber dem Metall verdichtet wird.

Die Energiefreisetzung bei der Oxidation ist ein Schlüssel zum Verständnis der drei Leichtmetallgruppen (s. S. Tabelle V und VI). Bei der Oxidation verdoppelt sich die frei werdende Energie von Hauptgruppe zu Hauptgruppe (Tab. V). Offensichtlich behalten die Alkalimetalle viel innere Wärme, sodass ihr Hydroxid relativ wenig erstarrt und im Wasser die höchste chemische Aktivität unter den Leichtmetallen entfaltet.

Im Gegensatz zum Chlor, das alle Leichtmetalle unter erheblicher Imponderabilienabgabe in recht ähnliche Salze führt, ermöglicht der Sauerstoff den Leichtmetallen, ihre Funktion im Naturganzen auf verschiedenen Stufen zu erfüllen: den Alkalimetallen als Salz oder Lauge im Wasser, den Erdalkalimetallen als Salz im festen Gestein mit sehr begrenzter Offenheit zum Wasser hin, dem Aluminium ähnlich wie dem Silicium als mineralischem Oxid.

Den Sauerstoff in seinen Verbindungen durch das ganze Periodensystem zu begleiten würde den Rahmen dieser Arbeit bei weitem sprengen. Daher sei der Bezug des Sauerstoffs zu ein paar wenigen Schwermetallen und Nichtmetallen exemplarisch behandelt.

Schwerer als Gestein sind Schwermetalle formbar und formbeständig dank ihrer metallischen Konsistenz, deren Oberfläche so dicht ist, dass sie das Licht spiegelt. Selbst die unedlen Schwermetalle sind dadurch reaktionsträge. Edlere wie das Kupfer können nicht einmal von einer so starken Säure wie der Schwefelsäure angegriffen werden. Sobald aber ein Kupferblech erhitzt und mit Sauerstoff angeblasen wird, überzieht sich die spiegelnde rötliche Fläche an der heißesten Stelle mit einer dunklen Haut, deren Ränder in so genannten Anlauffarben bunt aufleuchten. Es ist dunkelbraunes Kupfer(II)-Oxid, umgeben von rötlichem Kupfer(I)-Oxid, entstanden.

Der Sauerstoff vereinigt sich wie bei den Leichtmetallen mit dem Metall und öffnet dieses dem Licht, wobei beide Oxide verschiedene Farben haben. Im Kupfer(I)-Oxid ist der Sauerstoffanteil nur halb so groß wie beim Kupfer(II)-Oxid. So behauptet sich der rötliche Farbton des Kupfermetalls noch weitgehend. Im Kupfer(II)-Oxid aber steigert sich durch den höheren Sauerstoffanteil die Lichtoffenheit fast bis zum völligen Absorbieren des Lichts durch die dunkle Farbe. Ähnliches kann man auch bei Eisen-, Blei- und anderen Schwermetalloxiden beobachten, aber nicht immer ist das Oxid mit höherem Sauerstoffanteil das dunklere (Tab. VII).

Interessant sind in diesem Zusammenhang die vier Osmiumoxide, die zwei stabilen Osmiumdioxid und Osmiumtetroxid und die zwei instabilen Osmiummonoxid und Osmiumtrioxid (in der Tabelle nicht erwähnt). Alle diese Oxide lassen sich im Sauerstoffstrom aus dem Metall bei verschiedenen Temperaturen und unterschiedlicher Sauerstoffkonzentration gewinnen. Die Dichte von Osmiumdioxid beträgt je nach Modifikation die Hälfte oder ein Drittel der Elementdichte, bei Osmiumtetroxid sogar weniger als ein Viertel. Osmiumdioxid kristallisiert braun oder ist ein schwarzes Pulver, das Osmiumtetroxid hingegen kristallisiert blass-gelblich monoklin und riecht nach Chlordioxid. Hier wirkt also der Sauerstoff so auflockernd, dass er die Dichte des Metalls weitgehend überwindet und seine Luftartigkeit zur Geltung bringt. Dies drückt sich auch in den

Tabelle VII: Kupfer- / Osmiumoxide

Stoff	Farbe	Dichte g/ml	Schmelzpunkt °C	Siedepunkt °C
Kupfermetall	kupfrig-rot glänzend	8,92	1083,4	2567
Cu(I)-oxid	ziegelrot	6,0	1235	1800 -O *)
CU(II)-oxid	dunkelbraun	6,3	1326	— **)
Osmiummetall	grau-blau glänzend	22,48	3045	5027 ± 100
Osmiumdioxid	braun krist.	11,37	500 > OsO_4 ***)	—
Osmiumdioxid	schwarz pulv.	7,71	350-400 > braun ***)	—
Osmiumtetroxid	blass-gelblich monoklin	4,906	39,5	130

*) *Hollemann/Wiberg 1995*
**) *In der Hitze kann das Kupfer den Sauerstoff nicht halten.*
**) *In der Wärme verändert sich die Modifikation in Pfeilrichtung.*

Handbook of Chemistry and Physics, Cleveland / Ohio, 56. Auflage, 1975/76

Schmelz- und Siedepunkten aus: Osmiummetall ist etwa dreimal so schwer wie Eisen und widersteht großer Hitze bis über 3000 °C, was Ausdruck einer ungeheuren Festigkeit ist. Osmiumtetroxid hingegen hat annähernd die gleiche Dichte wie die natürlichen Eisenoxide Hämatit oder Magnetit, schmilzt schon bei erhöhter Zimmertemperatur und verdampft bei einer Temperatur, die etwas über dem Siedepunkt des Wassers liegt. Ähnliche, nicht ganz so dramatische Werte findet man bei Iridium und Platin, deren Dichte ähnlich hoch wie bei Osmium ist. – Auch beim Kupfer sind beide Oxide leichter als das Metall, aber nicht so extrem wie bei Osmium; dementsprechend liegen die Schmelzpunkte der Kupferoxide höher als beim Metall. Beim Kupfer mit seiner gegenüber dem Osmium deutlich geringeren Dichte entwickelt der Sauerstoff im Oxid keine so große der Verdichtung entgegenwirkende Kraft wie im Osmiumtetroxid. In diesem bestimmt die Gasnatur des Sauerstoffs die Eigenschaften des Oxids. Mit den extrem dichten Schwermetallen verbindet sich der Sauerstoff in besonders hoher Konzentration und entwickelt dadurch eine so große Wirkung gegen deren Dichte.

Wie oben erwähnt, ist Kupfer so edel, dass es der Einwirkung von Schwefelsäure widersteht. Wird nun aber die mit einer Oxidhaut bedeckte Metallfläche mit verdünnter Schwefelsäure beträufelt, erscheint diese sofort wieder in metallischem Glanz. Lässt man die entstandene Lösung anschließend eintrocknen, bedeckt bald eine hauchdünne Schicht aus fein glitzernden Kristallen das Kupferblech. In der Reaktion des Kupferoxids mit der Schwefelsäure ist das Salz Kupfersulfat entstanden.

Sauerstoff setzt also im Schwermetall gebundene Imponderabilien frei und eröffnet ihm als Oxid den Zugang zu Säure und Salz. Dies bestätigt sich auch bei den Osmiumoxiden: Osmiumdioxid ist wasser- und säureunlöslich; hingegen löst sich Osmiumtetroxid nicht nur in Wasser und Säuren, sondern bildet mit Alkalien sogar echte Salze. In dieser Form stehen sie wie die Salze der Leichtmetalle den Lebewesen in verträglicher Weise zur Verfügung; Schwermetallsalze sind zum Teil wichtige Spurenelemente.

Auch die Nichtmetalle außer den Halogenen müssen sich mit dem Sauerstoff verbinden, um in der Stoffeswelt wirken zu können. Schwefelpulver z.B. schwimmt völlig passiv auf dem Wasser. Im Schwefeldioxid oder -trioxid reagiert er sofort mit dem Wasser unter Bildung von Schwefliger Säure bzw. Schwefelsäure. Das Gleiche gilt für Kohlenstoff oder Phosphor. Ohne auf die Oxide im Einzelnen einzugehen (s. die betreffenden Kapitel in diesem Buch), sei der weitere Weg zum Salz betrachtet.

Warum entsteht bei der Reaktion mit Wasser aus vielen Metalloxiden eine Lauge, aus Nichtmetalloxiden aber eine Säure?[5]

Wie schon bei den Leichtmetallen (S. 172) angedeutet, entfalten ihre Hydroxide im Wasser eine starke lösende Wirkung, der bald die Ausflockung folgt. Verglichen mit den Schwermetallen stehen sie dem flüssigen Element innerlich näher als diese und können in Verbindung mit dem Wasser dessen Fähigkeit, in andere Stoffe einzudringen, sie aufzuquellen und aufzulösen, zur chemischen Kraft steigern: Ihr Hydroxid ist die starke Lauge. – Das Ausflocken der Laugen beruht auf einer anderen inneren Eigenschaft der Metalle, auf ihrer dichten inneren Konsistenz. Beim Schwermetall, z.B. beim Eisenhydroxid, dominiert nur diese Eigenschaft: Seine hygroskopischen Krusten zeigen fast keine basische Wirkung. – Angeregt durch den Sauerstoff und im Verein mit dem Wasser äußern sich die inneren Metalleigenschaften in der Base als chemische Aktivität.

In der Säure zeigen sich ebenfalls die in den Elementen der Nichtmetalle verborgenen inneren Qualitäten als chemische Wirksamkeit. Schwefel, Kohlenstoff und Phosphor sind aber im Gegensatz zu den Metallen lichtoffene Substanzen, die bei ihrer Oxidation durch die Verbindung mit Sauerstoff in den gasförmigen Aggregatzustand übergehen. Wenn diese Oxide sich mit dem Wasser vereinigen, dann steigert ihre gasförmige und wärmehafte Natur die auflösende Wirkung des Wassers zur zersetzenden der Säure. Eine saure Lösung wird niemals trübe, sondern hellt z.B. eine Salzlösung zu glitzernder Helligkeit auf.

Ein hoher Sauerstoffgehalt verstärkt die Säurewirkung; so sind Salpeter- oder Schwefelsäure erheblich stärkere Säuren als Salpetrige und Schweflige Säure.[6] Überraschenderweise kann man Ähnliches bei Schwermetallhydroxiden von Chrom, Mangan und Eisen beobachten: Ihre einfachen Hydroxide sind schwache Laugen, bei stärkerer Verbindung mit Sauerstoff bilden sie aber Säuren wie z.B. die Chromsäure. Hier überwindet wie beim Osmiumtetroxid die innere Beweglichkeit des Luftelements die in die Erstarrung führende Metallnatur.

In der Salzbildung kommt die polare Aktivität von Säure und Lauge unter Wärme- und Wasserabscheidung zur Ruhe. Der an das Nichtmetall gebundene Sauerstoff, z.B. 48 Prozent im Kalk ($CaCO_3$), bewirkt die Durchsichtigkeit vieler Salzkristalle. Auf dieser energieärmsten Stufe, als Salz, können viele Elemente in den Körper aufgenommen werden und damit dem Leben zur Verfügung stehen.[7]

Bei der bisherigen Betrachtung der Rolle des Sauerstoffs in der Atmosphäre und in den mineralischen Verbindungen wurde der Blick immer wieder auf seine Bedeutung für das Leben auf der Erde gelenkt. Der Sauerstoff schafft aber nicht nur den Raum und die Bedingungen, in denen Lebewesen gedeihen können, sondern er taucht auch tief in die Lebensprozesse ein: Überdies entsteht der Luftsauerstoff täglich neu aus dem Leben der grünen Pflanzen an der Sonne.

Sauerstoff in Lebensprozessen

An einem heißen Tag suchen wir den schattigen Wald auf, um uns in seiner kühlen Luft zu erfrischen. Sie enthält Sauerstoff und Wasserdampf, die die Blätter eben erst ausgeatmet haben. «Erfrischende Luft» nannte Priestley 1772 den Sauerstoff, den er aus Quecksilberoxid gewonnen hatte, weil dieses Gas auf den Menschen und auf Tiere erfrischend wirkte. Keine Substanz ist zur Aufrechterhaltung unseres Lebens so unentbehrlich wie der Sauerstoff, und doch nehmen wir keine so unbewusst auf wie ihn. Bei jedem Atemzug tritt ein Fünftel bis ein Sechstel des Sauerstoffgehalts aus der eingeatmeten Luft in der Lunge in das Blut über, das etwa die gleiche Menge an Kohlendioxid abgibt.

Was tut der Sauerstoff in unserem Organismus? Die vielen ineinander greifenden Stoffwechselprozesse werden vom Luftsauerstoff durch oxidative Prozesse angeregt, die äußerlich mit Verbrennungsprozessen verglichen werden und Energie liefern. Welche Energien werden hier aber freigesetzt? Bei der Oxidation von Traubenzucker, Fett und Eiweiß handelt es sich ja immer um Substanzen, die von Lebewesen gebildet werden und letztlich aus der Umwandlung von Traubenzucker entstehen, der in der Assimilation der grünen Pflanzen am Sonnenlicht erzeugt wird. Sonnenlicht und Sonnenwärme werden hierbei im Traubenzucker gespeichert und bei der Umwandlung in Kohlehydrate, Fett und Eiweiß weitergereicht. Im Organismus setzt also der Sauerstoff bei der Oxidation Sonnenlicht und -wärme frei, die die auf- und abbauenden Stoffwechseltätigkeiten, z.B. in Nerv und Muskel, in Bewegung halten.

Da der Sauerstoff in all diesen Prozessen benötigt wird, liegt es nahe, seinen Verbrauch zum Maßstab für die Gesamtheit der Stoffwechselleistungen zu wählen. Man bezeichnet die basale Leistung des Organismus, die möglichst frei von spezifischen Belastungen ist, als Grundumsatz.[8] Zu seiner Bestimmung wird der Sauerstoffverbrauch gemessen. Die entspannt liegende Versuchsperson atmet dabei aus einem Gefäß, dem so genannten Spirometer, reinen Sauerstoff ein, dessen Abnahme in Korrelation zur Zeit gemessen wird. Im Verhältnis zu diesem Grundumsatz kann auch der Sauerstoffbedarf einzelner Organe ermittelt werden, indem ihre Durchblutungsintensität und der Sauerstoffgehalt in ihren Arterien und Venen festgestellt wird (s. Tab. VIII).

Tabelle VIII: Sauerstoffverbrauch der Organe

Organ	% Körpergewicht	% Grundumsatz	ml/100g/min*	AVD** Vol-%
Grundumsatz 70 kg		230ml O_2	—	4,7
Herz	0,5	14,0	10,0	11,0
Gehirn	2,0	19,0	3,3	5,8
Niere	0,4	6,0	16,0	0,9-1,9
Lunge	0,8	5,0	2,0	---
splanchn. Gebiet***	4,0	22,0	2,2	4,5
innersekret. Drüsen	0,1	4,0	16,0	4,0
Muskulatur	41,0	18,0	0,15	---
Haut	7,0	1,0	0,05	2,0

** 100g Organmasse, **arteriovenöse O_2-Differenz, *** = Leber, Magen, Darm, Milz, Pankreas (Nach Rein/Schneider 1971)*

Bei einem 70 kg schweren Menschen wird im Durchschnitt ein Grundumsatz von 230 ml O_2 /min festgestellt. Darauf beziehen sich alle Werte in Tabelle VIII. Der Herzmuskel hat nicht nur den größten Bedarf an Sauerstoff, sondern er nimmt ihn auch am effektivsten aus dem Kapillarblut auf, wie die Sauerstoffdifferenz zwischen Koronararterie und -vene zeigt. Hier hat jede Muskelfibrille eine eigene Kapillare. Auch das Gehirn hat einen enorm großen Sauerstoffbedarf mit effektiver Sauerstoffaufnahme. Vergleicht man aber den Sauerstoffbedarf der Organe in Relation zu deren Masse, so wird der hohe Herzwert vom Wert der Nieren und der innersekretorischen Drüsen übertroffen. Der hohe Nierenwert steht jedoch in Korrelation zu einem extrem hohen Blutdurchfluss der Nieren, worauf auch die auffallend geringe arteriovenöse O_2-Differenz hinweist. Bei den innersekretorischen Drüsen ist der Sauerstoffbedarf zwar auch sehr hoch, schlägt aber durch ihre geringe Größe im Gesamtbedarf des Organismus kaum zu Buch.

Der Grundumsatz ist nicht in jedem Alter gleich. Durch sein Wachstum hat das kleine Kind einen wesentlich höheren Grundumsatz und damit Sauerstoffbedarf als der Erwachsene. – Wird durch einen Herzfehler das venöse und das arterielle Blut nicht genügend getrennt, verzögert sich nicht nur das Wachstum, sondern es kann auch in den verschiedenen Körpergegenden unterschiedlich schnell voranschreiten (Akromegalie). Bis zum Alter von etwa zehn Jahren überwiegt die arterielle Versorgung des Körpers die venöse, die erst mit den körperlichen Vorbereitungen der Pubertät an Dominanz gewinnt (Kranich 1999). Beim Fötus wird durch einen extremen Hämoglobingehalt, der deutlich über dem mütterlichen liegt, eine hohe Sauerstoffversorgung sichergestellt.

Der Sauerstoffbedarf einzelner Organe zeigt sich aber nicht nur in den bisher betrachteten Messwerten, sondern auch in ihrer Abhängigkeit von stetiger Sauerstoffzufuhr. Schon ein kurzer Zeitraum kann zur Funktionseinstellung führen. Man nennt diesen Lähmungszeit, wenn er so kurz ist, dass das Organ bei Wiederherstellung der Sauerstoffzufuhr sofort wieder voll funktionstüchtig ist. Dauert die Unterbrechung länger, spricht man von Wiederbelebungszeit, da sich zwar innerhalb eines bestimmten Zeitraums die Funktion noch wiederherstellen lässt, die Vollfunktion aber in der Regel erst einige Zeit danach erreicht wird. Diese Letztere nennt man Erholungsphase oder Erholungszeit.[9]

Bei der Bestimmung des Grundumsatzes wird die Skelettmuskulatur in Ruhe gehalten. Wenn sie maximale Arbeit leistet, kann ihr Sauerstoffverbrauch um das Zwanzigfache ansteigen. Dies geschieht durch mehrere verschiedene, ineinander greifende Maßnahmen. Die Atmung vergrößert ihr Atemvolumen durch Beschleunigung der Frequenz und Vertiefung des Atemholens um das Zwanzigfache. Auch die kapillare Durchblutung der Muskulatur kann um den gleichen Wert gesteigert werden, indem sich alle Kapillaren weiten und die abführenden Venolen verengen. Dadurch wird die Verweildauer des Blutes in der Muskulatur erhöht und die Sauerstoffabgabe vergrößert. Da das Myoglobin, der rote Muskelfarbstoff, der den Sauerstoff von den Kapillaren an die Muskelfibrillen weiterleitet, früher gesättigt ist als das Hämoglobin, entsteht rasch ein Sauerstoffgefälle von den Kapillaren zu den Muskelfibrillen hin. Dadurch wird nicht nur mehr Sauerstoff aus den roten Blutkörperchen abgegeben, als momentan benötigt wird, sondern durch den Sauerstoffspeicher im Myoglobin gleichzeitig auch einem anaeroben Stoffwechsel, der zur Übersäuerung des Muskels führen würde, vorgebeugt. – Der Kontakt zwischen Muskel und Blut ist besonders innig: 1 ml Muskelmasse beherbergt Kapillaren mit einer Oberfläche von 590 cm^2. In diesen verteilt sich 1 ml Blut so, dass ihm eine Oberfläche von 5600 cm^2 für den Gasaustausch zur Verfügung steht (nach Krogh, zitiert aus Rein/Schneider 1971, S. 109).

Sauerstoff wird also gerade da gebraucht, wo Bewusstsein (Gehirn), Kraft (Muskulatur) oder Wahrnehmung (Sinnesorgane – hier nicht weiter behandelt) besonders entwickelt werden. Im Herzen finden wir den größten Sauerstoffverbrauch (die höchste Utilisation), da hier alle drei Funktionen zusammen geleistet werden (Kranich 2003).

Hier stellt sich die Frage, ob sich seelisch-geistige Kräfte des Menschen in die aus Traubenzucker oder Fett frei werdende Sonnenenergie hineinbinden oder ob sie sich durch die Freisetzung dieser Energie so innig mit den Lebensprozessen verbinden, dass mithilfe des Gehirns das helle Tagesbewusstsein, mithilfe der Sinne die spezifischen Empfindungen und in der Muskulatur Schaffenskraft entstehen und sich der Mensch im Herzen als Selbst erlebt.

Es wundert nicht, dass die Sauerstoffversorgung des Organismus zentral gesteuert wird. Neben den aktuellen Schwankungen, die sich nach dem momentanen Bedarf der Organe richten, sorgt die Schilddrüse (Thyreoidea) für die Grundversorgung des Körpers mit Sauerstoff. Ihr Hormon, das Thyroxin, spielt beim Wachstum des Kindes – im Zusammenwirken mit Somatotropin aus der Hypophyse – eine besonders wichtige Rolle. Bei Unterfunktion der Schilddrüse bilden sich nicht nur Myxödeme, Wasseranschwellungen unter der Haut, sondern es stagniert auch das Wachstum. Mit zusätzlichen Thyroxingaben lässt es sich wieder anregen. Bei Überfunktion führt das übergroße Sauerstoffangebot im Organismus des Erwachsenen zu einer erheblichen Steigerung des Grundumsatzes, was sich aber anstelle von Leistungsfähigkeit eher als Nervosität und Schwäche äußert.[10]

Die bisherige Betrachtung zeigt, dass der Sauerstoff die Lebensvorgänge der Organe und damit des ganzen Körpers impulsiert. Wie geschieht dies aber? Auch wenn die heutige Naturwissenschaft den Blick nur auf die materiellen Prozesse des Lebens lenkt und sie mit ihren Methoden untersucht, so hat sie doch viel zu ihrem Verständnis beigetragen. Zunächst sei die Bildung des Sauerstoffs näher beleuchtet, um eine Antwort auf die Frage zu finden, woher die starke Affinität des Sauerstoffs zum Leben stammt.

Wie schon gesagt, entsteht der Luftsauerstoff durch die Photosynthese. Diese ist die wohl zentralste Lebensleistung der Pflanzen sowohl für sie selbst als auch für die Tiere und den Menschen. Bei der Photosynthese spaltet die Pflanze mithilfe des Sonnenlichts Wasser in Wasserstoff und Sauerstoff. Der überaus flüchtige Wasserstoff wird sofort an Überträgerstoffe, so genannte Coenzyme, gebunden, der Sauerstoff aber gelangt vor allem an der Unterseite der Blätter ins Freie. Die beiden so gegensätzlichen Elemente, die sich unter enormer Wärmefreisetzung zu Wasser verbinden und die sich deshalb selbst unter extremen Hitzebedingungen nur schwer voneinander trennen lassen, lösen sich durch das Sonnenlicht aus ihrer engen Verbindung und dienen nun auf getrenntem Wege weiteren Lebensprozessen. Der Wasserstoff ermöglicht die Bildung des Traubenzuckers, aus dem alle weiteren Pflanzenstoffe hervorgehen; der Sauerstoff aber facht, wie wir oben gesehen haben, alles höhere Organleben an.

Bevor der Sauerstoff aus den Blättern entlassen wird, muss er passiviert werden. Bei seiner Bildung entsteht er in einer höchst aktiven Form, die das Chlorophyll, den grünen Pflanzenfarbstoff, sofort oxidieren und damit zerstören würde. Er befindet sich in der gleichen angeregten Form, in die er in der höheren Atmosphäre unter dem Einfluss des Sonnenwindes gerät, sodass er am Nachthimmel der nördlichen Breiten in den roten Wendeln des Polarlichts aufleuchtet. Unter Emission dieses Lichts kehrt der Sauerstoff wieder in seinen normalen Zustand zurück. Im Chlorophyll entsteht der Sauerstoff also wie in einem noch kosmischen Zustand; erst durch einen gelb-orangen Farbstoff, das β-Carotin, wird er in die irdische Form des Luftsauerstoffs gebracht.[11]

Gelangt nun der Sauerstoff bei Tier und Mensch durch Lunge und Blutkreislauf in die Organe, so wird er überall ergriffen und für oxidative Prozesse im Stoffwechsel, z.B. für den Abbau von Traubenzucker, benötigt. Dadurch wird die in diesem gebundene Sonnenenergie für die Lebenstätigkeit der Organe frei, während Wasser und Kohlendioxid entstehen, die als mineralische Substanzen vom Organismus ständig ausgeschieden werden. Auf diesen Prozessen, auf der Mineralisierung lebendiger Substanzen mithilfe des Sauerstoffs, basiert das Leben aller Lebewesen.

In allen Naturreichen kommt also dem Sauerstoff eine zentrale Bedeutung zu, besonders aber für das Leben auf der Erde.

In der anorganischen Natur bildet er durch seine Verbindung mit dem Wasserstoff das Milieu, in dem sich alle Lebenstätigkeit entfalten kann, das Wasser. In der Verbindung mit Metallen und Nichtmetallen gestaltet er die feste Erdkruste als Unterlage für alles Leben. In der Hinführung der Elemente zum Salz öffnet sich die Mineralwelt lebensverträglich für die Stoffwechselprozesse der Lebewesen.

Aus dem Pflanzenleben durch das Sonnenlicht freigesetzt, bildet Sauerstoff die aktive Seite der Luft, die in der Höhe die lebensfeindliche kosmische Strahlung abfängt, wodurch sich das Leben auf der Erde überhaupt erst entfalten kann; in der Atmosphäre ist der Sauerstoff diejenige Substanz, die die Lebensprozesse in Pflanzen, Tieren und Menschen anregt und erhält. So erweist sich der Sauerstoff als Anreger und Erhalter des Lebens auf der Erde.

Anmerkungen

1 Auf die Darstellung der Korrosion als Redoxvorgang bzw. als Ionenprozess wird im Rahmen dieser Darstellung verzichtet.

2 Der Chemiker nennt die Energie, die zur Lösung der eigenen Verbindung nötig ist, Bindungsenergie. Sie ist beim Sauerstoff nur etwas mehr als halb so groß wie beim Stickstoff (Tab. IV), im Vergleich mit anderen Gasen aber immer noch recht hoch, z.B. doppelt so hoch wie beim Chlor. Erst wenn die Bindungsenergie des Sauerstoffs überschritten wird, entzündet sich das Feuer, wozu die Erwärmung des brennbaren Stoffs mit der dadurch bedingten Freisetzung seiner Imponderabilien in der Regel mit beiträgt.

Tabelle IX: Bindungsenergien verschiedener Gase

Sauerstoff	O_2	498 kJ/mol
Stickstoff	N_2	946 kJ/mol
Wasserstoff	H_2	436 kJ/mol
Chlor	Cl_2	244 kJ/mol

aus Hollemann/Wiberg 1995

3 Die hier geäußerte Ansicht ist durchaus diskussionswürdig; es fehlt aber der Raum, um sich über den Anfang der Gesteinswelt z.B. mit der Theorie über den Kreislauf der Gesteine kritisch auseinander zu setzen. Auffallend ist jedenfalls, dass alle Gebirge, die gesichert als sehr alt bestimmt wurden, kristalline Gesteine vom Granittyp enthalten. Außerdem beziehe ich mich in diesem Sinn auf Rudolf Steiners geisteswissenschaftliche Forschungen (GA 349, S. 18).

4 Die Erdmetalle vereinen in ihrer Gruppe höchst unterschiedliche Elemente: das Übergangselement Bor, das Leichtmetall Aluminium und die Schwermetalle Gallium, Indium und Thallium. Die chemische Verwandtschaft untereinander ist zum Teil geringer als die Affinitäten zu benachbarten Gruppenelementen. Dadurch würde die Behandlung der Gruppe den Rahmen dieser Arbeit sprengen.

5 Arrhenius beschrieb 1884 Wasserstoff als säure- und Hydroxid als laugebewirkendes Prinzip. Eine Diskussion dieser Theorie wie auch der Ionentheorie ist hier mit Rücksicht auf die weitere Erörterung weggelassen.

6 Die Gewinnung des Sauerstoffs aus solchen Säuren veranlasste seinerzeit Lavoisier zu der irrigen Annahme, dass dieser das principe oxygene, also das sauer machende Prinzip, sei, weshalb er noch heute diesen Namen trägt.

7 Bedenkenswert ist in diesem Zusammenhang, dass Carbide oder Sulfide zwar ohne Sauerstoff salzähnliche, feste Verbindungen bilden; diese sind aber energiereicher als Carbonate und Sulfate und verwittern deshalb rasch. Sie sind im Gegensatz zu jenen giftig.

8 «Der zur Aufrechterhaltung des Lebens und zusätzlich der Leistungsbereitschaft notwendige Energieumsatz des Gesamtorganismus wird Grundumsatz genannt» (Rein/Schneider 1971).

9 Die Lähmungs- bzw. Wiederbelebungszeit von Gehirn und Herz sind besonders entscheidend für die Lebenserhaltung des Körpers. Durch seine geringe Vitalität reicht beim Gehirn schon eine Unterbrechung der Blut- und damit der Sauerstoffversorgung von 4 sec, um seine Funktion deutlich einzuschränken, und von 8-12 sec, um die Organfunktion völlig zu lähmen (Bewusstseinsverlust). Dagegen beträgt die Wiederbelebungszeit bei Körpertemperatur 8 – 10 min. Auch die Erholungszeit ist beträchtlich: Bei einer Hirnischämie von 1 min beträgt sie etwa 15 min, bei 4 min Dauer bereits mehrere Stunden bis Tage, bis die Hirnfunktionen wieder vollständig zurückgekehrt sind.

Das Herz hat zwar eine längere Wiederbelebungszeit als das Gehirn, wenn es aber z.B. schon nach einem vierminütigen Stillstand und entsprechend langem Sauerstoffmangel reanimiert wird, ist es in der anschließenden Erholungsphase nicht in der Lage, gleich wieder z.B. den für die Hirndurchblutung benötigten Druck aufzubauen, sodass dieses ohne stützende Maßnahmen in eine Sauerstoffunterversorgung und damit zu irreparablen Schäden kommen müsste. Die Insuffienz des Herzens ist in der Erholungsphase noch so groß, dass der gesamte Organismus an ihren Folgen zugrunde gehen müsste. «Damit ergibt sich für die Wiederbelebungszeit des gesamten Organismus bei normaler Körpertemperatur eine Zeitspanne von nur ca. 4 min» (Schmidt/Thews 1995).

10 Der innere Bezug der Schilddrüse zum Sauerstoff zeigt sich in auffallender Weise bei den Fröschen. Die algenfressenden Kaulquappen sind völlig an die Lebensprozesse im Wasser hingegeben. Ihre Metamorphose zum luftatmenden Insektenjäger, der sich auf dem Land hüpfend fortbewegt, wird durch das verstärkte Wachstum der Schilddrüse bewirkt, die vermehrt Thyroxin ausschüttet und damit die oxidativen Stoffwechselprozesse anfeuert. Durch dieses wird nicht nur das Lungenwachstum, sondern auch die ganze Ausge-

staltung zum Landtier angeregt. Experimentell lassen sich sogar junge, völlig unreife Kaulquappen durch Verfüttern von Schilddrüsengewebe in winzige Frösche verwandeln. Aus einem vegetativen Dahinleben entsteht so unter dem verstärkten Einfluss des Sauerstoffs seelisch waches Wahrnehmen vor allem in Hinblick auf den Nahrungserwerb. Interessanterweise lässt sich sogar das Axolotl; das im Stadium der Molchlarve geschlechtsreif wird, mithilfe von Thyroxin in eine landlebende Molchform verwandeln (Rein/Schneider 1971, S. 293).

11 Im Herbst, wenn die Stoffwechselprozesse langsamer werden, reicht die β-Carotin-Bildung nicht mehr aus, den aktiven Sauerstoff der Photosynthese zu inaktivieren, sodass das Chlorophyll tatsächlich von frisch gebildetem Sauerstoff zerstört wird. Nun treten die vorher vom Grün verdeckten anderen Chromoplasten in Erscheinung, und die Blätter leuchten in den bekannten Herbstfarben auf, bevor sie absterben.

Der Chemiker nennt diese Sauerstoffform aufgrund der besonderen Elektronenkonfiguration «Singulett-Sauerstoff» und setzt ihn z.B. technisch bei besonderen Oxidationen in der Parfümindustrie in großem Maße ein. Er wird fotochemisch erzeugt und zerfällt unter Lichterscheinungen (Chemolumineszens), die den roten Wendeln des Polarlichts gleichen, rasch wieder in normalen Luftsauerstoff.

Chlor – Zersetzung und Salzbildung

Den Erscheinungen der Natur liegt eine unüberschaubar große Anzahl von Substanzen zugrunde. Ein naiver Beobachter wird vielleicht zunächst feststellen, dass es Substanzen gibt, die unveränderlich erscheinen, und andere, die rasch einer Verwandlung unterliegen. Wenn das Leben aus einer Pflanze oder einem Tier gewichen ist, beginnt ein Zersetzungsprozess; das vorher einheitlich erscheinende Gebilde zerfällt; es findet eine natürliche Analyse statt. In der wissenschaftlichen Chemie ist die bewusst gehandhabte Analyse zu einem wichtigen Mittel der Forschung geworden. Man zerlegt einheitlich erscheinende Stoffe in ihre Komponenten. Auf diesem Wege hat man im 18. Jahrhundert die ersten chemischen Elemente entdeckt, d.h. Substanzen, die sich dadurch auszeichnen, dass aus ihnen durch Analyse keine weiteren Stoffe gewonnen werden können. Sie sind in sich einheitlich und nicht weiter analysierbar.

Die allermeisten chemischen Elemente kommen in der Natur nicht in reiner Form vor, sondern in Verbindung mit anderen Elementen. Es gibt jedoch Substanzen, die fast wie chemische Elemente erscheinen, da sie in sich homogen sind und unter natürlichen Bedingungen nicht zerstört werden.

Eine solche Substanz ist das Salz (Natriumchlorid). Es findet sich in der Natur überwiegend in gelöster Form in den Meeren, aber auch in Steinsalzlagern unter der Erde. (Im Beitrag zum Natrium wird über das Vorkommen des Salzes ausführlich berichtet.)

Während viele Substanzen, die der Chemiker als Salze bezeichnet, bei starker Erhitzung zersetzt werden, und zwar in eine Säure und eine Base (Lauge), wird das Natriumchlorid auch bei stärkster Erhitzung nicht zerstört. Bei 800 °C schmilzt es, beginnt orangerot zu glühen und verdampft bei 1440 °C. Diese Tatsachen zeigen, dass das Natriumchlorid sich in dieser Unzerstörbarkeit fast wie ein chemisches Element verhält.

Welche Elemente sind es nun, die diesem Salz eine solche Beständigkeit verleihen? Durch die starken elektrischen Kräfte, die bei der Schmelzelektrolyse zur Verfügung stehen, wird das Natriumchlorid in zwei Elemente zersetzt: das leichte Metall Natrium (siehe den Beitrag zum Natrium) und ein gelbgrün erscheinendes Gas, das Chlor.

Entdeckt wurde das Element Chlor allerdings schon, bevor die Elektrizität zur chemischen Analyse eingesetzt werden konnte. Übergießt man Natriumchlorid mit Schwefelsäure, so entweicht ein Gas mit stechendem Geruch, das sich sehr gut als Salzsäure in Wasser löst. Mit dieser Salzsäure experimentierte Scheele und brachte sie 1774 mit Braunstein zusammen. Pilgrim (1950) schreibt: «Für gewöhnlich entwickelt sich beim Übergießen einer metallischen Substanz mit Salzsäure der damals schon bekannte Wasserstoff. Dieses Mal aber fing Scheele sicher heftig an zu husten; denn es entwickelte sich ein gelbgrünes Gas von erstickendem Geruch.» Dass es sich bei dem entstandenen Gas um ein chemisches Element handelt, wurde aber erst durch Davy 1810 endgültig bewiesen, der ihm nach seiner gelbgrünen Farbe den Namen Chlor gab.

Neben Natriumchlorid findet sich das Chlor in der Natur in einer Reihe weiterer Salze (Kaliumchlorid, Magnesiumchlorid, Apatit u.a.), von denen die meisten gut löslich sind, sodass die quantitativ größte Menge des stets chemisch gebundenen Chlors in der Hydrosphäre anzutreffen ist. (Es gehört mit einem Massenanteil von 0,19 Prozent in den oberen 20 km der Erdrinde, die Hydrosphäre eingeschlossen, zu den zehn häufigsten Elementen.) Es ist vor allem im Salz gebunden; außerdem tritt es als Chlorwasserstoff (Salzsäure) an Vulkanen auf. Dieser Chlorwasserstoff entsteht als Ergebnis zersetzender Prozesse beim Kontakt von Magma mit chlorhaltigen Mineralien.

Im elementaren Zustand erscheint das Chlor als Gas, das den typischen Gasen Wasserstoff, Stickstoff und Sauerstoff gegenüber eine Reihe von Besonderheiten aufweist. Es ist mit seinem grässlichen Geruch schon in geringsten Mengen äußerst unangenehm. Noch 0,0001 Vol% Chlor in der Luft (10 cm^3 Chlor in 1 m^3 Luft) reizen zum Husten; die Wahrnehmungsgrenze liegt noch tiefer. Der Geruch gechlorten Wassers, z.B. in Schwimmbädern, ist jedermann bekannt. Aber es ist nicht nur widerwärtig, sondern auch in hohem Maße giftig; mehrere Atemzüge reinen Chlorgases zersetzen das Lungengewebe, sodass das Blut austritt und ein qualvolles Ersticken die Folge ist.[1]

Das Chlor ist aber auch, wie schon erwähnt, eine Komponente des neutralen, fast unzerstörbaren und im Lebendigen unentbehrlichen Salzes Natriumchlorid (NaCl), in dem von dem todbringenden, aggressiven und extrem giftigen Charakter des Elementes nichts zu bemerken ist. Das ist ein Rätsel. Welche Kräfte sind es, die im Chlor wirksam sind?

Ein erstes Phänomen, das auf die besonderen im Chlor wirkenden Kräfte hinweist, ist seine Farbe. Hierin unterscheidet sich das Chlor von den anderen typischen Gasen, dem Wasserstoff, dem Stickstoff und dem Sauerstoff. Was spricht sich in der Farbe des Chlors aus? Geht Materie vom festen oder flüssigen Zustand in den gasförmigen über, dann nimmt sie sehr viel Wärme in sich auf. Gase sind Substanzen, die so viel Wärme in sich tragen, dass sie erst weit unter den normalen Temperaturen auf der Erde in den flüssigen Zustand übergehen. Die elementaren Gase Wasserstoff, Stickstoff und Sauerstoff sind vollkommen farblos, was mit der intensiven Ausdehnung in Einklang steht. Damit sind sie auch ganz offen für das Licht. Hat man das Chlorgas abgeschlossen in einem Glasgefäß vor sich, fällt sein lichtes Gelbgrün auf, das einen eindringlichen Charakter zeigt. Man erlebt im Chlor eine Eigenschaft, die den Gaszustand nur wenig aufgelöst und durchlichtet sein lässt. Farbigkeit der Materie tritt meist erst im flüssigen oder festen Aggregatzustand auf, d.h. wenn sie sich als verdichteter Stoff dem Licht entgegenstellt. Verdichtung ist ein Prozess, der durch Abkühlung bewirkt wird. Das aber zeigt sich in der Farbe des Chlors, die eine gewisse Kühle ausdrückt, die den anderen Gasen nicht eigen ist. Die Farbigkeit des Chlors deutet somit darauf hin, dass das Chlor einen inneren Bezug zu den Kräften hat, die verdichtend und abkühlend wirken. Das für das Chlor charakteristische Gelbgrün ist aber nicht nur Ausdruck dieser Kräfte. Im reinen Grün manifestiert sich ruhige Ausdehnung; durch das Gelb bekommt es aber einen aktiven, zur Aggression neigenden Ausdruck.

Wie steht nun die Farbe zu den weiteren Eigenschaften dieses eigenartigen Elementes in Beziehung? Das Chlor gehört zu den schweren Gasen, es hat ein Gewicht von 3,2 g/l, ist also um das 2,5-Fache schwerer als Luft. Dem entspricht auch der vergleichsweise hohe Siedepunkt von –34 °C. Verglichen mit den typischen Gasen hat das Chlor eine ausgedehnte Flüssigphase, es wird erst bei –101 °C fest. Beim Abkühlen wird das Chlorgas also schon bald flüssig; es erliegt rasch der verdichtenden Wirkung der Kälte, da es diese Tendenz selbst in sich trägt, was schon in der Farbigkeit zum Ausdruck kommt.

Der Wärme gegenüber zeigt jede Substanz ihr spezifisches Verhalten. Nicht nur in den unterschiedlichen Schmelz- und Siedepunkten äußert sich das, sondern auch in der Tatsache, dass jeder Stoff für seine Erwärmung einer anderen Wärmemenge bedarf. Man spricht von der Wärmekapazität, spezifischen Wärme oder auch Wärmeaufnahmefähigkeit und meint damit den Energiebetrag, der erforderlich ist, um ein Gramm einer Substanz um ein Grad zu erwärmen. Dieser Wärme- oder Energiebetrag wird als latente Wärme von der entsprechenden Substanz in sich aufgenommen und wird bei Abkühlung auch wieder frei. Diese Wärmeaufnahme ist beim Chlor im Vergleich zu den anderen Gasen recht gering. Seine spezifische Wärme beträgt 0,144 cal/g °C; das ist nur etwas mehr als die Hälfte der spezifischen Wärme von Sauerstoff und Stickstoff und nur 1/24 der spezifischen Wärme des Wasserstoffs. Innerhalb der genannten Gase und auch der Edelgase nimmt die Wärmekapazität mit zunehmender Dichte ab, das heißt, die Fähigkeit, Wärme als latente Wärme in die Substanz aufzunehmen, wird geringer. Die Tendenz, sich auszudehnen, ist den Gasen und der Wärme gleichermaßen eigen; die größere Dichte des Chlors steht dieser Tendenz aber entgegen, indem sie die Folge einer zentripetal wirksamen Kraft ist.

So erscheint es verständlich, dass ein Gas mit hoher Dichte eine geringere Fähigkeit hat, latente Wärme zu bilden, als ein anderes, das weniger dicht ist. Daran wird deutlich, dass die niedere Wärmekapazität und die hohe Dichte des Chlors zwei Eigenschaften sind, denen die gleiche Ursache zugrunde liegt. Das Chlor erweist sich damit als ein Gas, das wenig innere Beziehung zur Wärme hat, auf das aber die Schwerkraft einen deutlichen Einfluss ausübt.

An den beschriebenen Eigenschaften des Chlors wird deutlich, dass es kein Gas wie Wasserstoff, Stickstoff oder Sauerstoff ist. Das Sich-in-die-Peripherie-Verströmen des Gases wird am Wasserstoff am deutlichsten, der von der Erde nicht gehalten werden kann. Der Stickstoff ist als Gas der Luft nur in sehr geringem Maße zu chemischen Reaktionen bereit; er ist ganz Luft. Und der Sauerstoff ist so in die Lebensprozesse der Erde eingebunden, dass er trotz seiner großen chemischen Reaktionsfreudigkeit stets wieder als Gas in der Atmosphäre erscheint. Ganz anders das Chlor. Es findet sich in der Natur, wie bereits erwähnt, überwiegend in salzartigen Verbindungen, sowohl in fester Form in der Erdkruste als auch gelöst in der Wasserhülle der Erde. Dieser Sachverhalt macht deutlich, dass der natürliche Ort des Chlors nicht die Luft ist, sondern jener Bereich, der den gravitativen, zusammenziehenden Kräften unterliegt. Dort entfaltet es seine berechtigte Aktivität. Das Chlor als Gas ist ein Ergebnis künstlicher Maßnahmen des Menschen, der es in seinen Laboratorien gewinnt. Dort weist es dann in seiner Aggressivität, seiner Farbigkeit und seiner Schwere darauf hin, wo sein eigentlicher Ort ist.

Kommt das Chlorgas nun in Beziehung mit anderen Stoffen, d.h. wird es chemisch wirksam, kommen die genannten Eigenschaften zur Geltung. Das Chlor gehört zu den Stoffen, die mit nahezu allen anderen Elementen chemische Verbindungen bilden. Es zeigt hierin eine gewisse Ähnlichkeit mit dem Sauerstoff. Das Ergebnis der Reaktion ist aber von anderer Qualität. Der Sauerstoff hat die Tendenz, sich so mit den Metallen und Nichtmetallen zu verbinden, dass die entstehenden Oxide der Ausgangspunkt für zahlreiche andere Verbindungen sind. Die Oxide haben noch ein gewisses Maß an latenter Wärme, das sie befähigt, in weitere Prozesse einzutreten und als Säuren und Laugen eine reichhaltige Wirksamkeit zu entfalten, z.B. Salze zu bilden. Das Chlor reagiert nun so intensiv mit anderen Stoffen, dass es die Wirkungen des Sauerstoffs gewissermaßen übersteigert: Bei Reaktion mit den Metallen entsteht unmittelbar der energieärmste Zustand, das Salz. Etwas angewärmte Stahlwolle «verbrennt» in einer Chlorgasatmosphäre mit intensiver, rotbrauner Rauchentwicklung. Die entstehende Substanz ist aber nicht den Oxiden des Sauerstoffs gleichwertig, sondern als Salz (Eisenchlorid) ein am Ende der chemischen Abläufe angelangter Stoff. Die Eigenart, Metalle direkt in ihre Salze zu überführen, hat der Stoffgruppe, der das Chlor angehört, den Namen Salzbildner (Halogene) eingebracht. Die Eigenschaft, als Gas zur Verdichtung tendierende Kräfte in sich zu tragen, wird hier chemisch wirksam; sie führt in den Salzzustand hinein. Die entstehenden Salze, die Chloride, sind zwar mineralische Substanzen, aber die meisten lösen sich gut in Wasser auf. In dem direkten Übergehen in den Salzzustand zeigt sich die Tendenz des Chlors, in jenen Prozessen der Erde zu wirken, die der Gravitation unterliegen; in der guten Löslichkeit der meisten Chloride wirkt die zersetzende Wirkung des Chlorgases, die das Salz sich leicht auflösen lässt. Das Chlor ist ein Gas, das seine Gasnatur besonders im Mineralischen zur Geltung bringt.

Diese Eigenart des Chlors äußert sich auch gegenüber anderen Stoffen. Besonders interessant sind in dieser Hinsicht die Kohlenwasserstoffverbindungen, mit denen das Chlor eine große Anzahl von Verbindungen bildet, die in Industrie und Technik eine breite Anwendung finden. Man spricht von chlorierten organischen Verbindungen. Das Chlor vereinigt sich mit den Kohlenwasserstoffen, wobei auch Chlorwasserstoff (HCl) entsteht. Der Kohlenwasserstoff verändert seine Eigenschaften deutlich. So wird zum Beispiel das gut brennbare Methangas (CH_4) beim Chlorieren zu einer nicht brennbaren, süßlich riechenden Flüssigkeit, dem Chloroform ($CHCl_3$) verdichtet. Der im Vergleich zu den anderen Gasen verdichtende Einfluss des Chlors äußert sich in einer drastischen Erhöhung der Schmelz- und Siedepunkte:

		Schmelzpunkt in °C	Siedepunkt in °C
Methan	CH_4	–182	–161,0
Monochlormethan	CH_3Cl	–97,7	–24,2
Dichlormethan	CH_2Cl_2	–95,1	40,0
Chloroform	$CHCl_3$	–63,5	61,7
Tetrachlorkohlenstoff	CCl_4	–23	76,7

Auch in der Dichte und im Verlust der Brennbarkeit äußert sich der Verdichtungsprozess (das Monochlormethan mit einem geringen Chloranteil ist allerdings noch brennbar). Das Chloroform hat eine stark narkotische Wirkung; es schädigt Leber und Herz und führt in höheren Dosen zu Lähmungserscheinungen, die hauptsächlich die Atemmuskulatur betreffen.

Die chlorierten organischen Verbindungen haben verwandte Eigenschaften, allerdings in unterschiedlich starkem Maße: höhere Dichte als die Ausgangssubstanz, geringere latente Wärme, höhere Schmelz- und Siedepunkte, größere Wärmebeständigkeit, geringere bis fehlende Brennbarkeit; sie sind chemisch wenig angreifbar und haben lebensfeindliche Wirkungen: Sie lähmen, betäuben oder sind psychogen.

Dass das Chlor in der Lage ist, in der geschilderten Weise in die Kohlenwasserstoffverbindungen einzudringen, steht im Zusammenhang mit seiner aggressiven Tendenz zum mineralisch Festen.

Wenn Chlor mit Wasserstoff reagiert, zeigt sich eine gewisse Nähe zum Sauerstoff. Man bezeichnet die Mischung beider Gase im Verhältnis von 1 : 1 als Chlorknallgas (in Anlehnung an das Knallgas aus Sauerstoff und Wasserstoff). Diese Gasmischung verbrennt (wie das Knallgas) explosionsartig, wenn sie von energiereichem Licht (mit hohem UV-Anteil) bestrahlt wird. Die dabei frei werdende Wärmemenge ist mit 21,9 kcal/Mol allerdings wesentlich niedriger als die bei der Reaktion des Knallgases (34,2 kcal/Mol). Es entsteht Chlorwasserstoff, ein Gas mit einem Siedepunkt von –85 °C und einem Schmelzpunkt von –113 °C. Hier zeigt sich ein deutlicher Unterschied des Chlorwasserstoffs zum Wasser, der Vereinigung des Wasserstoffs mit Sauerstoff. Chlorwasserstoff ist gegenüber Wasser gasförmig. Das ist überraschend, da doch das Chlor eine wesentlich intensivere Tendenz zum Verdichten hat als der Sauerstoff. Wie ist das zu verstehen?

Durch den Sauerstoff wird der Wasserstoff in das äußerst bewegliche Wasser mit seinen vielseitigen Eigenschaften überführt. Die den Gasen eigene Beweglichkeit bleibt im Wasser erhalten, nur dass sie in der Verdichtung zum Flüssigen nun nicht mehr in den Umkreis gerichtet ist, sondern auf ein Zentrum hin (siehe den Beitrag zum Wasserstoff). Der Chlorwasserstoff bleibt aber gasförmig. Nun hat das Chlor, wie oben beschrieben, die Tendenz, in der Verbindung mit anderen Substanzen zersetzend und abkühlend zu wirken. Das Zersetzende ist eine auseinander treibende, dem Warmen verwandte Kraft. Nun ist der Wasserstoff die innerlich wärmste Substanz. So kommt im Chlorwasserstoff in der Wechselwirkung des Wasserstoffs mit dem Chlor vor allem dessen auflösend-zersetzende Wirkung zur Geltung. Dies dürfte der Grund für die gasförmige Natur des Chlorwasserstoffs sein. Im Übrigen zeigen die physikalischen Eigenschaften deutlich, wie im Chlorwasserstoffgas das dichtere Chlor mit dem weit dünneren, überaus wärmehaften Wasserstoff zusammenwirkt, indem der Schmelzpunkt, der Siedepunkt und die Dichte des Chlorwasserstoffs zwischen den Werten des Chlors und des Wasserstoffs liegen (siehe Tabelle).

	Chlor Cl	Chlorwasserstoff HCl	Wasserstoff H
Siedepunkt in °C	–34	–85,05	–252,8
Schmelzpunkt in °C	–101	–114,22	–262
Dichte in g/l	3,2	1,639	0,08988

Wird ein Gefäß mit Chlorwasserstoff gefüllt und mit der Öffnung nach unten in Wasser eingetaucht, dann löst sich der Chlorwasserstoff mit großer Geschwindigkeit im Wasser. Dadurch entsteht in dem Gefäß ein Unterdruck, der das Wasser entgegen der Schwerkraft in das Gefäß emporsaugt (sog. Springbrunnen-Versuch). Bei einer Temperatur von 10 °C lösen sich in einem Raumteil Wasser 474 Raumteile Chlorwasserstoff. Der Chlorwasserstoff verdichtet sich also um sein 474-Faches in das Wasser hinein, wobei eine nicht unbeachtliche Wärmemenge von 17 kcal/Mol frei wird.[2] Die dabei entstehende Salzsäure kann bei 15 °C 43 Prozent Chlorwasserstoff enthalten; sie hat eine Dichte von 1,207 g/ml.

In diesem machtvollen Hineindrängen des Chorwasserstoffgases in das Wasser wirkt dessen zusammenziehende und verdichtende Chlorkomponente. In der konzentrierten Salzsäure (bei einer Konzentration von mehr als 25 Prozent Chlorwasserstoff im Wasser) kommt dann die so starke Gasnatur der Wasserstoffkomponente des Chlorwasserstoffs zur Geltung: Chlorwasserstoff entweicht aus der Flüssigkeit. Dieser verbindet sich gleich wieder mit dem Wasserdampf der Luft, der dadurch kondensiert und als Nebel feinster Säuretröpfchen sichtbar wird. Deshalb wird konzentrierte Salzsäure auch als rauchende Salzsäure bezeichnet. An diesem Verhalten zeigt sich der nach zwei Richtungen hin wirkende Charakter des Chlorwasserstoffs. Einerseits strebt er durch seine Wasserstoffkomponente in den Umkreis, andererseits wirkt er durch seine Chlorkomponente verdichtend, was in der Kondensation des Wasserdampfes sichtbar wird.

Wird Salzsäure zum Sieden erhitzt, verringert sich der Chlorwasserstoffgehalt weiter, bleibt aber bei 20 Prozent konstant. Der Siedepunkt der zwanzigprozentigen Salzsäure liegt konstant bei 110 °C, also deutlich über dem des Wassers. Das ist bemerkenswert, denn andere flüchtige Substanzen wie Alkohol erhöhen den Siedepunkt der Lösung keineswegs. Zu einer Siedepunktserhöhung kommt es z.B. bei Salzen. Wenn nun durch den Chlorwasserstoff der Salzsäure der Siedepunkt ansteigt, dann ist das offensichtlich auf die verdichtende Wirkung der Chlorkomponente zurückzuführen.

Die Salzsäure gehört zu den starken Säuren. Sie reagiert mit allen Metallen, sogar mit Gold bei Anwesenheit von Salpetersäure (sog. Königswasser), und führt sie in den Salzzustand über. Die entstehenden Salze sind gut wasserlöslich, nur das unlösliche Silberchlorid macht eine Ausnahme. In der guten Löslichkeit wirkt die zersetzende Gasnatur des Chlors, die verhindert, dass das Salz völlig erstarrt. Das ist auch der Grund, weshalb im Meerwasser insbesondere die Chloride in gelöster Form vorkommen und die Salze anderer Säuren in den Hintergrund treten. Die Anwesenheit der Chloride gerade im Meerwasser bekommt unter dem geschilderten Gesichtspunkt einen tieferen Sinn. Wissen wir doch, dass das organische Leben im Meer seinen Anfang genommen hat und nicht im Süßwasser. Das Wasser ist die unabdingbare Grundlage für alles Lebendige, aber die Gestaltbildung der Organismen ist aus dem Wasser allein nicht möglich. Im Milieu der Meere ist durch die Salze eine Formtendenz, die mithilft, dass differenziert gestaltete Lebensformen entstehen. Nach den Aussagen der Geochemie ist der Salzgehalt der Meere über lange geologische Zeiträume konstant geblieben.

In der Natur tritt, wie schon erwähnt, neben den Chloriden aber auch Chlorwasserstoff bzw. Salzsäure in den vulkanischen Dämpfen auf. Diese durchdringen bei ihrem Aufstieg aus größerer Erdtiefe das überlagernde Gestein und tragen in erheblichem Maß zu dessen Zersetzung und Verwitterung bei. Die dabei entstehenden Chloride werden dann unter dem Einfluss des Wassers aufgelöst und ausgewaschen. So werden viele Mineralien durch die Wirksamkeit des Chlors für die Lebensprozesse aufgeschlossen und verfügbar. In abgetrennten kleineren Meeresbecken wird dann wiederum durch Wasserverdunstung Salz aus dem Haushalt der Meere entfernt. Solches Salz kennen wir als die ausgedehnten Steinsalzvorkommen.[3]

Interessant ist auch das Auftreten der Salzsäure bei der Verdauung im Magen. In relativ starker Verdünnung (0,4-prozentig) wird sie von Drüsenzellen des Magens gebildet und ist, indem sie das Pepsinogen in Eiweiß zersetzendes Pepsin überführt, wesentlich an der beginnenden Eiweißverdauung beteiligt. Außerdem wirkt sie auf Bakterien, die mit der Nahrung in den Magen gelangen, abtötend.

Wodurch ist die Salzsäure gerade im Beginn des Verdauungsprozesses sinnvoll? Mit der Nahrung wird organische Substanz aufgenommen, die aus den Lebensprozessen anderer Organismen hervorging und nun so weit verändert werden muss, dass sie dem substanziellen Aufbau des eigenen Organismus dienen kann. Dazu muss alles, was an Wirkungen des fremden Organismus in der Nahrungssubstanz enthalten ist, eliminiert werden. Aus den bisherigen Betrachtungen ist deutlich geworden, dass das Chlor bzw. die Salzsäure genau die erforderlichen Eigenschaften besitzen. Das mit der Nahrung aufgenommene Eiweiß ist jene Substanz, die besonders stark von dem Lebewesen, dem sie entstammt, geprägt ist. Diese Prägung wird durch die zersetzende Wirkung der Salzsäure zum Teil beseitigt und dann durch das Pepsin in der beginnenden Eiweißverdauung. Erst wenn das Eiweiß völlig aufgelöst ist und nichts mehr von seiner ursprünglichen Prägung enthält, kann es ohne Schaden zum Aufbau körpereigener Substanz resorbiert werden.

Aus der bisherigen Betrachtung wird deutlich, dass das Chlor ein Element ist, das seine Bedeutung im Naturzusammenhang dadurch zeigt, dass es tief in das Physisch-Materielle hineindrängt (Tendenz zur Salzbildung) und durch seine zersetzende Gasnatur ein völliges Erstarren verhindert (Löslichkeit der Salze). In den betreffenden Salzen ist das Chlor in der Natur an seinem natürlichen Ort. In der Salzsäure wirken seine zersetzenden Kräfte in der Verdauung, aber auch im Gestein durch die Bildung von Salzen sinnvoll und förderlich. Der vernichtende Charakter des elementaren Chlors tritt nur durch den Menschen in den chemischen Laboratorien zutage.

Die bedeutendste und häufigste Substanz, aus der das Chlor gewonnen werden kann, ist das Natriumchlorid (Kochsalz), von dem diese Betrachtung auch ihren Ausgang genommen hat. Das Chlor erweist sich dort, wo es nicht am Ort seiner natürlichen Bestimmung ist, als äußerst lebensfeindlich. Das Natriumchlorid ist aber eine Substanz, die im Leben der Tiere und des Menschen eine bedeutende Rolle spielt.

Im Beitrag zum Natrium wird die Nähe dieses Metalls zum Element des Wassers geschildert. Im Natriumchlorid haben sich Natrium und Chlor zu einer einheitlichen Substanz vereinigt. Was ergibt sich aus dieser Tatsache für die physiologische Bedeutung dieses Salzes?

Tierisches und menschliches Leben zeichnen sich gegenüber dem der Pflanzen durch ein mehr oder weniger waches Bewusstsein aus, das durch die Sinne im Kontakt mit der Außenwelt geweckt wird. Dies setzt voraus, dass sich Tiere und Menschen aus dem unmittelbaren Zusammenhang mit der Umgebung absondern, was sich z.B. schon während der Embryonalentwicklung im Vorgang der Gastrulation äußert. Das tun die Pflanzen nicht, sie befinden sich in einem viel direkteren Zusammenhang mit ihrer Umgebung. Sondert sich ein Wesen von seiner Umgebung ab, dann tritt mit der Begrenzung eine eigene Form auf. Natürlich hat auch die Pflanze eine Gestalt, diese ist aber in ständiger Veränderung; die Pflanze ist eine sich in der Zeit wandelnde Gestalt. Eine in Raum und Zeit beständige Gestalt, die aber im Gegensatz zum Mineral von Lebensprozessen durchdrungen ist, tritt erst mit dem Tier auf. Wie sich bei Pflanze, Tier und Mensch die Gestalt unterscheidet, ist bei ihnen auch die Bedeutung des Salzes verschieden. Das Salz spielt in der Physiologie der Tiere und des Menschen eine wesentliche Rolle, die so bei den Pflanzen nicht zu finden ist. Im Beitrag zum Natrium wird darauf hingewiesen, welche Folgen Salzmangel beim Menschen bewirkt: erniedrigter Blutdruck, Muskelkrämpfe, Apathie, Willenlosigkeit und Konzentrationsmangel. Das Seelisch-Geistige kann ohne

Salz seine Verbindung mit dem Leib, die sich als Bewusstsein, als Erleben und im Handeln äußert, nicht aufrechterhalten.

Den Bewusstseinsprozessen des Menschen und der Tiere, die ihren Ort vor allem im Nervensystem und den Sinnesorganen haben, stehen die weitgehend unbewusst verlaufenden physiologischen Prozesse der Stoffwechselorgane gegenüber. Erstere stellen den Kontakt zwischen dem Menschen bzw. dem Tier und deren Umgebung her. Der Stoffwechsel dagegen dient dem Leben des Leibes. Seine Substanzen haben einen hohen Energiegehalt und können Imponderabilien wie die Wärme freisetzen, durch die Mensch und Tier ihre Tätigkeiten ausüben.

Soll dagegen dem Menschen die Umgebung in den Sinnesempfindungen und Vorstellungen und das Wesen der Dinge durch die Gedanken bewusst werden, so braucht das auch eine substanzielle Grundlage. Die betreffenden Substanzen dürfen aber keinen Einfluss auf die Bewusstseinsinhalte ausüben und sie abdämpfen. Das sind Substanzen, die wie das Salz die Imponderabilien ganz an die Umgebung abgegeben haben, dadurch völlig zur Ruhe gekommen sind und keine Eigenaktivität entfalten. So ist es ganz charakteristisch, dass das menschliche Gehirn einen relativ hohen Salzgehalt hat. Zweifellos spielen sich in der Gehirnrinde Stoffwechselprozesse ab. Sie dienen aber vorwiegend dem Erhalt des Organs, nicht dem Empfinden der Sinnesqualitäten und dem Bewusstwerden von Vorstellungen und Gedanken. Dieses Bewusstwerden geschieht an den betreffenden Substanzen wie das Aufleuchten von Licht an einer spiegelnden Fläche. In diesem Sinne ist das Salz ein Substrat, an dem die genannten seelisch-geistigen Inhalte dem Menschen bewusst werden.

So ist das Chlor ein Element, dessen Bedeutung erst in seinem Zusammenwirken mit dem Natrium richtig verstanden werden kann. Das Natriumchlorid gibt als das Salz der Meere dem Leben die Möglichkeit, gestaltete Formen anzunehmen, und es bildet in den Tieren und vor allem beim Menschen die Grundlage des bewussten Seelenlebens.[4]

Anmerkungen

1 Da das Chlorgas außerdem eine sehr hohe Dichte hat, wurde es im Ersten Weltkrieg als Kampfgas eingesetzt, indem man es in feindliche Schützengräben fließen ließ, wo die Soldaten eines qualvollen Todes durch Ersticken starben.

2 Addiert man diese Wärmemenge mit der Entstehungswärme de Chlorwasserstoffs, so kommt man auf einen Betrag von 38,9 kcal/Mol, der nun höher ist als der der Bildungswärme des Wassers. Im gelösten Zustand im Wasser kommt die verdichtende Tendenz des Chlorgases erst richtig zur Geltung, den der Wasserstoff nun mitvollziehen kann.

3 Das Mittelmeer ist annähernd in seiner heutigen Form im Verlauf des Tertiärs (Erdneuzeit) mindestens dreimal ausgetrocknet, da die Straße von Gibraltar geschlossen war. So finden sich heute mächtige Steinsalzlager im Untergrund des Mittelmeeres, wo das Salz durch Überdeckung mit Ton vor einer Wiederauflösung geschützt wird. Die mächtigsten Steinsalzlager entstanden aber im Perm, der letzten Epoche des Erdaltertums.

4 Interessant ist es, in diesem Zusammenhang auf die Bedeutung des Salzgehaltes in der Milch zu schauen. Die Nagetiere sind eine Gruppe von Tieren, die ausgesprochen rasch ausgewachsen sind, also sehr schnell alt werden und gleichzeitig sehr sinnesaktiv und nervös sind. Gerade in der Milch der Nagetiere ist nun der Salzgehalt ausgesprochen hoch. Die Muttermilch des Menschen steht der der Nagetiere diametral entgegen: Sie hat einen äußerst geringen Salzgehalt. Entsprechend langsam entwickeln sich auch die formenden Prozesse am Leib. Der menschliche Organismus bleibt sehr lange im Stadium der aufbauenden Entwicklung. Und auch das wache Bewusstsein entfaltet sich über einen äußerst langen Zeitraum. Bei den Nagetieren scheint der hohe Salzanteil in der Milch den formenden (zur Kristallisation neigenden) Charakter zu betonen, während im Menschen das Salz mehr seine Löslichkeit betont und die formende Qualität nicht im Physischen, sondern im Seelischen bei der Gedankenbildung zur Geltung kommt.

Natrium – das Metall des Flüssig-Wässrigen

Beeindruckend sind die Reiseberichte der Pioniere, die in den heutigen Vereinigten Staaten von Nordamerika die zentralen Hochebenen auf dem Weg in den Westen durchquerten: Sie trafen auf große ausgedehnte, völlig ebene Flächen, weiß schimmernd, gleißend, das Auge blendend. Nach der Überwindung der zuvor zu passierenden Gebirgszüge bot sich eine willkommene Gelegenheit, in ebenem Terrain zügig auszuschreiten. Doch konnte es geschehen, dass sich die Festigkeit dieses ebenen Grundes als äußerst trügerisch erwies. Teilweise bewegten sich Tier und Mensch nur auf einer dünnen Kruste, unter der sich eine träge Flüssigkeit befand; teilweise ging das Feste in etwas Breiartiges über, aus dem es, war ein Lebewesen einmal hineingeraten, kein Entrinnen mehr gab. Die Wärme der Sonne war auf diesen Salzebenen ins Unerträgliche gesteigert. Weit und breit war nichts Lebendes zu entdecken, und bald quälte die Reisenden mitsamt ihren Zugtieren ein in den Wahnsinn führender Durst. Trank aber eines der Tiere oder einer der Menschen etwas von dieser Flüssigkeit, so ließ ein widerlich bitterer Geschmack zurückschrecken. Nahm ein lebendes Wesen in der Not dennoch von diesem «Wasser» zu sich, so war es dem Tod durch Verdursten geweiht. Denn der Durst wurde nur noch verstärkt, aber nicht gestillt. Die vielen Opfer dieser unheimlichen, lebensfeindlichen Gebiete wurden von dem Salzbrei teils entstellt und aufgelöst, teils aber auch wie ausgedörrt und in grotesken Formen bewahrt.

Man lernt in diesen Berichten die Salzlandschaften des großen Salzsees in Utah kennen. Ähnliche Landschaften findet man in bestimmten Regionen Afrikas, Südamerikas und weiteren Gebieten der Erde.

Es handelt sich um jeweils große Vorkommen von Kochsalz, Soda oder Würfelsalpeter (Natriumnitrat) in wüstenartigen Landschaften, in denen es selten regnet. Nur unter diesen besonderen Bedingungen finden sich die genannten Salze an der Oberfläche. Schon geringe Niederschlagsmengen erweichen diese Krusten, lösen die Salze auf und tragen sie mit sich fort oder lassen sie in tiefere Bodenschichten versickern.

Doch auch in den gemäßigten Zonen findet man Salze des Natriums. Hier ist es zumeist das Kochsalz, das in der Erde als «Steinsalz» verborgen ist und gelegentlich in Salzquellen durch das Wasser an die Erdoberfläche gelangt. Dort kann es dann für Heilzwecke oder als wichtiges, für das Leben unverzichtbares Würzmittel gewonnen werden.

Doch die Substanz, die gemeinhin als «Salz» bezeichnet wird, nämlich das Kochsalz Natriumchlorid, ist seiner Menge nach am häufigsten im Wasser der Meere und Ozeane gelöst zu finden: 78 Prozent des im Meerwasser gelösten Salzes ist dieses Natriumchlorid. Würde alles Salz aus den ungeheuren Wassermassen der Weltmeere auskristallisieren, so könnte es die gesamte Erdoberfläche mit einer ungefähr hundert Meter mächtigen Salzkruste bedecken!

Diese riesigen, von Kochsalz durchwirkten Wasserräume sind intensiv von Pflanzen und Tieren belebt. Fein verteilt leben hier auch die ungeheuren, in ihrer Menge schwer greifbaren Planktonmassen, die für die Gesamtlebenstätigkeit auf der Erde von großer Wichtigkeit sind. Durch ihre Fotosyntheseaktivität entsteht mit dem Sauerstoff die Grundlage für weiteres Leben, auch für das des Menschen.

Die meisten Meere enthalten einen Gesamtsalzgehalt von etwa 3,5 Prozent. Daneben finden sich die besonders lebensfördernden Brackwasserzonen mit weniger Salz und Binnenmeere wie das Tote Meer, das bei einem Salzgehalt von ca. 22 Prozent völlig lebensfeindlich ist.[1] Und auch die festen Salzlager unterhalb der Erdoberfläche, die z.B. in Bad Reichenhall oder bei Bad Friedrichshall[2] bergmännisch genutzt werden, sind nach heutigem Verständnis die Reste von Meeren, die in früheren Epochen der Erde ausgetrocknet sind.[3]

Alle diese Tatsachen weisen darauf hin, dass die Natriumsalze eine tiefe Beziehung zum Bereich des Flüssigen, des bewegenden, auflösenden Wassers haben und nur unter speziellen Bedingungen (Wüstenklima, Austrocknung, lang anhaltende Abwesenheit von Wasser) im festen Zustand aufzufinden sind. Dieser hat dann, wie eingangs beschrieben, seine «Tücken» durch die Neigung zur Verflüssigung. Es gibt jedoch auch völlig erstarrte Natriummineralien wie Natronfeldspat (Albit) oder den Kalknatronfeldspat (Oligoklas); doch diese zeigen eine besondere Tendenz zur Verwitterung. Die Verwitterungsprodukte bilden dann unter anderem die löslichen Natriumsalze; die starke Beziehung zum Wässrig-Flüssigen zeigt sich auch hier.[4]

Es ist eine alte Erfahrung, dass zum Leben Salz unverzichtbar ist. Tiere suchen Salzlecken auf und entwickeln bei Salzmangel eine ungeheure Gier nach Salz. Für den Menschen wurde Salz zu einem wichtigen Handelsgut, das über weite Strecken transportiert und zu Zeiten «mit Gold» aufgewogen wurde. Gewinnung und Handel wurden für viele Städte zu einem wirtschaftlich und kulturgeschichtlich wichtigen Faktor. Darüber hinaus wurde Salz zu einem Symbol und Bild für die Kraft geistiger ordnender und erhaltender Macht wie z.B. im Taufsakrament.

Die Allgegenwart des Kochsalzes in der Natur zeigt sich in jedem Organismus – bei Mensch und Tier bedeutend ausgeprägter als bei den Pflanzen: Sie sind fein durchströmt und durchwirkt von diesem Salz. In den Körpersäften, ganz besonders im Blut, sind ständig geringe Mengen an Natriumchlorid gelöst (0,9 Prozent ist die physiologische Konzentration im Blutserum des Menschen). Doch auch in den Knochen findet sich eine nennenswerte Menge. Von den 100 Gramm Kochsalz im Leib des erwachsenen Menschen ist ein Drittel in den Knochen recht fest eingebunden. Der Rest befindet sich in der steten Bewegung der Säfteströme.

Bereits in der Antike machten sich die Menschen bestimmte Kräfte, die in den Salzsubstanzen verborgen sind, nutzbar. Durch geeignete Bearbeitungsschritte im Sinne der alten Chemie veränderten sie Soda oder auch Pflanzenasche so, dass eine laugende, auflösende Wirkung hervortrat («Kaustifizieren durch Branntkalk»). Diesen Prozess nannte man «schärfen». Die zersetzenden Eigenschaften wurden dann durch die so genannte Verseifung so weit gemäßigt, dass Seife entstand, die in der Hygiene und Kosmetik verwendet werden konnte.

Dieses Auflösende wurde im arabischen Raum als «Alkali» bezeichnet. Im späten Mittelalter hat man dann für die scharf auflösenden Verbindungen, die aus Pflanzen gewonnen wurden, den Namen «Kali» eingeführt (in Mitteleuropa war die Pottasche Quelle dieser Substanzen); die Salze, die eine ähnliche, aber mildere Wirkung zeigten, z.B. aus den ägyptischen Salzseen, wurden weiterhin «Alkali» genannt (Pilgrim 1950, S. 166).

Wir begegnen in den Natriumverbindungen Substanzen, die auflösend wirken und selbst eine starke Affinität zum Zustand des Aufgelöstseins haben. Das Kochsalz und viele weitere Natriumsalze sind von außerordentlich großer Beständigkeit und lassen sich nicht ohne weiteres chemisch analysieren. Erst lange nachdem schon vielfältige konkrete Erfahrungen mit den Wirkungen und Eigenschaften der Natriumverbindungen gemacht worden waren, zeigte sich, welches chemische Element in diesen verschiedenen Substanzen wirkt.

Zu Beginn des 19. Jahrhunderts, im Jahr 1807, gelang es Humphry Davy, mittels der damals neuen Methode der Elektrolyse Ätznatron zu zersetzen und Natrium zu gewinnen. Die neue Substanz erschien ihm durch ihre Beweglichkeit und in ihrem Glanz als eine Art Quecksilber, doch die weiteren Eigenschaften veranlassten ihn, von «Sodium» zu sprechen, um die Nähe zur stofflichen Grundlage seiner Versuche, dem Soda, aus dem er das Ätznatron gewonnen hatte, zu betonen.[5] Später gaben andere Forscher dem neuen Element den Namen «Natronium» (aus dem Griechischen für Soda), ehe dann Berzelius die Bezeichnung «Natrium» fand. Davy jedenfalls wurde durch seine Experimente so berühmt, dass ihm als Engländer trotz des gerade herrschenden Krieges zwischen England und Frankreich von Napoleon ein Preis für hervorragende Forschungen auf dem Gebiet der noch jungen Galvanik, wie damals die Elektrochemie genannt wurde, zuerkannt wurde.

Das Natrium als Element

In der Natur findet man ungeheure Mengen an Natriumverbindungen. Zumeist sind es salzartige Substanzen und Salze: Chloride, Sulfate, Nitrate, Carbonate und Silikate. Zu einem bedeutenden Anteil sind sie, wie oben erwähnt, im Wasser der Meere gelöst oder aber als Salzlager und Salzkrusten an Orten zu finden, an denen das Wasser verschwunden ist. Immer ist das Natrium in chemische Verbindungen eingebunden – unter irdischen Bedingungen wirkt es nur im Zusammenklang mit anderen chemischen Elementen und ist nie als Element zu finden. Die Häufigkeit des Elements Natrium in der Erdkruste wird mit 2,7 Gewichtsprozent angegeben; es steht damit der Häufigkeit nach an sechster Stelle aller chemischen Elemente.

Will man das Natrium als Element kennen lernen, so muss es unter erheblichem Aufwand an Energie aus einer seiner Verbindungen befreit werden. Wie schon erwähnt, wurde es erst durch die Elektrolyse möglich, das Natrium rein darzustellen. Auch heute wird das Metall auf diese Weise in erheblichen Mengen gewonnen (Weltjahresproduktion: mehrere 100 000 Tonnen).

Allerdings ist nicht mehr das Ätznatron wie bei Davy die Ausgangssubstanz, sondern das Kochsalz, Natriumchlorid. Die Kräfte, die man benötigt, um das Natrium aus seiner Verbindung mit dem Chlor zu befreien, sind erheblich; gerade dieses Salz ist von starken formenden Kräften durchwirkt. Um 1 Kilogramm Natrium zu erhalten, sind je nach Ausgestaltung des Elektrolyseverfahrens 11 bis 18 kWh nötig (zum Vergleich der Wert für Aluminium: hier sind es 13 bis 16 kWh).

Das Natrium zeigt sich dann als ein Metall mit ungewöhnlichen Eigenschaften. Natürlich ist es der Glanz, der die Substanz als Metall kennzeichnet. Doch der Glanz ist anders als der helle des Silbers, der strahlende des Kupfers oder der graue des Eisens. Ihm ist eine Nuance von Weiß beigemischt. Das Licht wird also durchaus zurückgewiesen – denn nichts anderes bedeutet das Glänzen einer Substanz –, aber nicht so vollständig wie sonst bei den Metallen. Im Weiß bemerkt man eine Andeutung von Durchlässigkeit und Offenheit gegenüber dem Licht. Natrium ist dem Licht gegenüber weniger isoliert, als Metalle es üblicherweise sind.

Zwei weitere Eigenschaften sind ungewöhnlich: die Weichheit und die geringe Dichte. Natrium lässt sich ohne weiteres mit dem Finger eindrücken oder mit einem gar nicht einmal besonders scharfen Messer schneiden. Und ein Stück Natrium schwimmt auf dem Wasser! Mit einer Dichte von 0,971 g/cm^3 ist es leichter als das Wasser. Natrium ist ein Metall, das von den formenden, verfestigenden und verdichtenden Kräften nur wenig durchwirkt ist. Dies entspricht nicht der Alltagserfahrung «Metall».

Schon durch eine geringe Temperaturerhöhung werden die schwachen, verfestigenden und formenden Kräfte überwunden: Natrium schmilzt bereits bei 97,8 °C, also weit unter dem Schmelzpunkt anderer Metalle. Im Natrium tritt eine bestimmte Qualität des Metallzustandes, nämlich die eines gewissen Flüssigseins, wie sie sich in der Duktilität der Metalle zeigt, besonders hervor. Natrium ist nicht wirklich fest; es erscheint uns als eine «zähe Flüssigkeit». (Das entspricht der Auffassung von Aristoteles, der in den Metallen Substanzen sah, in denen das Element Erde und das des Wassers zusammenwirken; *Meteorologie*, Band IV.)

Geschmolzenes Natrium fasziniert durch seine außerordentliche Beweglichkeit: Es fließt, rotiert in sich und ballt sich zur Kugel. Das Natrium ist nun ganz und gar Flüssigkeit. Es bleibt bis 881,3 °C (Siedepunkt) flüssig; das heißt, der Zustand des Flüssigseins ist sehr ausgedehnt.

Eine weitere Eigenart des Natriums zeigt sich beim Erwärmen: Natrium nimmt große Wärmemengen auf, ohne dass sie zunächst sichtbare Folgen zeitigen; die Wärme verschwindet gleichsam in diesem Metall. Das heißt: Natrium hat eine sehr hohe Wärmekapazität von 0,293 cal/°C und wird darin nur von wenigen anderen Metallen (Lithium, Beryllium) und Elementen (Wasserstoff) übertroffen. Beim Abkühlen kommt diese «gespeicherte» Wärme wieder zur Erscheinung.[6]

Des Weiteren hat das Natrium eine hohe Leitfähigkeit für den elektrischen Strom. Sie ist 23-mal höher als die des Quecksilbers und nur dreimal geringer als die des Silbers, das bekanntlich ein sehr guter elektrischer Leiter ist. Auch hier zeigt sich, dass Natrium nur in geringem Maße von den verfestigenden Kräften durchwirkt wird.

Natrium in chemischen Verbindungen

Im Folgenden soll die chemische Wirksamkeit des Natriums beschrieben werden, und zwar zunächst seine Reaktionen mit dem Sauerstoff.

Metallisches Natrium reagiert schon bei Raumtemperatur mit dem Sauerstoff der umgebenden Luft; es entsteht zusehends Natriumperoxid Na_2O_2. Der Metallglanz verschwindet, und es bildet sich eine leicht gelbliche Kruste auf der Oberfläche des Natriumbrockens; diese ist recht brüchig. Bei diesem Vorgang wird ein Teil der latenten Wärme des Natriums frei, und zwar –513 kJ/mol. Die Dichte des Oxids ist gegenüber der des Natriums gesteigert (d = 2,13), auch der Schmelzpunkt liegt mit 322 °C deutlich über dem des Metalls.

Im Allgemeinen wird durch den Sauerstoff bei seiner Vereinigung mit Metallen etwas von deren latenter Wärme frei. Wenn dabei die inneren Kräfte der Wärme abnehmen, kommen die verdichtenden Kräfte stärker zur Geltung und das Maß an innerer Erstarrung nimmt zu. So ist es zu verstehen, dass ein Oxid des Natriums eine größere Dichte und einen höheren Schmelzpunkt als das Natrium hat.

Auch das Verhältnis zum Licht erfährt eine Veränderung: Weist das Metall das Licht im Glanz zurück, so ist das Oxid dem Licht gegenüber offener.

Das Licht kann etwas in die Substanz eindringen. Das ist die Wirkung des Sauerstoffs im Oxid, der seiner Natur nach ganz lichtdurchlässig ist. (Über die unterschiedlichen Farben der Leicht- und Schwermetalloxide siehe das Kapitel über Calcium.)

Man kennt noch weitere Sauerstoffverbindungen des Natriums: das Natriumoxid Na_2O, das Natriumhyperoxid NaO_2 und das Natriumozonid NaO_3. Solch eine vielfältige Oxidbildung ist von etlichen Metallen bekannt, doch beim Natrium – wie auch bei den weiteren Alkalimetallen – sind die Voraussetzungen anders. Denn das Natrium lässt in seinen chemischen Reaktionen keine Tendenz erkennen, sich in Stufen verschiedener Wertigkeit intensiver mit anderen chemischen Elementen zu verbinden; es ist als Element der ersten Hauptgruppe des Periodensystems immer einwertig.[6] Dennoch bildet es diese unterschiedlichen Oxide durch ein besonders differenziertes Zusammenwirken mit dem Sauerstoff.

Neben der «stillen» Oxidation des Natriums kennt der Chemiker auch das lebhafte Verbrennen von Natrium, ein dramatisches Geschehen, das unbeabsichtigt ausgelöst wird, wenn man Natrium stark erwärmt; es entzündet sich dann selbst. Eine intensiv gelb leuchtende, dichte Flamme umgibt das Metall. Weiße Oxidnebel steigen auf und erfüllen den Raum, machen ihn undurchsichtig, sinken dann aber zu Boden. Bei dieser Verbrennung bildet sich in reichem Maß das oben geschilderte Natriumperoxid Na_2O_2. Bei sehr gemäßigter Intensität der Reaktion oder leisem Mangel an Sauerstoff entsteht auch Natriumoxid Na_2O. An diesem zeigt sich ganz besonders das Vermögen des Sauerstoffs, aus Substanzen latente Wärme freizusetzen und dadurch eine Zunahme der zentripetalen Kräfte zu bewirken. Natriumoxid hat gegenüber dem Natrium einen sehr hohen Schmelzpunkt (1132 °C), auch seine Dichte ist im Vergleich mit der des Natriums enorm gesteigert.

Damit erscheint im Natriumoxid eine Qualität, von der im Natrium nichts zu bemerken ist: eine starke Tendenz der Verdichtung.

Das Natriumhyperoxid und mehr noch das Natriumozonid sind zwei Substanzen mit zunehmender Zersetzlichkeit. In ihnen überwiegt die Gasnatur des Sauerstoffs gegenüber der Metallqualität des Natriums und ihrer verdichtenden Wirkung. Bemerkenswert ist die Farbigkeit der Oxide und ihre Veränderung mit steigender Sauerstoffwirksamkeit. Die Schritte von Weiß über Gelb und Orange zum Rot weisen darauf hin, dass das Licht immer weniger reflektiert wird; es wird durch die zunehmend größere Sauerstoffkomponente stärker absorbiert. Außerdem drückt sich im Orange und Rot des Natriumhyperoxids und des Natriumozonids eine innere Aktivität aus. Beide Substanzen tragen Sauerstoffwirksamkeit in andere Stoffe hinein: Holz und Papier entzünden sich im Kontakt mit ihnen – so stark ist ihre oxidierende Wirkung.[7]

Die Oxide des Natriums in einer Übersicht:

	Natrium-oxid	Natrium-peroxid	Natrium-hyperoxid	Natrium-ozonid
Formel	Na_2O	Na_2O_2	NaO_2	NaO_3
Farbe	farblos	blassgelb	orangefarben	rote Kristalle
Schmelz-punkt	1132 °C	Zersetzung bei 675 °C	Zersetzung bei 552 °C	Zersetzung bei 25 °C
Dichte	2,27	2,805		
Bildungs-energie	–418 kJ/mol	–513 kJ/mol	–260 kJ/mol	

Tabelle nach Hollemann/Wiberg 1995, Greenwood/Earnshaw 1990 und Trueb 1996

Bei der chemischen Reaktion des Natriums mit Sauerstoff zeigt sich eine weitere allgemeine Metalleigenschaft in übersteigerter Weise – nämlich das Vermögen, bei Anwesenheit von Feuchtigkeit bedeutend rascher die Oxide zu bilden. In einer völlig trockenen Atmosphäre ist selbst für das Natrium die chemische Reaktion mit Sauerstoff unmöglich. In absolut trockenem reinem Sauerstoff lässt sich Natrium sogar bis zum Siedepunkt erhitzen, ohne dass es oxidiert. Doch auch nur Spuren von Feuchtigkeit lassen die Oxidbildung stürmisch ablaufen. Das Wasser ist hier wie auch sonst häufig die Bedingung für chemisches Reagieren. In diesem Phänomen deutet sich auch eine besondere Affinität des Natriums zum Wasser an, die im Folgenden betrachtet werden soll.

Natriumoxide und Wasser

Die Erfahrung zeigt, dass alle Oxide des Natriums sehr gut wasserlöslich sind. So lösen sich zum Beispiel 107 g Natriumoxid (Na2O) in 100 ml Wasser. Dabei kommt es sofort zu einer chemischen Reaktion, bei der aus Natriumoxid und Wasser eine neue Substanz entsteht, das Natriumhydroxid NaOH; die Affinität zwischen Natriumoxid und Wasser ist viel zu groß, als dass es zu einem bloßen Lösungsvorgang kommen könnte.

$$Na_2O + H_2O \rightarrow 2\,NaOH + 437{,}9\ kJ/mol$$

Bei dieser Reaktion wird wiederum etwas von der dem Oxid noch immanenten latenten Wärme in die Umgebung abgestrahlt. In der neuen Substanz kommt es zu einer gesteigerten Wirkung zentripetaler Kräfte als Folge des Verlustes von innerer Wärme und einem veränderten Verhältnis zum Zustand des Flüssigseins durch die Vereinigung von Wasser mit dem Natriumoxid.

Natriumhydroxid (Ätznatron) ist eine in sich fest gefügte Substanz – Schmelzpunkt und Siedepunkt liegen bei 323 °C bzw. 1390 °C. Von der erwähnten Zersetzlichkeit mancher Natriumoxide ist nichts mehr zu bemerken. Durch die Wärmeabstrahlung wird die Verfestigung stärker. Auffällig ist außerdem noch die ausgedehnte Flüssigkeitsphase zwischen Schmelzpunkt und Siedepunkt. Das deutet auf die zweite auffällige Eigenschaft des Natriumhydroxids: auf seine außerordentlich gute Wasserlöslichkeit. Diese Substanz ist ganz offen gegenüber den bewegend-lösenden Kräften des Wassers, sodass sich in 1 Liter Wasser bei 20 °C 1090 g Ätznatron lösen. Durch Erwärmen lässt sich die Löslichkeit steigern: Bei 100 °C lösen sich 3420 g NaOH in 1 Liter Wasser! Das Natriumhydroxid ist eine Substanz, bei der die Löseeigenschaften des Wassers besonders stark wirken und durch die Kräfte der Wärme noch gesteigert werden.

Beim Lösen von Natriumhydroxid in Wasser wird wiederum Wärme abgestrahlt. Es entsteht eine Flüssigkeit, die besonders bei stärkerer Konzentration viel viskoser ist als Wasser. Das deutet darauf hin, dass das Natriumhydroxid nicht einfach in das Wasser übergeht, sondern sich löst, indem es das Wasser gleichsam aufsaugt. So entsteht eine Lauge mit besonderer Wirksamkeit. Sie dringt in alle festen Substanzen aus dem Bereich des Lebendigen ein, weicht sie auf und zersetzt sie von innen. Die lösende und Formen zersetzende Kraft des Wassers ist enorm gesteigert. Dies ist das Prinzip Lauge.

Die weichen, dem flüssigen Zustand so nahe stehenden Alkalimetalle bilden alle Laugen. Dabei wirkt die Kalilauge noch stärker auflösend als die Natronlauge. In diesen Laugen kommt die dem Flüssigen so nahe stehende Konsistenz der Alkalimetalle zur Geltung.

Natrium und Wasser

Nachdem im Vorherigen der Bezug bestimmter Natriumverbindungen zum Wasser beschrieben wurde, soll nun geschildert werden, wie das Natrium als Element mit Wasser reagiert.

Wenn ein Stück Natrium in Wasser gegeben wird, schwimmt es aufgrund seiner geringen Dichte auf dem Wasser – ein überraschendes Phänomen. Sofort beginnt ein dramatisches Geschehen: Zischend fährt das Natriumstückchen, das sich zu einer Kugel rundet, auf der Wasseroberfläche umher. Dabei wird es zusehends kleiner und verschwindet schließlich ganz. Kurz zuvor kann es unter Aufleuchten einer intensiv gelb gefärbten Flamme zu einer durchaus heftigen Explosion kommen. Die anschließende Prüfung mit einem Indikator zeigt, dass das Wasser zur Lauge geworden ist; außerdem hat es etwas von seiner Klarheit verloren und ist dichter geworden. Bei diesem Geschehen werden große Wärmemengen frei, durch die das Natrium flüssig wird und sich zur Kugel formen kann. Außerdem entsteht ein Gas – Wasserstoff, das sich häufig entzündet und die Knallgasexplosion des Schlussakkords auslöst:

$$2\,Na + 2\,H_2O \quad \rightarrow \quad 2\,NaOH + H_2 + 427\ kJ/mol$$

Das ist ein erstaunliches Geschehen, bei dem ein Metall im Wasser verschwindet.

So weist auch das Natrium selbst eine große innere Verwandtschaft zu den Qualitäten des Wassers auf. Es reagiert unmittelbar, und zwar heftig mit ihm. Sehr viele der Metalle können sich erst dann mit dem Wasser chemisch vereinigen, wenn sie sich zuvor mit Sauerstoff, gleichsam als Vermittler, verbunden haben und der Metallzustand hin zum Erdig-Irdischen modifiziert wurde. Nicht so beim Natrium! Es wirkt direkt, d.h. unvermittelt, in das

Flüssige hinein. Dabei wird eine zentrifugale Wirksamkeit tief in das Wasser hineinverwoben und zugleich Wärme ausgesondert. Es entsteht die so stark auflösend wirkende Natronlauge.

Diese Natronlauge trägt in sich die Tendenz zur Verdichtung bis hin zur Salzbildung. Zunächst ist sie klar-durchsichtig, trübt sich dann aber zusehends, wird immer undurchlässiger für das Licht, bis sich schließlich ein Bodensatz bildet. Der verdichtende, der Erde zugewandte Anteil der Luft, das Kohlendioxid, wird absorbiert, reagiert mit der Natronlauge zum Natriumcarbonat und kristallisiert aus. Nun ist das Natrium mit seiner inneren Dynamik im Salz an einem gewissen Endpunkt angelangt. Jetzt vermag nur noch der Chemiker durch seine Experimentierkunst weitere Umwandlungen anzuregen.

Das Kochsalz

Im Rahmen einer Charakterisierung des Natriums darf selbstverständlich eine sorgfältige Beschreibung des Kochsalzes Natriumchlorid nicht fehlen.

Wie bereits erwähnt, findet es sich in ungeheuren Mengen im Wasser der Meere und in Salzlagern. Außerdem zirkuliert es in geringen Mengen fein verteilt in den Körpersäften von Mensch und Tier. Kochsalz ist zudem im alltäglichen Leben als Würzmittel von großer Bedeutung, dessen historische Bedeutung für bestimmte Städte und Regionen bekannt ist. Es spielt in Sagen und Mythen eine Rolle und wird als kultisches Symbol verehrt. Es ist offensichtlich nicht ein beliebiges Salz, das in all diesen Zusammenhängen gemeint ist, sondern eben gerade das Kochsalz Natriumchlorid. Wieso aber verkörpert gerade diese Substanz, die wir heute doch auch sehr achtlos verbrauchen, in besonderer Weise die Qualitäten von Salz?

Eine der «Gebrauchseigenschaften» von Kochsalz weist in eine bestimmte Richtung, es ist der Wohlgeschmack und die Eignung als Würzmittel. In geringen Mengen empfinden wir das Kochsalz tatsächlich als wohlschmeckend wie nur wenige andere Salze; doch bei größerer Menge überwiegt bald das Salzige und Bittere. Nun salzen wir die Speisen nicht wegen dieses Salzgeschmacks, sondern weil sie ansonsten insgesamt fad schmecken und geradezu geschmacklos sind. Erst nach der Zugabe einer recht kleinen Menge an Kochsalz entfalten die Bestandteile der Speisen ihren Eigengeschmack. Es ist also weniger das Kochsalz selbst in seinen Geschmackseigenschaften, das uns zum Salzstreuer greifen lässt, sondern die Erfahrung, dass erst durch das Kochsalz die Geschmacksqualitäten der Nahrung voll wahrnehmbar werden. Wenn das Kochsalz aufgrund einer zu hohen Dosierung seinen Eigengeschmack, den Salzgeschmack, entfaltet, dann ist die Speise auch schon versalzen. Wir sehen, dass sich ein komplexer und tiefgründiger Sachverhalt andeutet: Kochsalz ermöglicht anderen Substanzen, ihre Qualitäten zur Geltung zu bringen.

Am natürlichen Vorkommen von Kochsalz in den Meeren erfasst man die wässrig-bewegte Seite dieser Substanz. Hier ist es fein verteilt in den riesigen Wasserräumen, in die das Sonnenlicht intensiv hereinwirken kann, die aber auch von den Kräften des Mondes durchzogen sind. Diese weiten, offenen Räume sind aber auch, wie schon erwähnt, erfüllt von einer großen Vielfalt und Menge an Lebewesen. Und man kann vermuten, dass alles Leben zunächst in diesen Sphären der Weite und Offenheit existierte.

Kochsalz kristallisiert in Würfeln, der am meisten in sich zentrierten Kristallform. Es ist als mineralisch erstarrte Substanz in seiner Klarheit aber ganz dem Licht gegenüber offen. Beeindruckend ist die überaus große Beständigkeit der Wärme gegenüber: Natriumchlorid schmilzt erst bei 800 °C; nach weiterer Erhitzung auf 1440 °C glüht es rot auf und verdampft. Aber es wird durch diese ungeheuer intensiven Wärmekräfte nicht verändert, auch der Geschmack bleibt erhalten. Viele Salze werden durch weit geringere Erwärmung zerstört, das Natriumchlorid hingegen zeigt eine außerordentliche Stabilität – ein Verhalten, wie es ansonsten fast nur bei chemischen Elementen anzutreffen ist. Erst Schwefelsäure vermag Kochsalz zu zersetzen.

Auch ein anderes Phänomen zeigt den geringen Einfluss der Wärme auf Kochsalz. Bei 0 °C lösen sich 35,6 g in 100 ml Wasser. Doch die Löslichkeit nimmt beim Erwärmen kaum zu; sie beträgt bei 100 °C 39,1 g/100 ml Wasser. Das Natriumchlorid hat sich offenkundig aus dem Bereich der Wärmewirkung herausgesondert.

Die Bildung von Kochsalz unter Laborbedingungen öffnet den Blick für dieses eigentümliche Verhältnis zur Wärme.

Der Chemiker hat mehrere Möglichkeiten, Kochsalz zu synthetisieren; zwei von ihnen seien beschrieben:

- die Synthese aus den Elementen Natrium und Chlor
- der Weg von Natrium über Natriumoxid und Natronlauge mit Salzsäure.

Der erste der beiden Wege gehört zu den beeindruckenden Versuchen, die man im Labor zeigen kann. Leitet man Chlorgas in einem Reaktionsrohr über Natrium, so kommt es zu einer heftigen chemischen Reaktion mit starker Wärmeabstrahlung. Aus zwei gefährlichen Substanzen, dem Natrium und dem extrem giftigen, übel riechenden Chlor, entsteht im Reaktionsrohr eine farblose, kristalline Substanz mit Wohlgeschmack, das Kochsalz:

$$\text{Na} + \text{Cl} \rightarrow \text{Na Cl} + 822{,}6\ \text{kJ/mol}$$

Der zweite Weg ist aufwändiger, zeigt aber deutlich, wie das Natrium Schritt für Schritt den Weg in den Salzzustand durchläuft. Man lässt zunächst Natrium zum Natriumoxid oxidieren (verbrennen), löst dieses in Wasser und erhält Natronlauge, aus der dann zusammen mit Salzsäure kristallisierbares Kochsalz entsteht. Das folgende Schema veranschaulicht diesen Weg:

Smp. 97,8 °C	Natrium		fest-
Sdp. 881,3 °C			flüssig
d = 0,97 g/cm^3	⇩		
	⇩		
Smp. 1132 °C	Natriumoxid	→	Wärme, 418 kJ/mol, fest
d = 2,27 g/cm^3	Na_2O	←	Wasser
	⇩		
	⇩		
Smp. 323 °C			
Sdp. 1380 °C	Natriumhydroxid		fest,
d = 2,13 g/cm^3	NaOH		sehr gut wasserlöslich
	⇩	←	Wasser
	⇩	→	Wärme, 437,9 kJ/mol
	Natronlauge		flüssig, vedichtend-lösend
		→	Lösungswärme
	⇩		
	⇩	←	Salzsäure H Cl
	⇩	→	Wärme
		→	Wasser
Smp. 860 °C			
Sdp. 1440 °C	Kochsalz		fest, kristallin
d = 2,16 g/cm^3	Na Cl		durchlichtet

Bei diesem Weg des Natriums zum Salz ist jede Zwischensubstanz das Ergebnis jenes Prozesses, der zuvor bei ihrer Bildung vollzogen wurde:

- Das Oxid ist dichter und hat einen höheren Schmelzpunkt als das Natrium, denn in der Bildung ging ein Teil der inneren Wärme verloren.
- Das Natriumhydroxid zeigt eine verringerte Dichte gegenüber dem Oxid durch die Vereinigung mit Wasser; zudem ist es eine stabile Verbindung als Konsequenz des erneuten Verlustes an latenter Wärme. Die breite Flüssigkeitsphase zwischen Schmelz- und Siedepunkt ist eine Wirkung der Wasserkomponente.
- Im letzten Schritt ist eine Trias an Veränderungen zu bemerken. Wasser und Wärme werden ausgesondert, während das Chlor der Salzsäure sich mit der Substanz vereinigt. Die Absonderung von Wasser mit seiner dynamisierenden Wirkung und von Wärme mit ihren zentrifugalen Kräften führt als Konsequenz zur Kristallisierbarkeit und ungeheuren Stabilität von Kochsalz. Das Kochsalz fällt ganz aus dem Wirkensbereich der Wärme heraus. Es ist eine imponderabilienfreie Substanz entstanden.

Mit dem Chlor der Salzsäure wirkt eine gasartige Komponente im Kochsalz.[9] Dadurch ist das Kochsalz ganz offen für das Licht; es kann durchstrahlt werden, ohne Wechselwirkungen mit dem Licht zu zeigen. Das gilt auch für die Wärme.[10] So sind zwei gegensätzliche Tendenzen im Kochsalz vereint: Es ist irdisch im Festsein und in der Kristallisationsfähigkeit, kosmisch in der Offenheit dem Licht und der Wärme gegenüber. Über beide Tendenzen spannt sich die Möglichkeit, die Salzqualitäten in das Wasser hineinzutragen und als Substanz im Wasser ganz aufzugehen.

Kochsalz löst sich weniger gut und weniger dramatisch in Wasser als Natriumhydroxid. Seine Beziehung zum Wasser ist schwächer als die der Oxide und des Hydroxids. So ist auch die hygroskopische Eigenschaft der Oxide und des Natriumhydroxids verschwunden.[11] Die Erstarrungstendenz und die geringere Beziehung zum Wasser sind zwei Qualitäten von Kochsalz.

Im Kochsalz ist die Substanz ganz zur Ruhe gekommen und hat nur noch einen geringen Bezug zur Welt der Imponderabilien. Es verkörpert in besonderer Weise die Qualität des Sal-Zustandes.

Zur Abrundung sei noch die Bildung von Natriumchlorid aus Salzsäure und Natronlauge beschrieben, wie sie häufig im Labor demonstriert wird.

Zunächst hantiert der Experimentator mit zwei gefährlichen Flüssigkeiten, mit konzentrierter Salzsäure und Natronlauge. Die eine verpestet den Luftraum, die andere wirkt auf tückische Weise verletzend – beide müssen mit großer Vorsicht gehandhabt werden. Sobald man sie zusammengibt, beginnt eine heftige chemische Reaktion: Unter Zischen und Kochen wird eine große Wassermenge als Wasserdampf ausgestoßen, und Hitze wird abgestrahlt. Wenn der Prozess etwas zur Ruhe gekommen ist, erscheinen weißliche Kristalle von Kochsalz. Man darf sie berühren, sie sind fest und haben den charakteristischen Wohlgeschmack.

Neutralisation ist die etwas dürre Benennung für dieses dramatische Geschehen:

$$NaOH + HCl \rightarrow NaCl + H_2O + \text{Wärme (411 kJ/mol)}$$

Mit außerordentlicher Vehemenz werden Wärme und das flüssig-bewegliche Wasser ausgesondert und damit eine Substanz gebildet, die frei ist von den Kräften der Wärme und Beweglichkeit – ein Salz. Alles, was zuvor an zentrifugaler Wirksamkeit in den Ausgangssubstanzen wirkte, wurde herausgesetzt. Die Substanz am Endpunkt des Geschehens ist völlig zur Ruhe gekommen. Der Beobachter wurde Zeuge eines elementaren Prozesses des Erkaltens.

Natrium und Licht

Nun sei eine weitere, wohlbekannte Eigenschaft des Natriums erwähnt, nämlich seine Fähigkeit, Licht auszustrahlen.

Wohl jeder kennt das gleißend gelbe Licht der Natriumdampflampen, die heute oft große Plätze erleuchten. Dieses Licht leuchtet auch immer auf, wenn Natrium chemisch reagiert und dabei Flammenerscheinungen auftreten. Dieses für das Natrium so typische Licht beobachtet man auch dann noch, wenn kleinste Mengen von Natriumverbindungen in die nicht leuchtende Flamme des Bunsenbrenners gebracht und hoch erhitzt werden – ein Beweis für das Vorhandensein von Natrium. Die bei genauerer Analyse feststellbare Natrium-Doppellinie wurde Grundlage der Spektroskopie und Spektralanalyse.

Durch die Erhitzung in der Flamme wird das Natrium außerordentlich stark «verdünnt»; alle verdichtenden Kräfte werden überwunden. Das Natrium wird dem Irdischen entrissen und kann im Medium des Lichts etwas von seiner Wesenheit zum Ausdruck bringen. Das Natrium wird Licht (siehe R. Steiner in GA 320 und GA 350 über das Phänomen der Spektroskopie). Es ist verständlich, dass sich gerade die Alkalimetalle so eindrucksvoll in Lichterscheinungen zum Ausdruck bringen; denn bei ihnen sind die verdichtenden irdischen Kräfte von Natur aus wenig wirksam.

Natrium selbst ist farblos und als lichtabweisendes Metall eine gleichsam dunkle Substanz. Aber es kann unter den geschilderten Bedingungen aufleuchten. Dieses Leuchten dringt aus der Tiefe der Substanz in den umgebenden Raum. In ihm spricht sich eine innere Beziehung des Natriums zum Licht aus.

Das aus dem Natrium erstrahlende gelbe Licht ist äußerst intensiv und überlagert andere Farben. In seiner Intensität und Helligkeit steht dieses Licht dem der Sonne nahe.

Seit einigen Jahren weiß man, dass die äußerst dünne Atmosphäre des Erdmondes in der Hauptsache aus Natrium- und Kaliumdampf besteht. Es scheint so zu sein, dass diese beiden Elemente aus der Mondoberfläche durch kosmische Einwirkung immer neu aufsteigen. Die Gravitationskraft des Mondes reicht nicht hin, um diese Substanzen in der Atmosphäre festzuhalten und zu akkumulieren. So entsteht ein Schweif aus Natrium, der dann von den Schwerekräften der Erde durchwirkt und gebündelt wird. Durch diesen Schweif wandert die Erde in regelmäßigen Intervallen hindurch. Auch bei weiteren Planetentrabanten wie dem Jupitermond Io wurde Natrium in einer sehr dünnen Atmosphäre nachgewiesen.[12] Diese Befunde beleuchten die Bedeutung des Natriums von einem kosmologischen Aspekt. Nach R. Steiner erfüllt Natrium den gesamten Raum zwischen Sonne und Erde (GA 351).

So zeigt sich noch einmal, dass das Natrium in besonderer Weise wenig in sich zentriert ist und in den Umraum hineinwirkt. Die Wärme entfaltet ihre Wirksamkeit in diesem Element nicht nur im Ausdehnen und Verflüssigen, sondern in einer gesteigerten und verfeinerten Weise im Erstrahlen als Licht.[13]

Zur Physiologie des Natriums

Natriumchlorid ist auch im Bereich des Lebendigen das Salz schlechthin: Ohne Salz ist kein menschliches und tierisches Leben möglich. Für die meisten Pflanzen dagegen ist dieses Salz ein Gift, das ihr Leben ertötet. Pflanzen nehmen hingegen Kaliumverbindungen in erheblichen Mengen auf; so sind diese im Pflanzengewebe zu finden, besonders im Holz und in den Blättern. Sie erscheinen nach dem Verbrennen von pflanzlicher Substanz in der Pflanzenasche, der so genannten Pottasche. Diese war über viele Jahrhunderte die bedeutendste Quelle für Kaliumverbindungen.

In Mensch und Tier ist das Kochsalz zu einem Gewichtsanteil von etwa 2 Prozent in den Knochen eingebunden – das ist ein Drittel des gesamten Natriums im Menschen. Das restliche Natrium findet sich im Blutserum und in der Interzellularflüssigkeit. Innerhalb der Zellen ist wenig Natrium, etwa 98 Prozent finden sich in den zirkulierenden Körpersäften und in den Knochen (Löffler/Petrides 1997, S. 691, Wolff 1998, S. 291).

Für das Kalium verhält es sich entgegengesetzt: Seine Hauptmenge findet sich innerhalb der Zellen, nur geringe Mengen zirkulieren in den Säfteströmen. Auch hier erweist sich das Natrium als Element mit starkem Bezug zum bewegten Flüssigkeitsraum. Insofern ist der Mensch ein Abbild des Makrokosmos; ist doch das Natrium in viel stärkerem Ausmaß in den Weiten der Meere zu finden als das Kalium.

Ein Mangel an Natrium äußert sich beim Menschen in fehlender Antriebskraft, Teilnahmslosigkeit, Apathie, Verwirrtheit, Schwindel und Bewusstlosigkeit. Die Willensseite des Menschen ist durchgreifend geschwächt; das Ich kann mit seinen Intentionen den physischen Leib nicht richtig ergreifen. Weitere Symptome sind erniedrigter Blutdruck, Übelkeit und Schwindel. In diesen Phänomenen spricht sich aus, dass der Flüssigkeitsmensch nicht mehr im rechten Bezug zum Gesamtwesen des Menschen steht.

Kaliummangel, das sei ergänzend angemerkt, führt zu ähnlichen Symptomen; zusätzlich bilden sich aber Nekrosen im Muskelgewebe, vor allem in der Substanz des Herzgewebes. Durch einen Mangel an Kalium kann die organaufbauende und organerhaltende Kraft – die ätherische Organisation der menschlichen Wesenheit – nicht mehr vollgültig wirken.

Durch die Nieren wird stetig Natrium ausgeschieden, etwa 6 Gramm täglich im Kochsalz.[14] Im Verlauf des Ausscheidungsprozesses wird das Natrium in den Nieren nur wenig konzentriert – es behält seinen Lösungszustand. Kalium wird dagegen in den Nieren stark konzentriert; aber auch dann wird nur die Hälfte der Natriummenge mit dem Urin ausgeschieden.

Zum Abschluss sei erwähnt, dass Natrium bei allen Sinnesleistungen, bei jeder Muskelkontraktion und jeder Nervenaktivität unverzichtbar ist. Im extrazellulären Raum des Nervengewebes ist Natrium im Kochsalz fein gelöst. In den Nervenzellen findet sich ebenso fein verteiltes Kalium in bestimmten Verbindungen. Bei Nervenaktivität kommt es dann zu Umverteilungen: Geringste Mengen von Natrium bewegen sich ins Innere der Nervenzellen; umgekehrt dringt das mehr dem Inneren der Zellen zugehörige Kalium nach außen in den extrazellulären Bereich. Bei «Erholung» der Nervenzellen werden die ursprünglichen Verteilungsverhältnisse wieder hergestellt. Die Substanzmengen, die im Verlauf dieses Geschehens die Umgrenzung der Nervenzellen überwinden, sind äußerst gering. Das deutet darauf hin, dass weniger die Substanz als Ursache der Nervenaktivität aufgefasst werden darf, sondern die Sinnesqualitäten, die z.B. durch die Nervenbahnen zum Zentralorgan des Rückenmarks oder des Gehirns vermittelt werden.

Während der Aktionspotenziale ist in den Nervenzellen für einen kurzen Moment der ausgeglichene Zustand gegeben, der dem Sal-Zustand entspricht. Dies ist der Augenblick, in dem die Imponderabilien nicht mehr wirken und in der zur Ruhe gekommenen Substanz bewusste Empfindungen und Gedanken aufleuchten können. In diesem Sinne trägt das chemische Element Natrium geistige Lichtqualitäten in den menschlichen Organismus hinein.

Anmerkungen

1 Bei den Salzen des Toten Meeres handelt es sich keineswegs um reines Kochsalz – viele andere Salze sind mit gelöst wie z.B. verschiedene Magnesiumsalze (Bittersalz); diese bilden die Grundlage einer Magnesiumproduktionsstätte, die am Ufer des Toten Meeres gebaut worden ist.

2 In diesen Ortsnamen ist die Wortwurzel «hal» aus dem griechischen Wortstamm für Salz, ‹ἅλ›, enthalten.

3 Da solche Salzstöcke nur bestehen, wenn sie über geologisch lange Zeiträume gegen Wasser abgeschirmt waren, wird überlegt, ob Salzstöcke als Endlager für giftigste Produktionsrückstände und Atommüll geeignet sein könnten.

4 Die Verbindungen des Kaliums verhalten sich polar dazu: Als Silikate sind sie fest in Gesteine eingebunden; gelöst im Wasser der Meere oder in den Körpersäften kommt Kaliumsalzen nur geringe Bedeutung zu (die Menge des Kaliums ist etwa 1/30 von der des Natriums).

5 Im englischsprachigen Raum ist die Benennung «Sodium« für das Natrium auch heute noch gängig.

6 Aufgrund dieser Erfahrung wird flüssiges Natrium häufig im technischen Bereich z.B. in Hochleistungsautomotoren und in der Kerntechnik als Kühlmittel verwendet, da sich mit seiner Hilfe große «Wärmemengen» transportieren lassen.

7 Siehe hierzu auch die Bemerkungen über Wertigkeit im Kapitel «Grundlinien einer phänomenologischen Chemie».

8 Ein Hauptanwendungsgebiet des Natriums und seiner Verbindungen in der Technologie ist – außer der Nutzung als Kühlmittel – in dieser starken reduzierenden Wirkung des Natriums begründet: Unedle Metalle lassen sich mithilfe von elementarem Natrium reduzieren, so z.B. auch das Aluminium. Zunächst gelang die Aluminiumherstellung nur durch Reduktion des Aluminiumoxids durch Natrium, das seinerseits dabei oxidiert wurde.

9 Zum Chlor und seinen Verbindungen, insbesondere der Salzsäure, siehe das entsprechende Kapitel in diesem Band. Hier werden die dortigen Ausführungen im Wesentlichen vorausgesetzt.

10 Diese besondere Eigenschaft ist der Grund dafür, dass Kristalle aus Natriumchlorid in der Infrarot-Optik für spezielle Linsenkonstruktionen Verwendung finden.

11 Die Hygroskopie von Kochsalz geht auf Verunreinigung durch andere Salze zurück; chemisch reines Natriumchlorid zeigt keinerlei Wasseranziehung.

12 In der Mondatmosphäre sind 50 Atome/cm^3; dagegen in der Erdatmosphäre

1018 Natriumatome pro cm^3. Der Natriumschweif des Mondes ist nicht sichtbar, dazu müsste er um das Tausendfache konzentrierter sein. Literatur: M. Mendillo, J. Baumgardner in: *Astronomie Aktuell* 6/99.

13 Natrium lässt sich – wie einige der Alkalimetalle – leicht in flüssigem Ammoniak lösen. Es ist so wenig von verdichtenden, zentrierenden Kräften durchwirkt, dass die Lösung sogar eine erhebliche Volumenzunahme erfährt bis hin zum Doppelten, und dies bei den niedrigen Temperaturen des flüssigen Ammoniaks von –33 °C! Diese Lösung weist das Licht nicht wie der Glanz des Metalls zurück, sondern wirkt durch ihr intensives Blau verdunkelnd dem Licht gegenüber; sie hat also eine intensive Trübung erfahren. Hoch konzentrierte Lösungen des Metalls in Ammoniak erscheinen dagegen in einem bronzefarbenen, metallartigen Glanz.

14 Dies entspricht etwa 13 Gramm Kochsalz.

Calcium – das Element der Absonderung

Ein Steinbruch mit seinen zahlreichen Schichten, den so genannten Bänken, aus hartem, grauem oder nahezu weißem Kalk ist das Zeugnis eines Naturvorganges, der sich in vergangenen Erdepochen, z.B. in der so genannten Jura- und Kreidezeit, abgespielt hat. Die Fossilien, die man in diesen Schichten findet, haben den Forschern schon vor langem gezeigt, dass dieser Kalk aus dem Wasser entstanden ist. Es müssen weite Meeresräume gewesen sein, denn die Kalkschichten erstrecken sich zum Teil über Hunderte von Kilometern. Was heute als Kalkgestein im festen Untergrund ruht, ist durch einen gewaltigen Absonderungsprozess entstanden. Früher war man der Auffassung, dieser Kalk hätte sich aus dem gelösten Zustand in Form winziger Kalkkristalle abgeschieden, sich unter dem Einfluss der Schwere abgelagert und unter dem Druck immer weiterer Kalkmassen zum Kalkgestein verdichtet (Diagenese). Die Entstehung des Kalkgesteins ist aber komplizierter. Denn der Kalk der meisten Kalkgesteine ist von Lebewesen, z.B. in der Form von Gehäusen, Schalen usw., abgesondert worden. Er stammt aus dem Leben und ist, wie man sagt, biogenen Ursprungs. Die Schichtung des Kalkgesteins weist darauf hin, dass die Sedimentation rhythmisch verlaufen ist, nicht unähnlich den Lebensprozessen in einem Organismus.

Absonderung ist auch einer der grundlegenden Lebensprozesse. Hier scheidet der Organismus aus der inneren Dynamik seines Lebens Substanz nach außen ab. Das kann in unterschiedlicher Weise geschehen. Die abgesonderte Substanz kann wie das ausgeatmete Kohlendioxid, der Schweiß, der Urin oder das Natternhemd einer Schlange ganz in die unbelebte Natur übergehen. Sie kann aber auch mit dem Organismus verbunden bleiben wie die Schalen und Gehäuse wirbelloser Tiere oder die Skelette der Wirbeltiere. Dann findet man in den abgesonderten Bildungen einen sichtbaren Abdruck des betreffenden Wesens. Er hat besonders bei den Skeletten der Wirbeltiere den Charakter des Physiognomischen. Im Skelett eines Säugetiers zeigt sich z.B. am Schädel und an der Halswirbelsäule die innere Zuwendung des Tieres zur Umgebung, an den Knochen der Gliedmaßen die Haltung und der triebhafte Bewegungsimpuls. Selbst an den Schalen z.B. der Weichtiere manifestiert sich etwas vom Wesen des betreffenden Tieres.

Das weist auf einen wichtigen Sachverhalt hin. Die Substanzen, aus denen diese Schalen und Skelette bestehen, haben zum einen eine Beziehung zum Mineralisch-Toten, aber auch zu den inneren Bildegesetzen des betreffenden Organismus; denn sonst könnte in ihnen kein solcher Wesensabdruck erscheinen. Das Wesen einer Tierart ist offensichtlich entscheidend an deren Absonderung beteiligt.

Was geschieht, wenn z.B. die Schale eines Weichtiers entsteht? Die übrigen Organe befinden sich im Prozess einer fortwährenden Erneuerung ihrer Substanz und ihres Gewebes. Sie sind von den bildend-tätigen Kräften der Lebensorganisation durchwirkt. Soll eine Substanz abgesondert werden, dann wird die Dynamik des Lebens abgeschwächt; denn nur wenn die betreffende Substanz träge wird, kann sie dem Leben entgleiten und ausgeschieden werden. Auf diese Weise entsteht als erste Phase der Schalenbildung an der Peripherie des Weichtiers das weitgehend unlebendige Eiweiß der Schalenmatrix. Es ist Eiweiß, das der Organismus abgesondert hat. Innerhalb dieser Matrix kommt es dann wie in einer zweiten und intensivierten Stufe der Absonderung zur Mineralisierung: zur Absonderung von Kalkkristallen (siehe Pflug 1984, S. 47 f., Naturw. Rundschau 1987, H. 2, S. 68).

Was bewirkt aber die Ablähmung des Lebensprozesses? Im Organismus eines Tieres leben seelische Kräfte wie Lust- und Unlustempfindungen, Triebe und Begierden und äußern sich im Verhalten. Dieses Seelische, der Astralleib (R. Steiner), wirkt hinein in die Lebensorganisation und kommt in ihr zum Ausdruck. Dadurch wird das bildende Leben beeinflusst. Denn das Seelische kann im Bereich des Lebens nur dadurch wirksam werden, dass es dieses in seiner Dynamik etwas zurückdrängt, d.h. aber ablähmt. So ist das seelische Wesen eines Tieres, sein Astralleib, an der Absonderung beteiligt. «Es ist also der astralische Leib in seiner Wirkung auf den Ätherleib (die Lebensorganisation), der – wie bei den Weichtieren, den Schnecken, den Muscheln und so weiter – nach außen die harten Schalenteile absondert, um in ihnen jenes dumpfe Bewusstsein zu erzeugen, das in diesen Tieren lebt» (R. Steiner, GA 101, S. 54).

Man kann nun fragen: Welcher Art ist die Substanz in den Schalen und Skeletten? Ich betrachte zunächst die Schalen und Gehäuse der niederen Tiere, in denen die Absonderung an die Oberfläche, d.h. nach außen, und nicht im Organismus stattfindet wie bei den Skelettbildungen. Bei diesen Schalen ist die Absonderung, indem sie nach außen geschieht, offensichtlich radikaler als bei den Knochen der Wirbeltiere.

Wenn man von dem geringen Anteil der organischen Schalenmatrix absieht, bestehen diese Schalen aus Kalk.[1] Man muss den Kalk in seiner Substanz genauer betrachten, um zu verstehen, wodurch er jene besondere Beziehung zum Organismus hat, auf die wir gerade hingewiesen haben. Es ist nötig, in das innere Gefüge der Kalkmaterie einzudringen, weil ihre äußere Erscheinung kaum Anhaltspunkte liefert.

Wo uns Kalk in der Natur entgegentritt, ist er, wie das beschrieben wurde, aus dem Leben oder aus dem Wasser ausgeschieden. Er ist zudem eine Substanz, die selbst bei stärkster Erhitzung im weißglühenden Zustand nicht brennt. Insofern ist Kalk im Sinne der Alchimie Sal: eine aus dem gelösten Zustand ausgeschiedene Substanz, die nicht im Feuer auflodern kann. Diesen Kalk muss man chemisch analysieren, um kennen zu lernen, welche Elemente in ihm zusammenwirken und welches von ihnen bei der Absonderung und dem Erstarren zum Kalk das wesentliche ist. Diese Analyse ist ein mehrstufiger Prozess. Wird Kalk wie beim Kalkbrennen auf 900 bis 1200 °C erhitzt, entweicht ein Gas, das Kohlendioxid. Dabei nimmt der aus dem Kalk entstehende Stoff, der gebrannte Kalk,[2] Wärme auf; er löst sich also etwas aus dem Sal-Zustand (endotherme Reaktion oder «Sulfurisierung»). Betrachten wir das, was bei diesem Vorgang geschieht, etwas genauer. Der Kalk hat, wenn er ziemlich rein ist, eine Dichte von 2,6 bis 2,8 g/cm³.

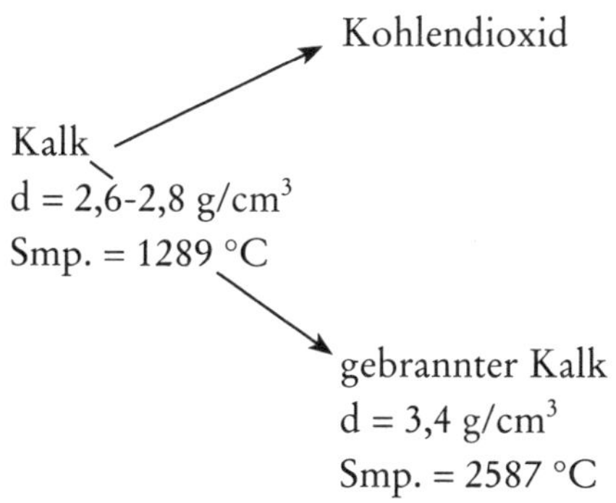

Er schmilzt unter bestimmten Bedingungen bei 1289 °C.[3] Der gebrannte Kalk ist schwerer (Dichte = 3,4 g/cm³) und ist in sich viel stärker erstarrt (Schmelzpunkt = 2587 °C). Die Tatsache, dass der Kalk leichter und weniger erstarrt ist, ist offensichtlich eine Wirkung des in ihm gebundenen Kohlendioxids, das durch seinen gasförmigen Charakter der Verdichtung und der Erstarrung widerstrebt. Diese Komponente des Kalkes ist allem Anschein nach nicht sehr fest im Kalk gebunden; sonst würde sie sich unter dem Einfluss der Gluthitze nicht aus dem Kalk lösen.

Beim nächsten Schritt der Analyse wird gebrannter Kalk pulverisiert, mit Aluminiumpulver gemischt und in der Form von Briketts im Vakuum auf 1000 bis 1200 °C erhitzt. Nun entweicht bei der chemischen Reaktion, der Reduktion des gebrannten Kalkes, ein Dampf, der zu einem glänzend silberweißen Metall kondensiert, das wegen seiner Herkunft aus dem Kalk (calx) Calcium genannt wurde. Calcium findet man auch, wenn man den wichtigsten Mineralbestandteil der Skelettknochen, den Apatit, analysiert. – Das Calcium gehört zu den Elementen, die ihre Wirksamkeit dem äußeren Anblick verborgen im Gewebe der Natur entfalten. Und es bedarf starker Kräfte, um dieses Element aus dem Naturzusammenhang, z.B. aus dem Kalk, herauszulösen.

Dieses Calcium ist ein leichtes, d.h. wenig verdichtetes silbrig glänzendes Metall ($d = 1{,}54\ g/cm^3$). Der geringen Verdichtung entspricht eine relativ weiche Konsistenz; Calcium hat wie das Blei die Härte 1,5 in der Mohsschen Skala. Der für die Metalle typische plastische Charakter ist beim Calcium stark ausgeprägt. Diese Phänomene weisen darauf hin, dass die verdichtenden und verfestigenden Kräfte keine starke Wirksamkeit haben. Damit steht das Calcium einem anderen Metall nahe, das man wie das Calcium aus Kalk aus Kochsalz gewinnt, dem Natrium. Natrium ist allerdings noch weniger verdichtet ($d = 0{,}97\ g/cm^3$) und viel weicher.

Um zu einem Verständnis des Calciums zu gelangen, muss man wenigstens bis zu einem bestimmten Grade wissen, was ein Metall ist. Metalle sind eine besondere Zustandsform der Elemente. Vergleicht man sie mit den Aggregatzuständen, so ergibt sich, dass sie eine Zwischenstellung zwischen dem Flüssigen und dem Festen, Mineralisch-Erstarrten einnimmt. Das Quecksilber ist ganz flüssig, andere Metalle wie die Alkalimetalle sind weich, manche sind plastisch wie das Blei, die meisten duktil; nur wenige sind außerordentlich hart (z.B. Chrom, Wolfram) und spröde (Molybdän, Osmium). So umspannen die Metalle das ganze Spektrum zwischen flüssig und hart; die meisten stehen aber zwischen den Extremen in der Mitte. Das relativ weiche Calcium steht im Spektrum der Metalle dem flüssigen Pol nahe, das Natrium aber noch näher. Die meisten Metalle sind wie eine zäh gewordene Flüssigkeit mit einer deutlichen Tendenz zum Kristallisieren. Diese Metalle und unter ihnen das Calcium kann man als weder dem festen noch dem flüssigen

Aggregatzustand eindeutig zuordnen. In ihnen durchdringen sich das Feste, das in seiner reinen Ausprägung hart und spröde ist, und das Flüssige, das ohne eigene Form jegliche Form annehmen kann. Nun wird eine Substanz flüssig, wenn sie von Wärme durchdrungen wird und Wärme die flüssige Konsistenz bewirkt. Insofern enthält Calcium in seiner Substanz Wärme. Diese innere Wärme wirkt den verdichtenden und verfestigenden Kräften entgegen und ist der Grund für die geringe Dichte und Härte.

Man charakterisiert die Metalle aber nicht vollständig, wenn man sie nur in ihrer Beziehung zu den Aggregatzuständen beschreibt. Sie haben außerdem spezifische Eigenschaften. So reflektieren sie mit ihrem Glanz das Licht viel stärker als eine Flüssigkeit wie das Wasser. Dieser Glanz hat den Charakter des Hellen, aber einer undurchlässigen Helligkeit.[4] Dem korrespondiert in der Substanz die elektrische Leitfähigkeit und die Wärmeleitfähigkeit.

Um das Calcium in seinen Eigenschaften etwas genauer kennen zu lernen, vergleichen wir es mit dem Natrium im Hinblick auf die Aggregatzustände:

	Smp.	Sdp.
Natrium	97,8 °C	881 °C
Calcium	~839 °C	1482 °C

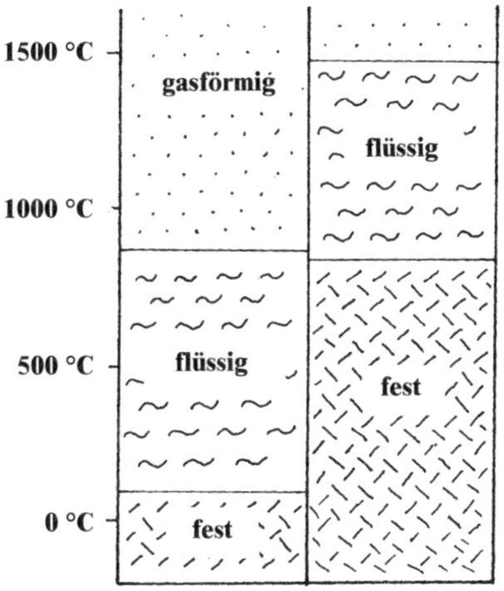

Die feste, flüsige und gasförmige Phase von Natrium (links) und Calcium (rechts)

Etwa bei der Temperatur, bei der Natrium vom gasförmigen in den flüssigen Zustand übergeht, erstarrt das flüssige Calcium. Das weist auf eine besondere Eigenschaft des Calciums hin: Auch wenn es relativ weich ist, wirken in ihm Kräfte, die in die Verdichtung und das Erstarren führen, viel intensiver als im Natrium; und zwar so, dass das Calcium im Vergleich mit dem Natrium bei gleicher Temperatur gleichsam um eine Stufe, einen Aggregatzustand, tiefer in die dichteren Zustände übergeht. Calcium ist eine relativ weiche Substanz mit der Tendenz zur Verfestigung.

Wie äußert sich das Calcium mit seinen besonderen Eigenschaften in den chemischen Reaktionen und seinen Verbindungen? Die Nähe zum Flüssigen zeigt sich bei Natrium und Calcium vor allem auch in ihrer Affinität zum Wasser. Natrium reagiert unmittelbar und lebhaft mit Wasser. Es geht dabei rasch in das flüssige Medium des Wassers über. Dabei steigt aus dem Wasser Wasserstoff auf, d.h. das leichteste und am stärksten auflösend wirkende aller Gase. Das Wasser wird eine andere Substanz, indem das Natrium an die Stelle des Wasserstoffs tritt. Aus dem flüssigen Wasser entsteht Natriumhydroxid, das in reiner Form durch seine Natriumkomponente ein fester Stoff ist. Weil Natrium unter den Metallen dem Pol des Flüssigen so nahe steht, ist Natriumhydroxid sehr gut in Wasser löslich. Durch das weiche Natrium ist die Lösung von Natriumhydroxid (Natronlauge) glitschig. Und durch die gegenüber Wasserstoff so viel dichtere Natriumkomponente ist sie basisch, d.h. verdichtend. (Zu dem unmittelbar Vorangehenden siehe das Kapitel über Natrium.)

Im Gegensatz zum Natrium sinkt das dichtere Calcium im Wasser auf den Grund. Hier reagiert es auch unmittelbar mit dem Wasser, allerdings nicht so heftig wie das Natrium. Aus dem Wasser entweicht auch hier Wasserstoff. Indem das Calcium an seine Stelle tritt, geschieht aber etwas anderes als bei der Reaktion des Natriums mit dem Wasser. Es kommt zu einer intensiveren Verdichtung und zur Erstarrung: Das Calciumhydroxid, das sich bildet, bleibt nur sehr wenig im Wasser gelöst. – Durch das Natrium kommt es im Wasser zu einem Dichterwerden im Glitschigen, durch das Calcium zur Absonderung einer festen weißen Substanz, des Calciumhydroxids.

Das Calcium vereinigt in sich offensichtlich zwei Eigenschaften: Es geht aus seiner relativ weichen, dem Wasser nahe stehenden Konsistenz in die Verbindung mit dem Wasser über, dann sondert es sich aber großenteils sofort durch Erstarrung aus dem Milieu des Wässrigen ab. Hier manifestiert sich eine im Calcium wirkende Verdichtungskraft.

Man dringt etwas tiefer in die eben beschriebenen Prozesse ein, wenn man die so genannte Wärmetönung berücksichtigt. Bei beiden Prozessen – der Reaktion von Natrium und von Calcium mit Wasser – tritt eine Erwärmung ein, das heißt, es wird Wärme abgestrahlt. Die entstehenden Hydroxide bilden sich also unter Verringerung von «innerer» (latenter) Wärme. Das ist dem Phasenübergang in einen dichteren Aggregatzustand vergleichbar, wobei sich auch die «latente» Wärme durch Abstrahlung verringert. Wenn man nun die Wärmeabstrahlung vergleicht:

Natrium	Calcium
⇩ –88 kcal/mol	⇩ –167 kcal/mol
festes Natriumhydroxid	festes Calciumhydroxid

dann wird deutlich, wie im Calcium bei der Reaktion mit Wasser eine wesentlich stärkere Tendenz zum Erstarren herrscht. Denn indem bei diesem Prozess sehr viel Wärme aus dem Calcium in die Umgebung entweicht und die Substanz gleichsam innerlich erkaltet, erlangen die Kräfte des Verfestigens eine größere Wirksamkeit.

Das zeigt sich an einem weiteren Phänomen:

Natrium	Smp. = 97,7 °C
⇩ –88 kcal	
festes, wasserfreies Natriumhydroxid	Smp. = 322 °C

Der gegenüber dem Natrium höhere Schmelzpunkt des Natriumhydroxids, d.h. das intensivere Erstarren beim Entstehen dieses Stoffes, ist ebenfalls eine Konsequenz der Wärmeabstrahlung.

Beim Calciumhydroxid treten Phänomene auf, in denen sich der besondere Charakter des Calciums deutlich zeigt. Man kann für Calciumhydroxid nämlich keinen Schmelzpunkt angeben wie für Natriumhydroxid, weil es sich beim Erhitzen verwandelt. Bei 450 °C tritt aus ihm Wasserdampf aus: Es entsteht der gebrannte Kalk (Calciumoxid). Indem Wasser entweicht, vollzieht sich eine starke Verdichtung und Erstarrung.

Calciumhydroxid		
	$Ca(OH)_2$	d = 2,24 g/cm^3
$-H_2O$ ⇩		
Calciumoxid		
	CaO	d = 3,49 g/cm^3
		Smp. = 2587 °C

Im Calcium herrscht die Tendenz, sich vollständig aus der Beziehung zum Wasser abzusondern und in einen extremen Grad der Erstarrung überzugehen. Letzteres zeigt sich besonders deutlich, wenn man die Veränderungen bei der Oxidation des Calciums ins Auge fasst. Durch die starke Verringerung der inneren Wärme verdichtet sich die Substanz mehr als um das Doppelte. Und die Verfestigung nimmt enorm zu: Der Schmelzpunkt steigt um 1748 °C an. Calcium ist ein Element, in dem die Kräfte der Verdichtung und Erstarrung eine große Wirksamkeit erlangen.

	Calcium	d = 1,54 g/cm^3
	Ca	Smp. = 839 °C
–151,8 kcal ⇩		
	Calciumoxid	d = 3,4 g/cm3
	CaO	Smp. = 2587 °C

Calciumhydroxid löst sich immer etwas im Wasser, bei 18 °C in 100 g Wasser 0,128 g. Diese Lösung, das Kalkwasser, ist durch die verdichtende Wirkung des Calciums im Calciumhydroxid basisch. Wenn in Kalkwasser Kohlendioxid eindringt und in der Verbindung mit Wasser Kohlensäure bildet, reagiert die Kohlensäure sofort mit dem basischen Calciumhydroxid. In dem vorher klaren Kalkwasser vollzieht sich in Form einer weißen Wolke eine Verdichtung zu fein verteilter fester Substanz, die sich allmählich am Boden ablagert. Dabei kommt es wie bei jeder Neutralisierung zur Ausscheidung von Wasser, d.h. einem Sich-Absondern aus der Verbindung mit dem Wässrig-Flüssigen, und zu einer erneuten Wärmeabstrahlung. Es entsteht Kalk (Calciumkarbonat, $CaCO_3$).

Lässt man gebrannten Kalk offen liegen, dann zieht er aus der Luft Feuchtigkeit und Kohlendioxid an sich und wird zu Kalk. Im gebrannten Kalk bzw. im Calcium wirkt eine starke Tendenz, wieder in den Zustand zurückzukehren, aus dem es unter erheblichem Aufwand isoliert wurde. Calcium drängt ganz offensichtlich zum Kalk hin.

Im Kalk ist eine besondere Tendenz zum Übergehen in den gelösten Zustand vorhanden. Der Kalk selbst löst sich allerdings nur sehr wenig im Wasser, der normale aus Calcit bestehende Kalkstein bei 25 °C lediglich mit 0,014 g in 1 l Wasser. Nun nimmt aber das Wasser, das versickert, aus der Luft und vor allem im Erdboden Kohlendioxid auf; es entsteht Kohlensäure. Wenn nun dieses kohlensäurehaltige Wasser an den Kalk herandringt, verbindet es sich mit diesem zu Calciumhydrogenkarbonat. Wir haben schon darauf hingewiesen, dass im Kalk das gebundene Kohlendioxid den starken Kräften des Erstarrens entgegenwirkt. Indem nun der Kalk noch mehr Kohlendioxid bzw. Kohlensäure in sich aufnimmt, wird die Erstarrung noch stärker zurückgedrängt. So übertrifft das Calciumhydrogenkarbonat die Löslichkeit des Kalkes um das Dreifache. Dadurch entstehen im Laufe längerer Zeiten in den Kalkschichten unter der Erde Höhlen, zum Teil sogar unterirdische Wasserläufe. Nun ist das Calciumhydrogenkarbonat eine ziemlich labile Substanz. Verdunstet das Wasser etwas oder wird es wärmer, so entweicht Kohlensäure mit der Folge, dass der Kalk wieder ausgeschieden wird. Auf diese Weise entstehen der Kalktuff und die Tropfsteine. So vollzieht sich dort, wo Kalk nicht allzu tief unter der Erde lagert, ein fortwährendes Auflösen und erneutes Absondern:

das Auflösen: $CaCO_3 + CO_2 + H_2O \rightarrow Ca(HCO_3)_2$
das Absondern: $Ca(HCO_3)_2 \rightarrow CaCO_3 + CO_2 + H_2O$

Dieser Wechsel von erstarrender Absonderung und erneutem Auflösen zeigt sich bis in die Modellierung der Landschaft (Dolinen, Trockentäler, Kalksinter), wie Kalk und Calcium ihre Tätigkeit im Zwischenbereich zwischen dem Beweglich-Gelösten und dem Mineralisch-Erstarrten ausüben.

Dieses Absondern von Kalk geschieht vor allem in den Korallenriffen, wo die Steinkorallen ihre zum Teil wunderbaren Kalkgestalten bilden. Die Korallenpolypen nehmen aus dem Meerwasser Calcium und Kohlensäure auf und scheiden an ihrer Peripherie Calciumhydrogenkarbonat aus. In ihrem Gewebe befinden sich viele einzellige Algen (in 1 cm^2 der Entodermschicht etwa 1 Million), die dem Calciumhydrogenkarbonat für ihre Assimilation Kohlendioxid entziehen. Das führt zur Absonderung des Kalkes, aus dem dann zum Teil mächtige Korallenriffe entstehen.

Das Absondern von Kalk ist ein ungewöhnlich sensibles Geschehen. Kommt es in einem Gewässer mit einer Temperatur von mehr als 29 °C, z.B. in heißen Quellen, zur Kalkausscheidung, dann entsteht Kalk in der Form des Aragonits; bei Temperaturen unter 29 °C bildet sich Kalzit. Aragonit kristallisiert rhombisch und ist härter (H = 3,5 – 4) und dichter (d = 2,95 g/cm^3) als der rhomboedrisch (trigonal skalenoedrisch) kristallisierende Kalzit (H = 3; d = 2,6 – 2,8 g/cm^3). Bei der höheren Temperatur entsteht also jene Form des Kalkes, die sich entgegen der auflösenden Wirkung der Wärme stärker verdichtet und sich dadurch rascher aus dem Wasser absondert. Der bei niedrigeren Temperaturen entstehende Kalzit – der Kalk der Sedi-

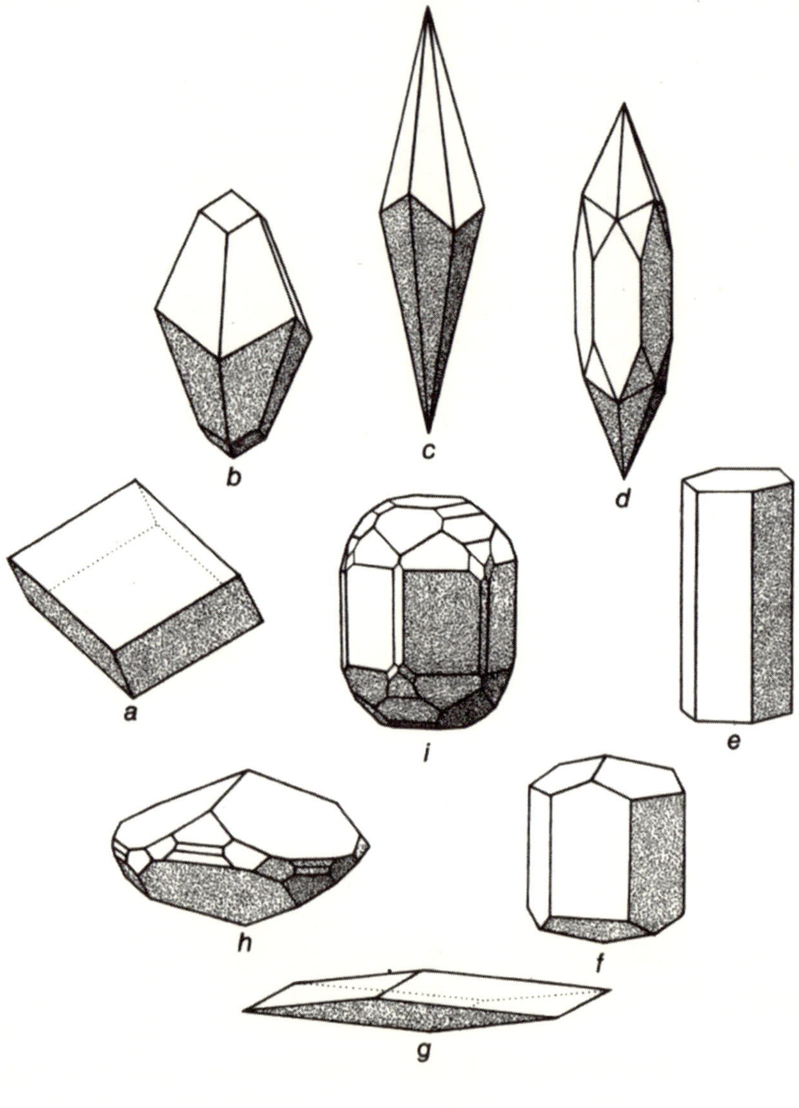

Kristallformen des Calcits (aus Wimmenauer 1992)
a. das Grundrhomboeder; b. Rhomboeder und Skalenoeder; c. Skalenoeder; d. zwei Skalenoeder und Prisma; e. Prisma und Basis; f. Prisma und flaches Rhomboeder; g. flaches Rhomboeder; h. verschiedene Rhomboeder und Skalenoeder; i. Kristall mit Rhomboeder-, Skalenoeder-, Prismen- und Basisflächen.

mentgesteine und die stabile der beiden Modifikationen – ist etwas weniger löslich als Aragonit. Was den Kalzit vor allem auszeichnet, ist die Tatsache, dass er in mehr Kristallformen als jede andere mineralische Substanz kristallisiert. Nach Brauns/Chudoba sind es achtzig verschiedene Rhomboeder und über zweihundert verschiedene Skalenoeder (Brauns/Chudoba 1955, S. 62). Die Zahl der Kristallformen ist aber noch wesentlich größer: «In Goldschmidts ‹Atlas der Kristallformen› von 1913 sind 2544 Kristallformen von Calcit abgebildet; viele weitere sind seither noch erkannt und vermessen worden» (Wimmenauer 1992, S. 70). Im Kalk sind also außerordentlich viele Kristallformen potenziell vorhanden, von denen immer nur eine bestimmte erscheint. So ist folgende Bemerkung R. Steiners zu verstehen: «Der Kalk enthält überall ... nicht herauskommende Gestaltungskräfte» (GA 232, S. 78). Man kann sich, wenn man einen Kalkspatkristall anschaut, sagen: Dieser Kristall enthält neben der Form, die ich sehe, noch viele andere Formen als Gestaltungskräfte unsichtbar in sich. Der Formenreichtum des Kalzits weist, so Wimmenauer, auf «eine Sensibilität ... gegenüber äußeren Einflüssen hin» (ebd., S. 69 f.). Diese Sensibilität ermöglicht es vor allem auch «den Lebewesen, ihre Mineralbildungen nach ihren eigensten Erfordernissen zu gestalten» (ebd., S. 70), d.h. ihr eigenes Wesen den Schalen und Gehäusen bei deren Absonderung aufzuprägen.[5]

Auch ein anderes Salz des Calciums, das Calciumsulfat, findet man als Ausscheidung aus meeresartigen Gewässern früherer Erdepochen. Es erscheint ebenfalls in zwei Formen: als rhombisch kristallisierender Anhydrit ($CaSO_4$) und als monokliner Gips ($CaSO_4 \cdot 2H_2O$) (siehe auch S. 62f.). Es bildet aber nicht wie der Kalk mächtige Gesteins- und Gebirgsformationen, sondern ist vielmehr Bestandteil in den zum Teil mächtigen Lagern von Steinsalz, das im Gegensatz zum Kalk durch seine Löslichkeit eine starke Beziehung zum Wasser hat. Gips und Anhydrit gelten als schwer löslich, haben aber als Salze der Schwefelsäure eine größere Löslichkeit als der Kalk. Die Schwefelsäure als starke Säure bzw. die Schwefelsäurekomponente im Gips hat eine sehr viel stärker auflösend-zersetzende Kraft als die schwache Kohlensäure bzw. die Kohlensäurekomponente im Kalk. So lösen sich in 1 l Wasser 2,41 g Gips bei 20 °C, aber nur 0,014 g Kalk.

Die dem Kalk gegenüber größere Affinität zum Wasser zeigt sich auch darin, dass der Anhydrit, wenn die Gelegenheit besteht, Wasser aufnimmt

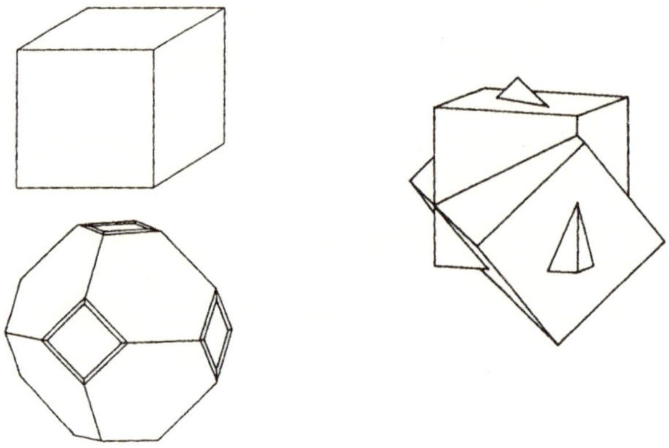

Kristallformen des Flussspats (aus Dud'a, Rejl, Slivka 1997). Würfel, Kombination von zwei Würfeln, Kombination von Oktaeder und Würfel.

und sich langsam in Gips verwandelt. Dabei dehnt sich das Volumen um etwa 60 Prozent aus; und damit werden Härte und Dichte geringer. Diese Umwandlung von Anhydrit zu Gips ist wie ein beginnendes Sich-Auflösen innerhalb der festen Substanz. Umgekehrt erstarrt und verdichtet sich Gips beim Erhitzen durch einen inneren Austrocknungsprozess zu Anhydrit – ein Vorgang, der technisch gehandhabt wird, um bestimmte Zwischenstufen zwischen Gips und Anhydrit (Estrichgips, Stuckgips) zu gewinnen.

In diesem Phänomen manifestiert sich der Charakter des Calciums in besonderer Weise, indem sich beim Übergang von Gips in Anhydrit sogar innerhalb der festen Substanz ein Prozess der Absonderung und Erstarrung abspielt.

Calcium ist Bestandteil auch verschiedener anderer Mineralien. Unter den Elementen in den Mineralien der festen Erdkruste steht es mit 4,66 Prozent Gewichtsanteil an fünfter Stelle. In den Gesteinen kommt es neben dem Kalk vor allem in den Feldspäten (Plagioklas, Anorthit) des Urgesteins vor. Ein weit verbreitetes Mineral, vor allem in Eruptivgesteinen, ist der Apatit ($Ca_5(PO_4)_3(OH, F, Cl)$), der hexagonal-hemiedrisch kristallisiert und den Knochen der Wirbeltiere ihre Festigkeit gibt. Zu den bekannten Calciummineralien gehört noch der Fluorit (Flussspat), der in schönen Würfeln, Oktaedern und Kombinationen des Würfels mit dem Oktaeder oder dem Dodekaeder erscheint. Er ist das einzige Calciummineral, das kubisch kristallisiert, bei der Verdichtung also vollkommen in die Dreidimensionalität des Raumes übergeht. Damit ist die gegenüber dem Kalk größere Härte verbunden, die im Zahnschmelz von so großer Bedeutung ist. Diese Eigenschaften des Fluorits haben ihren Grund in der Tatsache, dass das Calcium hier mit dem aggressivsten aller Elemente, dem Fluor, vereinigt ist. Schon bei der Verbindung des Calciums mit Sauerstoff wird viel Wärme abgestrahlt, wesentlich mehr aber bei der Vereinigung mit Fluor. Man muss allerdings die beiden salzartigen Mineralien, den Kalk und den Flussspat, miteinander vergleichen:

		Calcium (Ca)	Calcium (Ca)	
−180,7 kcal	−151,8 kcal ↓	Calciumoxid (CaO) gebrannter Kalk	↓	− 290,4 kcal
	−15,6 kcal ↓	Calciumhydroxid ($Ca(OH)_2$ gelöschter Kalk		
	−13,3 kcal ↓	Calciumcarbonat ($CaCO_3$) Kalk	Calciumfluorid (CaF_2) Flussspat	

Die Aggressivität des Fluors bedeutet, dass es sich mit größter Intensität mit dem Calcium vereinigt. Durch die intensive Wärmeabstrahlung, d.h. durch die so starke Verringerung der inneren Wärme, erlangen die Kräfte des Erstarrens und Verdichtens eine große Wirksamkeit.

Die Verbindungen des Calciums, die wir betrachtet haben, zeichnen sich durch eine gemeinsame Eigenschaft aus: Sie sind weiß und zum Teil durchsichtig wie der Kalkspat ($CaCO_3$), das Marienglas ($CaSO_4 \cdot 2H_2O$) und der Flussspat (CaF_2). Dieser lichte Charakter unterscheidet sie deutlich vom Calcium, das mit seinem metallischen Glanz das Licht zurückweist. Dennoch ist er in der Substanz des Calciums begründet.

Wenn sich ein Metall mit Sauerstoff verbindet, verändert sich seine Beziehung zum Licht. Durch die Vereinigung mit dem gasförmigen, dem Licht gegenüber so vollständig offenen Sauerstoff grenzt sich das entstehende Oxid nicht mehr wie das Metall gegenüber dem Licht ab, sondern tritt mit ihm in eine innigere Wechselwirkung. Durch ihre Sauerstoffkomponente werden die Metalloxide farbig oder sogar durchsichtig. In Bezug auf die Farben besteht zwischen dem Calciumoxid, auch den anderen Leichtmetalloxiden, und den Oxiden der Schwermetalle ein charakteristischer Unterschied. Die meisten Leichtmetalloxide sind weiß, lediglich das Kalium-, das Rubidium- und das Caesiumoxid und die Oxide des zwei- und dreiwertigen Titans haben andere Farben (bei den Peroxiden, Hyperoxiden und Ozoniden der Alkalimetalle liegen besondere Verhältnisse vor, die hier nicht berücksichtigt sind); die Oxide der Schwermetalle haben in der Regel dunklere Farben (siehe Anhang). Das beruht vor allem auf der verschiedenen Dichte. Die gasförmigen Elemente sind durch ihren aufgelösten Zustand lichtdurchlässig. In den dichteren Zuständen, besonders im Festen, sondern sich die Elemente vom Licht ab, sie werden undurchsichtig, d.h. aber im Innern dunkel. So sind die Schwermetalle durch ihre große Verdichtung stärker in sich zentriert, und damit hat die Dunkelheit im Innern ihrer Substanz eine intensivere Wirksamkeit als im Calcium. Das äußert sich in der Farbe der meisten ihrer Oxide, in ihrem Rot, Grün, Blau und Schwarz; schon im Gelb bemerkt man eine Abdämpfung des Hellen. Wenn sich dagegen ein so wenig dichtes Metall wie das Calcium mit dem Sauerstoff verbindet, dann werden durch ihn die geringere Verdichtung und die Dunkelheit so weit überwunden, dass die Substanz licht, d.h. weiß wird.

Die gleiche Wirkung haben auch andere durchsichtige Substanzen, wenn sie sich mit dem Calcium verbinden, wie das Fluor und das Chlor, die Kohlensäure, die Schwefelsäure und die Salpetersäure. So sind Flussspat, Calciumchlorid, Kalk, Gips und Kalksalpeter ebenfalls weiß oder gar durchsichtig.

Nachdem wir das Calcium als physische Substanz mit ihrer Tendenz zur Verdichtung und dann einige seiner Verbindungen aus dem Gebiet der unbelebten Natur kennen gelernt haben, können wir nun jenen Bereich ins Auge fassen, in dem die Bedeutung des Calciums wohl am besten sichtbar wird. Das sind seine Wirkungen in der Sphäre des Lebendigen.

Innerhalb der Pflanzenwelt hat das Calcium bei den höheren Pflanzen, bei denen die Gestaltungsprozesse sehr differenziert sind, eine größere Bedeutung als bei den in ihren Formen viel einfacheren niederen Pflanzen. Die Formbildung ist besonders in den zarten meristematischen Geweben tätig. Hier entstehen die Anlagen des Stängels, der Blätter und der Blütenorgane, die dann zur vollen Größe der Organe heranwachsen. Dabei gehen die Organe mehr oder weniger stark in die Erstarrung über; bei den Pflanzen ist die Formbildung ein Weg in das Erstarren. Das geschieht dadurch, dass zunehmend dichte Substanz abgesondert wird, zunächst die Pektine, die sich durch Calcium als Pektinate verfestigen, und dann zunehmend Zellulose. Was wir als Pflanzen wahrnehmen, sind geronnene Formgebilde, die aus dem Leben weitgehend abgesondert sind.

Wenn eine Pflanze nicht genügend Calcium aus dem Boden aufnimmt, dann ist der Prozess der Formbildung stark beeinträchtigt. Vor allem ist das Entstehen der verschiedenen Organe in den meristematischen Geweben gehemmt. Es kommt nicht zureichend zur Verdichtung und Absonderung jener Substanzen, in denen die Formbildung gerinnt. Das Pflanzengewebe löst sich unter Umständen sogar in seine Bestandteile, die einzelnen Zellen, auf. Der Weg vom bildenden Leben zur fertigen Gestalt ist schwer beeinträchtigt. Bei extremem Calciummangel bleiben Pflanzen sogar auf der Stufe des Keimlings stehen. Die Pflanze bedient sich des Calciums, um aus dem Strom des bildenden Lebens die konkreten Pflanzen mit ihren geronnenen Formen abzusondern. Welche Funktion hat hier das Calcium?

Wir haben am Beispiel des Calciumoxids und des Calciumhydroxids gesehen, dass im Calcium (als Ca^{2+}) starke Kräfte des Verdichtens und Verfestigens wirken. Diese Kräfte benötigt die Pflanze, um jenen Prozess des Verdichtens und Verfestigens zu leisten, durch den das Leben in bleibende Formen gerinnt. Ohne das Calcium könnte sich das Leben nicht bis zu den vielgestaltigen Pflanzenformen verdichten.

Nun ist die Wirkung des Calciums beim Entstehen der verschiedenen Organe recht unterschiedlich. Am stärksten ist die Wurzelbildung vom Calciummangel betroffen, d.h. jener Prozess, in dem die irdischen Kräfte der Gravitation den stärksten Einfluss haben. Diese Kräfte lassen das Streckungswachstum in den Wurzeln schon nach wenigen Millimetern erstarren. Deren Wirken wird vom Calcium vermittelt. An allem, was in der Pflanze an Strukturen entsteht und diese stabilisiert, ist das Calcium mit seinen Kräften beteiligt. Dagegen tritt es zurück, wo z.B. die auflösenden Kräfte der Luft wie im Gewebe der Blätter bestimmend sind und die Pflanze sich in ihren Lebensprozessen mit dem Licht vereinigt (Assimilation). Calciummangel, der das Wurzelwachstum hemmt oder ganz unterdrückt, lässt die Blätter größer und in ihrem Grün dunkler werden.

Auch im Organismus des Menschen und der Tiere hat das Calcium eine große Bedeutung. Alle Organe, auch die Körperflüssigkeiten, enthalten Calcium. Von den verschiedenen Funktionen des Calciums ist die bei der Blutgerinnung wohl am bekanntesten. Bei Verletzungen ist das Blut als strömendes Organ besonders gefährdet, weil es aus dem Leib ausfließen kann, was den Tod bedeutet. Das wird bei kleineren Wunden durch die Blutgerinnung (Hämostase) dadurch verhindert, dass eine lebendige Eiweißsubstanz des Blutes, das Fibrinogen, sich zu einer Art feinen Maschenwerks verdichtet. Bei dieser Polymerisation verliert dieses Eiweiß seine Lebendigkeit, es erstarrt und wird als Fibrin aus dem Leben abgesondert. Das geschieht unter dem Einfluss der verdichtenden Kräfte des im Blut vorhandenen Calciums (Faktor IV der Blutgerinnung). So bewahrt der menschliche Organismus sein Leben und seine Selbstständigkeit gegenüber der Umgebung durch Calcium.

Auch im Innern des menschlichen Leibes werden fortwährend Substanzen abgesondert, vor allem in den Drüsen. Zunächst existieren die Substanzen ganz in der Dynamik des Lebens. Sollen sie abgesondert werden, dann muss diese Dynamik abgelähmt werden; dadurch lösen sie sich aus dem Wirkensbereich des Lebendigen und können ausgeschieden werden. Das geschieht dadurch, dass die Calcium-(Ca^{2+})Konzentration im Drüsengewebe ansteigt (von 10^{-7} mol/l auf 10^{-5} mol/l) und der Einfluss der verfestigenden Kräfte stärker wird. Der Organismus bedient sich des Calciums, um z.B. Hormone aus den Hormondrüsen, aber auch die so genannten Transmittersubstanzen im Nervengewebe (an den Synapsen) abzusondern. Nach R. Steiner hat das Calcium – Steiner spricht von Kalkkräften – eine ganz umfassende Funktion des Absonderns: des Ausscheidens von Flüssigem, von Luft beim Ausatmen und von Wärme aus der Nerven-Sinnes-Organisation (GA 319, S. 121).

Das Calcium entfaltet seine Wirkung aber nicht nur in den Lebensprozessen. Es ist an jeder Bewegung und jeder körperlichen Tätigkeit beteiligt. Wenn man z.B. einen schweren Gegenstand ergreift und dabei die Muskeln der Arme und des Rumpfes kontrahiert, wird die Schwere dieses Gegenstandes durch die verdichtete Muskulatur bewältigt. Die Kraft im Verdichten der Muskeln ist die des Willens. Der Zugriff des Willens zu den Muskeln wird durch Calcium vermittelt. In dem Moment, in dem der Mensch in der Muskulatur tätig wird, dringt Calcium in das Muskeleiweiß, das Myoplasma, und ist mit seinen verdichtenden Kräften an der Muskelkontraktion beteiligt. Das Geistige, hier der Wille, benötigt nach R. Steiner immer einen «physischen Träger» (GA 327, S. 69). Das ist in diesem Fall das Calcium, durch das der Mensch in seinem Bewegungssystem tätig wird.

Bei der körperlichen Arbeit wirken äußere Kräfte, z.B. die Schwere, in den kontrahierten Muskeln. Dadurch kommt der Mensch in einen unmittelbaren Zusammenhang mit diesen Kräften. Insofern lebt er nicht in sich, sondern in den äußeren Kräften. Das ist auch, allerdings in subtiler Form, ein Absonderungsprozess und ein Übergehen in die Außenwelt.

Am intensivsten ist die Absonderung, wenn das Calcium selbst in den Schalen, Gehäusen und Skeletten in Form von Kalk und Apatit, d.h. als Salz, ganz oder weitgehend aus dem Leben ausgeschieden wird. Dadurch verkörpern sich die Tiere und der Mensch vollständig in der physisch-materiellen Welt. Das Skelett ist das Organsystem, in dem sich das betreffende Wesen am umfassendsten physiognomisch ausprägt; dieser wird im Skelett ganz physische Gestalt.[6] Am Skelett ergreifen die höheren Tiere und der Mensch durch die Muskulatur ihren Leib. Ohne den Absonderungsvorgang, durch den sich die Tiere und der Mensch diesen bis ins Mineralische verdichteten Abdruck ihres Wesens bilden, könnten sie ihre inneren Impulse, die Triebe, Begierden und Absichten, nicht ausleben bzw. verwirklichen. Das Calcium ist die Substanz, durch die die Tiere und der Mensch nur in anderer Weise als die Pflanzen sich bis zur physischen Gestalt verdichten und als physische Wesen leben.

Überblickt man, was wir beschrieben haben, dann lernt man das Calcium in seiner Bedeutung kennen. Das Calcium betrachtet man nur richtig, wenn man seinen Zusammenhang mit dem Prozess des Absonderns ins Auge fasst und Absonderung als einen umfassenden Naturprozess begreift. Calcium ist dasjenige der chemischen Elemente, durch das Physisches aus dem Lebendigen hervorgeht. Durch einen solchen Prozess der Absonderung entstand in den vergangenen Epochen der Erde der Kalk, durch den nach R. Steiner die Erde immer dichter wurde (GA 232, S. 80). Auf diesem Wege entstehen noch heute die Gestalten der Pflanzen und erhalten die meisten Tiere und der Mensch ihre physische Gestalt. Durch das Calcium bewahren die höheren Tiere und der Mensch ihr Eigenleben (Hämostase) und können in der physischen Welt ihre vielfältigen Tätigkeiten ausüben.

Anhang

Die Leichtmetalloxide sind vorwiegend weiß.
Die Farben der Oxide von Metallen mit spezifischem Gewicht über 5 g/cm^3:

Zinn	5,76	g/cm^3:	SnO – blauschwarz, schieferfarben; SnO_2 – als Zinnstein braunrot bis schwarz, im Labor hergestelltes ZinnIVoxid ist weiß
Vanadium	5,96	g/cm^3:	VO_2 – tiefblau bis schwarz; V_2O_5 – orange bis rotgelb
Zirkon	6,4	g/cm^3:	ZrO_2 – weiß
Zink	7,1	g/cm^3:	ZnO – weiß (in der Hitze gelblich)
Chrom	7,2	g/cm^3:	CrO_2 – braunschwarz; Cr_2O_3 – grün; CrO_3 – karminrot
Mangan	7,2	g/cm^3:	MnO – grünlichgrau; MnO_2 – stahlgrau
Eisen	7,86	g/cm^3:	Fe_3O_4 – schwarz metallglänzend; Fe_2O_3 – glänzend schwarz, dunkelrot
Niobium	8,56	g/cm^3:	Nb_2O_5 – weiß (in der Hitze gelblich)
Cadmium	8,64	g/cm^3:	CdO – braun
Kobalt	8,9	g/cm^3:	CoO – olivgrün; Co_2O_3 – braunschwarz; Co_3O_4 – schwarz, glänzend stahlgrau
Nickel	8,9	g/cm^3:	NiO – grün; NiO_2 – schwarz; NiO_3 – schwarz
Kupfer	8,92	g/cm^3:	Cu_2O – gelb, rot; CuO – schwarz
Molybdän	10,2	g/cm^3:	MoO – schwarz; MoO_2 – braunviolett; MoO_3 – weiß
Silber	10,5	g/cm^3:	Ag_2O – schwarzbraun; AgO – schwarz
Blei	11,34	g/cm^3:	PbO – gelb; Pb_3O_4 – rot; PbO_2 – braun
Thallium	11,85	g/cm^3:	Tl_2O – schwarz; Tl_2O_3 – schwarzbraun
Palladium	11,9	g/cm^3:	PdO – schwarz; PdO_2 – schwarz
Ruthenium	12,6	g/cm^3:	RuO_2 – indigoblau metallglänzend; RuO_4 – goldgelb
Quecksilber	13,55	g/cm^3:	HgO – rot
Tantal	16,6	g/cm^3:	TaO_2 – dunkelgrau; Ta_2O_5 – weiß
Wolfram	19,3	g/cm^3:	WO_2 – braun (Smp. 1500 °C); WO_3 – zitronengelb (Smp. 1473 °C)
Rhenium	20,5	g/cm^3:	ReO_2 – schwarz; ReO_3 – rot; Re_2O_7 – gelb

Platin	21,4	g/cm^3:	PtO – schwarzviolett; PtO_2 – schwarz; PtO_3 – rotbraun
Iridium	22,4	g/cm^3:	Ir_2O_3 – dunkel; IrO_2 – schwarz
Osmium	22,48	g/cm^3:	OsO_2 – dunkelbraun; OsO_4 – blassgelblich

Die Vielfalt der Farben ist zunächst recht verwirrend, besonders bei den Metallen, die verschiedene Oxide bilden. Bei eingehender Betrachtung zeigen sich aber bestimmte Gesetzmäßigkeiten. Es gibt Metalle wie Mangan, Kobalt, Nickel, Kupfer, Silber und Blei, bei denen mit zunehmender Sauerstoffkomponente die Farben dunkler werden. Umgekehrt ist es z.B. bei Molybdän, Thallium, Ruthenium, Tantal, Wolfram, Rhenium und Osmium. Bei der ersten Gruppe von Metallen bewirkt die zunehmende Oxidation durch die Wärmeabstrahlung eine stärkere Erstarrung und damit eine Verdunkelung. (Beispiel: Kupfer Smp. = 1083 °C; KupferIoxid (Cu_2O) rot, Smp = 1235 °C, KupferIIoxid (CuO) schwarz, Smp. = 1326 °C). Bei der zweiten Gruppe handelt es sich um Metalle mit hoher Dichte und intensiver Erstarrung. Hier wirkt die gasförmige Sauerstoffkomponente den verdichtenden und verfestigenden Kräften entgegen, und zwar bei höherem Oxidationsgrad wesentlich stärker. Dadurch werden die Oxide mit höherem Sauerstoffanteil heller. (Beispiel: Ruthenium Smp. = 2310 °C, Osmium Smp. = 3045 °C; die Dioxide RuO_2 (tiefblau), OsO_2 (dunkelbraun) verflüchtigen sich bei hohen Temperaturen, allerdings weit unter den Siedepunkten der Metalle; in den Tetroxiden sind die verfestigenden Kräfte weitgehend überwunden: RuO_4 Smp. = 25 °C, Sdp. = 40 °C; OsO_4 Smp. = 40 °C, Sdp. = 130 °C. Dem entspricht die gelbe Farbe des Rutheniumtetroxids und die blassgelbe des Osmiumtetroxids). Beim Chrom (Smp. = 1903 °C) z.B. wird die Farbe mit zunehmendem Sauerstoffanteil zunächst dunkler, dann wieder heller. Zunächst bewirkt die Oxidation durch die Wärmeabstrahlung eine Verfestigung (Cr_2O_3 Smp. = 2275 °C); dann aber wirkt die Zunahme der Sauerstoffkomponente der Erstarrung entgegen. So liegt der Grund für die gegenüber dem schwarzen ChromIVoxid wesentlich hellere (rote) Farbe des ChromVIoxids in der sehr geringen Erstarrung (Smp. = 197 °C).

Anmerkungen

1 Das gilt nicht für die Schalen von Brachiopoden und zehnfüßigen Krebsen. Diese bestehen wie das Skelett der Wirbeltiere in ihrem mineralischen Anteil vor allem aus Calciumphosphat.

2 Calciumoxid (gebrannter Kalk) wird in großen Mengen hergestellt und für die Herstellung von Baumaterialien wie Mörtel und Zement, von Düngemitteln, Calciumcarbid und anderen Calciumverbindungen verwendet.

3 Kalk schmilzt nur, wenn man ihn unter erhöhtem Kohlendioxiddruck erhitzt. Sonst zerfällt er schon vor dem Schmelzpunkt in gebrannten Kalk und Kohlendioxid.

4 Auch nach den Anschauungen der Festkörperphysik haben die Metalle eine hohe innere Fluidität. Die so genannten Valenzelektronen bilden zusammen ein «Elektronengas», das in hohem Grade fluidal ist. Dieses Elektronengas gilt als Grund für hohe elektrische und Wärmeleitfähigkeit der Metalle. Und wenn Licht auf ein Metall trifft, resultieren aus der Wechselwirkung mit dem Elektronengas, d.h. mit der nicht in sich verfestigten Materie, die Undurchsichtigkeit, die Reflexion und der Glanz der Metalle.

5 Der sensible Charakter der Kalkausscheidung zeigt sich auch in der Tatsache, dass Kalzit und Aragonit von verschiedenen Lebewesen abgesondert werden.

Kalk wird als Aragonit abgesondert von	*Kalk wird als Kalzit abgesondert von*
Algen	Foraminiferen
Kalkschwämmen	Brachiopoden
Korallen	Muscheln (in der äußeren sog. Prismenschicht der Schale)
Tintenfischen mit spiraligem Gehäuse	Stachelhäutern
Schnecken	Seepocken

Die Aragonit bildenden Lebewesen wenden sich stark zu ihrer Umgebung, die Kalzit bildenden sondern sich stärker ab. So besteht eine gewisse Entsprechung zwischen den Lebewesen und der von ihnen gebildeten Modifikation des Kalkes: Diejenigen Tiere, die sich stark gegenüber ihrer Umgebung abschließen, bilden ihre Schalen und Gehäuse aus Kalzit, d.h. aus der Modifikation, die durch ihre geringere Löslichkeit und größere Beständigkeit stärker abgesondert ist.

6 Die Bildung des Skeletts ist ein komplizierter Vorgang. Bei der chondralen Knochenbildung des Rumpf- und Gliedmaßenskeletts verdichtet sich zuerst mesenchyemales Gewebe. Hier wird dann Knorpelsubstanz ausgeschieden,

in der die späteren Formen wie in einem noch wenig durchgestalteten Modell erscheinen. Der Knorpel wird dann durch Osteoid, die organische Knochengrundsubstanz, ersetzt, in die schließlich die mineralische Knochensubstanz (85 Prozent Apatit, 10 Prozent Kalk, Rest andere Salze) abgeschieden wird.

Aluminium – dem Leben fremd

Die Erde als Ganzes gliedert sich in zwei Bereiche mit recht unterschiedlichen Erscheinungsformen: in das Gebiet der Kontinente mit ihrem festen Untergrund und den differenzierten Landschaften und in das der Ozeane mit ihren ausgedehnten und sehr beweglichen Wasserflächen. Der erste Bereich vermittelt uns das Gefühl der Sicherheit, Stabilität und Festigkeit, für den zweiten sind Bewegung und Lebendigkeit charakteristisch. Im Erleben der Kontinente und Meere wird uns der Unterschied von festem und flüssigem Aggregatzustand eindrucksvoll bewusst.

Betrachtet man den Untergrund der Kontinente und Ozeane mit dem Blick des Geologen, so zeigt sich auch hier eine elementare Zweiteilung. Die Kontinente setzen sich als granitisch aufgebaute Masse 25 bis 30 km in die Tiefe hinein fort, unter den großen Gebirgen sogar 60 bis 80 km. Dann folgt der Übergang in den völlig anders aufgebauten Erdmantel. Die granitähnlichen Gesteine der Kontinente zeigen überwiegend helle Farben, und ihre kristalline Struktur ist stets mit bloßem Auge zu erkennen. So werden die Gesteine, welche die Hauptmasse der Kontinente bilden, auch als kristallines Grundgebirge bezeichnet. Weit in den Untergrund hinein sind diese Gesteine zerklüftet und von lang gestreckten Bruchzonen durchzogen, woran ihr fester, spröder Charakter deutlich wird. Mineralogisch sind sie überwiegend aus Quarz (SiO_2) und Feldspat (Orthoklas $KAlSi_3O_8$, Albit $NaAlSi_3O_8$ und Anorthit $CaAlSi_2O_8$) und verwandten Mineralien aufgebaut. Dunkle Mineralien, zu denen Glimmer, Hornblende und Augit gehören, treten mengenmäßig in den Hintergrund. In der chemischen Analyse zeigen sich Siliziumoxid (SiO_2) mit ca. 60 Prozent, Aluminiumoxid (Al_2O_3) mit ca. 17 Prozent und Calciumoxid (CaO) mit ca. 6,5 Prozent als die vorherrschenden Bestandteile. Der Bereich der festen Kontinente ist gleichzeitig das Gebiet, in dem das Aluminium, stets in Mineralien gebunden, hauptsächlich anzutreffen ist.

Ein ganz anderes Bild ergibt sich, wenn man sich dem Gesteinsuntergrund der Ozeane zuwendet. Hier ist die Erdkruste über dem Erdmantel nur wenige Kilometer mächtig (bis 8 km). Die Gesteine sind hier basaltartig; sie entstammen intensiver vulkanischer Tätigkeit, erscheinen dunkel, sind schwer und feinkörnig, sodass sie mit bloßem Auge betrachtet homogen erscheinen. Die Homogenität des Wassers der Ozeane setzt sich im Erscheinungsbild der Gesteine fort. Die vorherrschenden Mineralien der ozeanischen Basalte sind Augit ($Ca,MgSi_2O_6$), Hornblenden und Olivin ($(Mg,Fe)_2SiO_4$). Damit ist auch das Ergebnis der chemischen Analyse ein ganz anderes: Siliziumoxid und Magnesiumoxid bauen mit jeweils 43 Prozent die Hauptmasse der Gesteine auf. Das Calciumoxid verschwindet fast völlig, und das in den Kontinenten so stark in Erscheinung tretende Aluminiumoxid wird mit 1 Prozent unbedeutend.

Die im Antlitz der Erde so verschiedenartigen Gebiete der Kontinente und Ozeane zeigen diesen Unterschied auch in dem beschriebenen Gesteinscharakter und Chemismus des Untergrundes. Das Silizium ist in beiden Bereichen stark vertreten, während das Aluminium nur im Bereich der Kontinente so markant in Erscheinung tritt. Die Kontinente nehmen nur etwas mehr als ein Drittel der Erdoberfläche ein, aber dennoch ist das Aluminium das dritthäufigste Element der gesamten Erdkruste, einschließlich der Wasserhülle (Sauerstoff ca. 50 Prozent, Silizium ca. 25 Prozent und Aluminium ca. 7,5 Prozent).

Was spricht sich in der Tatsache aus, dass das Aluminium den festen Bereich der Erde so wesentlich mitbestimmt, im Bereich der bewegten Meere aber sehr zurücktritt und im Bereich des Lebendigen nahezu völlig fehlt?

Einer Beantwortung dieser Frage sollen die folgenden Betrachtungen und Überlegungen zum Aluminium dienen.

Einen ersten direkten Eindruck vom Aluminium kann man durch die Geschichte seiner Entdeckung gewinnen. Metallisches Aluminium ist in der Natur nicht anzutreffen. Es kommt nur gebunden, hauptsächlich in den oben erwähnten Gesteinen, vor. Als Ergebnis intensiver chemischer Verwitterung, vor allem unter tropischem Klima, kann es zur Entstehung der so genannten Bauxite, tonigen, weißlich bis ockergelb erscheinenden Gesteinen, kommen. In diesen Bauxiten ist das Aluminiumoxid bzw. -hydroxid in hohem Maße angereichert (40 – 60 Prozent). Nur relativ selten erscheint Aluminium in Salzen, den Alaunen ($KAlSO_4$), die eine recht gute Wasserlöslichkeit zeigen. Von diesen Salzen hat das Aluminium seinen Namen (Alaun = Alumen) bekommen.

Die Chemiker des 18. und des beginnenden 19. Jahrhunderts kannten die Tonerde (Aluminiumoxid) und das Alaun recht gut und wussten aus ihren Erfahrungen mit anderen Metalloxiden (Natrium-, Kalium- und Calciumoxid), dass auch aus der Tonerde ein Metall zu gewinnen sein muss. Es gab aber keine Möglichkeit, dieses Metall aus dem Oxid zu gewinnen. Alle sonst erfolgreichen Verfahren, Metalle zu reduzieren, versagten gegenüber dem Aluminiumoxid. Hoffnungen, auch dieses Oxid zu reduzieren, ergaben sich für Davy am Anfang des 19. Jahrhunderts, als er mit der Elektrizität durch Elektrolyse eine ganze Reihe von Alkali- und Erdalkalimetallen darstellen konnte. Das Ergebnis seiner Bemühungen zur Gewinnung des Aluminiums war aber nur das Ruinieren seiner Voltaschen Säulen. Zu fest war das Aluminium in seiner Verbindung, als dass es die damals erreichbaren Stromstärken hätten befreien können.

1827 gelang es Friedrich Wöhler, eine kleine Menge Aluminiumpulver herzustellen. Sein experimentelles Geschick erlaubte es ihm, mit einem chemischen Verfahren, das zuvor aus Tonerde gewonnene Aluminiumchlorid ($AlCl_3$) mit Kalium in elementares Aluminium und Kaliumchlorid umzuwandeln. Der Erfolg seiner Bemühungen bestand aber nur in einigen winzig kleinen Aluminiumschüppchen. Langjährige Bemühungen ließen das von ihm entwickelte Verfahren erfolgreicher werden, und 1845 erhielt er ein kleines Kügelchen Aluminium, das als «Silber aus Ton» bestaunt wurde. Das wenige Aluminium, das in den folgenden Jahren hergestellt werden konnte, wurde mit Gold aufgewogen und fand Verwendung bei den Goldschmieden; es wurde also wie ein Edelmetall behandelt.

Erst durch die Erfindung der Dynamomaschine war es möglich, solche Stromstärken zu erzeugen, dass Aluminium elektrolytisch gewonnen werden konnte. Um es in großtechnischem Maßstab herzustellen, muss der Bauxit zunächst sehr aufwändig mit Natronlauge behandelt werden, um möglichst reines Aluminiumoxid zu gewinnen. Dieses kann dann, mit Kryolith (Na_3AlF_6) als Flussmittel, in der Schmelzelektrolyse bei einer Temperatur von 1900 °C zu Aluminium reduziert werden. Um ein Kilogramm Aluminium aus dem Oxid zu gewinnen, ist eine Energie von 20 kWh erforderlich! Eine Aluminiumhütte verbraucht mehr Strom als eine mittlere Kleinstadt. Daran wird deutlich, mit welcher Intensität das Aluminium in seinen Verbindungen gehalten wird. Entsprechend hoch sind auch die Gitterenergien, d.h. die Kräfte, die das Aluminium mit anderen Elementen chemisch verbinden.

Heute ist das Aluminium eines der meistverwendeten Metalle. Seine Leichtigkeit und die Eigenschaft, in Legierungen hohe Festigkeit zu erreichen, haben dazu geführt, dass es in vielen Bereichen das Eisen ersetzt hat. Als dünne Folie ausgewalzt ist es ein gebräuchliches Verpackungsmaterial. Da das Metall mit seiner Oxidhaut vor Korrosion gut geschützt ist, dient es im Haushalt z.B. als Kochgeschirr. Seine große technische Bedeutung hat es aber im Flugzeugbau erlangt. Aber nicht nur dort, sondern überall, wo Leichtigkeit und Festigkeit gefordert sind, wird Aluminium in verschiedenen Legierungen eingesetzt. Die gute elektrische Leitfähigkeit hat das Aluminium als relativ billiges Material bei elektrischen Überlandleitungen zur Anwendung gebracht. In seinen Verbindungen wird es als Deodorant benützt, indem die zusammenziehende Wirkung des Alauns ($KAlSO_4$) auf die Hautporen ausgenützt wird, oder als Brandschutzmittel für Theatervorhänge, deren Brennbarkeit durch Besprühen mit einer Alaunlösung extrem vermindert wird. Letzteres wurde schon im 1. Jahrhundert v.Chr. angewandt, um hölzerne Wachtürme vor Feuerpfeilen zu schützen.

Ist das Aluminium nach dem hohen Energieeinsatz bei seiner Gewinnung aus den Verbindungen befreit, zeigt es in seinem metallischen Zustand Eigenschaften, die der Eigenart der festen, unlöslichen Verbindungen zunächst entgegenstehen.

Mit einer Dichte von 2,69 g/cm^3 gehört das Aluminium zu den Leichtmetallen. Es ist relativ weich (Mohssche Härte 2,75), hat einen mäßig hohen Schmelzpunkt von 660 C°, bleibt aber sehr lange flüssig (Siedepunkt bei 2467 °C). Beim Calcium haben wir gesehen, wie es mit seinen Eigenschaften der Abscheidung und Formbildung im Bereich des Lebendigen dient. Diese Eigenschaft des Calciums wurde u.a. am Vergleich mit dem Natrium bezüglich der Phasenübergänge deutlich (siehe den Beitrag zum Calcium). Bezieht man das Aluminium in diesen Vergleich mit ein, so ergibt sich eine sprechende Konsequenz (s. die Abbildung auf Seite 246).

Der Übergang zum flüssigen Zustand ist dem des Calciums vergleichbar; hier steht das Aluminium dem Natrium sogar noch etwas näher. In der Bereitschaft, schon bei relativ niederen Temperaturen flüssig zu werden, kommen die hohe latente Wärme des Aluminiums (siehe unten) und seine geringe Verdichtung zum Ausdruck. Was sich physikalisch als Beweglichkeit im relativ niedrigen Schmelzpunkt äußert, wird sich im chemischen Prozess mit anderen Substanzen in der Reaktionsfreudigkeit zeigen. Darin steht das

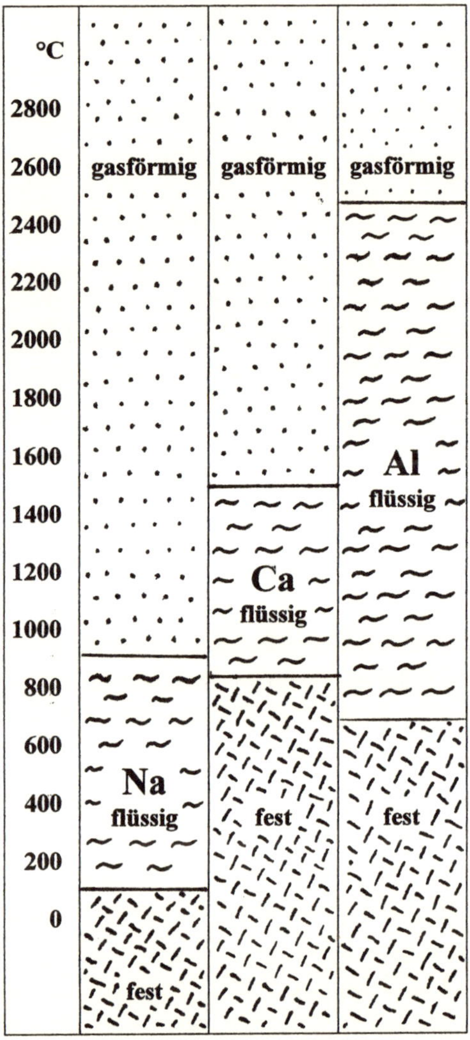

Die festen, flüssigen und gasförmigen Phasen bei Natrium, Calcium und Aluminium.

Aluminium dem Calcium nicht nach. Der Unterschied des Aluminiums zum Calcium zeigt sich aber deutlich im Siedepunkt: Dieser liegt beim Aluminium eine ganze Stufe höher als beim Calcium; mehr als doppelt so lange verharrt das Aluminium im flüssigen Zustand. Das bedeutet aber, dass die Kräfte, die zentripetal wirken und den inneren Zusammenhalt einer Substanz bewirken, im Aluminium ausgesprochen stark sind. Die Kräfte, die bei den Schwermetallen zur Substanzverdichtung geführt haben, sind im Aluminium nur latent anwesend, aber nicht zur materiellen Eigenschaft geworden; sie äußern sich lediglich in der ausgedehnten Phase des Flüssigen.

Das polierte Metall zeigt silberweißen Glanz, der die Wärmestrahlung nahezu vollständig (98 Prozent) und auch das Licht in sehr hohem Maße (90 Prozent) reflektiert. Im Reflektieren von Licht und Wärme kommt zum Ausdruck, dass die betreffende Substanz beide nicht aufnehmen bzw. absorbieren kann;[1] das Metall schließt sich gegen Licht und Wärme ab. Die sich absondernde und in die Verdichtung gehende Materie erreicht im Metallzustand einen solchen Grad, dass weder Licht noch Wärme eindringen können. Dennoch sind die Metalle nicht gänzlich «kalt»; sie verfügen über eine latente Wärme, die beim Aluminium sogar beträchtlich ist. Es besteht die Neigung, diese in exothermen Reaktionen mit anderen Substanzen freizusetzen. Beim Aluminium ist die Wärmefreisetzung bei den chemischen Reaktionen sehr hoch (s. unten).

Die Duktilität des Aluminiums ist der des Goldes vergleichbar; das heißt, Aluminium kann zu extrem dünnen Folien ausgehämmert bzw. ausgewalzt werden. Allerdings verliert es seine Duktilität mit zunehmender Temperatur, ebenso seine ohnehin nicht sehr hohe Zugfestigkeit (etwa 1/4 des Kupfers), sodass Aluminium bei 600 °C, also nahe dem Schmelzpunkt, brüchig wird und leicht pulverisiert werden kann. Daran zeigt sich der besondere Charakter des Aluminiums. Es verliert seinen inneren Zusammenhalt mit steigender Temperatur. Bezüglich seiner mechanischen Eigenschaften kommt es zu einer Art von «Austrocknung», die dem Aluminium immanent zu sein scheint. Die zugeführte Wärme lockert nicht nur das innere Gefüge, was in der relativ hohen Wärmeausdehnung des Aluminiums zum Ausdruck kommt (zweimal so stark wie beim Eisen), sondern die feuchten Eigenschaften im Sinne der griechischen Elementenlehre, die die Duktilität bewirken, nehmen rapide ab.[2] Das Aluminium verhält sich hier nicht wie andere Metalle, die bei hoher Temperatur eher plastisch werden und dann auch oft schmiedbar sind. Es wird hier im elementaren Zustand etwas sichtbar, was zum Charakter des Aluminiums gehört und in der Oxidbildung ganz zur Erscheinung kommt. Aluminium hat die Eigenart, seine latente Wärme schon bei der Oxidbildung in hohem Maße abzugeben und somit in einen innerlich kälteren und damit sehr viel dichteren Zustand überzugehen. Diese Tendenz zeigt sich schon im elementaren Zustand des Aluminiums; die bei 600 °C stark zentrifugal

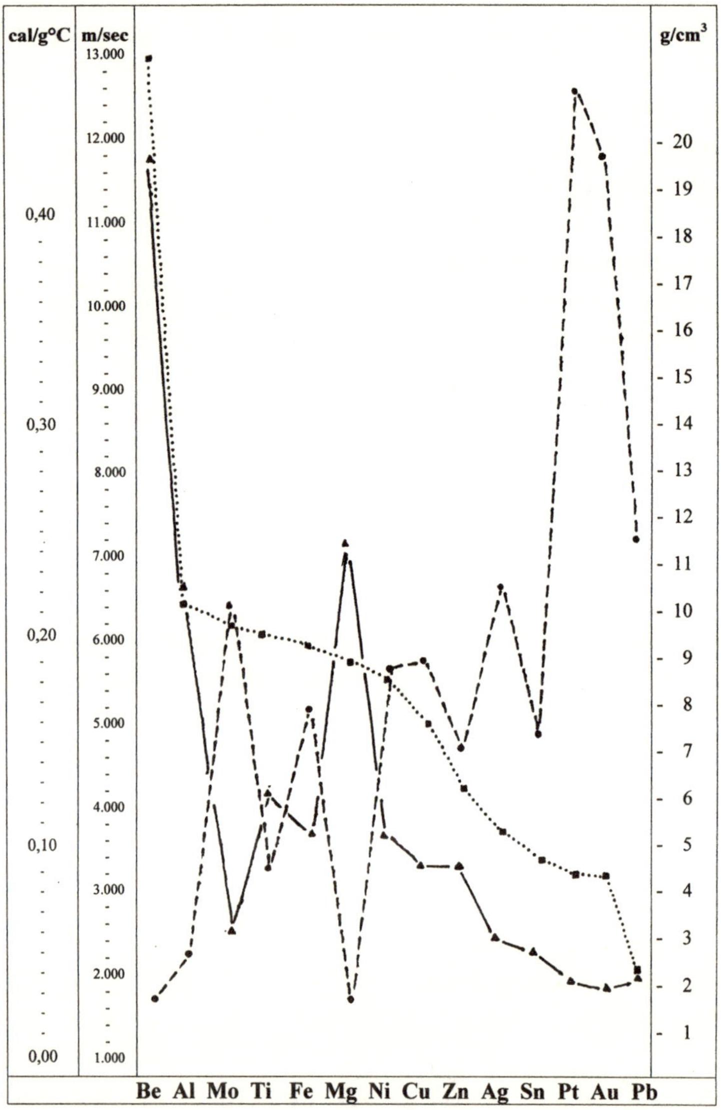

Schallleitfähigkeit (·····) einiger Metalle in Beziehung zu Wärmekapazität(—) und Dichte (- -).

wirksame Wärme steht aber der Verdichtung polar gegenüber. Wirken nun Verdichtungstendenz des Aluminiums und Ausdehnung durch die Wärme zusammen, kommt es zur Versprödung und Pulverisierbarkeit des Aluminiums.

Nach Silber und Kupfer ist das Aluminium der drittbeste elektrische Leiter; es leitet auch Wärme sehr gut, zeichnet sich durch eine besonders hohe Schallleitfähigkeit aus (6420 m/s) und wird darin nur vom Beryllium übertroffen. Vergleicht man die Werte der Schallleitfähigkeit der Metalle mit denen der spezifischen Wärme (Wärmekapazität), so fällt auf, dass beide miteinander korrelieren (mit Ausnahme von Molybdän und Magnesium).[3] Die Dichte zeigt dagegen keine direkte Beziehung zur Schallleitfähigkeit.

Element	Dichte in g/cm³	Wärmekapazität in g/°K	Schallleitfähigkeit m/sec
Beryllium	1,87	0,436	12890
Aluminium	2,7	0,215	6420
Molybdän	10,1	0,0599	6250
Titan	4,5	0,125	6070
Eisen	7,9	0,106	5960
Magnesium	1,74	0,243	5770
Nickel	8,85	0,106	5480
Kupfer	8,93	0,092	5010
Zink	7,1	0,0928	4210
Silber	10,4	0,0566	3650
Zinn	7,3	0,0510	3320
Platin	21,4	0,0315	3260
Gold	19,7	0,0308	3240
Blei	11,4	0,038	1960
Quecksilber	13,5	0,0331	1450

Je mehr das Metall in der Lage ist, zugeführte Wärme in sich als latente Wärme aufzunehmen, umso rascher kann auch der Schall im Medium dieses Metalls weitergegeben werden. Die gleiche Beziehung zwischen Schallleitfähigkeit und Wärmekapazität zeigt sich auch bei den Gasen. Wasserstoff, mit der größten Wärmekapazität überhaupt, zeigt auch die beste Schallleitfähigkeit unter den Gasen.

Neben der Wärmeleitfähigkeit ist aber auch der Aggregatzustand, unabhängig von der Substanz, für die Schallleitfähigkeit von Bedeutung. Allgemein nimmt die Schallleitfähigkeit vom festen über den flüssigen zum gasförmigen Aggregatzustand ab. Daraus wird deutlich, dass der mehr oder weniger dynamische Zustand der Materie eine große Rolle für die Weiterleitung des Schalls spielt. Mit der abnehmenden Beweglichkeit (und der größeren Dichte) vom gasförmigen zum festen Zustand geht ein innerer Erstarrungsprozess einher, der der Weiterleitung des Schalls förderlich ist. Die Schallleitfähigkeit steigt auch im flüssigen Zustand einer Substanz mit abnehmender Temperatur, worin sich die gleiche Gesetzmäßigkeit äußert.

Der Schall bedient sich schwingender Materie, um sich auszubreiten. Je intensiver eine Substanz elastisch schwingen kann, umso besser ist sie als Medium für den Schall geeignet. Das elastische Schwingen ist aber umso besser, je größer die innere Erstarrung ist, das heißt, je weniger die betreffende Materie eine bleibende Formveränderung zulässt. Ausdruck dafür ist einerseits eine relativ große Verdichtung der Materie. Andererseits äußert sich innere Erstarrung auch dadurch, dass sich der Zustand der Substanz bei Wärmezufuhr nur langsam ändert, das heißt, dass viel Wärme als latente Wärme in die Substanz hinein verschwindet. Das Maß hierfür ist nichts anderes als die Wärmekapazität, die bei den verschiedenen Materialien sehr unterschiedlich ist. Das Aluminium, das ja zu den Leichtmetallen gehört, hat sowohl eine hohe Wärmekapazität (nur von Beryllium und Magnesium übertroffen, siehe Abbildung S. 248) als auch eine hohe Schallleitfähigkeit. So zeigt sich das Aluminium durch sein Verhalten dem Schall gegenüber als ein innerlich sehr zur Erstarrung neigendes Metall.

Das Erscheinungsbild des elementaren Aluminiums steht zunächst in deutlichem Gegensatz zu seinen Verbindungen. Aluminium ist weich, leicht schmelzbar und verbindet sich gerne mit anderen Metallen, das heißt, es ist leicht legierbar (Legierungen der Metalle sind der Mischung von Flüssigkeiten vergleichbar). Dem stehen seine mineralischen Verbindungen gegenüber, die meist hart, spröde, dicht und schwer schmelzbar sind und sich nur äußerst wenig in Wasser lösen. In der Pulverisierbarkeit bei hohen Temperaturen und in der Neigung zur inneren Erstarrung klang allerdings schon etwas an, was auf den Charakter der Aluminiumverbindungen hinweist. Die Weichheit, die hohe Duktilität und die geringe Verdichtung des Aluminiums sind Ausdruck seiner hohen latenten Wärme. Die latente Wärme des Aluminiums ist aber nicht mit der des Schwefels vergleichbar. Bei Letzterem bleibt die Wärme intensiv im Inneren der Substanz gebunden, und es ist ein weiter, vielstufiger Weg, auf dem der Schwefel seine latente Wärme schrittweise freisetzt (vgl. den Beitrag zum Schwefel). Das Aluminium gibt dagegen seine latente Wärme mit großer Vehemenz ab. Es setzt sie bei der Reaktion mit anderen Substanzen, insbesondere bei der mit Sauerstoff, sehr weitgehend frei. Deshalb ist die Bildung von Aluminiumverbindungen stets stark exotherm.

Verbindet sich beispielsweise das Natrium mit dem Sauerstoff zu Natriumoxid, so wird nur ein Teil der latenten Wärme frei; es ist noch so viel vorhanden, dass auch bei der Verbindung des Oxids mit Wasser zum Hydroxid und bei der Salzbildung des Hydroxids mit einer Säure weitere, nicht unbedeutende Wärmemengen abgestrahlt werden. Der Weg des Metalls zum energieärmsten Zustand des Salzes vollzieht sich stufenweise in mehreren Schritten. Ganz anders verhält sich das Aluminium. Es reagiert mit Sauerstoff sehr heftig und gibt bei der Oxidation die größte Wärmemenge aller Metalle überhaupt ab. Pulverisiertes Aluminium explodiert im Kontakt mit flüssigem Sauerstoff (Greenwood/Earnshaw 1990), und bei entsprechend hoher Ausgangswärme entreißt das Aluminium anderen Metalloxiden den Sauerstoff mit großer Heftigkeit, um selbst zu oxidieren (siehe die Versuche im Anhang). Das so entstandene Oxid ist wasserunlöslich, das heißt, es kann aus dem Aluminiumoxid kein Hydroxid entstehen. Das Oxid verhält sich bereits wie ein Salz, das seinen energieärmsten Zustand erreicht hat. In kristallisierter Form kennen wir das Aluminiumoxid als Korund; mit geringen Beimengungen von Chrom oder Kobalt erscheint es als Rubin oder Saphir. Diese Mineralien zeichnen sich durch ihre extreme Härte, Sprödigkeit und Beständigkeit aus – Eigenschaften, die üblicherweise dem Salzzustand eigen sind. Hier offenbart sich das Aluminium als eine Substanz, die wie sonst kein anderes Element dazu disponiert ist, in einen dem Salz vergleichbaren Zustand überzugehen und diesen bereits auf der Stufe der Oxidbildung zu erreichen. Dass Aluminium trotz seiner großen Affinität zum Sauerstoff so beständig erscheint, liegt an der Eigenschaft seiner oberflächlichen Oxidschicht. Diese ist so dicht, dass bereits eine «Dicke» von nur einem Millionstel Zentimeter ausreicht, um weiteren Sauerstoffzutritt zu verhindern.

In warmen bis tropischen Klimaten entsteht durch die Verwitterung aluminiumhaltiger Mineralien der Bauxit. Die im Bauxit vorkommenden Aluminiumhydroxide enthalten stets auch Eisenoxid und -hydroxid. Die Aluminiumhydroxide treten auch als Mineralien auf. Man unterscheidet den Böhmit und Diaspor (AlOOH) und den Gibbsit und Hydrargillit ($Al(OH)_3$). Auch diese sind wie das Oxid nahezu wasserunlöslich und sehr beständig. Das Aluminiumhydroxid ($Al(OH)_3$) hat allerdings eine sehr bemerkenswerte Eigenschaft: Es ist wasserunlöslich und bildet somit auch keine chemisch wirksame Lauge wie andere Metallhydroxide. Kommt es aber mit einer Säure in Kontakt, so verhält es sich doch wie eine Lauge und bildet mit der Säure ein Salz. Kommt es aber mit einer Lauge zusammen, verhält sich das Aluminiumhydroxid wie eine schwache Säure, ganz entgegen dem «üblichen» Metallverhalten, und bildet ebenfalls ein Salz, ein Aluminat. Dieses ambivalente Verhalten wird als amphoterer Charakter bezeichnet, weil ein und dieselbe Substanz sowohl sauer als auch basisch reagieren kann.

Das Hydroxid des Aluminiums hat, ebenso wie das Oxid, bereits einen salzartigen Charakter; es ist aber durch die Anwesenheit des Wasserstoffs in einem wesentlich leichteren und beweglicheren Zustand (Hydrargillit hat eine Dichte von 2,3 – 2,4 g/cm^3 und eine Härte von 2,5). Dadurch ist es in der Lage, noch chemisch zu reagieren, kann sich aber aufgrund seines bereits vorhandenen Salzcharakters nicht eindeutig als Lauge oder Säure verhalten. Je nach Partner nimmt es den einen oder anderen Charakter an. Das Aluminiumhydroxid trägt gewissermaßen das Säuren- und Laugenhafte bereits in sich vereint. So ist das Entstehen von Aluminiumsalzen und Aluminaten qualitativ betrachtet keine Neutralisation, sondern müsste eigentlich mit einer Säuren- bzw. Basenverdrängung verglichen werden (siehe Versuche im Anhang).

Diese Eigenart macht es dem Aluminium auch möglich, so vielfältig in der Gesteinswelt zu erscheinen, da es bei Silikaten gemeinsam mit anderen Metallen als Base auftreten, aber auch ebenso gut im Säurerest bestimmter Mineralien das Silizium teilweise ersetzen kann.

Neben den bereits erwähnten Mineralien haben auch die Glimmermineralien einen nicht unbedeutenden Aluminiumgehalt. Hier sind besonders die Glimmer, die als Tonmineralien auftreten, zu erwähnen. Sie bilden die Hauptmasse des Tones, dessen Eigenschaften in der Keramik- und Ziegelherstellung genutzt werden. Nun sind in den Tonglimmern sehr viele Elemente am komplizierten Schichtaufbau beteiligt, sodass der Anteil des Aluminiums an ihren Eigenschaften nicht eindeutig zu bestimmen ist. Die Plastizität und schmierige Konsistenz im feuchten Zustand verdanken die Tonmineralien sicher dem Kristallwasser und den zahlreich eingebundenen Hydroxylgruppen. Dass der Ton beim Trocknen seine Form behält und gleichmäßig schrumpft, ist eine Eigenart, die gut mit den bisher beschriebenen Eigenschaften des Aluminiums zusammenpasst. Aber auch das Silizium, das vor allem beim Brennen des Tones die Bildung stabiler Silikate ermöglicht, kann einen nicht unerheblichen Anteil an diesem Verhalten haben. An der Erfahrung mit den plastisch-bildsamen Eigenschaften von Ton und der großen Festigkeit nach dem Brennen kann man allerdings wie im Bild den Gegensatz von elementarem Aluminium und Aluminiumoxid wiedererkennen.

Während alle häufigen Elemente in irgendeiner Weise an den aufbauenden Prozessen im Bereich des Lebendigen beteiligt sind, bleibt das Aluminium hier ausgeschlossen. Es ist von keinem Organismus bekannt, dass er das Aluminium in sein Stoffwechselgeschehen irgendwie integriert. Zunächst mag das verwundern; doch vergegenwärtigt man sich all die Eigenschaften, die zum Wesen des Aluminiums gehören, dann wird deutlich, dass es nicht am Lebensprozess teilhaben kann. Eine Substanz, die sich bereits als Oxid wie ein Salz verhält, die zum Wasser nur wenig Beziehung hat, indem Löslichkeit eher die Ausnahme ist und die in der Gesteinswelt dort auftritt, wo die Erde selbst die größte Festigkeit zeigt, nämlich im Bereich der Kontinente, kann an dynamischen Prozessen im Lebendigen schwerlich teilhaben.

In Form seiner unlöslichen Verbindungen verhält sich das Aluminium den Organismen gegenüber neutral. Tritt es aber in löslicher Form auf und dringt in Organismen ein, so zeigt es sich in hohem Maße toxisch (giftig). Es zeigt dabei stets die Tendenz, vorhandene Prozesse zum Stillstand zu bringen. So reichen bereits kleine Mengen gelösten Aluminiums im Wasser des Bodens, um das Wurzelwachstum der Pflanzen zu hemmen oder gar zu unterbinden. Das durch die Wurzeln in die Pflanze aufgenommene Aluminium wird bevorzugt in die Zellwände eingelagert, das heißt, es geht an den Ort, an dem die Pflanze selbst am stärksten zur Verfestigung neigt. Dort wirkt das Aluminium nun aber so, dass die Zellwände ihre Elastizität einbüßen; es kommt zu einer Versprödung der Pflanze. (Beim Weizen zeigt die hemmende Wirkung des Aluminiums in kleinsten Mengen einen vorteilhaften Effekt: Es erhöht die Winterfestigkeit.)

Eine ganze Reihe physiologischer Prozesse werden durch Aluminium stark beeinträchtigt. So hat gelöstes Aluminium die Neigung, mit Phosphor unlösliche Salze zu bilden. Dadurch wird dem Organismus Phosphor entzogen und damit seine Stoffwechseltätigkeit stark eingeschränkt; insbesondere ist der Organismus nicht mehr in der Lage, in genügendem Maße Adenosintriphosphat (ATP) zu bilden, das als Energieträger eine wesentliche Rolle in den dynamischen Prozessen im Organismus spielt. (Welche Bedeutung der Phosphor für die Lebensprozesse hat, ist im Beitrag zum Phosphor eingehend geschildert.)

Es wurde oben erwähnt, dass das Aluminium in den Bauxitvorkommen stets mit mehr oder weniger Eisenoxid auftritt. Auch in physiologischen Prozessen zeigt das Aluminium eine Affinität zum Eisen. Im Transferrin des Blutplasmas ersetzt das Aluminium das Eisen. Das Transferrin ist ein Eiweiß, das im Blut das gelöste Eisen bindet und es in die Zellen bringt, wo es zur Bildung des roten Blutfarbstoffes (Hämoglobin) oder zur Bildung der Cytochrome benötigt wird. Sowohl das Hämoglobin als auch das Cytochrom hängen eng mit den inneren Atmungsprozessen des Organismus zusammen. Ersetzt nun das Aluminium das Eisen im Transferrin, so kann kein Eisen mehr in die Zellen gelangen. Es bewirkt Zustände, die als innere Erstickung bezeichnet werden können.

Das vom tierischen oder menschlichen Organismus aufgenommene Aluminium kann nur zu einem sehr geringen Teil wieder ausgeschieden werden; es wird vielmehr vor allem in Knochen, Gehirn, Leber und Nieren stabil eingelagert. Dort bleibt es für sehr lange Zeiträume; der Ligandenwechsel für Aluminium liegt im Organismus 10^5-fach niedriger als für Magnesium und sogar 10^8-fach niedriger als für das Calcium.[4] Das heißt, einmal aufgenommenes Aluminium kann unter Umständen während des ganzen Lebens im Körper verbleiben. Die Einlagerung im Knochen findet hauptsächlich in der Calcifikationsfront statt, also an dem Ort, wo der sich bildende Knochen noch wächst. Dort führt das Aluminium zur so genannten Osteomalacie; die Mineralisierung des Knochens wird gehemmt, und es kommt zu starken Behinderungen des Knochenwachstums. Die Einlagerung des Aluminiums in das Gehirn steht im Zusammenhang mit den Symptomen der Alzheimer-Krankheit, wobei die physiologischen Zusammenhänge allerdings noch unklar sind.

In den genannten Beispielen zeigt das Aluminium die gleiche Wirkung auf das Lebendige: Es behindert oder hemmt Prozesse, es lähmt die Atmung und das Wachstum und führt in die Erstarrung. Das ist Ausdruck jener für das Aluminium so charakteristischen Eigenschaft, nämlich schon auf der Oxidstufe den Salzzustand zu erreichen. Mit dieser Erstarrungstendenz wirkt das Aluminium in den Lebensprozessen lähmend und ertötend.

Durch die geschilderten Tatsachen wird die Bedeutung des Aluminiums im Ganzen der Natur sichtbar: Es ist jenes Metall, das in feste, dauerhafte und formbewahrende Zustände übergeht bzw. in solche hineinführt. So ist es das Element, das den Charakter der Kontinente im Antlitz der Erde ganz wesentlich bestimmt und dort seine Aufgabe im Erdganzen hat. Den Lebensprozessen ist es fremd. Dringt es dennoch in sie ein, wirkt es gemäß seiner Eigenart als Gift, das Stoffwechselvorgänge hemmt oder ertötet. In der unbelebten Natur ist das Aluminium am Ort seines Wirkens, in der belebten Natur kann es nur todbringende Kräfte entfalten.

Anmerkungen

1 Die gute Wärmeleitfähigkeit steht nicht im Gegensatz zur nahezu völligen Reflexion der Wärmestrahlung. Die über Substanzkontakt von Aluminium weitergeleitete Wärme kann sich ungehindert in ihm bewegen; die nicht substanzgebundene Wärmestrahlung wird aber reflektiert. Deshalb sind Thermosbehälter auch nicht aus reinem Aluminium, sondern ein Glasbehälter wird außen mit Aluminium überzogen. Das Glas ist ein schlechter Wärmeleiter, lässt aber Wärmestrahlung nahezu ungehindert durchgehen, die dann vom Aluminium reflektiert wird.

2 Das metallische Zinn geht unterhalb von 13 °C langsam in eine leichtere, pulverige Modifikation über (Zinnpest), wobei Spuren von Aluminium den Zerfall beschleunigen. Die dem Aluminium immanente Tendenz, «auszutrocknen», d.h. in einen spröden Zustand überzugehen, wirkt auf das Zinn ein, das auch zum Zerfall neigt, aber nicht bei steigender, sondern bei sinkender Temperatur.

3 Das Beryllium mit der größten Wärmekapazität aller Metalle ist gleichzeitig der beste Schallleiter unter den Elementen. Entsprechend seiner Wärme-

kapazität müsste das Magnesium ein wesentlich besserer Schallleiter sein, als es tatsächlich ist. Dies hängt mit dem spezifischen Charakter des Magnesiums zusammen und kann hier nicht genauer erläutert werden.

4 Unter Ligandenwechsel versteht man den Substanzaustausch durch Stoffwechselprozesse. Das Calcium der Knochen wird im Verlauf einiger Jahre als Substanz vollständig ausgetauscht.

Eisen – Element der Kraftentfaltung

Mit unvergleichlicher Intensität hat der Mensch in den letzten Jahrhunderten in die Materie eingegriffen und die Erde umgestaltet. Eine zentrale Rolle spielte dabei die Verwendung des Eisens, vor allem in seiner Erscheinungsform als Stahl. Auch heute noch ist trotz der Erfindung zahlreicher neuer Werkstoffe das Eisen das in der Technik am meisten verwendete Material.

Eisen als Werkstoff

Eisen tritt als Gebrauchsmetall in den verschiedenen Erdteilen zu verschiedenen Zeiten auf. Während die Eisenzeit in Ägypten und Indien im 6. Jahrhundert v. Chr. beginnt, wird in China und Japan erst seit dem 2. Jahrhundert v. Chr. Eisen erzeugt (Koch 1973, S. 9). Nach anderen Angaben wurde bereits um 1400 v. Chr. im kaukasischen Hochland Eisen hergestellt (Henseling 1981, S. 12).

Die Revolution, die zu unserer heutigen Maschinentechnik führte, fand zunächst vorwiegend in England statt. Vor der Industrialisierung bestanden Maschinen wie Webstühle, Drehbänke oder Mühlen vorwiegend aus Holz. Als dann Maschinen mehr und mehr aus Eisen und Stahl gebaut wurden, wuchsen auch die Anforderungen an die Werkstoffe. Weil gerade England arm an Holzkohle war, entwickelten sich dort bald neue Methoden der Eisenerzeugung.

Die Veränderungen begannen in der Textilindustrie. Durch die Einführung von Spinnmaschinen und mechanischen Webstühlen wuchs das Bedürfnis nach exakteren und schnelleren Werkzeug- und Arbeitsmaschinen, nach leistungsfähigeren Kraftmaschinen und besseren Transportmitteln. Die zunächst im Bergbau verwendete Dampfmaschine diente dann vor allem als Antriebsmaschine in der Textilindustrie.

Es war aber nicht nur die Dampfmaschine in der Lokomotive und im Dampfschiff, mit der das Eisen das gesamte Transportsystem veränderte. Die Fahrzeuge selbst, die Räder, die Waggons waren aus Eisen, ebenso die Schienen, die Brücken und Viadukte. Durch sie wurde der Mensch Herr über die räumlichen Entfernungen. Er fügte damit die ganze Erde in seinen Machtbereich ein. In dem Wort «Eisen»bahn (franz.: chemin de fer, span.: ferrocarril, ital.: ferrovia, finn.: rautatie von rauta = Eisen) konzentrierte sich das Erlebnis, dass das Eisen hier eine entscheidende Rolle spielte.

In den Verbrennungsmotoren der Autos und Flugzeuge setzte sich diese Tendenz fort, aber genauso auch in Panzern, Schlachtschiffen, Kampfflugzeugen und Raketen. Auch wenn später andere Metalle in ihrer Bedeutung zunahmen, behielt das Eisen bzw. der Stahl seine Schlüsselrolle. Während 1995 ca. 700 Mio. Tonnen Stahl erzeugt wurden, liegt Aluminium bei ca. 20 Mio. Tonnen, dann kommen Mangan, Kupfer und Chrom. Selbst der Beton, der den Stahl in Gebäude- und Brückenbau zum Teil ersetzte, enthält immer noch Stahl als sein Grundgerüst.

Von allen Metallen, die industriell gewonnen werden, ist das Eisen mit einem Anteil von 95 Prozent das meistgebrauchte. Man nimmt häufig den Stahlverbrauch je Kopf der Bevölkerung eines Landes als Maßstab für den durchschnittlichen Lebensstandard an.

Diese Sonderrolle verdankt das Eisen vor allem seiner Vielseitigkeit: Es gibt keinen Werkstoff, mit dem sich eine solche Fülle von Eigenschaften unter gleichzeitig hoher Wirtschaftlichkeit erzielen lässt (Pepperhoff/Acet 2000). Durch welche Eigenschaften hat das Eisen eine solche Bedeutung erlangt?

Erster Eindruck

Ein massiver Stahlzylinder fühlt sich kühl an und überrascht durch sein Gewicht. Auch ein lackiertes Werkstück, das wir auf seine Eigenschaften prüfen wollen, lässt uns vor allem durch Gewicht und Kühle vermuten, es könnte Eisen sein. Wollen wir Genaueres wissen, dann prüfen wir auch die Oberfläche: Sie ist glänzend, grau und hart. Es entsteht aus allem der Eindruck eines schweren, festen, soliden Stoffes, auch wenn wir wissen, dass Eisen bei weitem nicht das schwerste Metall ist. Das zeigt ein Vergleich seiner Dichte mit der Dichte einiger anderer wichtiger Metalle:

Aluminium	2,7
Eisen	7,6 – 7,8
Kupfer	8,93
Silber	10,5
Blei	11,3
Quecksilber	13,6
Gold	19,3

Nehmen wir zwei weitere Stoffe hinzu, die den Eindruck von stabiler, kühler Schwere machen,

Granit	2,8
Marmor	2,7

dann ist die Überraschung zweifach: Tatsächlich ist Eisen viel schwerer als diese nichtmetallischen Stoffe, aber innerhalb der Gruppe der Metalle sind die Edelmetalle und Quecksilber zum Teil bedeutend schwerer als Eisen. Vor allem bei Kupfer und Silber mag das für viele unerwartet sein, bei Blei weiß jeder, dass es «sehr schwer» ist.

Und dennoch ist der Eindruck beim Eisen eigentümlich. Gegenüber Gold, Silber und Kupfer macht die graue Farbe, in der sich das Eisen uns meist zeigt, einen nicht leicht zu beschreibenden Eindruck von Ernst oder Solidität. Gegenüber dem Blei mit seinem ähnlichen, etwas stumpfen Grau bringt es vor allem durch die Härte seine Eigenart zur Geltung.

Über die Härte ist später, wenn es um Eisen und Stahl geht, noch Genaueres zu sagen; doch ein erster Blick zeigt schon deutliche Unterschiede zu anderen Stoffen (Mohssche Härteskala):

Zinn, Blei	1,5
Gold, Silber, Kupfer	2,8
Kalkspat	3,0
Marmor, Messing	3,5
Eisen	~4,5
Stahl	~6,5
Quarz	7,0

Härter sind dann noch Kristalle, beispielsweise Edelsteine wie Korund und Diamant. Man kann an dieser einfachen Zusammenstellung schon sehen: Eisen, wie es uns üblicherweise begegnet, zählt, auch wenn es nicht zusätzlich gehärtet wurde, zu den harten Stoffen.

Je nach der Behandlung der Oberfläche ist es stumpf grau wie das Blei oder wie Gold, Silber und Kupfer metallisch glänzend. In beiden Fällen öffnet es sich nicht dem Licht, das von außen auf es zukommt, sondern verwehrt ihm (in der Undurchsichtigkeit) das Eintreten und weist es (im Glanz) sogar zurück.

So teilt das Eisen mit den anderen Metallen die Eigenschaft, sich gegenüber dem Licht abzusondern und einen lichtfreien Raum zu bilden, in dem andere Kräfte sich entfalten können: gemeinsam mit anderen Metallen die elektrische Leitfähigkeit und als besondere Eigenart des Eisens der später noch zu behandelnde Magnetismus.

Spezifisches Gewicht, Härte und Farbe, im Zusammenhang mit dem Metallglanz, geben uns einen ersten Eindruck von Schwere, Solidität und Festigkeit. Diese Eigenschaften, die einen wesentlichen Teil unseres Begriffs von «Materie» ausmachen, erscheinen uns im Eisen gesteigert.

Das Metall

Wärmewirkung und Legierungen

Reines Eisen mit 99,99 und mehr Prozent Eisengehalt lässt sich nur im Laboratorium durch Elektrolyse von Eisensalzen, durch thermische Zersetzung von Eisencarbonyl oder durch langzeitiges Glühen von Eisen im Wasserstoffstrom bei 1000 bis 1400 °C gewinnen.

Die Eigenschaften des Eisens ändern sich sehr stark mit seinem Reinheitsgrad. Daher sind Zahlenangaben über die Eigenschaften des reinen Eisens manchmal unterschiedlich. Der Schmelzpunkt wird mit 1535 °C (1528 bis 1541 °C je nach Reinheitsgrad) und der Siedepunkt mit 2750 °C (an anderer Stelle aber mit 3235 °C) angegeben. Der Vergleich mit anderen Metallen zeigt Folgendes:

	Smp. [°C]	Sdp. [°C]
Zinn	231	2260
Blei	327	1740
Zink	419	907
Silber	961	2212
Gold	1064	3080
Kupfer	1083	2567
Mangan	1244	1962
Nickel	1455	2730
Cobalt	1495	2870
Eisen	1535	2750
Chrom	1857	2672
Molybdän	2610	5560
Wolfram	3410	5660

Es gibt unter den selteneren Metallen noch viele mit einem höheren Schmelzpunkt. Doch unter den häufigeren Metallen ist Eisen verhältnismäßig schwer schmelzbar, unter den «sieben Metallen»,[1] die wegen ihrer charakteristischen Beziehungen untereinander als repräsentativ für die Metallwelt überhaupt angesehen wurden, hat es den höchsten Schmelzpunkt.

Im festen Zustand sind das Eisen und seine Legierungen wie alle metallischen Werkstoffe kristallin, bestehen aber nur aus einer großen Zahl von winzigen «Kristallkörnern», den so genannten Kristalliten. Dabei haben Kristallstruktur, Größe und Form der einzelnen Mikrokristalle, ihre Anordnung oder bevorzugte Wachstumsrichtung im gesamten Kristallverband entscheidenden Einfluss auf die physikalischen und chemischen Eigenschaften des Metalls und seiner Legierungen.

Das Eisen kommt zunächst im festen Zustand in drei verschiedenen Modifikationen vor (Polymorphismus): als weniger dichtes α- bzw. δ-Eisen und als dichteres γ-Eisen. Bei 910 °C wandelt sich α-Eisen in γ-Eisen um; oberhalb 1392 °C erhält das Eisen wieder dieselbe Struktur wie α-Eisen und wird dann auch δ-Eisen genannt. Die Struktur des δ-Eisens wird als «Goldstruktur» bezeichnet. Die γ-Form hat «Wolframstruktur» und ist etwas lockerer gebaut:[2]

über 1392 °C	δ-Eisen	Wolframstruktur
910°C bis 1392 °C	γ-Eisen	Goldstruktur
bis 910 °C	α-Eisen	Wolframstruktur

Mit der inneren Struktur verändert sich auch die Dichte. So hat α-Eisen bei Normaldruck und 22 °C eine Dichte von 7,87 g/cm^3; γ-Eisen hätte, wenn man es auf dieselben Bedingungen zurückrechnet, 8,14 g/cm^3, das ist eine Zunahme von 3,46 Prozent. Den Übergang von α-Eisen zu γ-Eisen muss man sich so vorstellen: Bis 910 °C steigt das Volumen entsprechend der Wärmedehnung allmählich an, bei 910 °C sinkt es plötzlich um etwa 1 Prozent, um dann wieder entsprechend der Wärmedehnung zu steigen.

Bei einem Druck von mehr als 110 kbar kommt es zu einer weiteren Modifikation: dem ε-Eisen mit einer Struktur, die z.B. bei Magnesium, Zink und Cobalt zu finden ist («Magnesiumstruktur»).

Mehr als ein Drittel der Elemente zeigen einen derartigen Polymorphismus. Dabei ist die Regel, dass eine bei tiefen Temperaturen dichtere Struktur bei höheren Temperaturen in eine weniger dichte übergeht. Eisen zeigt genau das umgekehrte Verhalten. Es hat im Grundzustand die weniger dichte, beim Erwärmen aber die dichtere Erscheinungsform. Erst bei weiterem Erwärmen tritt wieder die bei niedrigeren Temperaturen stabile Struktur auf.

Das reine Eisen hat die Eigenart, auf Wärmewirkungen in besonderer Weise zu reagieren.

Was wir außerdem am Eisen als Vielfalt in der Festigkeit und Solidität erleben, beruht auf seiner Fähigkeit, andere Elemente mit ihren besonderen Eigenheiten in geringen Mengen in sich aufzunehmen und so seine eigenen Eigenschaften enorm zu verstärken und vielfältig abzuwandeln. Kohlenstoff als das Element, das sich formen lässt und die entstandenen Formen festhält, beeinflusst nun gerade die Härte und Formbarkeit besonders deutlich. Schon geringe Mengen genügen, um den Charakter und die Eigenschaften des Eisens weitgehend zu verändern. Ganz reines Eisen ist silberweiß, verhältnismäßig weich und technisch kaum verwendbar. Bei einem Kohlenstoffgehalt von 4,3 Prozent erniedrigt sich der Schmelzpunkt von 1535 °C auf 1015 °C. Das erleichtert den Schmelzvorgang im Hochofen. Roheisen mit mehr als 3 Prozent Kohlenstoffgehalt ist aber so spröde, dass es mit dem Hammer zerschlagen werden kann. (Die Übergänge sind fließend, sodass diese Zahlenangaben je nach Quelle schwanken.) Unter 0,6 Prozent ist es zäh und weich und kann durch Hämmern leicht bearbeitet werden (Schmiedeeisen). Dazwischen gibt es einen Bereich (0,6 bis 1,5 Prozent), in dem das Eisen hart und elastisch ist (Stahl), durch Abschrecken glashart werden und durch sorgfältiges Spielen mit der Wärme («Anlassen», siehe weiter unten) in diesen Eigenschaften fein differenziert werden kann.

Das liegt daran, dass Kohlenstoff in zwei verschiedenen Formen im Eisen vorliegen kann: entweder als elementarer Kohlenstoff (Graphit, Temperkohle) oder in chemischer Verbindung mit dem Eisen als Fe_3C (Eisenkarbid, Zementit). Aus der geringeren Löslichkeit von Zementit in α-Eisen im Vergleich zu derjenigen in δ- und γ-Eisen ergibt sich die Möglichkeit, metastabile Formen durch Kontrolle der Abkühlungsgeschwindigkeit des heißen Stahls zu gewinnen. Bei erhöhten Temperaturen liegt in erster Linie eine Feststofflösung von Zementit in γ-Eisen vor, die als Austenit bezeichnet wird. Beim langsamen Abkühlen unterhalb 723 °C wird Zementit ausgeschieden, der mit dem α-Eisen alternierende Schichten bildet. Wegen ihres Aussehens im polierten Zustand wird diese Form als Perlit bezeichnet, die relativ weich und leicht verformbar ist. Kühlt man hingegen schnell ab (Abschrecken), dann wird die Ausscheidung von Zementit verhindert, und es entsteht der äußerst harte und spröde Martensit. Durch nochmaliges Erhitzen auf eine mittlere Temperatur wird dieser Stahl getempert, wobei sich die relativen Anteile an harten und verformbaren Modifikationen verändern. Der bedeutende Einfluss des Kohlenstoffs wird auch daran deutlich, dass die Zugfestigkeit der Stähle im Walzzustand je 0,1 Prozent Kohlenstoff um einen Betrag zunimmt, für den die zehnfache Menge Mangan, Silizium oder Chrom erforderlich wäre.

In ähnlicher Weise variiert Eisen seine Eigenschaften auch mit anderen Elementen. Das sind die Metalle Chrom, Cobalt, Mangan, Nickel, Wolfram, Vanadium, Molybdän und die Nichtmetalle Silizium, Phosphor, Schwefel. Auf diesen empfindlichen und differenzierten Reaktionen auf Wärme und den Legierungspartner beruht die beachtliche Variationsbreite in den physikalischen Eigenschaften der Eisenwerkstoffe (Härte, Formbarkeit, Sprödigkeit, Festigkeit u.a.) und damit die gewaltige Vielseitigkeit des Eisens in seinen technischen Anwendungen.

Die Wärmewirkungen äußern sich noch auf eine andere Weise: Beim vorsichtigen Erhitzen des gehärteten Stahls («Anlassen») bilden sich auf der Oberfläche dünne farbige Oxidhäutchen, die so genannten Anlauffarben, nach denen man den Grad des Anlassens beurteilen kann. Diese Farben ändern sich mit steigernder Temperatur von Hellgelb über tiefes Gelb, Braun, Rötlich, Blau bis zu Dunkelblau. Hier reagiert der Stahl auf Wärmeänderungen in feiner Art, indem er sein Verhältnis zum Licht abwandelt.

Magnetismus und Eisen

Um die magnetischen Eigenschaften einordnen zu können, müssen wir erst einen Blick auf den Magnetismus selbst werfen. Das scheinbar einfachste Phänomen im Zusammenhang mit dem Magnetismus besteht darin, dass Eisenstücke von einem Magneten angezogen werden. Man stellt sich das meist so vor, dass eine Kraft vom Magneten auf das Eisenstück wirkt, die es in Richtung auf den Magneten in Bewegung setzt. In dem Augenblick, in dem das Eisenstück am Magneten angekommen ist, wird es selbst magnetisch und ist Teil eines nun größeren «Gesamtmagneten». Daraus ergibt sich die Möglichkeit, diese Erscheinung auch anders zu betrachten. Die vermeintliche «Anziehungskraft» (= Bestreben, ein weit entfernt liegendes Stück Materie auf sich zu in Bewegung zu versetzen) kann genauso gut auch als ein Bestreben, eine größere Ganzheit zu bilden, interpretiert werden. Der Magnetismus wäre dann eine Kraft, aus getrennten Teilen ein verdichtetes Ganzes zu bilden.

Es ist eine eigenartige Fähigkeit der Materie, Verbindungen zu bilden, sich zu verdichten, sich zu konzentrieren. Wie sie dazu kommt und was genau dabei geschieht, ist bis heute ein Geheimnis, das die Materie in ihrem Inneren hütet. Im Magnetismus zeigt die Natur aber an einer einzigen Stelle diese Fähigkeit, sich zu verdichten, frei in dem dem Menschen erfahrbaren Raum ausgebreitet und gewissermaßen zur Erforschung freigegeben. Jeder Versuch, das magnetische Feld zwischen Magneten mithilfe von Eisenfeilspänen anschaulich zu machen, zeigt, wie der Raum zwischen den Materiestücken, die in einer magnetischen Beziehung zueinander stehen, von Kräften gestaltet ist. Wenn der Abstand zwischen den Materiestücken kleiner wird, werden die Kräfte größer, das magnetische Feld wird kleiner und enger, bis es schließlich für die äußere Beobachtung in der Berührung verschwindet.

Eisen hat also die Fähigkeit, sich als Stoff mit einer Kraft, die sonst für unsere Beobachtung in den Tiefen der Materie verborgen ist, so zu verbinden, dass sie in das Gebiet unserer Erfahrung hervortritt.

Auch die magnetischen Eigenschaften des Eisens werden vom Reinheitsgrad und der Wärmebehandlung beeinflusst. Bis 768 °C (Curie-Punkt) ist reines Eisen ferromagnetisch; oberhalb der Curie-Temperatur stellt sich normaler Paramagnetismus ein. Dieser Zustand wird bisweilen als β-Eisen bezeichnet (768 – 910 °C). Dabei spielt das Eisen je nach der Gestalt, in der es uns entgegentritt, zwei unterschiedliche Rollen. Als reines Eisen wird es vom Magnetismus ergriffen, aber selbst nicht zum Magneten. Als Stahl kann es den Magnetismus als Fähigkeit, auf anderes Eisen zu wirken, behalten. Für die Herstellung von Permanentmagneten eignen sich dabei besonders die Cobaltstähle, während für die «weichen» Eisensorten, die in Elektromotoren und Transformatoren (in denen sich die Magnetisierung laufend ändert) eingesetzt werden, Siliziumstählen der Vorzug gegeben wird. Das Magnetfeld der Erde und seine Beweglichkeit im Laufe der Erdentwicklung versucht man schließlich auf einen hypothetischen Eisenkern im Innern der Erde zurückzuführen.

So zeigt sich uns das Eisen als der Stoff, in dem mithilfe von Wärme oder geringen Mengen anderer Elemente ein «Spiel» mit den Grundeigenschaften fester Materie erregt werden kann. Außerdem hat das Eisen eine einzigartige Affinität zu der Kraft des Verdichtens, die sonst im Innern der Materie wirkt: zum Magnetismus. Beide Eigenschaften verbinden sich zu einem Bild des Eisens als eines Stoffes, der in den Grundfesten der Materie gewissermaßen «zu Hause» ist.

Diese Ansicht fand von unerwarteter Seite eine Bestätigung: Untersuchungen in den letzten zwei Jahrzehnten haben zusammen mit quantenmechanischen Berechnungen zu der Feststellung geführt, dass die erstaunliche Variabilität der physikalischen Eigenschaften des reinen Eisens und seiner Legierungen letztlich auf seine magnetischen Eigenschaften zurückzuführen sind (Pepperhoff/Acet 2000).

Eisenerze und Eisengewinnung

Es ist auffallend, dass uns das metallische Eisen in der Natur nur in seltenen Fällen begegnet,[3] in vereinzelten Einsprengseln in Basaltgestein und in Meteoriten, von denen viele aus Eisen oder Eisen mit Nickel bestehen. Dieses Eisen stammt aus dem Kosmos. Auf der Erde tritt es sofort in Prozesse ein und wird chemisch gebunden. Dabei steht im Vordergrund die Verbindung mit Sauerstoff, daneben auch mit Schwefel. Die besondere Affinität des Eisens zum Sauerstoff deutet schon auf seine später noch genauer zu besprechende Rolle in den Atmungsvorgängen hin.

Als Eisenerze bezeichnet man diejenigen Vorkommen, aus denen die technische Gewinnung des Eisens erfolgt. Es sind keine reinen Mineralien, sondern Gemenge aus eisenhaltigen Verbindungen und nichteisenhaltigen Begleitmineralien («Gangart»).

Als die wichtigsten Eisenmineralien sind zu nennen:

Magnetit, Fe_3O_4 (Magneteisenstein)	55 – 70 % Fe
Hämatit, Fe_2O_3 (Eisenglanz; Roteisenstein)	50 – 60 % Fe
Limonit, Fe_2O_3 - x H_2O (Brauneisenstein)	35 – 55 % Fe

Hinzu kommen: Siderit (Eisenspat; Spateisenstein) als Carbonat, Pyrit, Markasit und Magnetopyrit als sulfidische Formen und Olivin als Silicat.

Der Magnetit, benannt nach der Stadt Magnesia in Kleinasien, hat den höchsten Eisengehalt. Bei ihm ist die Verbindung mit dem Sauerstoff noch nicht ganz vollständig. Er ist schwarz bis braunschwarz und sehr verbreitet in allen Eruptivgesteinen (Börner 1980).

Roteisenerze (Roteisenglimmer, Roter Glaskopf, Blutstein) von Suhl/Thüringer Wald (Quelle: Jens Kleemann).

Hämatit ist rot, rotbraun, grau bis schwarz. Er färbt beim Schleifen das Kühlwasser blutrot, daher soll der Name kommen (= Blutstein). Blanke Hämatitkristalle wurden auch Specularit genannt, weil sie im Altertum als Spiegel verwendet wurden (Schumann 1976). Hier ist die Verbindung mit dem Sauerstoff am vollkommensten. Hämatit kommt in kristallisierten (Eisenglanz), blättrigen, faserigen, strahligen (Roteisenstein) und kugeligen Formen (roter Glaskopf) vor. Auch wenn er von außen grau-schwarz aussieht, zeigt er seine Eigenart, wenn man damit über eine Porzellanscherbe streicht: Er hinterlässt eine rote bis rotbraune Spur. Er ist Ursache für die

Rotfärbung von Gesteinen (z.B. Buntsandstein) und Böden und ist auch auf der ganzen Erde verbreitet.

Limonit ist ein wasserhaltiges Eisenerz von brauner Farbe, das durch Verwitterung aus anderen eisenhaltigen Mineralien entstanden ist. Er hat eine nadel- und haarförmige Struktur in halbkugeligen, traubigen, nieren- oder tropfenförmigen Gebilden (brauner Glaskopf) und ist Ursache für die Braunfärbung von Gesteinen und Böden. Limonit ist ebenfalls auf der ganzen Erde weit verbreitet.

Die Farben dieser Eisenmineralien reichen von Rot über Braun bis Schwarz. Dort, wo das Eisen sich vollständig mit dem Sauerstoff verbindet und am wenigsten Beimengungen, zum Beispiel Wasser, enthält, erscheint wie im Hämatit das Rot am deutlichsten. Wenn Rot aus Nichtfarbigem entstehen soll, muss im Sinne Goethes farbloses Licht eine farblose Trübung durchdringen. Es entstehen dabei die Farben zwischen Gelb und Zinnober und bei stärkster Trübung Rot. Im Rot empfinden wir eine starke Energie unter Umständen mit dem Ausdruck des «unerträglich Gewaltsamen» (Goethe).

So zeigt das Eisen als Eisenerz in der Verbindung mit Sauerstoff diesen Grundton der Aktivität. Er wird dann vielfach durch Beimengungen zu Ocker, Braun oder Schwarz abgewandelt und bis zur Unkenntlichkeit verborgen, indem das Rot des Hämatits erst zum Vorschein kommt, wenn man ihn verfeinert und zerreibt.

Das Eisen, das uns als reines Metall solide Festigkeit und Härte zeigt, sehen wir nun in seiner Verbindung mit Sauerstoff noch von einer anderen Seite. Die Wirkung des Sauerstoffs besteht darin, dass das Eisen seine Abgeschlossenheit aufgibt und im chemischen Prozess in Bewegung kommt. Das Verhältnis zum Licht wird ein anderes. Das Erz ist zwar immer noch fest und schwer, es ist noch undurchsichtig und in vielen Fällen sogar, ohne Metall zu sein, glänzend. Aber es hat sich dem Licht so weit geöffnet, dass dieses nicht reflektiert wird. Es kommt zu einer Auseinandersetzung mit dem Licht, wobei das Ergebnis eben das Rot ist, das eine Aktivität der Materie zum Ausdruck bringt.

Um Eisen zu gewinnen, ist ein gewisser Aufwand nötig. Man braucht viel Erfahrung im Erkennen und Beurteilen der Eisenerze und eine gut entwickelte Technik im Umgang mit Feuer. In der Frühzeit wurde Eisenerz mit einem Überschuss an Holzkohle vermischt und im natürlichen Luftzug reduziert (Rennfeuer). Die Holzkohle entzieht dabei dem Erz den Sauerstoff, sodass das Eisen als Metall zurückbleibt. Die weitere Entwicklung führte zu besonderen Öfen, in denen schließlich flüssiges Roheisen anfiel, und zu Öfen, in denen das gewonnene Roheisen durch oxidierende Gase von unerwünschten Begleitelementen befreit werden konnte (Frischen).

Intensive Feuerprozesse sind erforderlich, um Eisen aus dem Erz zu befreien. Der Besuch eines Eisenwerks kann gewaltige Eindrücke von Kraft vermitteln.

Eisenverbindungen

Eisen, das einfach den Einflüssen der Natur überlassen bleibt, rostet sehr schnell. Das Ergebnis sind Eisen-Sauerstoff-Verbindungen. Dieser Vorgang darf aber nicht als ein einfaches Verbinden des Eisens mit Sauerstoff vorgestellt werden. Das Rosten des Eisens beruht auf der Bildung des hydratisierten Oxids $Fe(OH)_3$ oder FeO(OH) und ist ein Prozess, für dessen Ablauf die Gegenwart von Wasser, Sauerstoff und einem gelösten Salz (oder Säure, Base) nötig ist. Fehlt nur eine dieser Komponenten, kommt es kaum zum Rosten. Eine relative Luftfeuchtigkeit von 50 Prozent entspricht einer ausreichenden Wassermenge. In dicht besiedelten Gebieten wird die Rolle des Salzes von Eisen(II)-sulfat übernommen, das sich durch Einwirkung von atmosphärischem Schwefeldioxid bildet, in Küstengegenden von dem in der Luft enthaltenen Salz.

Das auf diese Weise entstehende wasserhaltige Eisen(III)-oxid (Rost) gibt es auch in wasserfreier Form: Beim Erhitzen auf 200 °C geht das wasserhaltige, braune FeO(OH) in das rotbraune α-Fe_2O_3 über, das man in der Natur als Hämatit findet. Außerdem kann man durch Erhitzen von natürlich vorkommendem FeO(OH) (Lepidokrokit) eine Form des Eisen(III)-oxids erhalten, die magnetisch ist und zur Herstellung von Tonbändern technologische Bedeutung erhielt. Eisen(III)-oxid wurde als Farbpigment verwendet (Venezianisches Rot). Je nach dem Verteilungsgrad und der Darstellungsmethode kann die Farbe von Hellgelbrot bis Dunkelviolettbraun variieren.

Das Eisen ist aber in der Lage, trotz seiner Affinität zum Sauerstoff, die ein sofortiges, vollständiges Oxidieren bewirken würde, eine Zwischenstufe zu bilden, in der das Eisen zwar schon mit Sauerstoff verbunden ist, sich aber noch intensiver verbinden könnte – gleichsam: ein Zwischenhalt in einem labilen Zustand. Das dabei entstehende Eisenoxid wird zur Unterscheidung von den oben beschriebenen Eisen(III)-oxiden (Fe_2O_3, $Fe(OH)_3$, FeO(OH)) dann Eisen(II)-oxid (FeO) genannt. Man kann es als schwarzes Pulver durch Erhitzen von Eisen(II)-oxalat herstellen. Es entzündet sich an der Luft selbst («pyrophores» Eisenoxid) und verglüht zu Eisen(III)-oxid. Kristallines Eisen(II)-oxid kann man nur bei hoher Temperatur und anschließendem schnellem Abkühlen («Abschrecken») erhalten. Die Zusammensetzung des so gewonnenen Oxids entspricht der Formel $Fe_{1-x}O$, wobei x Werte zwischen 0 und 0,05 annehmen kann.

Das ferromagnetische Fe_3O_4 stellt ein Eisen(II, III)-oxid dar. Es entsteht beim Verbrennen von Eisen («Hammerschlag») oder beim Erhitzen von Fe_2O_3 auf über 1400 °C.

Alle diese Verbindungen neigen dazu, in ihren Gewichtsverhältnissen nicht streng die ganzzahligen (stöchiometrischen) Verhältnisse einzuhalten, deren Entdeckung am Beginn unserer heutigen Form der Chemie eine so große Rolle spielte und auf die im Schulunterricht ganz besonderer Wert gelegt wird.

Eisen(III)-oxid bildet aber nicht nur mit Eisen(II)-oxid, sondern auch mit zahlreichen anderen Metalloxiden Doppeloxide, die «Ferrite». Diese Verbindungen mit zweiwertigen Oxiden, z.B. von Zink, Magnesium und Nickel, besitzen wegen ihrer elektrischen und magnetischen Eigenschaften großes technisches Interesse (Koch 1973, S. 14 ff.).

Nicht nur das metallische Eisen zeigt einen Reichtum an Varianten, auch in den Oxiden setzt sich diese Tendenz auf einer anderen Ebene fort. Hier können die Zusammensetzungen und das Verhältnis zwischen mehr oder weniger oxidiertem Eisen variieren.

Die Verbindungen zeigen je nach ihrer Oxidationsstufe einen deutlichen Unterschied in der Farbe. Schon die natürlichen Eisenmineralien zeichnen sich, wie schon erwähnt, durch rote, braune und schwarze Farben aus. Die reinen Verbindungen des dreiwertigen Eisens sind in der Regel ebenfalls braun bis rotbraun, wobei es beim Eisen(III)-hydroxid bis zu blutroten kolloiden Lösungen kommt.

Die Komplexverbindungen des dreiwertigen Eisens liefern ein beeindruckendes Farbenspiel. So wird z.B. eine blassviolette Lösung von Eisenperchlorat ($Fe(ClO_4)_3$) durch Zusatz von Sulfat schwach gelb, durch Zusatz von Chlorid oder Bromid gelbgrün bis rotbraun, durch Acetat oder Sulfit braunrot bzw. rot und durch Thiocyanat schließlich intensiv blutrot.[4]

Die Eisen(II)verbindungen sind dagegen farblos bis grün. Eisen(II)-chlorid erhält man als blassgrünes Hydrat ($FeCl_2 \cdot 4\ H_2O$) durch Einwirken von Salzsäure auf das Metall. Beim Überleiten von Salzsäuregas über das erhitzte Metall entsteht das wasserfreie Salz in farblosen Kristallen. Frisch gewonnenes Eisen(II)-carbonat ist im ersten Augenblick weiß, dunkelt aber schnell nach und wird schließlich braun durch die Bildung von Eisen(III)-hydroxid. Eisen(II)-sulfat bildet als $FeSO_4 \cdot 7\ H_2O$ bläulichgrüne Kristalle, die im trockenen Zustand verhältnismäßig stabil sind. Eisen(II)-hydroxid kann als weißer Niederschlag gewonnen werden, der an der Luft rasch schmutziggrün, schließlich schwarz und braun wird.

Mit steigender Oxidationsstufe werden die Farben dunkler und gehen eher ins Rot. Besonders schön sichtbar ist das bei den beiden «Blutlaugensalzen». Das gelbe Blutlaugensalz ($K_4Fe(CN)_6 \cdot 3\ H_2O$) bekam seinen Namen, weil man es ursprünglich durch Erhitzen von Blut mit Eisenfeilspänen und Kaliumcarbonat und anschließendem Auslaugen mit warmem Wasser herstellte. Es enthält Eisen in der Oxidationsstufe II. Durch Oxidation zum Beispiel mit Chlor entsteht daraus das rote Blutlaugensalz ($K_3Fe(CN)_6 \cdot 3\ H_2O$) mit Eisen der Oxidationsstufe III. Dabei ist die Änderung der Oxidationsstufe des Eisens von II zu III verbunden mit einem Schritt von Gelb zu Rot. Rot haben wir schon charakterisiert als die Farbe der Aktivität, des kräftigen Durchdringens und somit als die Farbe, die den übrigen Eigenschaften des Eisens entspricht. So ist es verständlich, dass Verbindungen mit Eisen als wesentlicher Komponente zu dieser Farbe tendieren und dass diese Farbe in der größten Intensität erscheint, wenn das Eisen seine Möglichkeiten, eine Verbindung einzugehen, ganz erreicht hat. Damit wird aber auch deutlich, wie erstaunlich die grünen und seltener blauen Farben sind, die bei zweiwertigem Eisen und unter besonderen Bedingungen sogar bei dreiwertigem auftreten. Es handelt sich dabei in der Regel nicht um ein sattes Grün, das eher Ruhe und Befriedigung zum Ausdruck brächte, sondern wie beim Eisensulfat um ein Türkis, in dem schon etwas von mehr innerer Bewegung oder vielleicht besser «Bewegungsbereitschaft» zu spüren ist. Vielleicht ist das als Vorstufe zu verstehen, bei der das Eisen sich erst anschickt, mithilfe des Sauerstoffs und anderer oxidierender Elemente im Bereich der Salze tätig zu werden – als ein noch tastendes Eindringen, bei dem das Eisen seine Kraft noch nicht völlig entfaltet.

Ein wichtiges Ergebnis dieser Art von Betrachtung ist, dass man dem Eisen nicht einfach die Farbe Rot zuordnen kann: Eisen selbst ist nicht rot, und in seine Verbindungen «trägt» Eisen nicht Rot hinein, denn es gibt Verbindungen, die nichts von diesem Rot zeigen. Trotzdem hat die Qualität des Rot mit dem Eisen zu tun. Die Verhältnisse sind also offenbar komplizierter: Das Rot tritt nur unter bestimmten Bedingungen, die wir zum Teil noch nicht verstehen, auf; dann aber in der beobachteten Intensität nur mit Eisen. Das bedeutet, dass sich im Rot eine charakteristische Eigenschaft des Eisens ausspricht, die aber nur unter bestimmten Bedingungen erscheint. Hier öffnet sich ein weites, noch kaum bearbeitetes Forschungsfeld über die Bedeutung der Farben in der Chemie.

Eisen und Atmung

Die enge Beziehung des Eisens zum Sauerstoff und zu Oxidations- und Reduktionsvorgängen setzt sich bis in den lebenden Organismus fort. Um das zu verdeutlichen, muss man die Atmungsvorgänge betrachten.

Unter Atmung versteht man zwei sehr unterschiedliche Vorgänge. Einmal die Aufnahme der Luft in die Lunge, ihre Abgabe nach außen und die damit verbundenen rhythmischen Bewegungen von Brustkorb und Lunge. Einatmen und Ausatmen werden dabei sehr unterschiedlich erlebt. Im Einatmen fühlt man sich auf den Körper konzentriert, gespannt, bereit zum Handeln. Im Ausatmen kommt man mehr zur Ruhe, zum Überblick.

Das Einatmen ist auch die Vorbereitung, um eine Absicht zu verwirklichen, sei es als Handlung oder durch das Wort. Es ist, wie wenn man Willenskräfte in sich hereinholen würde, um sie dann im Physischen zu manifestieren. Jeder Atemzug ist somit ein kleiner Inkarnations-Exkarnations-Vorgang.

Dann werden unter Atmung auch die physiologischen Vorgänge verstanden, bei denen Sauerstoff in der lebendigen Zelle chemisch gebunden wird. Während der Prozess, den die Pflanzen in der Photosynthese durchführen, im Wesentlichen ein Reduktionsvorgang ist, ist dieser für Tier und Mensch charakteristische Atmungsprozess ein Oxidationsvorgang.[5] Beim Einatmen dringt der Sauerstoff in der Lunge unverändert ins Blut; dort wird er an das Hämoglobin gebunden. Ein Teil wird im Blutserum physikalisch gelöst:

- im arteriellen Blut ist physikalisch gelöst: 0,3 ml / dl Blut
- die maximale Sauerstoffkapazität des Blutes: 20 ml / dl Blut

Wir können also drei Teile des gesamten Atmungsvorgangs unterscheiden:

1. Hereinholen der Luft, verbunden mit der Empfindung des Hereinholens von Kräften, die die physische Realisierung unserer Absichten ermöglichen. Direktes Eindringen des Sauerstoffs in das Blut.
2. Aufnahme des Sauerstoffs in einer lockeren chemischen Bindung an das Hämoglobin, wie man sie sonst nirgends in der Natur kennt. In dieser Form haben wir es mit einem Eindringen in alle Organe und Gewebe des Körpers zu tun.
3. Wirksamkeit des Sauerstoffs in vielfältigen Stoffverwandlungen, die insgesamt ein Oxidationsvorgang sind. Das Ergebnis dieses Oxidationsvorgangs ist das nach außen abgegebene Kohlendioxid und die chemische Energie, die als Wärme oder Bewegung erscheint und Grundlage für menschliches Handeln ist.

An den unter 2. und 3. genannten Prozessen ist Eisen entscheidend beteiligt. Es gehört zu den lebensnotwendigen Elementen und ist überhaupt am Zellstoffwechsel der unterschiedlichsten Lebewesen an Stofftransport, -fixierung und -umwandlung beteiligt. Vor allem einfache Stoffe aus der Atmosphäre wie Kohlenmonoxid, Sauerstoff und Stickstoff, besonders aber Sauerstoff werden bei Stoffwechselvorgängen in Pflanzen und Tieren an Eisenzentren gebunden, aktiviert und funktionalisiert (Rück-Braun 1998, S. 45 ff.). – Die Bedeutung des Eisens für den Menschen wurde möglicherweise schon im Jahre 1681 erkannt, als der Arzt T. Sydenham für die Behandlung von Anämie empfahl, «Eisen in kalten Rheinwein zu tauchen».

Die wichtigsten biologischen Funktionen der Eisenverbindungen haben zwei Eisenproteine: die Häm-Proteine und die Eisen-Schwefel-Proteine.

Die Gesamtmenge des Eisens im menschlichen Organismus beträgt 4 – 5 g. Hiervon sind ca. 80 Prozent im Hämoglobin und Myoglobin, den wichtigsten Häm-Proteinen, gebunden. 20 Prozent liegen in Speicherform vor, ein Drittel davon in der Leber. Hämoglobin ist in den roten Blutzellen für den Sauerstofftransport verantwortlich und verleiht ihnen die rote Farbe. Menschliches Arterienblut ist in der Lage, mehr als fünfzigmal so viel Sauerstoff als Wasser zu absorbieren, und venöses Blut absorbiert zwanzigmal mehr CO_2 als Wasser.

Hämoglobin besteht aus einem Eiweiß, dem Globin, und einer Nichteiweißsubstanz, dem Häm, einer Verbindung von der Art der oben erwähnten Komplexverbindungen mit Eisen in der niedrigeren Oxidationsstufe (Fe(II)). Die Funktion des Hämoglobins ist die reversible Bindung von Sauerstoff an das Eisen, wodurch der effektive Sauerstofftransport im Blut möglich wird. Es handelt sich dabei um eine lockere Anlagerung an das zweiwertige Eisen. Um anzudeuten, dass diese Anlagerung ohne Wertigkeitsänderung erfolgt, bezeichnet man sie zur Unterscheidung von der eigentlichen Oxidation als Oxygenation.[6]

Die Cytochrome, die ebenfalls zu den Häm-Proteinen gehören, sind Enzyme der Atmungsprozesse. Von ihnen reagiert nur die auch Kupfer enthaltende Cytochrom-Oxidase mit Luftsauerstoff, allerdings auch mit Kohlenmonoxid und insbesondere mit Cyanid, während die übrigen Cytochrome an anderen Oxidationsvorgängen beteiligt sind (Rück-Braun 1998, S. 48). Die potenzielle Fähigkeit zum Sauerstofftransport wird hier durch Schwefel blockiert (Diemann 1991).

Weitere Häm-Proteine sind Katalasen und Peroxidasen, die ebenfalls an Oxidationen beteiligt sind.

Zu den Nichthäm-Eisen-Proteinen gehört die große Gruppe der Eisen-Schwefel-Proteine. Ein Großteil der heute bekannten Eisen-Schwefel-Proteine hat seine Bedeutung im Atmungsprozess der Zellen. Im Zellstoffwechsel von Bakterien, die ohne Sauerstoff leben, übernehmen bestimmte Eisen-Schwefel-Proteine, die so genannten Ferredoxine, die Fixierung von atmosphärischem Stickstoff (Rück-Braun 1998, S. 48). Wir haben hier eine sauerstoffähnliche Funktion, die aber ohne die Anwesenheit von Sauerstoff stattfindet.

So wirkt das Eisen in den vielfältigen und komplizierten Stoffumwandlungen der Atmungsvorgänge durch mehrere der bereits erwähnten Enzyme.[7] Auch am Eindringen des Sauerstoffs über das Blut in die Gewebe ist das Eisen im Hämoglobin ganz entscheidend beteiligt. Dieses Eindringen des Sauerstoffs in die Tiefe der Lebensprozesse ist der eigentliche Eisenprozess im Menschen. Er geht aus vom Aufnehmen der Luft in die Lunge. So kann man das Einatmen im weiteren Sinne als Eisenprozess bezeichnen, denn es wird letztlich durch das Atemgeschehen in den Organen, in denen das Eisen eine so große Bedeutung hat, impulsiert.

Eisenüberschuss und Eisenmangel

Jeden Tag nimmt der Mensch 1 mg Eisen auf dem Weg über die Nahrung auf. Bei der Hämochromatose, einer vererbten Erkrankung, werden pro Tag 2 – 4 mg Eisen resorbiert. Der Körper muss nun das überschüssige Eisen auch in der Leber, in der Haut, manchmal auch in der Bauchspeicheldrüse ablagern. Klinisch ist die Hämochromatose durch folgende Symptomentrias charakterisiert:

- Leberzirrhose
- Diabetes mellitus (Zuckerkrankheit)
- Hyperpigmentierung der Haut

Bei Eisenmangel werden zunächst die Vorräte verbraucht, die Konzentration des Hämoglobins wird aber aufrechterhalten. Im Normalfall enthält das Blut von Frauen 145 g Hämoglobin/l, bei Männern 160 g/l. Bei Werten unter 120 bzw. 140 g/l liegt ein latenter Eisenmangel vor. Bei weiterem Eisenverlust spricht man dann von der manifesten Eisenmangelanämie.

Schon bei latentem Eisenmangel können vermehrte Müdigkeit, Ermüdbarkeit, Konzentrationsschwäche, psychische Labilität, Kopfschmerzen und Kälteempfindlichkeit auftreten. Diese Symptome zeigen, wie das Ich des Menschen nicht mehr kraftvoll den Leib ergreift und nur noch schwach in der Seele wirkt. Als Gewebesymptome werden beobachtet: Atrophie der Mundschleimhaut und der Zunge, struppiges Haar, brüchige Nägel und trockene, faltige Haut; außerdem treten Schluckstörungen auf. Hier ist die Geschmeidigkeit des Körpers beeinträchtigt, die eine notwendige Voraussetzung für das Tätigsein in der Welt ist.

Nicht nur bei der latenten, sondern auch bei der manifesten Anämie haben viele Patienten keine subjektiven Symptome; daran wird deutlich, dass die Eisenwirksamkeit eng mit ganz individuellen Anlagen verbunden ist und von einem kräftigen Ich möglicherweise bis zu einem gewissen Grad ersetzt werden kann.

Stabilität des Eisens im atomaren Bereich

Die Atomkerne des Eisens haben eine außergewöhnliche Eigenschaft: $^{56}_{26}Fe$ liegt im Maximum der Kernbindungsenergiekurve.[8] Daraus ergibt sich, dass die Eisenkerne im ganzen Universum die stabilsten sind. Das wird auch als Begründung für die außergewöhnliche Häufigkeit des Eisens angesehen.

Unter den Atomvolumina (molare Volumina) der Elemente im festen Zustand sind die von Eisen, Cobalt und Nickel besonders niedrig. Nur die Atomvolumina von Beryllium, Bor und Kohlenstoff liegen noch darunter. Das Eisen gehört somit zu den besonders dichten Elementen.

Zusammenfassung

Eisen hat nicht die Tendenz, als reiner Stoff in unserer physischen Umgebung aufzutreten. Im Universum scheint es, soweit es von der Erde aus erforschbar ist, eine bedeutende Rolle zu spielen. Das geringe Atomvolumen und die außergewöhnliche Stabilität im atomaren Bereich deuten darauf hin, dass der Prozess des Materie-Werdens im Eisen mit besonderer Macht wirkt. So dient das Eisen auch in der Technik der Entfaltung des menschlichen Willens in der materiellen Welt. In der irdischen Umgebung ist es allerdings nicht sehr beständig und wird an feuchter Luft zu Erde. Es versprüht in der Flamme zu Funkenregen wie auch am Himmel als Sternschnuppe. Und von verdünnten Säuren wird es im Gegensatz zu den anderen der «sieben Metalle»[9] leicht zersetzt.

Eisen ist das einzige Element, das eine direkte Beziehung zum Magnetismus hat, und es bringt die magnetischen Kräfte in der physischen Welt zur Erscheinung.

Im menschlichen Körper wirkt es in feinster Verteilung im Blut und in allen Zellen in einem der wichtigsten und umfassendsten Lebensprozesse – im Atmungsgeschehen.

Wenn Eisen wirksam ist, handelt es sich immer um tiefe Eingriffe in die Materie. In der menschlichen Seele entspricht das dem Willen, der in den Leib und damit in die Materie eingreift.[10]

Anmerkungen

1 Blei, Zinn, Eisen, Gold, Kupfer, Quecksilber und Silber wurden als Repräsentanten der sieben Planeten im Bereich der Metalle betrachtet.

2 Unter der Voraussetzung, dass Metalle aus als Kugeln vorgestellten Atomen aufgebaut sind, werden diese Modifikationen nach der Anordnung dieser Kugeln als kubisch-flächenzentriert (eine der beiden möglichen dichtesten Kugelpackungen, α-Eisen) und als kubisch-raumzentriert (weniger dichte Anordnung, γ-Eisen) bezeichnet. ε-Eisen entspricht dann der hexagonal-dichtesten Kugelpackung.

3 Das scheint zunächst ein Gegensatz zur heutigen Vermutung zu sein, dass die Erde in ihrem Kern im Wesentlichen aus Eisen bestehe. Es stimmt aber mit den Eigenschaften des Eisens überein, die wir schon mit den ersten Eindrücken beschrieben haben: das gesteigerte Auftreten von Eigenschaften, die wir als eigentümlich für die Materie ansehen, im Eisen und sein (vermutetes) Vorhandensein dort, wo unsere Erde am dichtesten ist.

4 Eisen erreicht nicht die höchstmögliche Oxidationsstufe, wie sie zum Beispiel Mangan erreicht (VIII), sondern nur bis maximal VI. Es gibt unter den höheren Oxidationsstufen überraschenderweise keine Fluor- sondern nur Sauerstoffverbindungen, obwohl Fluor das stärkste Oxidationsmittel ist. Von der höchsten Oxidationsstufe wird das Ferrat(VI), z.B. Kaliumferrat (K_2FeO_4), als purpurrot beschrieben.

5 Oxidation war ursprünglich die Verbindung mit Sauerstoff. Der Begriff wurde später erweitert, als man erkannte, dass andere Reaktionen ähnlich abliefen, was auf eine gemeinsame Grundlage hindeutete, die man schließlich in letzter Abstraktion als eine Verschiebung von Elektronen beschrieb. Auch in der Zellatmung läuft die Oxidation letztlich auf eine Aufnahme von Sauerstoff hinaus, wobei Wasser gebildet wird. Allerdings ist der Vorgang unglaublich kompliziert, wobei viele Stoffe beschrieben werden, die als Zwischenstufen verschiedenen Oxidationsgrades gelten.

6 Ähnlich wie Sauerstoff kann auch Kohlenmonoxid reversibel und ohne Wertigkeitsänderung an das Häm angelagert werden. Die Affinität des Kohlenmonoxids zum Hämoglobin ist ca. zweihundertmal größer als die von Sauerstoff. Eine echte Oxidation vom zweiwertigen Eisen zum dreiwertigen ist aber auch möglich. Sie führt zum so genannten Hämiglobin (Methämoglobin), das etwa 0,5 Prozent des gesamten Hämoglobins ausmacht. Die Erythrozyten enthalten Enzyme, welche die ständig entstehenden kleinen Mengen an Hämiglobin

sofort reduzieren. Bei 20 – 40 Prozent Hämiglobin treten Vergiftungserscheinungen auf (Atemnot, Zyanose).

Während der Entwicklung der Erythrozyten kann der Einbau des Eisens in das Hämoglobin unter UV-Licht anhand der Fluoreszenzfarben verfolgt werden (Gehling 1985). Zu Beginn ist nur ein bläulich-grünliches Leuchten bemerkbar. Dann erfolgt ein intensiv rotes Fluoreszieren. Dieses wird durch den Eiseneinbau gelöscht, und die rote Farbe des Hämoglobins erscheint im Normallicht. Anschließend wird der Zellkern aufgelöst, die Zellen verlassen das Knochenmark und reifen im peripheren Blut zu Erythrozyten. Die Erythrozyten besitzen von den Organellen einer Zelle nur noch die Zellmembran, in der zur Unterhaltung minimaler Stoffwechselvorgänge Zucker durch Gärung umgesetzt werden kann. Im Übrigen enthalten sie in ihrem Inneren nur noch den roten Blutfarbstoff und keine anderen Funktionsräume mehr. In dieser fast leblosen Form sind sie überraschend stabil und bleiben etwa 120 Tage im Blut.

7 Um klarer zu sehen, was diese Vorgänge bedeuten, muss das Wesen der Redoxvorgänge noch genauer betrachtet werden. Was bedeutet es, wenn gesagt wird, dass es dabei vor allem auf Elektronenverschiebungen ankommt? Möglicherweise ist damit zum Ausdruck gebracht, dass Redoxreaktionen viel einschneidender in die Stoffeigenschaften eingreifen, als das bei der anderen wichtigen Reaktionengruppe, den Säure-Base-Reaktionen, der Fall ist. Wir haben beim Übergang vom Eisen zu seinen Erzen und den anderen Eisenverbindungen gesehen, wie schwierig es ist, die Eigenschaften des Elementes in seinen Verbindungen weiterzuverfolgen. Die Säure-Base-Chemie ist viel einfacher überschaubar. Die Eigenschaften, die die Säuren und Basen in die jeweiligen Salze einbringen, sind leicht verfolgbar. Oxidationen greifen hingegen tiefer in das Materiegefüge ein.

8 Zur Veranschaulichung dieses Maximums ist im oberen Diagramm von S. 279 der Masseverlust bei der Bildung des Kerns in Prozent der Gesamtmasse über der Ordnungszahl aufgeführt. Das untere Diagramm von S. 279 zeigt im Ausschnitt die Elemente in der Nähe des Eisens (Ordnungszahl 26).

9 Siehe Anmerkung 1.

10 Rudolf Steiner GA 320, 2.1.1920, S. 160 f.

«[...] Die Willensvorgänge erleben wir nicht unmittelbar, wir verschlafen dasjenige, was im wesentlichen Wille ist, und in diesen Betrachtungen habe ich Sie darauf hingewiesen, wie, wenn wir in den physikalischen Formeln, wo wir das m = Masse hinschreiben, wenn wir da übergehen von dem bloßen Zählbaren, von der Bewegung und von der Zeit, vom Raum, zu etwas, was nicht bloß phoronomisch ist, wie wir uns klar sein müssen, dass dem entspricht ein

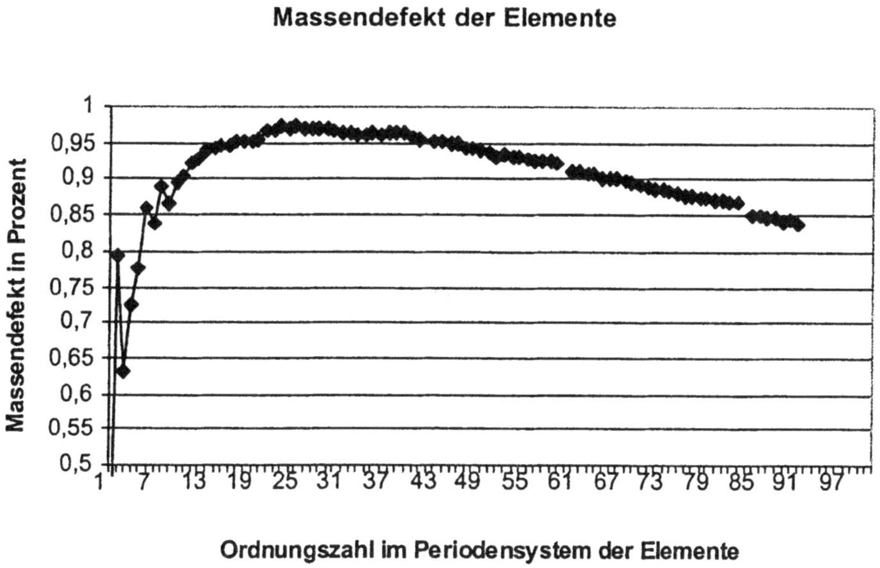
Massendefekt der Elemente
Massendefekt in Prozent
1
0,95
0,9
0,85
0,8
0,75
0,7
0,65
0,6
0,55
0,5
1 7 13 19 25 31 37 43 49 55 61 67 73 79 85 91 97
Ordnungszahl im Periodensystem der Elemente

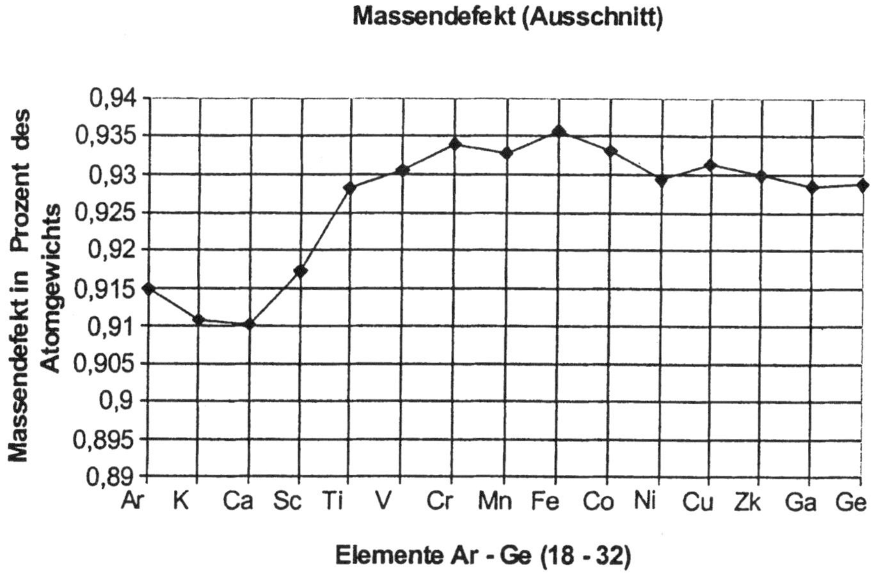
Massendefekt (Ausschnitt)
Massendefekt in Prozent des Atomgewichts
0,94
0,935
0,93
0,925
0,92
0,915
0,91
0,905
0,9
0,895
0,89
Ar K Ca Sc Ti V Cr Mn Fe Co Ni Cu Zk Ga Ge
Elemente Ar - Ge (18 - 32)

Übergehen unseres Bewusstseins in einen Schlafzustand. [...] Das Erleben von Licht, Schall, Wärme fällt bis zu einem gewissen Grade, bis zu einem gewissen hohen Grade in das Feld, das wir mit unserem Sinnesvorstellungsleben umfassen, besonders stark die Lichterscheinungen. [...] Indem wir zum eigentlich Massenhaften, zum Materiellen vorschreiten, nähern wir uns demjenigen, was verwandt ist mit den Kräften, die sich in uns entwickeln, wenn wir schlafen.

Genau denselben Weg machen wir, wenn wir aus dem Gebiet des Lichtes, des Schalles, der Wärme hinuntersteigen in das Gebiet der elektrischen Erscheinungen. Wir erleben unsere Willenserscheinungen nicht direkt, sondern dasjenige, was wir von ihnen vorstellen können; wir erleben die elektrischen Erscheinungen der Natur nicht direkt, sondern dasjenige, was sie herauf liefern in das Gebiet des Lichtes, des Schalles, der Wärme und so weiter. Wir betreten nämlich für die Außenwelt, ich möchte sagen, denselben Orkus, indem wir schlafen, den wir betreten in uns selbst, wenn wir aus unserem vorstellenden, bewussten Leben hinuntersteigen in unser Willensleben. Während verwandt ist alles dasjenige, was Licht, Schall, Wärme ist, mit unserem bewussten Leben, ist innig verwandt alles dasjenige, was auf dem Gebiet der Elektrizität und des Magnetismus sich abspielt, mit unserem unbewussten Willensleben. [...] Und man steigt eigentlich, indem man auf den komplizierten Wegen, die wir heute nur roh skizzieren konnten, in das Gebiet der elektrischen Erscheinungen hinuntersteigt, in dasselbe Gebiet hinunter, in das man hinuntersteigen muss, wenn man überhaupt nur zur Masse kommt. Was tut man, wenn man Elektrizität und Magnetismus studiert? Man studiert die Materie konkret. Steigen Sie zur Materie hinunter, indem Sie Elektrizität und Magnetismus studieren!»

Silizium – Vermittler von Licht und Form

Es gibt wohl kaum einen Menschen, der sich nicht an die Eindrücke erinnert, die eine erste Begegnung mit dem Gebirge hinterlassen hat. Da sind die von Schnee bedeckten hohen Gipfel, schroffe Felswände, die vom Sonnenlicht bestrahlt in vielfältigen Farben aufleuchten. Den Blick nach oben gerichtet erlebt man sich klein gegenüber der majestätischen Größe und Erhabenheit. Es kann ein tiefer Wunsch entstehen, dort oben zu sein, wo die Erde den Himmel berührt, wo eine Welt ist, der die Alltagssorgen fremd sind, wo man sich frei und unabhängig erlebt. Manch einer ist bereit, alle Strapazen des Aufstiegs auf sich zu nehmen, um sich für eine kurze Zeit in diese andere Welt zu erheben.

Eng verbunden mit solchen Erlebnissen ist ein anderes, das auch zum Gebirge gehört: die Begegnung mit der Welt der Kristalle. Wer einmal als Kind beim ersten Kristall, den es selbst entdeckt hat, von überwältigender Freude ergriffen wurde, kennt den Zauber, der von den Kristallen ausgeht.

Was hat es mit dem auf sich, was wir einfach Kristall nennen? Es gibt für den Mineralogen eine überaus große Anzahl unterscheidbarer Kristalle, für den Laien aber taucht bei dem Wort Kristall meistens das gleiche innere Bild auf, das des Bergkristalls, des «Kristalls aus den Bergen».

Woher kommen die Erlebnisse, die man am Bergkristall haben kann? Weshalb sind diese Erlebnisse so eng mit denen des Gebirges verknüpft? Drückt sich darin etwas vom Wesen der Substanz aus, die den Bergkristall und auch einen wesentlichen Teil der Gebirge aufbaut?

In seiner reinen Klarheit und Durchsichtigkeit und seinem brillanten Glanz zeigt sich der Bergkristall als eine Substanz, die sich in besonderer Weise dem Licht öffnet, dabei das Licht in seinem Wirken verstärkt und dieses gleichzeitig ins Bewusstsein des Betrachters hebt. Letzteres scheint mit der Form des Bergkristalls zusammenzuhängen. Ein lang gestrecktes sechsseitiges Prisma wird bei vollkommener Ausbildung beiderseits von einer Pyramide begrenzt. In dieser Gestalt, die dem trigonalen Kristallsystem angehört, aber hexagonal erscheint (ditrigonal), wird eine Achse betont, die man unmittelbar

Bergkristall (aus Benesch 1993, S. 182).

als die Vertikale erlebt, als gleichsam Erde und Kosmos verbindende Achse. Damit steht der Kristall für den Betrachter zwischen Himmel und Erde, zum Licht hin orientiert. Seine Beziehung zum umgebenden Raum entspricht nicht dem Alltagserleben. Es gibt kein Vorne und Hinten, kein Links und Rechts; vielmehr wendet sich die Gestalt sechs Seiten zu, die den Umkreis in harmonischer Weise aufgliedern. Die Sechsseitigkeit vermittelt das Empfinden, aus den rein irdischen Verhältnissen, die sich im rechten Winkel und im dreiachsigen Koordinatensystem ausdrücken, herausgehoben zu sein. Natürlich ist es nicht die Gestalt des Bergkristalls selbst, die sich in die Vertikale einordnet. Der Kristall kann mit seiner Längsachse jede beliebige Richtung einnehmen. Die Längsachse ist unabhängig von der Gravitation der Erde. Eine Richtung hat aber immer den Charakter, zwei Pole miteinander zu verbinden. Und indem wir den Kristall betrachten, erleben wir in seiner gestreckten Form gleichzeitig die Vertikale in uns, die uns zwischen Himmel und Erde stellt. Aus sich heraus ist der Kristall in sich zentriert, unabhängig vom Zentrum des ihn umgebenden irdischen Raumes. Für unser Erleben jedoch erscheint in seiner Gestalt das Licht betont, indem die Längsrichtung zum Licht hinweist und die abschließende Pyramide zu einer Konzentration in diese Richtung führt. Gleichzeitig steigert die Sechsseitigkeit des Prismas die Aufmerksamkeit zum Licht hin, indem das Raumempfinden aus den irdischen Verhältnissen herausgehoben wird. Dabei drängt sich die Form des Bergkristalls selbst nicht auf; sie vermittelt eher das Erleben einer edlen Bescheidenheit. (Um diese Beziehung zwischen Form und Licht deutlicher zu erleben, denke man sich einen Würfel neben der Gestalt des Bergkristalls. Im kubischen System des Würfels sind alle drei Raumesrichtungen gleichwertig, es gibt kein herausgehobenes Oben – Unten; und mit der aufliegenden Fläche entsteht das Erleben der Erdverbundenheit.)

Die Substanz des Bergkristalls ist mit einer Dichte von 2,65 g/cm^3 nicht besonders schwer; der Bergkristall ist nur mäßig den Kräften der Verdichtung unterworfen. Zerbricht ein Kristall, so zeigt der so genannte muschelige Bruch – die Bruchfläche folgt nicht inneren Strukturen des Kristalls wie etwa beim Kalkspat – das Verhalten einer völlig homogenen Substanz wie das amorphe Glas. Der Bergkristall ist in viel höherem Grade eine in sich ganzheitliche Gestalt als jene Mineralien, die sich an Spaltflächen zerteilen.

Das Verhalten des Bergkristalls (des Quarzes) bei der Verwitterung unterscheidet sich auch von dem der anderen Mineralien. Der Bergkristall lässt sich wohl mechanisch zerkleinern, aber er widersteht nahezu allen chemisch zersetzenden Einwirkungen der natürlichen Umgebung, sodass der Quarz zuletzt als Sand übrig bleibt, während die anderen Minerale des Gesteins durch chemische Verwitterung völlig zerstört wurden (mit Ausnahme seltener Edelmineralien). So wie das Empfinden des Betrachters durch die Form des Bergkristalls aus den irdischen Verhältnissen herausgehoben wird, so erscheint er in seiner Substanz selbst den chemischen Einflüssen, die im Irdischen wirken, enthoben.

Unterzieht man den Bergkristall oder den Quarz einer chemischen Analyse, so erweist er sich als Oxid des Siliziums (SiO_2). Dieses ist als Quarz ein wesentlicher Bestandteil des Granits, der als Urgestein die Grundlage der Kontinente bildet. Aber nicht nur im Granit ist der Quarz anzutreffen, denn wie schon erwähnt bleibt er als Sand bei der Verwitterung granitischer Gesteine zurück. Und der Sand ist dann wiederum Bestandteil einer Vielzahl von Ablagerungsgesteinen. Schließlich ist der Quarz in der großen Gruppe der Umwandlungsgesteine (Metamorphite) auch fast überall vorhanden. So ist das Siliziumdioxid eine sehr weit verbreitete Substanz, und seine Erscheinungsformen sind äußerst vielfältig (Bergkristall, formloser Quarz, Achat, Chalzedon, Opal u.v.a.).

Nur in den dunklen Gesteinen basaltischer Zusammensetzung, die die ozeanische Erdkruste und die tieferen Erdschichten aufbauen (Erdmantel), fehlt der Quarz als reines Siliziumdioxid. Doch auch in diesen Gesteinen ist das Siliziumdioxid eine gesteinsbildende Komponente.

So zeigt sich, dass der Quarz und die Silikate als «Kieseliges» nicht nur dem Gebirge angehören, sondern die Grundlage der gesamten Erdkruste sind. Sie bilden gewissermaßen das Gerüst der festen Erde. Was der Kalk bzw. der Apatit, in dem das Calcium mit dem Kohlenstoff, dem Phosphor und dem Sauerstoff zusammenwirkt, in der Schalen- und Skelettbildung für den Organismus darstellt, das sind die Silikate für die ganze Erde in deren fester Hülle. Der Vielfalt der Silikate liegt das Silizium zugrunde, das mit einer ganzen Reihe verschiedenster Metalle (Aluminium, Natrium, Kalium, Calcium, Magnesium, Eisen u.v.a.) und mit dem Sauerstoff Verbindungen bildet. Aber nicht nur qualitativ, sondern auch quantitativ ist das Silizium herausragend. Es ist das zweithäufigste aller Elemente im Bereich der Erdkruste (26 Prozent). Nur der Sauerstoff, der mit dem Silizium zusammen den Quarz bildet, ist mit 49 Prozent noch stärker an der Erdkruste beteiligt. Das heißt aber, dass Sauerstoff und Silizium gemeinsam drei Viertel der Masse der Erdkruste bilden und damit eine herausragende Bedeutung im Mineralischen haben.

Wie stellt sich nun das Element Silizium in seinen Eigenschaften und seinem chemischen Verhalten dar, das einen so beherrschenden Anteil an der Gestalt der Erde hat? In elementarer Form ist es in der Natur nicht anzutreffen; es tritt nur in Verbindungen auf, das heißt, es ist ganz in die Substanzprozesse der Erde eingebunden. Vor allem hat es eine große Affinität zum Sauerstoff. Will man elementares Silizium gewinnen, muss man sich hoher Energien im elektrischen Ofen oder im Lichtbogenofen bedienen, durch die sich das Silizium mithilfe von Kohle aus dem Siliziumdioxid (Quarz) reduzieren lässt. Hat man aber das elementare Silizium aus dem Quarz gewonnen, dann ist es äußerst beständig. Das liegt daran, dass es wohl sofort mit dem Sauerstoff der Luft reagiert und an der Oberfläche eine sehr dünne, äußerst dichte Schicht von Siliziumoxid bildet, die weiteren Sauerstoffzutritt verhindert.

Das elementare Silizium erscheint wie ein mattes, graues Metall. Es reflektiert das Licht viel intensiver als der auch etwas metallisch wirkende Graphit, aber nicht so stark wie die reinen Metalle, z.B. das Silber. Nimmt man Silizium in die Hand, ist man erstaunt, weil es durch das metallische Aussehen schwer erscheint, aber sehr leicht ist. Mit einer Dichte von 2,328 g/cm^3 ist es leichter als die meisten Gesteine. Sehr erstaunlich ist seine große Härte (7 nach der Mohsschen Härteskala) und seine Sprödigkeit. Beides entspricht nicht dem Charakter eines Metalls; sonst wäre Silizium duktil, d.h. plastisch verformbar und nicht so hart. Die intensive Verfestigung, die in der Härte und Sprödigkeit zum Ausdruck kommt, und die zugleich so geringe Verdichtung werfen die Frage nach den Kräften auf, die so stark formend, aber wenig verdichtend wirken.

Auch der Wärme gegenüber zeigt das Silizium ein Verhalten, das nicht dem Gewohnten entspricht: Es bleibt bei zunehmender Wärme sehr lange fest und schmilzt erst bei 1410 °C, verharrt dann auch sehr lange im flüssigen Zustand, bis es bei 3280 °C in den Gaszustand übergeht. Auch hier äußern sich Kräfte, die einen starken Zusammenhalt bewirken.

Das Erstaunlichste ist aber die Tatsache, dass das Silizium beim Übergang vom Festen ins Flüssige dichter wird und sich beim Erstarren ausdehnt. Im festen Zustand hat es eine Dichte von 2,328 g/cm^3 und im flüssigen von 2,51 g/cm^3. Dieser Dichtesprung von 0,223 g/cm^3 ist sehr groß, weitaus größer als der beim Wasser, von dem wir eine solche Anomalie kennen. Nun sind aber Wasser bzw. Wasserstoff und Silizium keineswegs ähnliche Substanzen, und dennoch zeigen sie diese Gemeinsamkeit im Dichteverhalten bei diesem Wechsel des Aggregatzustandes. Welche Kräfte bewirken im Silizium diese Erscheinungen?

Zum Erwärmen des Siliziums ist im Vergleich zu anderen, insbesondere metallischen Substanzen eine große Wärmemenge nötig, das heißt, Silizium zeichnet sich durch eine hohe Wärmekapazität aus; es werden 0,168 cal benötigt, um ein Gramm Silizium um ein Grad zu erwärmen (Vergleichszahlen findet man im Kapitel zum Wasserstoff). Das bedeutet, dass das Silizium sehr viel Wärme als latente Wärme aufnimmt, ohne durch diese selbst wärmer zu werden. Und bei thermometrischer Wärmezunahme zeigt es einen für Metalle sehr geringen linearen Ausdehnungskoeffizienten. Eine starke innere Erwärmung entzieht sich der Wahrnehmung, und gleichzeitig führt die äußere Erwärmung nur zu einer geringen Formveränderung. Wie ist es zu verstehen, dass Silizium eine so große Beziehung zur Wärme hat und die der Wärme eigene Ausdehnungstendenz nur so wenig bewirkt? Offensichtlich wirken im Silizium intensiv formende und verfestigende Kräfte.

Ein ungewöhnliches Verhalten zeigt das Silizium gegenüber starkem Druck. Silizium hat normalerweise Diamantstruktur. Es gliedert sich in kubischen Kristallformen mit drei gleichwertigen Achsen ganz in den irdischen Raum ein, ist aber in seinem Gefüge nicht so verdichtet wie kubisch geformte Metalle. Es ist eine Substanz, die in ihrer Form ganz irdisch ist, aber den verdichtenden Kräften nicht völlig unterliegt. Ab einem Druck von 130 kbar geht Silizium in eine tetragonale Form über und hat dann eine Dichte von 3,286 g/cm^3. Im Übergang von der kubischen zur tetragonalen Struktur tritt wie in einer Gegenwirkung zum allseitigen Druck eine Kristallachse in den Vordergrund. Bei 200 kbar kristallisiert es hexagonal bei einer Dichte von 3,56 g/cm^3. Nun löst sich das Silizium in seiner inneren Struktur noch stärker von den drei senkrecht zueinander stehenden Richtungen des Raumes – ähnlich wie der Bergkristall in seiner äußeren Form. Weitere Umwandlungen finden bei 340 kbar und 430 kbar statt. Bei der letzten Hochdruckmodifikation von 780 kbar wird das Silizium wieder kubisch, nun aber mit Kupferstruktur, dem dichtesten inneren Aufbau.

Druck in kbar	Dichte in g/cm^3	Kristallstruktur	
1	2,328	kubisch	zuneh-
130	3,286	tetragonal	mender
200	3,56	hexagonal	Metall-
780	?	kubisch	charakter ↓

Silizium reagiert also in ganz ungewöhnlicher Weise auf Veränderungen der Kristallstruktur mit diesen verdichtenden Kräften.

Dem Licht gegenüber zeigt das Silizium Eigenschaften, die es ganz besonders auszeichnen und aufgrund derer es eine so große technologische Bedeutung hat. Wird es von Licht bestrahlt, wird ein Teil des Lichtes absorbiert und unter bestimmten Bedingungen in elektrischen Strom umgewandelt (Fotovoltaik).[1] Bei den meisten anderen Substanzen führt die Bestrahlung mit Sonnenlicht lediglich zu einer Umsetzung in Wärme.[2] Dieser besonderen Eigenschaft des Siliziums soll nun etwas nachgegangen werden, da in ihr der Schlüssel zum Verständnis des Siliziums liegt.

Elektrizität kann durch Reibung zur Erscheinung gebracht werden, d.h. durch verdichtende Kraft, mit der ein bewegter Gegenstand auf einen anderen einwirkt, der als Isolator in der Lage ist, die Elektrizität festzuhalten. Weiter treten elektrische Erscheinungen im Zusammenhang mit dem Eisen und dessen Magnetismus auf (siehe das Kapitel zum Eisen). Die Metalle haben insgesamt eine intensive Beziehung zur Elektrizität, indem sie den elektrischen Strom leiten. Außerdem zeigen die Ergebnisse der Atomphysik, dass die Materie in ihrem inneren Aufbau im Wesentlichen aus elektrischen Kräften besteht. Im normalen Zustand der Materie wirken diese Kräfte ganz im Verborgenen. Durch den Magnetismus können sie aber befreit werden und so nach außen treten. Eine unmittelbare Wahrnehmung des Magnetismus und der Elektrizität ist aber nicht möglich. Was wir wahrnehmen, sind nur die Wirkungen der auftretenden Elektrizität auf die materielle Umgebung. Bei der Elektrizität haben wir es also mit Kräften zu tun, die tief im Inneren der Materie wirksam sind und unterhalb der unmittelbaren Wahrnehmung liegen. Sie gehören dem Bereich der verdichtenden Kräfte an, die den Zustand der Materie bewirken. Verlassen elektrische Kräfte die Materie wie bei einer elektrischen Entladung, dann kommt es zu Lichterscheinungen (Lichtbogen, Funken usw.). Das zeigt, dass zwischen Elektrizität und Licht ein Zusammenhang besteht. Auf diesen Zusammenhang weist R. Steiner mit folgenden Worten hin: «Was tut man, wenn man Elektrizität und Magnetismus studiert? Man studiert die Materie konkret» (R. Steiner 1987, S. 161). «Das physikalische Atom ist kondensierte Elektrizität» (R. Steiner 1991, S.112) und: «Wenn man das Licht ins Untermaterielle stößt, also um eine Stufe tiefer als die materielle Welt, ... entsteht die Elektrizität. Das Licht ist da in der schwersten Weise zusammengepresst» (R. Steiner 1995, S. 102).

Betrachtet man Materie als bis zur Undurchsichtigkeit verdichtetes Licht, dann ergibt sich für das Silizium ein wichtiger Zusammenhang.[3] Wird das Silizium vom Licht bestrahlt, dann wird Licht in die Materie aufgenommen, und an dessen Stelle tritt Elektrizität auf.

So kann man das Silizium als eine Substanz verstehen, die sich mit ihren Eigenschaften zwischen Licht und Materie stellt und das sich zentrifugal ausbreitende Licht in die zentripetal verdichtete Elektrizität umwandelt.

Silizium ist als Halbmetall eine den Metallen nahe stehende Substanz, die die Fähigkeit hat, Licht zu absorbieren; in ihr sind die Kräfte, die im Metall das Eindringen von Licht verhindern, abgeschwächt. Dadurch können im Silizium Kräfte wirken, die dem Kosmos gegenüber offen sind.

Aus dem Vorangehenden ergibt sich die Möglichkeit, die zunächst recht rätselhafte Substanz des Siliziums bis zu einem gewissen Grade zu verstehen.

Das Licht ist eine zum Umkreis verströmende Kraft, die stark formend wirkt (dies ist im Beitrag zum Phosphor dargestellt). Diese Kraft ist nun im Silizium in abgewandelter Form wiederzufinden:
- indem das Element in seiner Härte und Sprödigkeit von formenden Kräften durchdrungen ist, aber dennoch eine geringe Verdichtung zeigt
- indem es sich beim Erstarren der Schmelze ausdehnt; hier erscheint eine Wirkung, die der Ausbreitung des Lichtes entspricht
- indem es gleichzeitig eine hohe Wärmekapazität und geringe Wärmeausdehnung hat; das weist auf eine zum Umkreis gerichtete Kraft der Wärme hin, die aber durch das im Silizium formend und verfestigend wirkende Licht nicht zur Geltung kommt.

Wenn wir nun auf weitere Eigenschaften des Siliziums eingehen, wird sich zeigen, inwieweit sich die innere Beziehung zum Licht bestätigt.

In seiner Erscheinung steht das Silizium den Metallen weit näher als den Nichtmetallen, es zeigt aber doch deutlich seine Sonderstellung. Schon der Klang des Siliziums ist nicht der eines Metalls. Er gleicht vielmehr dem von aneinander geschlagenen Kieselsteinen, deren heller Klang abrupt abbricht. Der weiche Charakter des Metallklangs, der akustische Ausdruck der Duktilität der Metalle, ist beim Silizium nicht vorhanden. Seine spröde und harte Substanz äußert sich im plötzlichen Ende des Tons.

Ein weiteres charakteristisches Phänomen ist das Schmelzverhalten. Die Metalle erweichen in der Regel beim Erwärmen noch vor dem eigentlichen Schmelzen, und es bedarf dann nur noch geringer Wärme, damit die Metalle vom festen in den flüssigen Zustand übergehen. Nicht so das Silizium. Es benötigt als Halbmetall im Vergleich mit den Metallen mit Abstand die größte Schmelzwärme von 337 cal/g (das entspricht 50 kJ/mol).

Aluminium	94,5 cal/g
Blei	5,9 cal/g
Calcium	55,7 cal/g
Eisen	63,7 cal/g
Gold	15,3 cal/g
Kupfer	49,0 cal/g
Silber	25,0 cal/g
Silizium	337,0 cal/g

Das weist darauf hin, dass im Silizium Kräfte wirken, die den festen Formzustand bis zu einer hohen Temperatur bewahren (Schmelzpunkt 1410 °C) und zum Schmelzen selbst diese große Wärmemenge erfordern. Diese formbewahrenden Kräfte sind nicht nur die der üblichen Verdichtung, denn sonst hätte Silizium eine höhere Dichte. Hier wirkt offensichtlich die formende Kraft des Lichtes im Silizium.

Bisher war der Blick vor allem auf die physikalischen Eigenschaften des Siliziums gerichtet. Wie verhält sich Silizium nun im Chemischen? Es wurde schon erwähnt, dass das Silizium in der Natur nie in elementarer Form vorkommt, da es eine starke Affinität zum Sauerstoff hat und mit diesem im Siliziumdioxid (SiO_2) eine äußerst stabile Verbindung bildet. Das Siliziumdioxid erscheint als Bergkristall, wenn es Raum hatte, sich als Kristall auszubilden, und als Quarz, der als häufigstes Mineral in allen Gesteinen weit verbreitet ist. Wie bereits beschrieben, finden wir es im Granit und verwandten Gesteinen, in den metamorphen Gesteinen der Gneise und kritallinen Schiefer und als Sand in den Sedimentgesteinen.

Der Sauerstoff führt die Substanzen, mit denen er sich verbindet, in die irdischen Stoffprozesse, indem er die substanzgebundene Wärme des jeweiligen Reaktionspartners in stärkerem oder geringerem Umfang freisetzt. Beim Silizium ist es die ausgesprochen große Wärmemenge von 210 kcal/mol. Dabei verändern sich Schmelz- und Siedepunkt deutlich, während die Dichte nur etwas zunimmt:

	Silizium, Si	Siliziumdioxid, SiO_2
Siedepunkt in °C	3280	2230
Schmelzpunkt in °C	1420	1732
Dichte in g/cm^3	2,33	2,648

An diesen Veränderungen beim Übergang des Siliziums in sein Oxid werden nun sowohl Eigenschaften des Sauerstoffs als auch des Siliziums sichtbar. In der Tatsache, dass das metallisch erscheinende Silizium im Oxid durchsichtig wird, äußert sich die Gasnatur des Sauerstoffs, aber auch die innere Beziehung des Siliziums zum Licht, die trotz der Verdichtung durch die große Wärmefreisetzung bei der Oxidation eine so starke Aufhellung zur Durchsichtigkeit ermöglicht. Die große Reaktionswärme bewirkt durch die innere Abkühlung ein stärkeres Erstarren, das sich in dem deutlich höheren Schmelzpunkt äußert, aber nicht eine gleich starke Zunahme der Dichte. Man muss eben bedenken, dass beim Silizium der feste Aggregatzustand seine Ursache in den irdisch-verdichtenden Kräften und in der formenden Kraft des Lichtes hat, die Dichte aber nur in den irdisch-gravitativen Kräften. Die Tatsache, dass das Siliziumdioxid leichter als das Silizium in den gasförmigen Aggregatzustand übergeht, liegt wohl an seiner Sauerstoffkomponente. Die intensive Erstarrung, die in dem hohen Schmelzpunkt zum Ausdruck kommt, ist der Grund für die außerordentliche Festigkeit (Härte = 7) und den Widerstand gegen die Kräfte, die das Gestein zersetzen.

Wie das Silizium hat auch der Quarz deutliche Beziehungen zum Licht und auch zur Elektrizität. So ist der Quarz optisch aktiv: Polarisiertes Licht wird beim Durchgang durch den Kristall in seiner Richtung abgelenkt, und zwar entweder nach rechts oder nach links. (Deshalb kann man Rechts- und Linksquarz unterscheiden, die sich auch in ihren Kristallflächen wie rechte und linke Hand spiegelsymmetrisch zueinander verhalten.)

Eine weitere Besonderheit des Quarzes ist seine Thermolumineszens, die Fähigkeit, Licht, mit dem er bestrahlt wurde, bei Erwärmung wieder abzustrahlen.[4]

Quarz reagiert in seiner Kristallstruktur auf Druck und auf Temperatur. Es gibt zwei Hochdruckmodifikationen, den Coesit und den Stishovit, und als Hochtemperaturmodifikationen den Tridymit und den Cristobalit. Die beiden Ersteren entstehen bei extrem hohem Druck (2 – 10 GPa), wie er z.B.

durch Meteoreinschläge verursacht werden kann. Sie zeichnen sich durch eine gegenüber dem normalen Quarz höhere Dichte aus (Coesit 2,93 g/cm^3, Stishovit 4,35 g/cm^3). Bei steigender Temperatur bildet sich zwischen 870 und 1470 °C der Tridymit, dessen Dichte gegenüber dem Quarz mit 2,25 g/cm^3 geringer ist, und zwischen 1470 und 1710 °C der etwas dichtere Cristobalit (2,33 g/cm^3). Wie das Silizium reagiert also auch der Quarz auf die irdischen Kräfte des Drucks und die ausdehnende Wirkung der Wärme.[5]

Für den Mineralogen zeigt der Quarz eine nahezu unübersehbare Vielfalt von Erscheinungsformen, die darauf zurückzuführen sind, dass das Siliziumdioxid viele andere Substanzen in mehr oder weniger geordneter Form in seine eigene Struktur mit einschließen kann und dadurch verschiedenste Farbvarietäten auftreten. Außerdem wirken Röntgenstrahlen und Radioaktivität auf den Quarz so ein, dass Rauchquarz und Amethyst entstehen. Aber nicht nur farbliche Varietäten sind typisch für den Quarz, sondern auch eine große Vielfalt in der Ausbildung der einzelnen Kristalle und in der Gestaltung von Aggregaten. In all diesen Erscheinungen, auf die hier nicht im Einzelnen eingegangen werden kann, offenbart sich in Farbe und Gestalt ein intensives Wechselspiel zwischen Licht, Materie und Form.

In den Silikaten der Gesteinswelt trifft man auf eine noch größere Vielfalt. Die Ursache liegt in der Fähigkeit des Siliziumoxids, mit sich selbst, ähnlich dem Kohlenstoff, Verbindungen einzugehen und dabei andere Metalloxide geordnet in das eigene Kristallgefüge einzubinden. Chemisch werden die Silikate als Salze der Kieselsäure gedeutet; besser ist es, sie als eine geordnete Vereinigung des Siliziumdioxids mit den anderen Metalloxiden zu betrachten. Je nachdem, wie sich das strukturierende Silizium verhält, spricht man von Insel-, Ketten-, Band- und Schichtsilikaten.

Aber nicht nur im Mineralreich der Erde spielt das Silizium eine wichtige Rolle. Es befindet sich in sehr großer Verdünnung als gelöstes Siliziumdioxid in allen Gewässern (in der Hydrosphäre durchschnittlich 5 mg/l, im Flusswasser 13 mg/l, in kalten unterirdischen Gewässern bis 40 mg/l und in heißen Quellen bis 500 mg/l) und steht in dieser Form den Pflanzen, Tieren und dem Menschen zur Verfügung. Die Bedeutung des Siliziums für die Organismen wurde lange unterschätzt.

Bei den Pflanzen, die ihr Leben in unmittelbarer Beziehung zum Licht entfalten, tritt das Silizium auch quantitativ deutlich hervor, besonders bei einkeimblättrigen Pflanzen und beim Schachtelhalm. Unter den Einkeimblättrigen haben die Blätter der Gräser und Getreide, die sich mit ihrer gestreckten Form betont dem Licht zuwenden, hohe Siliziumgehalte. Hier sind es besonders die gezackten Spitzen, in denen sich das Silizium anreichert. Beim Reis führt Siliziummangel zu hängenden Blättern; die Fähigkeit der Blätter, sich dem Licht zuwenden zu können, ist offensichtlich vom Siliziumgehalt abhängig. Aber auch überall dort, wo sich die Pflanze zum Licht wendet und in der Pflanze starke Formkräfte wirken, erscheint das Silizium in erhöhter Konzentration: in den Kelchblättern der Blüte, in den Spelzen der Fruchtstände bei Gräsern und Getreide und in den Knoten der Gräser.

Die physiologischen Wirkungen des Siliziums bei den Pflanzen sind besonders interessant. Beim Reis wurde nachgewiesen, dass ein erhöhtes Siliziumangebot die Vitalität der Pflanze steigert und eine Beschleunigung der Samenreife bewirkt wird. Außerdem zeigen solche Pflanzen eine gesteigerte Wuchshöhe und einen um 5 – 35 Prozent erhöhten Ertrag. In der Schale der Reiskörner ist ein hoher Gehalt an Silizium für die Keimfähigkeit des Samens wichtig. Es besteht auch eine Wechselbeziehung zwischen Phosphor und Silizium in den physiologischen Prozessen, indem sich die beiden Elemente teilweise gegenseitig ersetzen können. Aluminium und Eisen, also zwei Elemente, die intensiv mit den irdischen Kräften verbunden sind, hemmen die Siliziumaufnahme in der Pflanze; und das Silizium ist wiederum in der Lage, die toxische Wirkung des Mangans zu mildern.

Was sich am elementaren Silizium als besondere Beziehung zum Licht gezeigt hat, äußert sich auch im Leben der Pflanzen. Überall dort, wo das Licht als kosmische Kraft in der Stoffeswelt der Erde wirksam werden soll, ist Silizium. Es wirkt aber in anderer Weise als Phosphor, der innerhalb der Stoffeswelt wie das Licht selbst tätig ist (siehe den Beitrag zum Phosphor). Im Silizium sind Kräfte, durch die das Licht der Sonne in der Materie zur Wirksamkeit kommen kann. In ähnlicher Weise, wie durch das Auge die vom Licht ausgehenden Sinneseindrücke dem menschlichen Bewusstsein, wird durch das Silizium das Licht des Kosmos der Erde vermittelt. So ist es auch nicht verwunderlich, dass in der Linse des Auges ein besonders erhöhter Siliziumgehalt festzustellen ist, ebenso in der Haut. Weitere siliziumreiche Organe der Körperperipherie sind Haare und Nägel. Im Inneren des Körpers sind es die Lymphknoten im Lungen-Eingangsbereich, die glatte Muskulatur und die unmittelbare Umgebung des sich bildenden Knochens. Hier bildet eine feine, siliziumhaltige Haut die Umhüllung des entstehenden

Knochens. In diese hinein wird dann der Kalk abgeschieden. Fehlt dieser Hülle das Silizium, dann kommt es zu Wachstumsstörungen. Das gilt auch für die Ausbildung des Bindegewebes. Wo im menschlichen Organismus die formenden Kräfte tätig werden, bedienen sie sich des Siliziums. Einen besonders hohen Siliziumgehalt hat die Fruchtblase (22 Prozent in der Asche!). Der Gesamt-Siliziumgehalt im menschlichen Körper ist mit ca. 1,4 g recht gering.

Es ist bemerkenswert, dass im Blut, das das Gehirn durchströmt, in den Regionen besonderer Aktivität der Siliziumgehalt momentan ansteigt. Das Silizium erscheint in höherer Konzentration, wo das Licht des Denkens aufleuchtet.

Der Siliziumstoffwechsel verläuft relativ rasch: Das gesamte Silizium des menschlichen Körpers wird innerhalb von 46 bis 280 Tagen ausgetauscht. Dabei ist der Stoffwechsel des Siliziums eng an den Phosphor gebunden.

So ist das Silizium in der mineralischen und belebten Natur ein Element, das wie ein «durchlässiger Spiegel» das Licht in die Materie und die Lebensprozesse hineinträgt.

Dadurch entfaltet das Licht seine Wirksamkeit in der Materie und im Leben der Erde. Das Silizium ist nicht nur eine der häufigsten irdischen Substanzen, sondern hat auch eine umfassende Bedeutung im Dasein der Erde. R. Steiner (2000, S. 12) hat einmal notiert: «Das Silizium hat die Erde zum Abbild des Kosmos gemacht.»

Anmerkungen

1 Diese Umsetzung ist allerdings bei chemisch reinem Silizium nur im amorphen Zustand möglich. Das kristalline chemisch reine Silizium ist ein elektrischer Isolator. Damit es die genannten elektrischen Erscheinungen zeigt, ist die so genannte Dotierung nötig, d.h. eine gezielte, minimale Verunreinigung mit anderen Elementen, in der Regel mit Phosphor, Aluminium oder Bor. Außerdem verliert das Silizium bei zunehmender Erwärmung seine isolierenden Eigenschaften und wird elektrisch leitend, deshalb wird es auch als Halbleiter bezeichnet. Das bedeutet, dass das Silizium mit zunehmender Temperatur immer mehr metallisch wird.

2 Nach neueren Forschungsergebnissen ist das Silizium auch in der Lage, selbst Lumineszenzstrahlung zu zeigen. Wird Silizium so behandelt, dass es eine sehr poröse Oberfläche bekommt (elektrochemisch mit Flusssäure angeätzt), dann strahlt es bei Belichtung selbst Licht ab. Nicht behandeltes Silizium zeigt diese Eigenschaft nicht. Erst wenn den verdichtenden Kräften im Silizium durch die Porosität entgegengewirkt wird, kann das «innere Licht» des Siliziums erscheinen.

3 Betrachtet man die Erde selbst als Mikrokosmos des ganzen sie umgebenden Makrokosmos, dann erscheint das Silizium als eine Substanz dieses Mikrokosmos Erde, die zwischen Makro- und Mikrokosmos vermittelt.

4 Nach atomphysikalischer Auffassung erhöht die aufgenommene Lichtenergie das Energieniveau einzelner Kristallgitterelemente (Elektronen), kann diesen höheren Energiezustand bei normaler Temperatur aber nicht wieder verlassen. Erst durch die äußere Erwärmung werden die Elektronen in einen erregten Zustand gebracht, aus dem sie in ihr ursprüngliches Energieniveau zurückkehren und dabei Licht abstrahlen. Das heißt aber, dass das Licht in dem höheren Energieniveau an die Materie gebunden ist.

Die Thermolumineszens dient in der Geologie zur Altersbestimmung von Gesteinen, da die Art der Lichtabstrahlung Aussagen darüber erlaubt, wann der Quarz zuletzt dem Licht ausgesetzt war, d.h. mit anderen Worten, seit wann er als Sediment abgelagert und bedeckt war.

5 Eine weitere Besonderheit des Quarzes ist seine Reaktion auf mechanischen Druck, bei der es zu elektrischen Erscheinungen kommt (Piezoelektrizität). Durch den Druck werden innerhalb des Kristalls die Ladungsverhältnisse so verschoben, dass die eine Seite elektrisch positiv, die gegenüberliegende negativ geladen wird. Dabei ist die auftretende Spannung proportional zum einwirkenden Druck. Interessant ist auch, dass im elektrischen Wechselfeld

eine mechanische Schwingung im Kristall erzeugt werden kann; der piezoelektrische Effekt ist also auch umkehrbar. Dies wird praktisch z.B. bei den Quarzuhren angewandt, die eine sehr hohe Präzision haben. An dieser Erscheinung zeigt sich, wiederum in abgewandelter Form, was dem Silizium als Charakter zu Eigen ist. Die Kräfte, die als elektrische Kräfte der Materie zugrunde liegen, können aus ihrem an die Substanz gebundenen Zustand befreit werden und nach außen in Erscheinung treten.

(Im Zusammenhang mit der Piezoelektrizität ist auch interessant, dass der Quarz trotz seiner großen Härte – 7 der Mohsschen Skala – eine beachtliche Kompressibilität zeigt.)

Wasser – Medium des Lebendigen

Es gibt keine Substanz, die uns in so vielfältiger Weise in der Natur entgegentritt und für das Antlitz der Erde so bedeutsam ist wie das Wasser. Wir begegnen ihm in den Bächen, in denen es oft in rascher, turbulenter Bewegung dem Gefälle folgt. Dann sehen wir es in Flüssen und mächtigen Strömen dahinfließen und in die Meere und Ozeane einmünden. Diese bilden zusammen eine die Erde umspannende Welt gewaltiger Wassermassen, die 71 Prozent der Erdoberfläche bedecken und die Kontinente und Inseln umschließen. Auch in den Meeren und Ozeanen befindet sich das Wasser in fortwährender Bewegung, in den mächtigen Meeresströmungen der mehr oberflächlichen Schichten, aber auch in den langsameren Tiefenströmungen, die z.B. von der Antarktis weit in den Atlantik und den Pazifik nach Norden vordringen. Von den weiten Flächen des Weltmeeres steigt unentwegt Wasserdampf in die Atmosphäre auf und kondensiert hier zu Wolken, die das Wasser über die Kontinente tragen. Hier gelangt es als Regen wieder zur Erde und durchsetzt den Boden mit Feuchtigkeit, ohne die die Pflanzen nicht wachsen und leben könnten. Das Regenwasser speist die Quellen und sammelt sich zum Teil in Seen und Teichen. Unter dem Einfluss der Kälte kristallisiert das Wasser in der Atmosphäre zu Schneeflocken, es erstarrt an der Oberfläche der Seen zu Eis; in den höheren Regionen der Berge und den polaren Gebieten der Erde entstehen die Eismassen der Gletscher. Hier wird Wasser zu harter, kristallisierter Materie, wie es im Wasserdampf in den aufgelösten gasförmigen Zustand übergeht – also nach zwei entgegengesetzten Richtungen seinen eigentlichen Charakter, den des Wässrigen, aufgibt.

Die Gewässer, besonders die Seen und Meere, haben eine harmonisierende Wirkung. Sie erwärmen sich langsamer als das feste Land und kühlen auch langsamer ab; und das wirkt ausgleichend auf das Klima. Einen großen Einfluss auf das Klima haben auch die warmen und kalten Meeresströmungen. Die Gewässer der Erde sind der Lebensraum für zahllose Pflanzen und Tiere. Vor allem ist das Wasser aber in jedem lebendigen Organismus die Substanz, in der das Leben seine vielfältigen Tätigkeiten entfaltet.

Die umfassende Bedeutung des Wassers lässt es berechtigt erscheinen, dieser Substanz in einer Abhandlung über Chemie vom Gesichtspunkt der Elemente ein besonderes Kapitel zu widmen, obwohl Wasser kein Element, sondern eine Verbindung ist. Welches sind die besonderen Eigenschaften dieser Substanz, und wie kann man sie und damit auch einen so weiten Bereich der Natur verstehen?

Die wichtigste unter den zahlreichen Eigenschaften des Wassers ist seine flüssige, durch und durch bewegliche Konsistenz. Diese so veränderliche Substanz, die aus sich selbst keine Form hat, ist dem Licht gegenüber sehr offen, wenn sie auch einen Teil des Lichtes an ihrer Oberfläche wie ein Spiegel reflektiert. So ist Wasser bis in die Tiefe von mehreren Metern von kristallklarer Durchsichtigkeit; dann erhält es einen bläulichen Schimmer. Licht durchdringt das Wasser aber bis in eine Tiefe von einigen hundert Metern. Die Beziehung zu der von der Sonne zuströmenden Wärme ist anders. Diese wird nämlich bereits in den oberen zwei bis drei Metern eines Gewässers absorbiert; die Erwärmung geschieht also nur in den oberflächlichen Schichten. Außerdem kann Wasser wie keine andere Flüssigkeit feste, flüssige und gasförmige Substanzen in sich aufnehmen. Es ist in besonderer Weise ein Medium für diese Substanzen, die in ihm auch ihre chemischen Wirksamkeiten entfalten. Das Wasser selbst ist in der Sprache des Chemikers neutral, d.h. ohne eigene chemische Aktivität, dadurch aber das Medium für zahllose chemische Prozesse. Wie kommt man zu einem Verständnis dieser und anderer noch nicht genannter Eigenschaften?

In der Substanz des Wassers gibt es nichts, was nicht fließend beweglich wäre. Dieses in sich völlig bewegliche Kontinuum ist für unser gewöhnliches Vorstellungsvermögen ein Problem. Denn man ist gewohnt, die Welt in voneinander abgegrenzter Dinglichkeit vorzustellen. Für diese partikularistische Vorstellungsweise bietet das Wasser aber keinen Anhaltspunkt; denn nichts deutet auf noch so kleine Partikel hin. Und die Brownsche Bewegung ist genau besehen kein eindeutiges Indiz für das Vorhandensein solcher Partikel (Dahlmann 1997, S. 116 ff.). So kommt man mit dem gewöhnlichen Vorstellungsvermögen gegenüber dem Wasser in erhebliche Schwierigkeiten. Man kann das natürlich ignorieren, indem man das Wasser als eine große Anzahl unsichtbarer Moleküle interpretiert, die sich leicht gegeneinander bewegen. Dann konstruiert man aber etwas, was dem Phänomen nicht gerecht wird und lediglich eine Verlegenheit kaschiert.

Im Wasser wirkt eine Tendenz, die dem Prinzip des Partikularistischen widerspricht. Ein spröder Kristall kann z.B. durch einen heftigen Schlag in viele Stücke zerfallen, ein Fels allmählich zerbröckeln. Ein Wassertropfen fließt dagegen mit dem anderen zusammen. So entstehen bei der Wolkenbildung zunächst kleine Tröpfchen mit einem Durchmesser von 10-30 μm. Mehr als zehntausend dieser Wolkentröpfchen fließen zu den feinen Tropfen des Nieselregens zusammen und viele Millionen zu einem großen Regentropfen. Auf dem Erdboden entstehen dann aus den Regentropfen Rinnsale, die sich zu Bächen vereinigen usw. Dieses Sich-Vereinigen endet dann in dem die Erde umschließenden Weltmeer. Da gibt es nicht mehr die vielen Wassertropfen, weil das Prinzip des Flüssigen antipartikularistisch ist: Es ist das vollständige Aufgehen des Einzelnen in dem größeren Ganzen.

Dem Flüssigen und damit dem Wasser kann man sich weiter annähern, wenn man es mit den beiden anderen Aggregatzuständen vergleicht. Ein Gas ist um ein Vielfaches dünner und damit auch viel beweglicher als eine Flüssigkeit. Beim Verdampfen einer flüssigen Substanz entstehen aus einem Volumen in der Regel etwa 1000 Volumina Gas. In diesem ausgedehnten Zustand wirkt die Wärme, die die Substanz beim Verdampfen in sich aufgenommen hat. So verströmt das Gas nach allen Richtungen zum Umkreis hin und grenzt sich dementsprechend auch nicht von ihm ab. Durch diese zentrifugale Tendenz hat das Gas kein Zentrum in sich; man könnte schon eher paradox formulieren: sein «Zentrum» läge im ganzen Umkreis. Damit wird deutlich, dass die Materie als Gas das absolute Gegenteil des In-sich-Zentriertseins, d.h. des Partikulären, ist.

Aus diesem Gaszustand entsteht das Flüssige, indem beim Phasenübergang aus der Substanz Wärme frei wird. Damit verdichtet sich das Gas zur Flüssigkeit. Es verschwindet das zentrifugale Verströmen und die Hinorientierung zum Umkreis. Das Flüssige grenzt sich durch eine Oberfläche gegenüber dem Umkreis ab. Damit nähert sich die Substanz dem festen Zustand an, in dem sie sich durch die erstarrte Form ganz aus dem Zusammenhang mit der Umgebung isoliert. Es bestehen aber deutliche Unterschiede zum Festen. So ist Wasser in seiner Form nicht nur unbestimmt und beweglich, es grenzt sich auch nicht wie das Feste nach allen Richtungen hin von der Umgebung ab, sondern nur nach oben. An der Oberfläche eines Sees und an dem leicht gewölbten Horizont des Meeres kann man sehen, wie die Wassermassen ihr gemeinsames Zentrum im Mittelpunkt der Erde haben. Das gilt auch für das kleine Quantum Wasser in einem Gefäß. Insofern bildet alles Wasser, auch wenn es voneinander getrennt ist, ein zusammengehöriges Ganzes. Das äußert sich dann im Zusammenfließen. Ein kleines Abbild dieser Einheit der irdischen Gewässer ist der Wassertropfen.

So steht das Flüssige in der Mitte zwischen dem Gasförmigen und dem Festen. In seiner Beweglichkeit ist es dem Gasförmigen verwandt. Allerdings ist seine Beweglichkeit gegenüber der des Gases in dem verdichteten Zustand abgeschwächt. Und die Verdichtung manifestiert sich in der Abgrenzung durch die Oberfläche, die dann beim Entstehen des Festen durch das Erstarren bis zu einzelnen Formgebilden führt. Dieser Zwischenzustand des Flüssigen ist nun im Wasser in einer besonderen Weise verwirklicht; denn das Wasser ist durch seine zahlreichen Anomalien, d.h. von der Norm abweichenden Eigenschaften, eine höchst ungewöhnliche Flüssigkeit.

Das Ungewöhnliche zeigt sich zunächst in der chemischen Zusammensetzung. Bekanntlich kann man Wasser durch die Einwirkung von elektrischer Energie elektrolytisch zersetzen. Dabei wird es in die beiden Gase Wasserstoff und Sauerstoff gespalten, und zwar so, dass bei einem Volumen Sauerstoff immer zwei Volumina Wasserstoff entstehen. Aus dem Wasser, das unter normalen Bedingungen bei 100 °C siedet, entstehen zwei Gase, die erst bei der unvorstellbaren Kälte von –182,97 °C (Sauerstoff) und –252,76 °C (Wasserstoff) in den flüssigen Aggregatzustand übergehen. Es ist schwer vorstellbar, wie aus der chemischen Vereinigung dieser Gase flüssiges Wasser entstehen kann. Nun besteht zwischen Wasserstoff und Sauerstoff eine starke Affinität. Das zeigt sich an der äußerst heftigen Reaktion, die erfolgt, wenn Wasserstoff und Sauerstoff in einem Mischungsverhältnis 2 : 1 entzündet werden. In weniger als einer tausendstel Sekunde entsteht unter einer starken Volumenkontraktion explosionsartig Wasser, wobei viel Wärme, nämlich 68,4 kcal/Mol, abgestrahlt wird (sog. Knallgasreaktion). Die Vereinigung beider Elemente im Wasser ist äußerst stabil. Erhitzt man Wasser z.B. auf 2000 °C, dann zerfällt unter der enormen Hitzeeinwirkung kaum 1 Prozent des Wasserdampfes in die Elemente.

Was geschieht nun bei dieser Vereinigung? Wasserstoff und Sauerstoff sind in ihren Eigenschaften die denkbar größten Gegensätze. Wasserstoff ist jenes unter den Gasen, in dem die innere Wärme die intensivste Wirksamkeit hat. Es ist das dünnste aller Gase mit der stärksten Tendenz, sich in den Umkreis zu verflüchtigen. Durch die Macht der in ihm wirkenden Wärme widersteht es bis –252 °C der Verdichtung zu einer Flüssigkeit. Und die Fülle dieser latenten Wärme äußert sich in seiner Haupteigenschaft, seiner Brennbarkeit, d.h. in der äußerst heißen bläulichen Flamme beim Verbrennen. Wasserstoff ist das unirdischste unter den Elementen (siehe das Kapitel über den Wasserstoff). Der Sauerstoff bewirkt das Verbrennen, bei dem die Imponderabilien, vor allem die den Stoffen immanente Wärme, aus deren Substanz entbunden werden. Durch die Verminderung der latenten Wärme wird im inneren Kräftegefüge der Stoffe die Wirkung der verdichtenden Kräfte stärker – analog dem Phasenübergang zu einem dichteren Aggregatzustand. Dadurch ist der Sauerstoff jenes Element, durch das bei der Vereinigung mit anderen Elementen Stoffe entstehen, die dichter sind oder in dichtere Zustände, schließlich in das Mineralisch-Erstarrte übergehen. So bestehen die Gesteine der Lithosphäre zu etwa 50 Prozent aus Sauerstoff.

Wenn sich nun Sauerstoff mit Wasserstoff vereinigt, dann wird durch das Freiwerden der latenten Wärme die Gasnatur des Wasserstoffs stark abgeschwächt. Außerdem wird der Wasserstoff von einem vielfach dichteren Element durchdrungen. Jeder dieser Faktoren bewirkt eine Verdichtung, beide zusammen also einen starken Verdichtungsprozess. Was ergibt sich, wenn bei dieser Vereinigung der Wasserstoff mit dem Sauerstoff in Wechselwirkung kommt? Verbindet sich Wasserstoff mit anderen leichten Nichtmetallen (z.B. Schwefel und Phosphor), dann entstehen durch seine so intensive zentrifugale Wirksamkeit gasförmige Stoffe. Bei der Vereinigung mit dem Sauerstoff kann sich die zentrifugale Tendenz des Wasserstoffs dem Anschein nach nicht durchsetzen.

Der Vorgang, durch den Wasser entsteht, ist nun weit komplizierter als die bloße Vereinigung von Wasserstoff und Sauerstoff. Nach theoretischen Berechnungen ist die Substanz, die aus der Vereinigung von Wasserstoff und Sauerstoff hervorgeht und mit der Formel H_2O symbolisiert wird, nämlich keine Flüssigkeit, sondern ein Gas! Mit einem (hypothetischen) Siedepunkt von –80 °C und einem Schmelzpunkt von –100 °C (Römpp, Chemie-Lexikon, Bd. 6, S. 4994) würde dieses Gas allerdings viel leichter in den flüssigen und festen Zustand übergehen als die beiden in ihm vereinigten Elemente. Wie wird aber aus diesem Gas das Wasser? Dieses Gas erscheint im Wasserdampf. Wenn Wasserdampf dann zu Wasser kondensiert, entstehen nicht wie sonst aus ca. 1000 Volumina, sondern aus 1650 Volumina 1 Volumen Flüssigkeit. Die Verdichtung ist also viel intensiver. Erst durch diese gesteigerte

Verdichtung, bei der auch mehr Wärme frei wird als bei einem normalen Kondensationsvorgang, entsteht das flüssige Wasser. Wasser ist also nicht, wie man vielfach noch lesen kann, H_2O, sondern zur Flüssigkeit verdichtetes H_2O, ein in ungewöhnlicher Weise verdichtetes Gas.

Diese Verdichtung geschieht nach den Deutungen der Molekularchemie durch Wasserstoffbrüche zwischen Wassermolekülen. Mehrere dieser Moleküle vereinigen sich zu Aggregaten, so genannten Clustern, die sich aber sofort (nach 10^{-10} Sekunden) wieder auflösen; es entsteht keineswegs, wie man bisweilen lesen kann (siehe Ball 2002, S. 212 ff.) ein mehr oder weniger stabiles Netz aus Wassermolekülen. Auch wenn man von der partikularistischen Interpretation absieht: im Wasser vollzieht sich bei diesem außerordentlich raschen Oszillieren zwischen Verdichten und Auflösen ein höchst interessanter Prozess. Denn beim Verdichten bilden sich für einen Moment Strukturen, die denen des Eises möglicherweise ähnlich sind, und beim Auflösen für einen ebenso kurzen Moment das gasförmige H_2O (Naturw. Rundschau 5/1981 und 2/1998). Wasser ist also eine ganz außergewöhnliche Flüssigkeit. Sie ist nicht nur der mittlere Zustand zwischen dem Gasförmigen und dem Festen, wie wir es beschrieben haben, sondern eine Substanz, bei der das Flüssigsein in jedem Moment in diesem Oszillieren zwischen Auflösen und Verdichten neu entsteht. Wasser ist Flüssigsein in statu nascendi, d.h. in fortwährendem Entstehen zwischen der Tendenz des Erstarrens und des Sich-Auflösens zum Gas.

Nun wirken in der Substanz des Wassers die in ihrer Wirksamkeit so entgegengesetzten Elemente des Wasserstoffs und des Sauerstoffs zusammen: durch den Wasserstoff die auflösend-verflüchtigende Wirksamkeit, durch den Sauerstoff die verdichtende. Wenn man sich vorstellt, dass sich diese Gegensätze nicht gegenseitig aufheben, sondern sich in dynamischer Wechselwirkung befinden, dann resultiert jenes Oszillieren zwischen Verdichten und Auflösen. Aus dem Zusammenwirken von Wasserstoff und Sauerstoff bildet sich die zuinnerst dynamische Flüssigkeit des Wassers. Wasser ist also keine gewöhnliche Flüssigkeit. Es befindet sich nicht nur in dem üblichen Zustand des Flüssig-Beweglichen, sondern darüber hinaus in einem höheren Grad innerer Dynamik, in der des unentwegten Entstehens.

Durch diese Vorgänge beim Entstehen des Wassers, die weit komplizierter sind als die übliche Kondensation eines Gases zur Flüssigkeit, unterscheidet sich das Wasser von anderen flüssigen Substanzen in vielen seiner Eigen-

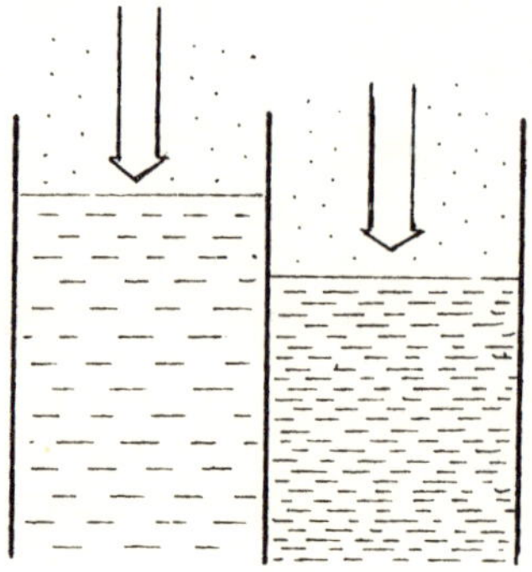

a. b.

schaften. Hier liegt die Ursache für die meisten seiner so genannten Anomalien. Wesentlich ist die stärkere Verdichtung bei der Kondensation von Wasserdampf zu Wasser, bei der das gasförmige H_2O in der beschriebenen Weise oszillierend in dichtere Zustände übergeht. Nun kann man die übliche Kondensation einer Substanz mit der des Wassers vergleichen und die unterschiedliche Intensität der Verdichtung schematisch zum Ausdruck bringen. Bei einer normalen Flüssigkeit (a) entsteht eine bestimmte Dichte, beim Wasser (b) treten durch die stärkere Wirksamkeit der verdichtenden Kräfte Eigenschaften auf, die anders sind, als wenn die Verdichtung wie bei (a) normal wäre. So kommt es zu einer ersten der Anomalien, zu der erhöhten Viskosität des Wassers; denn eine dichtere Flüssigkeit ist weniger beweglich. Mit dieser Anomalie hängt eine zweite zusammen, das ist die erhöhte Oberflächenspannung. Bei stärkerer Verdichtung wird die Abgrenzung gegenüber der Umgebung intensiver, die Flüssigkeit ist stärker in sich konzentriert; und das äußert sich als größere Oberflächenspannung.

Auf eine weitere Folge der starken Verdichtung haben wir schon hingewiesen: das ist der auffallend hohe Siedepunkt des Wassers. Um die verdichtenden Kräfte beim Übergehen in den Gaszustand zu überwinden, ist eine überdurchschnittllich große Wärmemenge erforderlich; das ist eine weitere Anomalie des Wassers.

Was das Wasser besonders kennzeichnet, ist seine hohe spezifische Wärme: Um ein bestimmtes Quantum Wasser um einen bestimmten Betrag zu erwärmen, ist mehr Wärme erforderlich als bei allen anderen flüssigen und festen Substanzen. Wasser durchdringt sich besonders tief mit Wärme, sodass sich nur ein geringer Teil der aufgenommenen Wärme als Temperaturerhöhung äußert. Das ist verständlich. Denn hier wird nicht nur eine gewöhnliche Flüssigkeit durchwärmt; es muss zudem der fortwährend oszillierend sich vollziehende Verdichtungsprozess von Wärme durchwirkt werden. Dieser Verdichtungsprozess entspricht aber einem inneren Kaltwerden, d.h. einer Veränderung unter dem Einfluss zusammenziehender Kälte.

Die hohe Wärmekapazität des Wassers hat im Leben der Natur eine große Bedeutung. Wir haben schon darauf hingewiesen, dass die langsame Temperaturveränderung des Wassers, sein langsames Erwärmen und Abkühlen, eine ausgleichende Wirkung auf das Klima der Erde hat. Es kommt aber noch etwas anderes hinzu. Würde sich das Wasser unter dem Einfluss der Sonne schneller erwärmen, dann würde es intensiver verdunsten. Der Boden müsste seine Feuchtigkeit ziemlich rasch verlieren – und das Pflanzenleben würde verdorren. Im Extremfall würde bei intensiver Sonneneinstrahlung die Wassertemperatur bis zum Siedepunkt ansteigen und die Erde zu einer Wüste werden. Damit wird aber deutlich, dass die hohe Verdichtung beim Kondensieren des Wassers eine Bedeutung hat, die nur aus dem ganzen Dasein der irdischen Natur verständlich wird. Das Leben der Pflanzenwelt kann sich nur durch das Licht und die Wärme, die der Erde von der Sonne zuströmen, entfalten. Segensvoll ist diese Wirksamkeit der Sonne aber nur durch die hohe spezifische Wärme, d.h. durch die starke Verdichtung des Wassers. So steht diese Eigenschaft des Wassers in einem inneren Zusammenhang mit der Beziehung der Erde zur Sonne; durch sie wird das Wasser zum Träger des irdischen Lebens. Das Wasser wird in seinen Eigenschaften nur verständlich aus seinem Zusammenhang mit dem Leben. Das gilt auch für seine Dichteanomalie. Dadurch, dass das Eis, das am Gefrierpunkt erstarrt, um 9 Prozent leichter ist als das Wasser, schwimmt es auf dem kalten Wasser. Es bildet eine Schicht über dem darunterliegenden Wasserraum mit dem in ihm vorhandenen Leben. Wäre Eis schwerer als Wasser, würde es an den Grund sinken, und so würde das ganze Gewässer unter dem Einfluss einer länger andauernden Kälte allmählich zu Eis erstarren.

Man lernt das Wasser verstehen, wenn man erfasst, wie es durch seine Eigenschaften wie keine andere Substanz zu weiten Bereichen der Natur in Beziehung steht. Das gilt nicht nur für das Leben, sondern auch für die Stoffe. «Keine andere Flüssigkeit besitzt in dem Maße wie das Wasser die Fähigkeit, feste, flüssige oder gasförmige Stoffe der verschiedensten Art in sich zu lösen» (Hofmann/Rüdorff, S. 55). Wenn sich die Stoffe im Wasser gelöst haben, d.h. darin ganz aufgegangen sind, können sie hier untereinander und auch mit dem Wasser in Wechselwirkung treten, z.B. indem sie miteinander chemisch reagieren. Wasser ist nicht nur die dynamische Mitte innerhalb der Aggregatzustände, sondern auch, indem es so zahlreiche Stoffe in sich auflöst, das vermittelnde Medium. Das kann es, wie schon erwähnt, nur dadurch sein, dass es absolut neutral ist, d.h. selbst keinerlei chemische Aktivität entfaltet.

Wodurch vermag das Wasser so zahlreiche und unterschiedliche Stoffe in seine Substanz aufzunehmen? Es hat wie keine andere Flüssigkeit eine innere Beziehung zu den drei Aggregatzuständen, indem es bei seinem inneren Oszillieren sich zum Gasförmigen hin auflöst, zum Festen hin sich verdichtet und in diesem Geschehen fortwährend der mittlere Zustand des Flüssigen entsteht. Wenn das Wasser aufgrund dieser inneren Verwandtschaft z.B. Salz in sich auflöst, dann geht die Substanz, die zuvor im Salzkristall erstarrt war, in die Beweglichkeit des Wassers über; sie geht in dessen Beweglichkeit auf. Wenn ein Gas durch die Oberfläche, die sich dauernd neu bildet, in das Wasser eindringt, dann geht es ebenfalls in dessen beweglicher Substanz auf. Dabei kommt es, ähnlich wie bei einer chemischen Verbindung, zu Wechselwirkungen. Der dynamische Zustand des Wassers wird in sensibler Weise von den gelösten Substanzen beeinflusst. Die Untersuchungen von V. Gutmann haben gezeigt, dass sich nicht nur die sich im Wasser lösenden Substanzen verändern, sondern auch das Wasser selbst unter dem Einfluss der gelösten Stoffe. Im Hinblick auf die Wasserlöslichkeit unterscheidet man hydrophile, d.h. leicht sich lösende Stoffe, und hydrophobe, die sich nur schwer lösen. Zu den hydrophilen Stoffen gehören u.a. Salze, Säuren, Laugen, Zucker und Harnstoff, zu den hydrophoben vor allem Gase wie Kohlendioxid, Sauerstoff und Stickstoff, aber auch Äther und Benzol, also leicht brennbare, energiereiche, flüchtige Flüssigkeiten. Durch die hydrophilen Stoffe wird das Wasser dichter. In dem Oszillieren wird die Verdichtung intensiver. «Grundsätzlich entsteht durch den Lösungsvorgang ein neues System, wobei im Vergleich zum Lösungsmittel die Dichte der Lösung erhöht und ihre Wärmekapazität erniedrigt wird. Besondere Aufmerksamkeit verdient die Tatsache, dass gerade an der Phasengrenzfläche die Veränderungen stark ausgeprägt sind (Dampfdruckerniedrigung, Erhöhung der Oberflächenspannung)» (Resch/Gutmann 1989, S. 199). Durch hydrophobe Substanzen wird das Wasser innerlich aufgelockert; im Oszillieren des Wassers wird die zum Gasförmigen tendierende Auflösungsphase offensichtlich stärker. Die Dichte des Wassers nimmt ab, die Kompressibilität zu. Die Abgrenzung gegenüber der Atmosphäre wird schwächer: Die Oberflächenspannung wird geringer, der Dampfdruck größer. Das Wasser ist also durch seine innere Dynamik eine höchst sensible Substanz, durch seinen formlosen Zustand ein «sensibles Chaos» (siehe T. Schwenk, *Das sensible Chaos*, [10]2003). So ist das sauerstoffreiche Wasser im Oberlauf der Bäche ein anderes als das salzreiche des Ozeans und das kohlensäurehaltige einer Mineralquelle ein anderes als das durch Abwässer verunreinigte eines Flusses. Solche Unterschiede in der inneren Konstitution kann man durch bestimmte Untersuchungsmethoden sichtbar machen, z.B. durch die Tropfenbildmethode, offensichtlich auch durch die Form von Wasserkristallen (siehe Emoto 2002).

Der Satz «corpora non agunt nisi soluta» (Stoffe reagieren miteinander nur, wenn sie gelöst sind) gilt zwar nicht uneingeschränkt, er verweist aber auf die Bedeutung des Wassers für chemische Prozesse. Wir haben in dem Kapitel «Grundlinien einer chemischen Phänomenologie» darauf hingewiesen, dass die chemischen Aktivitäten der Stoffe, ihre Affinitäten, durch die sie sich miteinander vereinigen, nur dann wirksam werden können, wenn die betreffenden Stoffe in eine innige Beziehung zueinander kommen. Das geschieht, wenn sie im Medium des Wassers völlig aufgehen und sich gegenseitig durchmischen. Dieses Durchmischen ist eine Vorstufe der chemischen Vereinigung, denn in der Mischung kann man die gelösten Substanzen nicht mehr voneinander unterscheiden; man kann sie allerdings, wenn es zu keiner chemischen Reaktion kommt, wieder voneinander absondern.

Das Wasser ist aber nicht nur in dieser Weise das Medium des Chemischen. Wenn ein Nichtmetall wie Schwefel durch Oxidation, d.h. nach Vereinigung mit Sauerstoff und der damit verbundenen Verringerung seiner immanenten Wärme, sich im Wasser löst, kommt es auch zur chemischen Vereinigung. Nun entfaltet das Nichtmetall seine Aktivität in der Wechselwirkung mit dem Wasser. Dadurch verliert das Wasser den neutralen Charakter. Die auflösende Tendenz seines Wasserstoffs tritt stärker in den Vordergrund, und es entsteht eine Säure. Ebenso können Metalle wie das Calcium nach Oxidation sich mit dem Wasser vereinigen und in der Wechselwirkung mit ihm ihre ganz andere Wirksamkeit entfalten. Wiederum verschwindet der neutrale Charakter des Wassers, indem nun unter dem Einfluss des Metalls die verdichtende Wirkung des Sauerstoffs (in dem so genannten Hydroxyl OH) in den Vordergrund tritt. Auf diese Weise entsteht die basische Reaktion einer Lauge. – So kommt es zu einer Polarisierung des Wassers, wenn in ihm durch chemische Vereinigung Nichtmetalle und Metalle bzw. deren Oxide wirksam werden.

Chemische Verbindungen wie die genannten entstehen außerordentlich schnell. Sie folgen einer gemeinsamen Gesetzmäßigkeit. Bei der Reaktion wird immer Wärme frei, das heißt, es nimmt die Wirkung jener Kräfte zu, die in die Verdichtung und schließlich in die Erstarrung führen. Das ist jener Weg, der in mineralisch erstarrten Substanzen wie den Salzen endet, d.h. in Stoffen, die ganz aus dem Gebiet des Chemischen abgesondert sind.

Das Chemische, den Prozess des Entstehens neuer Stoffe durch Synthese und Analyse, findet man am reinsten im Lebendigen. Hier werden unentwegt Stoffe gebildet und wieder umgebildet. Der chemische Prozess kommt nicht wie im Anorganischen zum Abschluss. Er wird dadurch fortwährend weitergeführt, dass Kräfte eingreifen, die dem Weg in die Verdichtung und Erstarrung entgegenwirken. Das sind die bildend tätigen Kräfte des Lebendigen, die ihr Wirken unentwegt aus sich selbst erneuern und dadurch alles lebendige Geschehen im Fluss halten. Damit diese Kräfte im Bereich der Stoffe tätig werden können, muss hier eine innere Beziehung zu ihnen vorhanden sein. Die Substanz mit dieser Beziehung zu den Kräften des Lebendigen ist das Wasser, das selbst im Zustand des fortwährenden Entstehens ist. Dadurch, dass es sich in statu nascendi befindet, können Kräfte eingreifen, die sich in ihrem Wirken unentwegt erneuern.

So wird das Oszillieren der Wassermaterie in seiner ganzen Bedeutung sichtbar; denn durch dieses Oszillieren kann das Wasser zum Träger des Lebendigen werden. Das Wasser ist nicht nur sensibel gegenüber den Wirkungen der verschiedenen Substanzen, die es in sich auflöst; und es ist nicht nur wesentliches Medium chemischer Reaktionen und Prozesse. Man muss darüber hinaus unterscheiden zwischen Wasser, das unter dem Einfluss der äußeren Kräfte und Stoffe steht, und Wasser, das von den schaffenden Kräften des Lebens durchwirkt ist. Dieses lebendige Wasser ist in jedem lebendigen Gewebe, aber auch in Blut und Lymphe vorhanden. Es genügt also nicht, von Wasser im Allgemeinen zu sprechen; man muss zwischen dem toten Wasser draußen in der Natur und dem lebendigen Wasser im Organismus der Pflanzen, der Tiere und des Menschen unterscheiden (siehe hierzu Trincher 1990, S. 15 f., S. 44 ff., und Steiner u.a. GA 212, S. 56 f.)

Ausblick

Zum Abschluss sei eine Frage aufgeworfen, die normalerweise nicht gestellt wird: Was sind die chemischen Elemente? Jeder kennt die operationale Definition: Die chemischen Elemente sind die letzten, elementaren Stoffe, die man bei der chemischen Analyse findet. Man kann die Eigenschaften dieser Stoffe beschreiben, ihre spezifischen Affinitäten und ihr Vorkommen in den Stoffen der unbelebten und belebten Natur. Damit ist unsere Frage aber nicht beantwortet. Sie regt zu einer anderen Betrachtungsweise an, die in den vorangehenden Kapiteln mehr oder weniger deutlich werden konnte. Da wurde der Blick darauf gerichtet, wie die chemischen Elemente an ganz bestimmten Naturprozessen beteiligt sind: das Aluminium am Erstarren der Gesteinsmassen der Erdkruste, das Calcium am Sich-Verkörpern der Lebewesen bis zur physischen Gestalt, der Schwefel am Wirksamwerden der lebendigen Bildekräfte im Physischen usw. Diese Naturprozesse stehen nicht isoliert nebeneinander. Im Gegenteil, der eine ist ohne den anderen nicht denkbar. Wie sollte es z.B. ohne den Untergrund der erstarrten Gesteinsmassen die physische Gestalt zahlreicher Lebewesen geben? Die verschiedenen Naturprozesse sind Glieder in einem übergreifenden Ganzen, das ohne das Zusammenwirken dieser Glieder nicht bestehen würde. Dieses Ganze ist die Natur.

Wir haben in den verschiedenen Kapiteln dieser Schrift gesehen, wie jeder dieser Prozesse an eines der chemischen Elemente gebunden ist. Würde eines dieser Elemente aus irgendeinem Grunde verschwinden, so käme der betreffende Prozess zum Erliegen – mit tief greifenden Folgen für das Dasein der Natur.

Damit erschließt sich ein neues Verständnis der Elemente. Man betrachtet sie nicht nur als Bestandteile der materiellen Welt, sondern in ihrer Bedeutung für bestimmte Naturprozesse – und damit zugleich für das Ganze der Natur. Was ein Element ist, erfasst man nicht, wenn man es nur selbst in seinen Eigenschaften betrachtet, sondern erst, wenn man darauf hinschaut, wie es durch seine Eigenschaften in den Naturprozessen tätig ist und diese ermöglicht. Damit lernt man kennen, was der Sinn der Elemente ist. Der Sinn einer Handlung liegt in den positiven Wirkungen, die sie hervorruft. Genauso kann man vom Sinn der Elemente sprechen, d.h. von ihren positiven Wirkungen im Naturgeschehen. In diesem Sinn aber liegt das Wesen der Elemente.

Es ist also ein sehr vorläufiger und vordergründiger Aspekt, wenn man die Elemente nur als elementare Stoffe ansieht; er ist das Resultat einer künstlichen Isolierung der Elemente aus dem Gewebe der Natur. Dort ist ihr natürliches Dasein, und dort entfalten sie ihre Wirkungen in den Naturprozessen.

Wenn man den Sinn eines Elementes erfasst, versteht man es aus dem größeren Zusammenhang, in dem es wirkt. Seine Wirkung entfaltet es aber nur durch die spezifische Konstellation seiner Eigenschaften bzw. aus dem Zusammenwirken der Kräfte, das diesen Eigenschaften zugrunde liegt. Durch diese Konstellation verwirklicht sich der Sinn. Das heißt aber: Diese Konstellation ist von den Aufgaben dieses Elementes, von dessen Bedeutung im Ganzen der Natur, her zu begreifen.

So möchte diese Schrift dazu anregen, die chemischen Elemente von einem anderen als dem heute üblichen Standpunkt aus zu betrachten. Heute sieht man in den Elementen das Elementare, von dem aus nach bestimmten Gesetzen das Komplizierte, die Verbindungen und chemischen Prozesse zu begreifen ist. Das ist der Aspekt von unten, der in der Molekularchemie am reinsten verwirklicht ist. Die phänomenologische Betrachtung der Chemie, wie sie hier intendiert wird, führt zu einem Verstehen aus einem übergreifenden Ganzen. Da wird sichtbar, wie die Elemente die physisch-stoffliche Manifestation von Naturprozessen sind.

Anhang: Versuchsbeschreibungen

Versuche zum Schwefel

1. Versuch: Erscheinungsformen des Schwefels

- Schwefelblüte wird gerochen, getastet, geschmeckt, mit Wasser zusammengebracht, in dem sie nicht untertaucht. Außer der geringen Dichte hat Schwefelblüte eine gewisse Affinität zur Luft, aber nicht zum Wasser, in dem sie sich nicht löst.
- Lösen von Schwefel in Schwefelkohlenstoff, einer – im Gegensatz zum Wasser – brennbaren und leicht verdunstenden Flüssigkeit (bitte Vorsicht!). Nach der Verdunstung des Lösungsmittels auf einem Uhrglas unter dem Abzug sind kleine Kristalle bemerkbar, die unter der Lupe betrachtet werden können.
- Man erhitzt Schwefel in einem Tiegel. Wenn er dünnflüssig ist, lässt man ihn abkühlen. Sobald sich eine Kruste auf der Oberfläche gebildet hat, wird diese mit einem Glasstab durchstoßen, der restliche flüssige Schwefel wird abgegossen. Die Kristalle im Innern des Tiegels werden angeschaut. Vergleich mit den im obigen Versuch gewonnenen Kristallen (der Unterschied von rhombischem und monoklinem Schwefel). Falls die Gelegenheit besteht, schaut man nach einigen Tagen beide Kristallarten nochmals an.

2. Versuch: Schmelzen von Schwefel

In einem Reagenzglas wird Schwefel erhitzt. Man kann für diesen Versuch auch Schwefelstücke nehmen. Die Schmelze ist zunächst hell und flüssig, wird dann mit steigender Temperatur dunkelbraun und so zäh, dass sie nicht aus dem Reagenzglas herausfließt. Bei weiterem Erhitzen wird die Schmelze noch dunkler, aber wieder so flüssig, dass man sie umgießen kann. Während dieser Vorgänge verdampft ein Teil des Schwefels; dieser steigt auf, bildet einen gelben Dampf, der sich zum Teil am Reagenzglasrand niederschlägt.

Den hoch erhitzten Schwefel kann man nun in ein großes Gefäß mit kaltem Wasser gießen. Unter Fauchen, Zischen und Zucken erscheint plastischer Schwefel als weitere Modifikation. Auch hier sollte man nach einiger Zeit mögliche Veränderungen beobachten.

3. Versuch: Verbrennen von Schwefel

Wahrscheinlich hat sich bereits beim vorigen Versuch ein Teil des Schwefels entzündet. Nun wird gerade dieses Verbrennen beobachtet. Die Schwefelflamme ist klein, unscheinbar, bläulich, nicht auflodernd-leuchtend. Die deutlich spürbare Wärme überrascht im Verhältnis zu dieser zurückhaltenden, zarten Feuererscheinung.

Im Raum breitet sich ein Gas mit stechendem Geruch aus. Es zeigt eine Neigung zur Bildung von Nebeln; langsame Bewegungen sind erkennbar. Dieses Gas, Schwefeldioxid, lässt sich auffangen und in Wasser lösen; dabei wird eine Verstärkung der Nebelbildung sichtbar. Die Prüfung mit einem Indikator zeigt Säurewirkung an. Aus der Vereinigung des Schwefeldioxids mit Wasser ist schweflige Säure entstanden. Auch ein Probieren des Geschmacks ist mit aller Vorsicht möglich.

4. Versuch: Entwicklung von Schwefeltrioxid

Man verbrennt Schwefel in einer Porzellanschale unter einem Glastrichter. Ein Reaktionsrohr ist angeschlossen; in diesem liegt etwas Platinasbest. Mithilfe einer Wasserstrahlpumpe wird ein Luftstrom durch diese Vorrichtung und zwei angeschlossene Waschflaschen hindurch erzeugt. Die erste Waschflasche ist leer, die zweite enthält Wasser. Das Reaktionsrohr wird unter dem Platinasbest mit einem Bunsenbrenner erhitzt, bis die Reaktion in Gang gekommen ist. Der Luftstrom ist so einzustellen, dass neben dem gebildeten Schwefeldioxid noch genügend Luft mitgesogen wird.

In der ersten Waschflasche ist das entstandene Schwefeltrioxid zu beobachten – ein schwerer Nebel, der zur Tröpfchenbildung neigt. Später kann diese Waschflasche mit Wasser ausgeschüttet werden (doch Vorsicht dabei!); man erhält Schwefelsäure.

Häufig wird zur Gewinnung von Schwefeltrioxid empfohlen, Schwefel in einer Sauerstoffatmosphäre oder zusammen mit Kaliumnitrat zu verbrennen. Dies ist didaktisch weniger günstig, weil die Zweistufigkeit der Verbindung des Schwefels mit Sauerstoff dann nicht zum Ausdruck kommt.

5. Versuch: Eigenschaften der Schwefelsäure

Die Konsistenz, das Verhalten gegenüber Wasser (nur Schwefelsäure in Wasser geben und das auch vorsichtig, nicht umgekehrt!) sowie gegenüber organischen Substanzen, aber auch die Möglichkeit der Salzbildung in Verbindung mit einer Base – sehr wirkungsvoll ist die Bildung von Kupfersulfat aus Schwefelsäure zusammen mit der schwarzen, dunklen Kupferbase – können gezeigt werden.

6. Versuch: Schwefelwasserstoff und dessen Eigenschaften

In einer Apparatur zur Gasentwicklung wird ein Sulfid (üblicherweise Eisensulfid) mit verdünnter Salzsäure zusammengebracht. Das sich entwickelnde Gas wird geprüft auf Geruch, Brennbarkeit, Flammenfarbe, Größe der Flamme. Wenn man die Flamme gegen eine kalte Oberfläche oder gegen eine Wasseroberfläche hält, entsteht elementarer Schwefel mit seiner gelben Farbe. Über die enorme Giftigkeit des Schwefelwasserstoffs wird man ausführlich sprechen.

7. Versuch: Darstellung eines Sulfids

In eine Schwermetallsalzlösung wird der im obigen Versuch entwickelte Schwefelwasserstoff eingeleitet oder auch nur in die Nähe der Oberfläche dieser Lösung gebracht. Es entsteht eine starke, wolkenartige Dunkelfärbung, und an der Oberfläche tritt Glanz auf. Wenn man diesen Versuch mit den Salzen verschiedener Metalle ausführt, erhält man eine Anzahl verschiedenfarbiger Sulfide in Abhängigkeit vom Charakter der Metalle. Ebenso ist es möglich, Schwefelwasserstoff direkt in Kontakt zu bringen mit einem Metall, beispielsweise mit Zink in Pulverform; auch dann kommt es zur Sulfidbildung.

Es ist auch möglich, durch chemische Reaktion des Schwefels selbst mit einem Metall das entsprechende Sulfid zu erhalten. Das bekannte Beispiel für diese Vorgehensweise ist der Meiler aus Schwefelblüte und Eisenpulver.

8. Versuch: Gewinnung von Schwefelkohlenstoff

In ein feuerfestes Reagenzglas wird unten eine ca. 2 cm hohe Schicht aus kleinen Schwefelstücken und gekörnter Aktivkohle gegeben, darüber Aktivkohle bis fast oben. Das Glas wird mit einem durchbohrten Korkstopfen verschlossen, die Ableitung führt in eine sehr kalte Kühlfalle (mit Kältemischung füllen). Die Aktivkohle im Reagenzglas wird stark erhitzt bis zur Glut. Es kann nötig sein, die Hitze um das Reagenzglas durch feuerfestes Material zu dämmen.

Wenn die Aktivkohle genügend erhitzt ist, wird der Schwefel im unteren Teil des Glases durch Erwärmen vorsichtig verdampft, und zwar immer nur so, dass er nicht in der Ableitung als Schwefeldampf erscheint. Nach dem völligen Verdampfen des Schwefels kann in der Kühlfalle etwas Flüssigkeit beobachtet werden. Es ist Schwefelkohlenstoff. Er wird auf Geruch und Brennbarkeit überprüft. Ebenso können seine Eigenschaften hinsichtlich der Lösefähigkeit, wie im 1. Versuch, nochmals gezeigt werden.

Dieser Versuch bedarf in der Durchführung und im Umgang mit dem

Endprodukt großer Vorsicht. Schwefelkohlenstoff ist sehr giftig, daher kann dieser Versuch im Schulzusammenhang nur unter größten Sicherheitsmaßnahmen überhaupt durchgeführt werden. Eventuelle Verbote der Durchführung, die sich aus der aktuellen Gesetzeslage ergeben können, müssen beobachtet werden.

Versuche zum Phosphor

1. Versuch: Gewinnung von Phosphor aus phosphorhaltiger Substanz

Ausgangsmaterial kann selbst hergestellte Knochenasche sein (ein Vorschlag zur Herstellung findet sich bei v. Mackensen 2001), gekaufte Knochenasche oder Calciumphosphat aus dem Chemikalienschrank. Dieses Ausgangsmaterial wird mit dem doppelten Volumen Holzkohlepulver gut vermischt. Mit dieser Mischung wird ein Quarzreagenzglas zu ca. einem Drittel gefüllt. Bei der starken Erhitzung ist zu Beginn darauf zu achten, dass die Pulvermischung nicht durch expandierende eingeschlossene Luft oder Feuchtigkeit hinausgeschleudert wird.

Wenn dies geglückt ist, kann wirklich kräftig erhitzt werden. Die Mündung des Reagenzglases wird mit einem durchbohrten Korkstopfen verschlossen, und in die Öffnung ist ein gebogenes Glasrohr gesteckt.

Jetzt gilt es, die Flammen des Bunsenbrenners optisch von den Zuschauern abzuschirmen. Dies gelingt durch entsprechend angeordnete Diatomitsteine, die den zusätzlichen erwünschten Effekt mit sich bringen, dass die Hitze des Brenners fokussiert wird.

Der Raum muss verdunkelt sein, und den Beobachtern muss Zeit zur Dunkeladaption gewährt werden. Dann ist nach einiger Zeit im Glasrohr ein bewegtes, fahles Leuchten zu bemerken, an der Mündung kann ein Flämmchen erscheinen.

Nach Abschluss der Erhitzung und dem Abbau der Versuchsapparatur können in allen Teilen die Lichterscheinungen bemerkt werden, die sich durch leichtes Anblasen noch verstärken lassen.

2. Versuch: Weißer Phosphor in seinen Erscheinungsformen

Demonstriert wird die Aufbewahrung unter Wasser, der seltsame Geruch, die Leuchterscheinungen beim Kontakt mit der Luft, die dabei gebildeten herabsinkenden Nebel, der niedere Schmelzpunkt durch Einbringen eines Stückchens weißen Phosphors in Wasser, das erwärmt wird. Dieser letzte Schritt kann mit der Hilfe eines Thermometers ausgewertet werden. Besonders eindrucksvoll sind die leichte Entzündbarkeit allein durch geringe Erwärmung und die beim Verbrennen in reichlichen Mengen gebildeten weißlichen Nebel von Phosphoroxid zu erleben.

Beim Umgang mit weißem Phosphor ist wegen der Giftigkeit dieser Substanz größte Vorsicht nötig; die aktuellen gesetzlichen Bestimmungen mit eventuell vorgesehenen Verboten der Handhabung im Schulzusammenhang sind zu beachten.

3. Versuch: Die Umwandlung von weißem in roten Phosphor

In ein Reagenzglas wird ein kleines Stückchen weißen Phosphors gegeben. Die Öffnung wird durch Glaswolle verschlossen. Nach Erwärmung entzündet sich der Phosphor, brennt aber aufgrund von Sauerstoffmangel nur kurz. Danach kann beobachtet werden, wie der geschmolzene Phosphor nach und nach eine dunklere Färbung annimmt.

Hat man genügend Zeit, kann auch einfach ein Stück weißen Phosphors unter Sauerstoffabschluss belichtet (z.B. auf der Fensterbank) und nach einigen Tagen mit unbelichtetem Phosphor verglichen werden.

Ebenso kann roter Phosphor in die weiße Modifikation zurückverwandelt werden, wenn auch das Ergebnis weniger deutlich ausfällt. Dazu wird roter Phosphor in einem Reagenzglas, das durch einen Glaswollestopfen verschlossen ist, stark erhitzt. Der entstehende weiße Phosphor verrät sich durch die Leuchterscheinungen, die nach dem Abkühlen und der Entfernung des Stopfens sichtbar werden.

4. Versuch: Roter Phosphor und seine Eigenschaften

Gezeigt wird die körnige Konsistenz, die Aufbewahrung unter normalen Bedingungen, die Geruchlosigkeit, die erheblich erschwerte Entzündlichkeit im Vergleich mit dem weißen Phosphor und dann die veränderte Art der Verbrennung in Bezug auf die Flammenerscheinung.

5. Versuch: Die unterschiedliche Entzündlichkeit von weißem und rotem Phosphor

Ein ungefähr 20 cm langer Kupferblechstreifen wird auf einen Dreifuß gelegt. Auf das eine Ende dieses Streifens legt man etwas weißen Phosphor, auf das andere eine kleine Menge roten Phosphors. Nun wird in der Mitte des Blechstreifens vorsichtig mit der Bunsenbrennerflamme erwärmt. Sehr bald beginnt der weiße Phosphor zu brennen, erst bedeutend stärker der rote. Bei diesen Verbrennungsexperimenten weist man auf die Helligkeit der Flammen und auf die starke Hitzeabstrahlung hin.

Bei allen Verbrennungsversuchen mit Phosphor ist große Vorsicht geboten!

6. Versuch: Phosphorpentoxid

Bei einem neuen Verbrennungsexperiment oder schon bei einem der vorherigen Versuche lenkt man das Augenmerk auf die weißlichen Oxidnebel, die sich reichlich bilden und eine gewisse Schwere erkennen lassen. Sehr vorsichtig kann man etwas davon betasten; es stellt sich eine Empfindung von trockenem Staub ein. Bewahrt man diese Substanz über Nacht in einem offenen Gefäß auf, so erhält man eine schmierige Flüssigkeit: durch die ausgeprägte hygroskopische Eigenschaft des Oxids.

Bei Zugabe von Wasser zum pulvrigen Rückstand einer Phosphorverbrennung kann ein intensiver Löseprozess beobachtet werden. Die Prüfung dieser Lösung mit einem Indikator zeigt Säurewirkung der entstandenen Phosphorsäure an.

7. Versuch: Die Phosphorsäure

Demonstriert werden die Eigenschaften der Phosphorsäure wie die Farbe, die zähflüssige Konsistenz, das Verhalten bei Zugabe von Wasser, die Reaktion mit Metallen.

Die gebildeten Phosphate werden insbesondere in Bezug auf die Löslichkeit charakterisiert.

8. Versuch: Herstellung von Phosphorwasserstoff

In einem Reagenzglas wird ein kleines Stück weißen Phosphors zusammen mit ca. 15%iger Natronlauge erhitzt. Das Reagenzglas wird mit einem durchbohrten Stopfen verschlossen. Angeschlossen ist ein Ableitungsrohr, das in ein Gefäß mit Wasser mündet. Um die Luft aus der Apparatur zu verdrängen, kann man zu Beginn etwas Äther einfüllen. Durch anfängliches vorsichtiges Erwärmen wird dieser zunächst verdampft, danach erhitzt man stärker bis zum Sieden der Natronlauge.

Geringe Mengen des sich entwickelnden Gases werden pneumatisch aufgefangen. Der Geruch, die Farbe, die Brennbarkeit lassen sich dann zeigen. Doch Vorsicht – die Phosphane sind sehr giftig!

Der Einfachheit halber kann man auch die Gasbläschen frei aus dem Wasser aufsteigen lassen, sie entzünden sich dann unmittelbar an der Luft.

Wegen dieser Giftigkeit ist dieser Versuch im Schulzusammenhang nur unter erheblichen Sicherheitsmaßnahmen überhaupt durchführbar – geltende gesetzliche Verbote sind zu beachten.

Versuche zum Kohlenstoff

1. Versuch: Erscheinungsformen des Kohlenstoffs

Man zeigt Kohle in den verschiedenen Stadien der Inkohlung – also z.B. Torf, Braunkohle, Steinkohle, vielleicht diese sogar mit Abdrücken fossiler Pflanzen; dann, soweit es möglich ist, die Modifikationen des Kohlenstoffs Graphit und Diamant. Will man an dieser Stelle nicht auf Schmuck zurückgreifen, dann kann man Industriediamanten zeigen, die im Laborfachhandel zu akzeptablen Kosten erhältlich sind.

2. Versuch: Verglühen von Diamant

In einem Quarzreagenzglas werden einige der oben erwähnten Industriediamanten am Boden platziert. Das Glas wird mit einem durchbohrten Stopfen verschlossen, durch die Bohrung führt ein Glasrohr bis fast auf den Boden des Reagenzglases (dieses Rohr sollte möglichst ebenfalls aus Quarz bestehen).

Das Reagenzglas wird nun stark erhitzt, nach der Erhitzung wird durch das Glasrohr ein Sauerstoffstrom eingeleitet. Der Diamant wird sehr hell verglühen!

Erweiterung: Man fängt die aus dem Reagenzglas entweichenden Gase auf und leitet sie durch eine Alkalilaugenlösung. Die sich zeigende Trübung weist auf die Bildung von Kohlendioxidgas hin.

3. Versuch: Oxidation von Kohlenstoff

Der gleiche Versuch wird mit weniger edlem Ausgangsmaterial und in größeren Quantitäten ausgeführt. Der Nachweis des Kohlendioxids durch eine Laugenlösung ist hier obligatorisch. Lässt man diese nach Abschluss des Versuches eine Weile stehen, so wird sich die Trübe am Boden des Versuchsgefäßes absetzen – eine Tendenz der Schwere wird erkennbar.

4. Versuch: Eigenschaften des Kohlendioxids

Man prüft Farbe, Geruch und Geschmack des Gases.

In ein großes Becherglas stellt man einige Kerzen unterschiedlicher Größe. Nun befüllt man dieses Glas mithilfe eines Schlauches aus der Gasflasche mit Kohlendioxid so, dass der Schlauch den Boden berührt.

Man «füllt» ein weiteres Gefäß mithilfe eines Schlauchs von unten aufsteigend mit Kohlendioxid. Anschließend «gießt» man das Gas in weitere Gefäße um, im letzten befindet sich wiederum eine Kerze. Es ist günstig, wenn die Gefäße an Volumen etwas abnehmen.

Die Löslichkeit in Wasser: Man füllt einen Kolbenprober mit einem bestimmten Volumen Kohlendioxid. Nun drückt man die Gasmenge pneumatisch langsam in einen Messzylinder und misst die augefangene Gasmenge.

Man füllt ein Reagenzglas mit Kohlendioxid, fügt wenig Wasser hinzu, verschließt und schüttelt aus. Der Test mit einem Indikator zeigt Säurewirkung an.

5. Versuch: Kohlensäureschnee

Entweder hat man eine Kohlensäureflasche mit Steigrohr zur Verfügung, oder man stellt eine Kohlensäureflasche ohne Steigrohr schräg auf den Kopf. Die Ventilöffnung wird mit einem Leinensäckchen fest umhüllt. Nach Öffnung des Ventils für wenige Sekunden findet sich in dem Säckchen der Kohlensäureschnee.

Beobachtung des festen Kohlendioxids, Verhalten gegenüber Wasser. Kann man es anfassen oder wenig davon auf die Hand legen?

Zur Not und als Ausnahme lässt sich für diesen Versuch auch ein handelsüblicher Kohlensäurelöscher missbrauchen.

6. Versuch: Das Kalkbrennen

Der Versuch ist im Kapitel «Versuche zum Calcium» beschrieben (s. dort).

7. Versuch: Erhitzung von Traubenzucker

In ein Becherglas gibt man ein Quantum Traubenzucker, sodass der Boden des Gefäßes bedeckt ist.

Langsam wird erwärmt. Recht bald verflüssigt sich der Zucker. Bei weiterer Erhitzung tritt Braunfärbung auf, Dampf entweicht. Diesen Dampf lässt man an einem darüber gehaltenen kalten Reagenzglas kondensieren und prüft die gebildete Flüssigkeit und Aussehen und Geschmack – Wasser ist entstanden. Nach Abklingen jeder Gas- und Dampfentwicklung bleibt eine kohlig-schwarze Masse zurück.

8. Versuch: Verschwelung von pflanzlichem Material

Man kann sehr gut Holz wählen, aber auch andere Pflanzenteile sind geeignet. Das Material wird in einem Gefäß unter starker Hitzeeinwirkung verschwelt. Es entweichen große Gasmengen, die sich entzünden lassen. Zurück bleibt poröse Kohle, die leicht brüchig und glänzend ist. Besonders bemerkenswert ist, dass trotz der ungeheuren Hitzeeinwirkung die ursprüngliche Form und die Struktur zum Teil bis in Feinheiten hinein bewahrt worden sind.

9. Versuch: Eine homologe Reihe von Kohlenwasserstoffen

Man zeigt, wie sich in einer Reihe von Kohlenwasserstoffsubstanzen etwa vom Propan oder Butan bis hin zu Paraffinen die Eigenschaften der Konsistenz, Entflammbarkeit, Flammenfarbe, Verhalten gegenüber Wasser, Schmelzpunkt, Siedepunkt und vielleicht Weiteres Stufe um Stufe ändern. Die Erstarrungstendenz nimmt in solch einer Reihe Schritt für Schritt zu.

Versuche zum Wasserstoff

1. Herstellen von Wasserstoff

Bei vielen anorganisch chemischen Reaktionen wird Wasserstoff freigesetzt. So zum Beispiel, wenn Metalle von Säuren übergossen werden. Für die Wasserstoffherstellung auf diese Weise eignet sich besonders gut Magnesium. Übergießt man Magnesiumpulver mit verdünnter Salzsäure, wird sehr rasch eine deutliche Erwärmung wahrnehmbar und es beginnt ein Aufschäumen durch den entstehenden Wasserstoff. Im Beginn der Reaktion lässt sich der Wasserstoff direkt über dem Reagenzglas entzünden. Beim Fortgang der Reaktion entweicht aber auch so viel Wasserdampf, dass ein Entzünden nicht mehr möglich ist. Um den Wasserstoff rein zu gewinnen, muss daher das entweichende Wasserdampf-Wasserstoff-Gemisch mit einem Schlauch durch Wasser geleitet werden. Dazu nimmt man am besten eine wassergefüllte Wanne. In dieser sind umgedrehte und in der Wanne mit Wasser gefüllte Reagenzgläser. In diese Reagenzgläser kann nun von unten der Wasserstoff eingeleitet werden, der das Wasser mit der Zeit verdrängt. So erhält man reinen Wasserstoff. Ein ganz mit Wasserstoff gefülltes Reagenzglas, vorsichtig mit der Öffnung nach unten herausgenommen und an einer Flamme gehalten, zeigt ein ruhiges Verbrennen des Wasserstoffs. Bei einem nur halb gefüllten Reagenzglas, bei dem sich beim vorsichtigen Herausnehmen ein Wasserstoff-Luft-Gemisch bildet, zeigt sich ein schlagartiges Verbrennen des Wasserstoff-Luft-Gemisches. Es hat sich das so genannte Knallgas (Verhältnis Wasserstoff : Sauerstoff wie 2 : 1) gebildet, das explosionsartig verbrennt. Dabei entsteht durch die Form des Reagenzglases ein schrill pfeifender Ton.

Das elementare Natrium, mit einem kleinen Sieb in Wasser eingetaucht, setzt bei der Entstehung von Natriumhydroxid ebenfalls Wasserstoff frei, der direkt in der beschriebenen Weise eingefangen werden kann. Da das Experimentieren mit Natrium aber nicht ungefährlich ist, bleibt ein solcher Versuch dem Fachmann überlassen.

2. «*Wasserstoffkerze*»

Hat man Wasserstoff in einer Flasche zur Verfügung, kann ein sehr eindrücklicher Versuch zur Wasserstoffverbrennung gemacht werden. Man nimmt eine kleine, einseitig geöffnete Konservendose (250 ml) und macht in die noch geschlossene Seite ein kleines Loch. Nun stellt man die Dose mit der Öffnung nach unten auf zwei Leisten, sodass die Öffnung größtenteils frei bleibt. Das kleine Loch auf der oberen Seite wird mit dem Finger gut zugehalten.

Nun füllt man aus der Flasche Wasserstoff im Überschuss (sodass sicher alle Luft vom Wasserstoff verdrängt wurde) von unten in die Dose ein. Wenn man jetzt den Finger vom Loch nimmt und sofort den ausströmenden Wasserstoff entzündet, so ist lediglich ein leiser Knalllaut zu hören. Nur in einem verdunkelten Raum sieht man auch eine kleine «Kerzenflamme» über dem Loch.

Zunächst verbrennt der Wasserstoff sehr ruhig, doch dann nimmt die Heftigkeit des Brennens zu, und es beginnt ein sehr hoher Ton hörbar zu werden. Im Lauterwerden des Tones wird dieser auch tiefer, plötzlich kommt es zu einem Knall, und die Dose fliegt, von einer kleinen Feuerwolke umgeben, in die Luft.

Durch das Herausbrennen des Wasserstoffs füllt sich die Dose zunehmend mit nachströmender Luft und vermischt sich mit dem Wasserstoff. Da nun das ausströmende Gas auch immer mehr Sauerstoff enthält, verläuft die Verbrennung zunehmend heftiger, und die Dose beginnt zu vibrieren, was den Ton verursacht. Ist schließlich so viel Luft nachgeströmt, dass das Knallgasgemisch vorhanden ist, verbrennt der restliche Wasserstoff explosionsartig und drückt die Dose in die Luft.

3. Versuch: Herstellen von Wasserstoff

Salzsäure reagiert mit zahlreichen Metallen, indem sich diese zu den entsprechenden Chloriden auflösen. Geeignete Metalle sind Aluminiumpulver und Magnesiumpulver. Dabei wird immer auch Wasserstoff freigesetzt.

Leitet man den entstehenden Wasserstoff in mit Wasser gefüllte große Reagenzgläser, die umgekehrt in einer pneumatischen Wanne stehen, kann er sichtbar gemacht werden. Aus vollständig mit Wasserstoff gefüllten Reagenzgläsern kann er bei vorsichtigem Herausnehmen aus der Wanne abgebrannt werden. Eine vor die Öffnung gehaltene brennende Kerze entzündet den Wasserstoff, der langsam und gleichmäßig abbrennt. Nur halb mit Wasserstoff gefüllte Reagenzgläser füllen sich beim vorsichtigen Herausnehmen mit einströmender Luft. Das so entstandene Luft-Wasserstoff-Gemisch brennt dann explosionsartig ab, wobei ein lauter Pfeifton im Reagenzglas entsteht.

Salzsäure	+	Magnesium	→	Magnesiumchlorid	+	Wasserstoff ↑
2 HCl	+	Mg	→	$MgCl_2$	+	H_2 ↑
bzw.						
Salzsäure	+	Aluminium	→	Aluminiumchlorid	+	Wasserstoff ↑
6 HCl	+	Al	→	2 $AlCl_3$	+	3 H_2 ↑

Wasserstoff	+	Sauerstoff	→	Wasser
2 H_2	+	O_2	→	2 H_2O

4. Versuch: Wasserstoff abbrennen

Eine Konservendose (250 ml) wird einseitig geöffnet, und auf der geschlossenen Seite wird in der Mitte ein kleines Loch mit einem Nagel hineingeschlagen. Die Dose stellt man mit der offenen Seite nach unten auf zwei Klötzchen, sodass die Öffnung frei bleibt. Nun befüllt man die Dose von unten mit Wasserstoff und hält mit dem Finger das kleine Loch auf der oberen Seite zu. Nach dem Befüllen hält man ein brennendes Streichholz an das kleine Loch, wenn man den Finger wegnimmt. Mit einem kleinen

Knall entzündet sich der Wasserstoff. Dann ist nichts mehr zu bemerken. Der Wasserstoff brennt mit unsichtbarer Flamme weiter ab. Nach kurzem Warten entsteht ein leiser Brummton, der zunehmend lauter wird, und dann fliegt die Dose mit einem lauten Knall in die Höhe.

Zunächst verbrennt der ausströmende Wasserstoff nur an der kleinen Öffnung. Von unten wird aber beim Ausströmen des Wasserstoffs zunehmend mehr Luft in die Dose eingesaugt und vermischt sich mit dem Wasserstoff. Das nun am kleinen Loch verbrennende Wasserstoff-Luft-Gemisch brennt heftiger und erzeugt den Brummton. Ist im Inneren der Dose das Knallgasgemisch erreicht, schlägt die Flamme in die Dose hinein, und das Knallgasgemisch verbrennt explosionsartig, was die Dose nach oben treibt.

Versuche zum Stickstoff

1. Versuch: Gewinnung von Stickstoff aus der Luft

In einem Reaktionsrohr liegt ein blankes Kupferdrahtnetz. Links und rechts sind jeweils durch kurze Rohrstücke Kolbenprober angeschlossen, von denen einer zu drei Vierteln herausgezogen ist. Das Kupfer wird erhitzt und dann die Luftmenge durch das Reaktionsrohr so lange hin- und herbewegt, bis das Kupfer nicht mehr weiter reagiert; das ist ablesbar am Schwächerwerden der weiteren Schwärzung. Das Gasvolumen im Kolbenprober sollte deutlich abgenommen haben, nach Abkühlung kann auch eine quantitative Messung vorgenommen werden. Das verbliebene Gas lässt sich auf Geruch und verbrennungsfördernde Wirkung untersuchen.

2. Versuch: «Luftverbrennung»

Benötigt werden eine Glaskugel mit vier Ausgängen, ein Hochspannungstransformator, Stopfen, Elektroden, Indikator.

Zwei Versuchsvarianten sind möglich:

Der Inhalt der Glaskugel wird durch Stopfen abgeschlossen, der Lichtbogen zwischen den 3 – 5 mm voneinander entfernten Elektroden wirkt eine gewisse Zeit lang ein, bis der Gasraum sich allmählich gelb-braun verfärbt hat. Anschließend wird mit Wasser ausgeschüttelt; dabei tritt eine Entfärbung ein, und Nebelbildung tritt auf. Die Flüssigkeit wird nun mit einem Indikator überprüft oder kann auch vorsichtig geschmeckt werden: Eine Säure ist entstanden.

In der zweiten Variante wird ein Luftstrom durch die Glaskugel mithilfe einer Wasserstrahlpumpe hindurchgesogen (in Ermangelung derselben kann man sich mit einem Peleus-Ball behelfen). Dieser wird durch eine Waschflasche mit Indikatorlösung hindurchgeleitet. Doch vorsichtig: Die Reaktion verläuft recht langsam, es kann länger dauern, bis ein Erfolg sichtbar wird; die Ausbeute bleibt gering. Und vor allem: Die Braunfärbung des Gasraums durch die gebildeten Stickoxide bleibt schlecht wahrnehmbar.

3. Versuch: Entwicklung von Stickoxiden

Kupferspäne entwickeln zusammen mit konzentrierter Salpetersäure große Mengen von Stickstoffdioxid NO_2. Diesen Versuch kann man offen in einem großen Becherglas ablaufen lassen, in dem die Kupferstückchen liegen. Auf diese wird die Salpetersäure gegeben. Sofort beginnt eine heftige Reaktion mit der Bildung der braunen Gase, die langsam das Glas füllen und dann «überfließen», über die umgebende Tischplatte «wabern», am Rand des Experimentiertisches dann auch noch zu Boden «fallen». Das alles wird noch eindrucksvoller durch die deutliche Geruchswahrnehmung – es riecht nach Chlor. Ein Indikatorstreifen in die Nebel gehalten zeigt Säurewirkung an. Doch Vorsicht! Eine Möglichkeit zur Absaugung (oder Evakuierung des Raums) muss vorhanden sein.

Die Versuchsdurchführung lässt sich hinsichtlich der verschiedenen Stickoxide verfeinern: Zusammen mit halb konzentrierter Salpetersäure bilden sich Stickstoffmonoxide; diese müssen pneumatisch aufgefangen werden, denn zusammen mit dem Sauerstoff der Luft würden sie unmittelbar weiter oxidieren zu den braunen Stickstoffdioxiden. Man weist auf die Farblosigkeit hin.

Ein auf diese Weise mit NO gefülltes Reagenzglas wird geöffnet: Sofort tritt die Farbveränderung ein. Gibt man Wasser hinzu, ist die gute Löslichkeit des Dioxids feststellbar. Eine Geschmacksprüfung oder auch der Test mit einem Indikator ergibt als Ergebnis, dass eine Säure gebildet wurde. Ebenso kann versucht werden, die geringe Löslichkeit von Stickstoffmonoxiden in Wasser zu zeigen.

Empfehlenswert ist es auch, die Wirkung von Kälte auf Stickoxide zu zeigen. Dazu nimmt man ein mit Stickstoffdioxid gefülltes Reagenzglas und stellt es für eine gewisse Zeit in ein Behältnis mit einer Kältemischung. Nach kurzer Zeit ist eine deutliche Farbaufhellung zu sehen, die durch erneuten Temperaturanstieg auf Raumtemperatur wieder rückgängig gemacht wird.

4. Versuch: Gewinnung von Lachgas

Ein Gemisch von Ammoniumsulfat und Natriumnitrat setzt bei Erwärmung Lachgas N_2O frei.

5 g Ammoniumsulfat werden mit 6,5 g Natriumnitrat gut vermischt. In einem Rundkolben wird diese Mischung vorsichtig erwärmt (auf ca. 200 °C, bei zu hoher Temperatur explosionsartiger Reaktionsverlauf). Das gebildete Gas wird pneumatisch aufgefangen, wobei es sich empfiehlt, Salzlösung als Sperrflüssigkeit zu verwenden; denn die Löslichkeit von Distickstoffoxidul ist darin wesentlich geringer als in Wasser.

Das aufgefangene Gas wird auf Farbigkeit und Geruch überprüft.

Lachgas wirkt verbrennungsfördernd! Um dies zu zeigen, wird ein glühender Holzspan in einen mit Lachgas pneumatisch gefüllten Standzylinder gehalten – er flammt heftig auf. Auf einem Verbrennungslöffel wird brennender Schwefel in die Lachgasatmosphäre gehalten: Er flammt ebenfalls heftig auf! Gleiches wäre auch bei Phosphor zu beobachten.

Ebenso lässt sich mit Lachgas eine Knallgasprobe durchführen. Dazu wird ein Reagenzglas pneumatisch zur Hälfte mit Lachgas, zur anderen Hälfte mit Wasserstoff gefüllt. – Wie immer bei Knallgasexperimenten: Vorsicht!

5. Versuch: Ein Stickstoffsalz – das Kaliumnitrat

Das farblose Salz lässt sich sehr gut in Wasser lösen – bei 20 °C 32 g /100 ml Wasser. Noch beeindruckender ist es allerdings, wie diese Löslichkeit mit der Erwärmung des Wassers zunimmt – auf 245 g / 100 ml Wasser bei 100 °C. In dieser Zunahme der Löslichkeit unter Erwärmung ist das Kaliumnitrat ein sehr bemerkenswertes Salz, hingegen ist die Löslichkeit bei 20 °C vergleichbar der anderer Salze. Kaliumnitrat wird bei geringer Erwärmung flüssig, dabei aber nur wenig auffällig zersetzt: Man bringt in einem Reagenzglas Kaliumnitrat zum Schmelzen und weist dabei darauf hin, wie rasch dies erfolgt. In diese Schmelze wirft man kleine Stückchen von Holzkohle oder Schwefel – heftiges Aufglühen jeweils.

6. Versuch: Stickoxide werden aus einem Nitrat freigesetzt

Entweder Calciumnitrat oder Natriumnitrat werden in einem Reagenzglas erhitzt. Die Menge an Kristallwasser, die zunächst frei wird und dann verdampft, ist beeindruckend. Nach der Bildung des Anhydrits ist das Auftreten der Stickoxide zu beobachten. Die Farbigkeit, der Geruch sind schon bekannt; auch können mit einem Indikator auf Säurewirkung die sich entwickelnden Gase geprüft werden. Eine feste, undurchsichtige Masse bleibt zurück, deren Löslichkeit in Wasser weniger ausgeprägt ist als zuvor beim Salz. Man wird es sich aber nicht nehmen lassen, diese Lösung auf Laugenwirkung hin zu prüfen: Es ist eine lösliche Base entstanden.

7. Versuch: Die Salpetersäure

Das Helle und Leichtbewegliche dieser Säure werden gezeigt.

In einem Reagenzglas wird etwas konzentrierte Salpetersäure erhitzt, in den Gasraum oberhalb der siedenden Flüssigkeit wird ein glimmender Holzspan gehalten – er flammt auf. Dabei fällt die intensive Bildung von weißen Nebeln auf, die sich nach dem Austritt aus der Reagenzglasöffnung bräunlich umfärben. Auch die geringe Wirkung der Salpetersäure auf organische Materialien kann demonstriert werden: Lediglich das Eiweiß erfährt eine deutliche Verwandlung in Konsistenz und Farbe.

8. Versuch: Schießpulverherstellung / Schwarzpulver

32 g Kaliumnitrat, 8 g fein gepulverte Holzkohle und 8 g Schwefelblüte werden gut gemischt. Es ist wichtig, dass alle Zutaten sehr fein zerrieben und trocken sind. Dies ergibt bereits eine zündfähige Mischung.

Um die Brisanz des Verbrennungsvorgangs zu steigern, empfiehlt es sich, nach dem Mischen einige Tropfen Wasser hinzuzufügen und das Pulver auf diese Weise ein wenig anzufeuchten und gut durchzuwalken (das Prinzip der Pulvermühle). Danach lässt man es am besten über Nacht in einem Trockenschrank bei etwa 70 °C trocknen. Das Kaliumnitrat löst sich durch diese Prozedur ein wenig in dem zugesetzten Wasser und durchzieht dann fein verteilt und intensiv die Schwefel- und Holzkohlemischung.

Zur Demonstration der rauchenden Verbrennung kann man einen Meiler bilden, Linien auslegen oder andere Versuchsanordnungen ausprobieren. Doch immer sollte mit der gebotenen Vorsicht vorgegangen werden!

9. Versuch: Herstellung von Schießbaumwolle

Recht einfach lässt sich Baumwolle nitrieren, die Vorführung des Produkts hinterlässt bei Schülern einen tiefen Eindruck.

Zur Herstellung der Nitriersäure gibt man vorsichtig 80 ml konzentrierte Schwefelsäure in 40 ml konzentrierte Salpetersäure; dabei muss immer wieder umgerührt werden, um die erhebliche Erwärmung abklingen zu lassen. Es ist empfehlenswert, die Mischung in einem Eisbad zu kühlen.

4 g Baumwolle oder Baumwollwatte werden über 15 Minuten in dieser Nitriersäure mit einem Glasstab bewegt; es ist darauf zu achten, dass die Baumwolle gleichmäßig der Wirkung der Säuremischung ausgesetzt ist; also immer wieder auseinander zupfen.

Anschließend wird das Nitrierungsprodukt mit sehr viel Wasser gut ausgespült; dazu eignet sich ein großes Becherglas (5 Liter Inhalt) oder gleich ein Spülbecken aus säurefestem Material. Es muss die gesamte ursprünglich hoch konzentrierte Säuremischung ausgespült werden (unbedingt mit Indikator kontrollieren). Danach wird die Schießbaumwolle zerzupft und zunächst zwischen Tüchern und Filterpapier trocken gedrückt, anschließend über Nacht im Luftstrom des Abzugs oder einem anderen Ort mit günstigen Bedingungen vollends getrocknet.

Um die Wirkung der Nitrierung besonders zu verdeutlichen, kann man zunächst gewöhnliche Baumwolle entzünden; sie brennt nicht wirklich, es ist lediglich ein Glühen und Glimmen zu bemerken. Es bleibt ein kohliger Rückstand.

Die Schießbaumwolle hingegen verpufft augenblicklich mit einem Feuerball in den Luftraum hinein. Es bleiben keinerlei Rückstände liegen, die Fläche, auf der die nitrierte Baumwolle lag, wird kaum erwärmt. So ist es sogar möglich, dieses Experiment auf der Handfläche auszuführen.

Nachfolgend werden einige Versuche beschrieben, die die besonders flüchtige Natur der Stickstoff-Wasserstoff-Verbindungen demonstrieren.

10. Versuch: Gewinnung von Ammoniak aus Eiweiß

Man nimmt ein Stückchen Käse, Quark oder Eiweiß – die Proben sollten nicht zu feucht sein (dies gilt besonders für das Eiweiß). Zusammen mit einer Spatelspitze Ätznatron werden die Proben in einem Reagenzglas vorsichtig erhitzt. Alsbald wird der typische Ammoniakgeruch wahrnehmbar. Mit einem Indikatorpapier kann auf Laugenwirksamkeit geprüft werden.

11. Versuch: Bildung von Salmiak – Ammoniumchlorid

Es genügt, die geöffnete Salzsäureflasche in die Nähe der Flaschenöffnung einer Ammoniakflasche zu halten. Sofort ist ein beweglicher, feiner Nebel aus kleinsten Salzkristallen im Luftraum zu bemerken.

Man kann dieses Phänomen steigern, wenn man in zwei Erlenmeyerkolben je ein Quantum Ammoniak bzw. Salzsäure zum Sieden bringt und die austretenden Säuregase bzw. Ammoniakdämpfe durch entsprechend gebogene Glasröhrchen im Luftraum zusammenführt. Dann sind riesige Wolken dieser Salznebel zu beobachten.

Eine Absaugmöglichkeit muss bei dieser Versuchsanordnung gegeben sein!

12. Versuch: Ammoniak und Wasser

Eine Ammoniaklösung wird in einem Reagenzglas erhitzt. Wiederholte Geruchsproben und Prüfung mit einem Indikatorpapier zeigen, über welch langen Zeitraum hin Ammoniak als Gas austritt und wie viel dieses Gas in dem Flüssigkeitsvolumen «verborgen» war.

13. Versuch: Ammoniakspringbrunnen

Durch diesen Versuch lässt sich die ungeheure Löslichkeit von Ammoniak in Wasser eindrucksvoll zeigen.

Die Schwierigkeit liegt darin, das Ammoniak möglichst trocken zu erhalten – umso deutlicher ist das Ergebnis. Dazu treibt man entweder das Gas aus einer vorhandenen Lösung durch Erwärmen aus, muss dann aber wahrscheinlich über Kupfersulfat-Anhydrit oder vergleichbar trocknen. Oder man lässt in einem Gasentwickler aus konzentrierter Ammoniaklösung und Natriumhydroxid (Ätznatron) Ammoniak entstehen – nach dem Prinzip der Basenverdrängung. Auch hier sollte das Ammoniakgas getrocknet werden, z.B. indem es über Natronkalk geleitet wird.

Für den eigentlichen Versuch benötigt man zwei Rundkolben, die über ein Glasrohr miteinander verbunden sind. Der obere der Rundkolben, in den das zu einer Spitze ausgezogene Glasrohr ein Stück weit hineinragt, wird mit dem Ammoniakgas gefüllt. Der untere Rundkolben, in dem das Glasrohr fast bis zum Grund reicht, enthält mit Indikatorflüssigkeit angefärbtes Wasser. Außerdem muss bei diesem eine Belüftung eingerichtet sein.

Nach einer kurzen Zeit des Wartens wird das Wasser aus dem unteren Kolben entgegen der Schwerkraft mit einigem Schwung in den oberen gesogen. Der Indikator in dem heraufgesogenen Wasser schlägt um und zeigt Laugenwirkung an. Um die Wartezeit zu verkürzen, kann man durch vorsichtiges Blasen in die Belüftung eine geringe Wassermenge in den oberen Kolben drücken. Man kann das Volumen und die Temperatur am Beginn und am Ende des Versuchs miteinander vergleichen.

Versuche zum Sauerstoff

1. Darstellung von Sauerstoff

a. biologisch

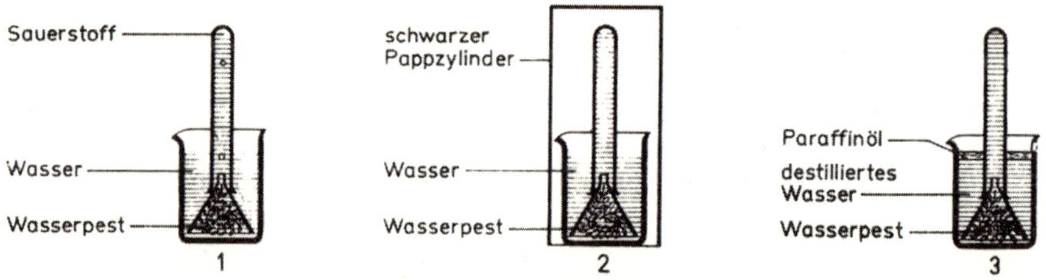

Versuch zur Photosynthese (aus Boeck 1988, Bd. 3, S. 220)

Gerät: 3 1-l-Bechergläser, 3 Glastrichter (d = 70 mm), 3 Reagenzgläser (18 x 180 mm), schwarzer Pappzylinder über eine Vorrichtung

Substanzen: Triebspitzen der Wasserpest (Elodea canadensis) oder reichlich Fadenalgen oder Brunnenmoos, Natriumhydrogencarbonat, Paraffinöl, destilliertes Wasser

Versuchsdurchführung: Auf die drei Becher werden die Pflanzenteile gleichmäßig verteilt und die Glastrichter darübergestülpt. Becher 1 und 2 erhalten frisches Wasser, dem eine Spatelspitze Natriumhydrogencarbonat zugegeben wird. Becher 3 wird mit frisch hergestelltem destilliertem Wasser gefüllt. Das destillierte Wasser wird ca. 2 mm hoch mit Paraffinöl überschichtet.

Becher 1 und 3 werden drei bis fünf Tage dem Sonnenlicht ausgesetzt, Becher 2 kommt unter einen schwarzen Pappzylinder, um jegliches Licht abzuschirmen.

Nach Beendigung des Versuchs werden die im Reagenzglas vorhandenen Gasinhalte verglichen, das entstandene Gas wird mithilfe eines glühenden Spans als Sauerstoff erkannt (Becher 1). Bei Becher 2 und 3 ist kein Sauerstoff entstanden, da einmal das Licht (Becher 2), einmal die Luft, also das in ihr enthaltene Kohlendioxid, das durch Natriumhydrogencarbonat angereichert war (Becher 3), keinen Zutritt zu den grünen Pflanzen fand.

Reaktionsgleichung der Photosynthese (Assimilation):

$$6\,CO_2 + 6\,H_2O \;=\; C_6H_{12}O_6 + 6\,O_2 \quad D_RH = +2817{,}3\ kJ/mol$$

Anmerkung: Die Abscheidung von Sauerstoff aus den grünen Blättern kann auch unmittelbar beobachtet werden, wenn man das Licht einer genügend starken bzw. speziell für Pflanzen tauglichen Lampe von der Seite, eventuell von oben, anbietet; nur darf sich das Wasser dabei nicht zu sehr erwärmen. Nach ca. 20 Minuten sieht man kleine Gasblasen an den Blättern entstehen.

b. chemisch

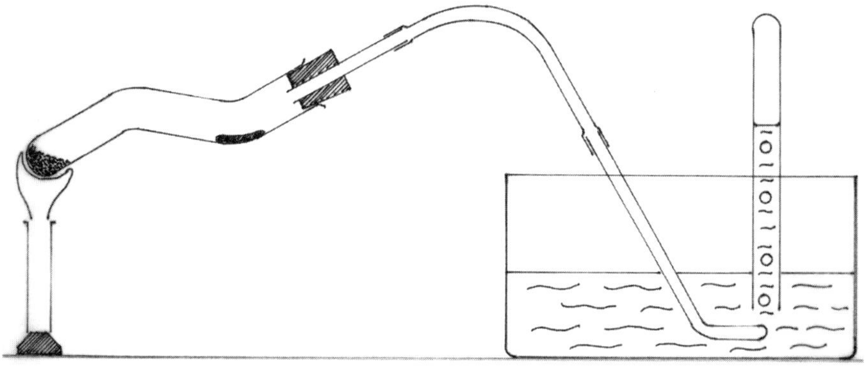

Darstellung von Sauerstoff aus Quecksilberoxid (verändert nach Boeck 1988, Bd. 3, S. 218)

5 – 6 g rotes Quecksilberoxid werden in einem Bajonettrohr aus Supremax vorsichtig erhitzt. Vorher wird das Rohr so in ein Stativ eingespannt, dass sich das entstehende Quecksilber in dem sattelförmigen Teil des Rohrs sammelt, ohne in das erhitzte Rohrende zurückzufließen. Den frei werdenden Sauerstoff fängt man mithilfe einer pneumatischen Wanne auf und weist ihn mit einem glimmenden Span nach.

Anmerkung: Priestley verwendete statt Wasser flüssiges Quecksilber, mit dem sich der frische Sauerstoff, wenn er noch heiß genug war, sofort wieder zu rotem Quecksilberoxid verband.

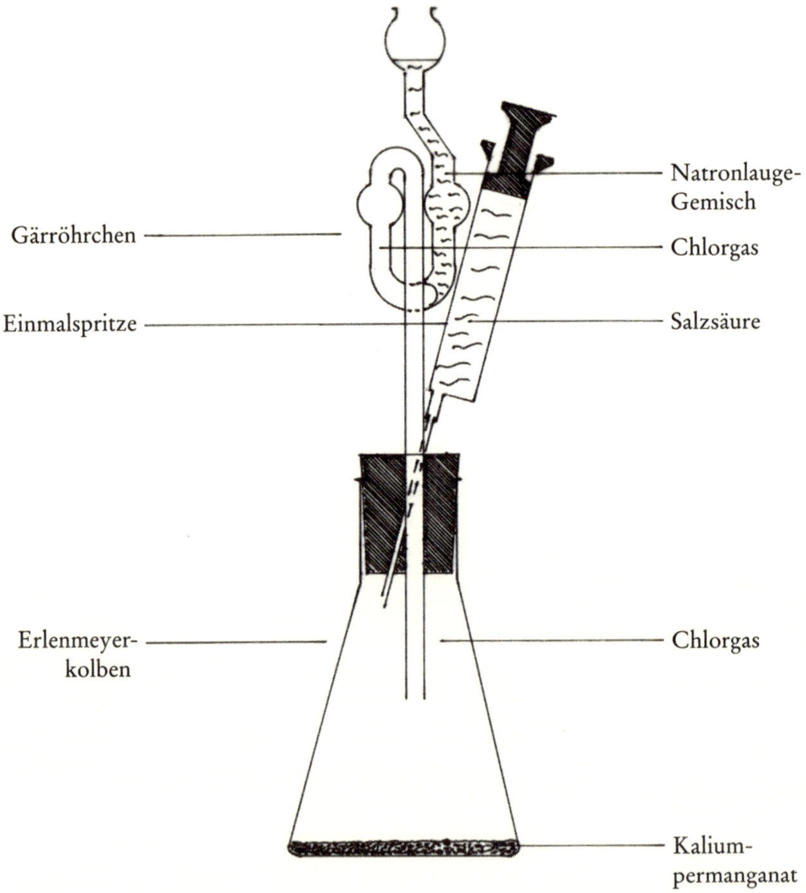

Darstellung von Singulett-Sauerstoff (nach Albrecht et al. 998, S. 254)

Geräte: 250 ml-Erlenmeyerkolben mit Glasschliff; passender, durchbohrter Gummistopfen, in den ein Gärröhrchen gesteckt wird; 10 ml-Einmalspritze mit Nadel; Stativ mit Klammer für den Erlenmeyerkolben.

Substanzen: 2 g Kaliumpermanganat, das auf dem Boden des Erlenmeyerkolbens gleichmäßig verteilt wird; Natronlauge (c = 3 mol); Wasserstoffsuperoxid (Perhydrol, w = 30 %); beide Lösungen 4 : 1 gemischt und auf 4 °C gekühlt kommen in das Gärröhrchen; 5 – 10 ml konzentrierte Salzsäure (w = 25 %) werden in die Spritze aufgesogen.

Versuchsdurchführung: Nach dem Aufsetzen des Gärröhrchens auf dem Erlenmeyerkolben wird die Nadel der Spritze durch den Gummistopfen getrieben und vorsichtshalber danach erst mit der Salzsäure gefüllt. – Nun kann nach Abgabe von 1 – 2 ml Salzsäure in den Kolben die Entwicklung von hellgrünem Chlorgas beobachtet werden, das zunächst die Luft durch das Gärröhrchen austreibt. Die weitere Beobachtung geschieht im abgedunkelten Raum: Mit jeder Gasblase, die nun durch das Lösungsgemisch tritt, leuchtet dieses rötlich auf. Ein über das Gärröhrchen gehaltener glimmender Span flammt mit dem Freiwerden der Blase hell auf, womit Sauerstoff nachgewiesen ist.

Zum Verständnis der Reaktionen: Im Erlenmeyerkolben wird die Salzsäure zu Chlorgas oxidiert, das sichtbar wird. Im Gärröhrchen bildet das Chlor mit Natronlauge das Salz Natriumhypochlorit, das mithilfe des Wasserstoffsuperoxids in Kochsalz und Sauerstoffgas zerfällt. Letzteres befindet sich in einem außerordentlich angeregten Zustand (Singulett-Sauerstoff), aus dem es unter roten Lichterscheinungen in den energieärmeren des gewöhnlichen Luftsauerstoffs übergeht.

Reaktionen: $KMnO_4 + HCl \rightarrow KOH + MnO_2 + H_2O + Cl_2$

$Cl_2 + 2\,NaOH + H_2O_2 \rightarrow 2\,NaClO + 2\,H_2O$

$NaClO + H_2O_2 \rightarrow NaCl + H_2O + {}^1O_2$ (Singulett-Sauerstoff)

2. Oxidationen

a. Oxidationsexperimente bei Metallen und Nichtmetallen

Zunächst sei auf die Oxidationsexperimente bei verschiedenen Metallen und Nichtmetallen verwiesen (siehe unter Na, Ca, Fe und C, S, P, N).

b. Oxidation von Kupfer

Frisch poliertes Kupferblech (ca. 20 x 20 cm^2, 0,5 – 1 mm dick) wird zunächst als Spiegel betrachtet. – Danach darauf aufgebrachte Flüssigkeiten, Wasser, Salzsäure, Schwefelsäure (verdünnt oder konzentriert), können abgewischt werden, ohne dass der Spiegel seine Qualität einbüßt; das heißt, die Metalloberfläche wird von diesen Substanzen nicht angegriffen.

Nunmehr wird das Kupferblech mit der Bunsenbrennerflamme von unten stark erhitzt, jedoch nicht bis zur Rotglut, anschließend wird ein Sauerstoffstrom aus der Gasflasche von oben daraufgeleitet. Rasch verdunkelt sich der Spiegel an der heißesten Stelle zuerst, die bald von gelben, orangefarbenen, roten und braunen Anlauffarben umgeben ist. – Die Oberfläche des Kupfers überzieht sich mit braunschwarzem Kupferoxid; die Anlauffarben entstehen aus hauchdünnen Schichten von Kupfer(I)- und Kupfer(II)-oxid.

Wird jetzt verdünnte Salz- oder Schwefelsäure über das Blech getropft, verschwinden die Farben, und unter der Flüssigkeit kommt das blanke Metall wieder zum Vorschein. Lässt man diese eintrocknen, glitzern bald Flächen mit feinsten Kristallen an ihrer Stelle. – Jetzt hat die Säure mit dem Kupferoxid reagiert und es in den Salzzustand gebracht. Aus Säure und Metalloxid entsteht ein Salz (hier: Kupferchlorid oder Kupfersulfat).

Reaktionen:

$Cu + \frac{1}{2} O_2 \rightarrow CuO$ / $2\,Cu + \frac{1}{2} O_2 \rightarrow Cu_2O$

$CuO + 2\,HCl \rightarrow CuCl_2 + H_2O$

$CuO + H_2SO_4 \rightarrow CuSO_4 \times 5\,H_2O + 2\,H_2O$

Anmerkung: Die rasche Oxidation des Kupfers geschieht nur unter Wärmeeinfluss. Deshalb dunkeln neue Kupferdächer nur langsam. Durch die

Oxidation wird das Kupfer für Säuren überhaupt erst angreifbar, sodass sie es wie andere Metalle in den Salzzustand überführen können. – Wenn die Schwefelsäure nicht genug mit Wasser verdünnt ist, kristallisiert das Kupfersulfat nicht richtig aus, und es entsteht eine weißliche Kruste.

b. Langsame Oxidation von Eisen (Rosten)

Im nachfolgenden Versuch wird die langsame Oxidation von Eisen und der Nachweis der dabei entstehenden Wärme beschrieben:

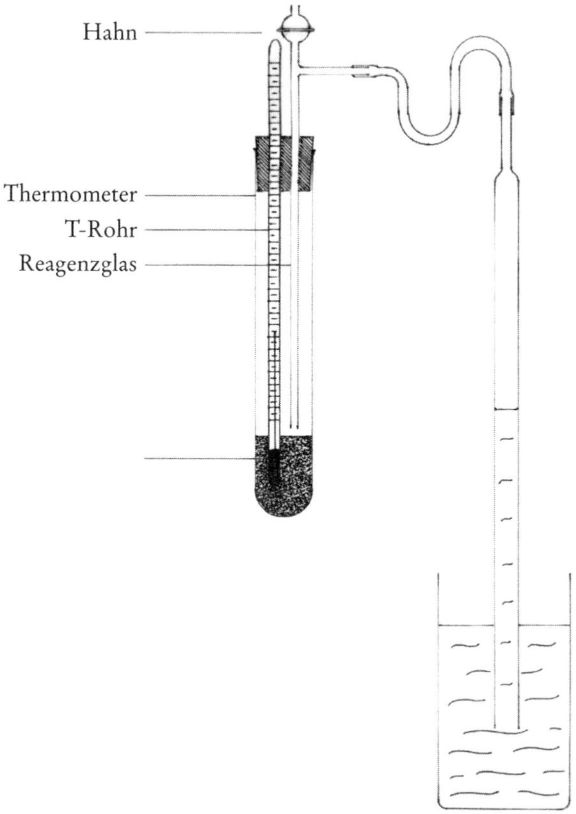

Langsame Oxidation von Eisen (aus Arendt/Dörmer 1972, S. 211)

Substanzen: 80 – 100 g Eisenpulver (Fe pulveratum oder Fe reductum) werden in der Reibschale mit 12 – 18 ml Wasser so vermischt, dass eine krümelige, nicht nasse Masse entsteht. Außerdem: Wasser, reiner Sauerstoff aus der Gasflasche.

Geräte: Die Masse wird in ein 3 cm weites Reagenzglas gefüllt; dieses wird mit einem Gummistopfen, in dem ein Thermometer steckt, verschlossen. Das Thermometer soll unten bis in die Eisenmasse reichen. Durch ein zweites Loch im Gummistopfen wird ein T-Rohr gestoßen, das unten bis knapp über die Eisenmasse ragt. Der abzweigende Teil des Rohrs ist über einen Gummischlauch mit einem zweiten, 2 – 3 cm weiten Rohr verbunden, das in ein Becherglas mit Wasser taucht und zur Kontrolle des Gasdrucks im Reagenzglas dient. Durch den oberen Teil des T-Rohrs wird reiner Sauerstoff aus der Gasflasche zugeführt. Zweckmäßigerweise ist hier ein Dreiwegehahn einzubauen, um bestimmte Sauerstoffmengen zufließen zu lassen, deren Abnahme im Versuchsverlauf über das im zweiten Rohr aufsteigende Wasser wahrgenommen werden kann.

Versuchsdurchführung: Beim Mischen von Eisenpulver und Wasser erwärmt sich die Masse durch eine chemische Reaktion an der Oberfläche der Eisenteilchen um einige Grade. Der Versuch sollte deshalb einige Stunden vor der Demonstration angesetzt werden, damit sich die Masse wieder auf Zimmertemperatur abgekühlt hat.

Zum eigentlichen Versuch füllt man so viel Sauerstoff in die Apparatur, dass ein ausgeglichener Flüssigkeitsstand im zweiten Rohr erreicht wird. Die Temperatur steigt in wenigen Minuten um 4 – 10 °C; gleichzeitig steigt das Wasser im zweiten Rohr durch den Sauerstoffverbrauch an. Wenn der Anstieg nur noch langsam geschieht, kann man eine zweite Sauerstoffmenge zufließen lassen und so den Temperaturanstieg weiter befördern. – Wenn man als Reaktionsgefäß eine Thermosflasche nimmt, können Temperaturen von über 80 °C entstehen, wodurch aber eine kritische Situation erreicht wird, da bei 83 °C Wasserstoff aus der Reaktion frei wird, der sich mit dem Sauerstoff als Knallgas entzünden kann.

Anmerkung: Man könnte ergänzend auch zeigen, dass trockenes Eisenpulver auch mit reinem Sauerstoff nicht reagiert. Dazu lässt sich die gleiche Versuchsanlage verwenden, wenn man das Wassergefäß weit genug vom Eisenpulver aufstellt.

3. Nachweis von Sauerstoff in Verbindungen

Sauerstoff lässt sich in Verbindungen nur durch eine Substanz nachweisen, die eine besonders starke Affinität zu ihm hat und sich mit ihm verbindet. Diese ist Magnesium. Es brennt in Wasserdampf oder Kohlendioxid weiter, wobei z.B. in letzterer Reaktion schwarzer Kohlenstoff in der weißen Magnesia (Magnesiumoxid) auftritt.

Besonders eindrucksvoll ist das Verbrennen von Magnesiumpulver in einem Gemisch mit Kieselgur (Siliciumdioxid) oder Kreide (Kalk, Calciumcarbonat) jeweils im Verhältnis 1 : 1.

Versuchsablauf: Je 10 g Magnesiumpulver und feinst verriebenes Kreidepulver werden sorgfältig vermischt und als Häufchen auf einer feuerfesten Unterlage mit einer Lunte aus einem 2 – 3 cm langen Magnesiumstreifen versehen. Die brennende Lunte entzündet ein vulkanartiges Feuerwerk, von dem nur ein kleines weißes Aschehäufchen übrig bleibt. Wird dieses mit Wasser aus der Spritzflasche abgekühlt, entsteht ein Geruch von Ammoniak, wobei sich das Häufchen erneut erhitzt, sodass Wasserdampf aufsteigt.

Anmerkung: Die Verbrennung von Magnesium mithilfe des Sauerstoffs aus dem Kalk geschieht mit solcher Hitze, dass nicht nur Magnesium- und Calciumoxid entstehen, sondern auch der Luftstickstoff in die Reaktion mit einbezogen wird. Dabei werden Calcium- und Magnesiumnitrid gebildet, die wiederum durch die Wasserzugabe zu Calcium- bzw. Magnesiumhydroxid und Ammoniak weiterreagieren.

Versuchsablauf mit Kieselgur: Man verfährt gleich wie mit dem Kreidepulver. Das Häufchen verbrennt jetzt aber weniger spektakulär; dafür hält es die Glut, die sich langsam nach innen zieht, sehr lange. Die Asche ist grau und eine kompakte Masse. Bei Wasserzugabe können unverbrannte Magnesiumreste aufflammen. Ammoniakgeruch tritt kaum auf. Die graue Masse enthält außer Magnesiumoxid Magnesiumsilicid und reines Silicium.

Anmerkung: Die Reaktionen in chemischer Kurzschrift sind hier bewusst weggelassen.

Versuche zum Chlor

Chlorherstellung aus Kaliumpermanganat und Salzsäure

In einem Erlenmeyerkolben mit seitlichem Ausgang wird Kaliumpermanganat tropfenweise mit Salzsäure zusammengebracht. Sogleich beginnt die Mischung zu schäumen, und es entweicht das freigesetzte Chlorgas (Abzug erforderlich!). Da das Chlorgas schwerer ist als Luft, lässt es sich leicht mit einem Schlauch in Standzylinder leiten. Sind diese gefüllt, muss man sie mit einer Glasplatte abdecken. Im Standzylinder ist dann die grüne Farbe des Gases gut zu sehen.

Leitet man das frei gewordene Gas durch eine Waschflasche mit Wasser, verfärbt sich das Wasser relativ rasch ebenfalls grün, woran die Löslichkeit von Chlor in Wasser gut sichtbar wird.

Kaliumpermanganat + Salzsäure → Chlor ↑ + Manganchlorid + Kaliumchlorid + Wasser

$$2\ KMnO_4 + 16\ HCl \rightarrow 5\ Cl_2 \uparrow + 2\ MnCl_2 + 2\ KCl + 8\ H_2O$$

Pflanzen in Chloratmosphäre

Nimmt man weiche Blätter von krautigen Pflanzen und verschieden farbige Blüten (blaue sind besonders eindrücklich) und bringt sie in einen Standzylinder mit Chlorgas, so beginnt sehr rasch ein intensiver Bleichungsprozess. Das Chlor zersetzt das Chlorophyll der Blätter und lässt sie weißgelb erscheinen («Schnell-Herbst» im Reagenzglas), und die Blüten werden in aller Regel rein weiß entfärbt. Ebenso reagieren Lackmus, Rotkohlsaft und andere Pflanzensäfte, wenn Chlorgas eingeleitet wird. Die Bleichung beruht auf einer raschen oxidativen Zersetzung der färbenden Stoffe.

Verbrennen von Eisen in Chloratmosphäre

Wirft man ein Stück in der Bunsenbrennerflamme angewärmte Stahlwolle in einen Standzylinder mit Chlorgas, dann verbrennt es mit deutlicher Entflammung und starker Rauchentwicklung. Der braune Rauch setzt sich dann relativ rasch als Belag am Boden und am Glasrand ab.

Das Eisen ist durch das Chlor unmittelbar zum Salz (Eisenchlorid) verbrannt worden. Mit Wasser vermischt löst es sich zu einer gelbbraunen Lösung auf.

Eisen + Chlor → Eisenchlorid
$2\,Fe + 3\,Cl_2 \rightarrow 2\,FeCl_3$

Herstellen von Chlorwasserstoff

Übergießt man in der gleichen Anordnung wie bei der Chlorherstellung Natriumchlorid mit konzentrierter Schwefelsäure, wird aus dem Kochsalz Chlorwasserstoff freigesetzt. Kommt dieser an die Luft, bildet sich sofort ein weißlicher Nebel, da der Chlorwasserstoff die Luftfeuchtigkeit zur Kondensation bringt und sich darin als Salzsäure löst.

Natriumchlorid + Schwefelsäure → Chlorwasserstoff ↑ + Natriumsulfat
$2\,NaCl + H_2SO_4 \rightarrow 2\,HCl\uparrow + Na_2SO_4$

Löslichkeit von Chlorwasserstoff in Wasser

Befüllt man einen Rundkolben mit möglichst wasserfreiem Chlorwasserstoff und verschließt ihn mit einem durchbohrten Stopfen, in dem ein dünnes Glasröhrchen steckt, lässt sich die extreme Wasserlöslichkeit des Chlorwasserstoffs demonstrieren:

Den so befüllten Rundkolben stellt man umgekehrt in ein mit Wasser gefülltes Becherglas, sodass die Öffnung mit dem Stopfen in das Wasser eintaucht.

Anfangs steigt das Wasser langsam im Röhrchen auf. Hat das einströmende Wasser dann aber den Innenraum des Rundkolbens erreicht, löst sich der Chlorwasserstoff mit solcher Geschwindigkeit in das einströmende Wasser hinein, dass der entstehende Unterdruck weiteres Wasser aus dem Becherglas ansaugt und einen regelrechten Springbrunnen im Rundkolben erzeugt. Färbt man das Wasser mit Indikator an, dann ist ein markanter Farbwechsel vom Neutralgrün zum intensiven Rot der entstehenden Salzsäure zu beobachten. Mit trockenem Chlorwasserstoff füllt sich der Rundkolben zu vier Fünftel mit Wasser.

Salzbildung aus Salzsäure und Natriumhydroxid

Der Prozess der Neutralisation und Salzbildung lässt sich eindrücklich zeigen, indem feste Natriumhydroxidpillen direkt in rauchende Salzsäure geworfen werden. Mit heftigem Zischen und starker Erwärmung vollzieht sich die Neutralisation, und es bildet sich kristallines Natriumchlorid, das direkt probiert werden kann, wenn der Neutralpunkt exakt erreicht ist.

Bei diesem Versuch ist vorsichtig vorzugehen. Die Natriumhydroxidpillen nacheinander und nicht mehr als zehn bis fünfzehn Stück gleichzeitig zugeben.

Schutzscheibe und Schutzbrille sind unbedingt erforderlich, da ein Spritzen bei der Reaktion nicht vermeidbar ist.

Salzsäure + Natriumhydroxid → Natriumchlorid + Wasser

$$HCl + NaOH \rightarrow NaCl + H_2O$$

Salzbildung aus Salzsäure und elementarem Natrium

Ebenfalls eindrücklich, aber weniger heftig, vollzieht sich die Neutralisation, wenn elementares Natrium als erbsengroßes Stück direkt auf rauchende Salzsäure gegeben wird. Das leichte Natrium schwimmt als geschmolzene Perle auf der Salzsäure umher, und es bildet sich unmittelbar kristallines Natriumchlorid, das auf den Boden des Gefäßes absinkt. Auch bei diesem Versuch sind Schutzscheibe und Schutzbrille erforderlich.

Salzsäure	+	Natrium	→	Natriumchlorid	+	Wasserstoff ↑
$2\,HCl$	+	$2\,Na$	→	$2NaCl$	+	H_2 ↑

Für weitere Versuche zum Chlor sei auf die vielfältigen Fachbücher für Experimente in der Schule hingewiesen, die dann auch die Sicherheitsmaßnahmen ausführlich beschreiben.

Versuche zum Natrium

1. Versuch: Das Aussehen, die Erscheinungsform des Natriums

Ein Stück Natrium aus dem Vorratsgefäß (dort Aufbewahrung unter Petroleum) wird nach dem Herausnehmen mit Filterpapier grob vom Petroleum gereinigt. Danach kann das Natrium mit einem Spatel oder einem stumpfen Messer leicht eingedrückt oder zerteilt werden. Die Schnittfläche zeigt den silberweißen Glanz, aber immer nur für eine kurze Zeit, da unmittelbar das Anlaufen, also die Oxidation an der Luft, zu bemerken ist.

2. Versuch: Erwärmung von Natrium

Ein kleines Stück Natrium wird in einem Porzellantiegel oder auch in einer Abdampfschale (das Zuschauen ist dann leichter möglich) vorsichtig mit der Bunsenbrennerflamme erwärmt. Es schmilzt ziemlich bald und bildet ein glänzendes, bewegliches Kügelchen. Bald darauf tritt Selbstentzündung ein! Das führt über zum nächsten Versuch.

3. Versuch: Verbrennung / Oxidation von Natrium

Natrium entzündet sich bei Erwärmung selbst! Es brennt dann in einer intensiv gelb gefärbten Flamme; dabei steigen große Mengen eines weißen Rauchs auf. Für diesen Versuch muss das Natriumstück gut vom anhaftenden Petroleum gereinigt werden (durch kurzes Spülen in Aceton beispielsweise), da sonst der Ruß des verbrennenden Petroleums den Versuch verfälscht und die Schüler in ihren Beobachtungen verwirrt.

Der aufsteigende Rauch kann in einem umgestülpten Becherglas aufgefangen und anschließend mit Wasser zusammengebracht werden; die Prüfung mit einem Indikator zeigt Laugenwirkung. Auch die Wirkung des Rauchs in der Luft wird wahrgenommen: der Geruch und weitere Auswirkungen auf den Mund- und Nasenraum.

Dann wird der Rückstand im Verbrennungsgefäß auf Farbe und Löslichkeit in Wasser untersucht: Er löst sich sehr gut unter Wärmefreisetzung; der Test mit einem Indikator zeigt auch hier Laugenwirkung.

4. Versuch: Darstellung von Natrium durch Elektrolyse

Zwei Verfahren sind im Schulzusammenhang möglich:

1. Ätznatron (Natriumhydroxid) wird in einem Porzellanschiffchen erhitzt; aufgrund des recht niedrigen Schmelzpunktes wird es alsbald flüssig. Als Anode dient nun ein Eisennagel, als Kathode ein Kohlestab. Beide Elektroden werden in die flüssige Masse getaucht. Nach der Einwirkung von Gleichstrom von 15 – 20 Volt über 10 – 15 Minuten hat sich am Eisennagel eine geringe Anzahl kleiner glänzender Kügelchen gebildet. Diese sind sehr vergänglich und reagieren bei dem dargestellten offenen Verfahren leicht mit dem Sauerstoff der Luft zum Oxid. Nach Abschluss der Elektrolyse kann der Nagel in Wasser getaucht werden – es tritt die typische Reaktion von Natrium mit Wasser auf: Zischen, Feuererscheinungen, auch die Laugenwirkung lässt sich nachweisen.
2. Etwas aufwändiger, aber didaktisch günstiger ist die folgende Variante: Eine Mischung aus 30 g Kochsalz, 10 g Kaliumchlorid und 10 g Calciumchlorid, die gut getrocknet ist, wird in einem Porzellantiegel bis zum Schmelzen erhitzt; dies tritt etwa bei 700 °C ein. Anode und Kathode wie oben, ebenso die Spannung und die Dauer der Stromeinwirkung. Wegen der räumlichen Nähe der beiden Elektroden muss die Anode durch ein Quarzröhrchen, das den Nagel unten ein wenig überragt, isoliert werden.

5. Versuch: Natrium und Wasser

Lässt man ein Stück Natrium über Nacht an der Luft liegen, so findet sich am nächsten Tag eine Flüssigkeitsansammlung an seiner Stelle; alkalische Reaktion dieser Flüssigkeit.

Ein Stück Natrium wird in ein großes Becherglas oder eine Versuchswanne mit Wasser gegeben, das mit einer farbigen Indikatorflüssigkeit versetzt ist. Das Natrium schwimmt auf dem Wasser. Unmittelbar nach dem Kontakt mit dem Wasser beginnt eine deutliche Reaktion: Das Natrium fährt auf der Wasseroberfläche umher, dabei verschwindet es unter Zischen und Gasentwicklung. Das Wasser zeigt nun eine alkalische Reaktion. Sehr häufig endet die Reaktion in einer kleinen Schlussexplosion! Für diesen nicht vorhersehbaren Fall sind immer die nötigen Vorsichtsmaßnahmen für die Zuschauer zu treffen (Schutzscheibe, gebührender Sicherheitsabstand der Schüler).

Um die Natur des sich entwickelnden Gases zu untersuchen, ist es möglich, dieses aufzufangen. Dazu wird ein Stückchen Natrium mithilfe eines Natriumlöffels (das ist ein rundum geschlossenes Sieb aus Drahtgeflecht an einem Stiel) unter Wasser festgehalten und das Gas dann pneumatisch in einem Reagenzglas aufgefangen. Anschließend Knallgasprobe!

6. Versuch: Natrium und Chlor

Ein Stück blankes Natrium wird in ein Reaktionsrohr gelegt. In einem Gasentwickler wird Chlorgas erzeugt, z.B. aus Salzsäure und Kaliumpermanganat. Der Gasstrom wird über das Natrium geleitet. Unter Wärmefreisetzung bildet sich eine weißliche Kruste, die auch vorsichtig probiert werden kann: Kochsalz ist entstanden. Anschließend kann dieses erhitzt werden. In einem üblichen Reagenzglas würde das Glas erweichen, bevor das Kochsalz flüssig wird. Erst in einem Gefäß aus schwer schmelzendem Glas gelingt das Schmelzen ohne Probleme. Als Wärmequelle reicht ein üblicher Erdgasbrenner wohl nicht aus; benötigt wird ein Teclu-Brenner mit Propangas. Die Schmelze wird ausgegossen und nach dem Erkalten der Geschmack geprüft; der Salzgeschmack ist nach dem Erhitzen unverändert!

7. Versuch: Salzsäure mit Natriumhydroxid

In einem Reagenzglas hat man konzentrierte Salzsäure (ca. zwanzigprozentig). Dazu gibt man Spatel für Spatel Plätzchen von Natriumhydroxid. Mit jeder Zugabe erfolgen heftiges Aufbrausen und starke Wärmefreisetzung. Zum Schluss kann die Salzsäure, die im Überschuss vorhanden gewesen sein muss, durch Ausglühen des Rückstandes ausgetrieben werden. Wichtig ist, dass kein Natriumhydroxid unverbraucht zurückbleibt. Denn es soll durch eine Geschmacksprobe gezeigt werden, dass Kochsalz entstanden ist. Ein Test mit einem Indikator beweist, dass weder Säuren- noch Laugenwirkung vorhanden ist, sondern die für das Salz charakteristische chemische Neutralität.

8. Versuch: Löslichkeit von Natriumhydroxid – Ätznatron

Plätzchen von Ätznatron werden in einem Erlenmeyerkolben mit Wasser zusammengegeben. beim Lösungsvorgang, der durch Umschwenken des Glases forciert wird, ist Erwärmung festzustellen. Große Mengen von Ätznatron lassen sich so im Flüssigkeitsvolumen lösen. Die Lösung ist nicht ganz klar und trübt sich beim Stehenlassen schon über Nacht weiter ein: Die Trübe neigt dazu, sich am Grund des Gefäßes abzusetzen.

Mit aller Vorsicht kann die Wirkung der entstandenen Natronlauge auf der Haut geprüft werden; es können aber auch organische Substanzen, z.B. ein Stückchen Eiweiß, der Laugenwirkung ausgesetzt werden.

9. Versuch: Flammenfärbung

Die nicht-leuchtende Bunsenbrennerflamme wird durch nur geringe Spuren von Natrium intensiv gelb gefärbt. Um dies zu zeigen, glüht man ein Magnesiastäbchen gut aus, befeuchtet es mit Aqua dest. und lässt Kochsalz oder andere Natriumverbindungen wie Soda, Ätznatron usw. anhaften. Schon geringe Mengen haben eine intensive Gelbfärbung der Flamme zur Folge, wenn die so behandelten Magnesiastäbchen in die Flamme gehalten werden.

Zum Vergleich kann mit der gleichen Prozedur die Flammenfärbung von Kaliumverbindungen, Lithiumverbindungen und anderen Salzen gezeigt werden. Das grundlegende Phänomen der Flammenfärbung tritt immer wieder auf, aber die Farberscheinung ist jeweils eine andere.

10. Versuch: Löslichkeit von Natriumsalz in Wasser

Kochsalz wird in Wasser gelöst. Es soll dabei gezeigt werden, dass sich das Nariumchlorid recht gut löst, aber weniger bereitwillig als etwa Nitratsalze oder Zucker. Des Weiteren soll deutlich werden, dass die Löslichkeit mit steigender Temperatur kaum zunimmt! Auch dies im Unterschied insbesondere zu den Nitraten, aber auch vielen anderen Salzen, deren Löslichkeit in Wasser mit steigender Temperatur erheblich steigt.

Versuche zum Calcium

Die folgenden Versuche werden dann besonders sprechend, wenn immer auch der Vergleich zu anderen Metallen, insbesondere den Alkalimetallen, gezogen wird. Hier bietet sich das Natrium besonders an (Versuche dazu siehe im entsprechenden Kapitel).

1. Versuch: Erscheinungsformen des Calciums

Ein Stückchen metallisches Calcium wird auf Aussehen, Härte und Beständigkeit an der Luft untersucht. Es ist härter als Natrium, weniger glänzend, das Anlaufen an der Luft geht langsamer vonstatten.

2. Versuch: Erwärmung und Oxidation von Calcium

Eine kleine Menge Calcium wird in einer Porzellanschale erhitzt – es wird unter diesen Bedingungen nicht richtig flüssig, trotz des nicht sehr hohen Schmelzpunktes von ca. 850 °C. Zuvor entzündet es sich. Das gebildete Oxid ist zu beobachten.

Durch Zugabe von wenig Wasser tritt eine erste Umwandlungsstufe auf; das Hinzufügen von weiterem Wasser führt zur Calciumlauge. Diese wird durch Tasten und einen Indikator auf ihre Eigenschaften hin untersucht.

3. Versuch: Calcium und Wasser

Gibt man einige Stückchen von Calcium in Wasser, so ist eine langsame chemische Reaktion unter gelinder Erwärmung zu bemerken. Die entstandene Flüssigkeit ist zunächst trüb, lässt sich aber filtrieren oder durch Stehenlassen klären.

Die Probe mit einem Indikator bezeugt die Laugeneigenschaft. Dieser Versuch zeigt, dass Calcium schwerer als Wasser ist.

4. Versuch: Calciumlauge in ihren Eigenschaften

Die Kalklauge aus dem vorigen Versuch wird von Kohlendioxid durchströmt (z.B. von Ausatemluft). Es entsteht eine Trübung, die mit der Zeit zu Boden sinkt; die Flüssigkeit ist danach wieder klar.

5. Versuch: Das Kalkbrennen

Der Versuch soll hier nicht im Einzelnen beschrieben werden; es sei auf die vorhandenen instruktiven Versuchsbeschreibungen verwiesen (siehe z.B. v. Mackensen).

Doch soll angeregt werden, anhand des Artikels im Textteil (siehe das Kapitel über Calcium) dieses Experiment nochmals zu durchdenken, obwohl es in der 7. Klasse wahrscheinlich gezeigt worden ist. Findet sich doch in diesem Versuch ein deutliches Bild von verdichtenden und auflösenden Kräften im Zusammenwirken von Metall, Sauerstoff, herausgesetzter und in die Substanz aufgenommener Wärme. Dem kausalen Denken bietet sich ein konkreter Ansatz.

6. Versuch: Calciummineralien

Es sollte nicht versäumt werden, die im Calcium wirkenden Kräfte durch Schilderungen von Landschaftssituationen deutlich werden zu lassen. Ebenso zeigen solche Calciumsalze bzw. Mineralien wie Calcit, Gips, Marienglas, Anhydrit, Flussspat und Apatit einiges von der Wirksamkeit des Calciums.

Versuche zum Aluminium

1. Schmelzen von Aluminium

Eine Stange Aluminium wird an der Spitze so lange im Bunsenbrenner erhitzt, bis es zu schmelzen beginnt. Das geschmolzene Aluminium fällt nicht als Tropfen herunter, sondern bleibt in einer extrem dünnen Oxidhaut wie in einem Sack festgehalten. Erst durch einen Schlag reißt der Sack ab, und das Aluminium fließt zu einer dünnen Schicht aus. Dieser Versuch zeigt zweierlei: einmal, wie leicht das Aluminium zu schmelzen ist und wie dünnflüssig es sein muss, wenn es zu einer dünnen Fläche ausläuft. Dann zeigt die Oxidhaut, wie groß der innere Zusammenhalt des Oxides ist und das flüssige Metall von der Umgebung abschirmt.

2. Aluminiumpulver mit einem langen Glasrohr in eine Flamme blasen

In ein Glasrohr von mindestens 80 cm Länge wird vorne durch Eintauchen in das Gefäß Aluminiumpulver gegeben. Die Öffnung dicht vor die Spitze der reduzierenden Flamme des Bunsenbrenners halten und mit einem kurzen Atemstoß hineinblasen. Das Pulver verbrennt mit einer gleißend hellen Flammenkugel, und es steigt ein feiner, weißer Nebel aus Aluminiumoxid auf. Durch die große Oberfläche des pulverisierten Aluminiums und die Hitze der Flamme wird die Passivität des Aluminiums aufgehoben, und es kann seine starke Affinität zum Sauerstoff offenbaren.

3. Reduktion von Eisen oder Kupfer mit Aluminium

Dieser Versuch ist auch als Thermitversuch bekannt. Man vermischt 27 g Aluminiumgrieß (kein Pulver verwenden, sonst kann es zu einer heftigen Verpuffung kommen) mit 80 g rotem Eisenoxid, das vorher in einer Porzellanschale durch kräftiges Erwärmen getrocknet wurde, oder mit 40 g schwarzem Kupferoxid. In zwei ineinander gestellte Blumentöpfe gibt man einen Faltenfilter und füllt die Mischung ein. Die Töpfe werden durch eine Ringhalterung an einem Stativ befestigt und dann in eine Wanne mit Sand gestellt. (Es ist wichtig, dass unter den Töpfen auch Sand ist!) Damit das Zünden der Mischung sicher gelingt, macht man eine kleine Grube in die Mischung, füllt etwas Magnesiumpulver hinein und steckt in dessen Mitte eine Wunderkerze. Nun entzündet man diese. Beginnt das Magnesium zu brennen, wird die für die Reaktion nötige Hitze erreicht, und mit einem kräftigen Funkenregen ergießt sich ein weiß glühender Strahl aus den Öffnungen der Blumentöpfe in das Sandbad (mindestens 2 Meter Abstand halten). Von dem weiß glühenden, nach einiger Zeit rot glühenden Klumpen aus reduziertem Eisen und Aluminiumoxid geht eine enorme Hitze aus. Schreckt man den etwas abgekühlten Klumpen in einem Wasserbad ab, sieht man eine graue Masse, in die Sandkörner eingebacken sind. Zerschlägt man diese mit einem Hammer, so kommt im Inneren ein glänzender Kern aus Eisen oder Kupfer zum Vorschein. Der zerschlagene Mantel ist sehr hartes und sprödes Aluminiumoxid. Eindrücklicher als in diesem Versuch kann man nicht demonstrieren, wie groß die Wärmemenge ist, die das Aluminium bei der Oxidation freisetzt. Außerdem wird unmittelbar erlebt, mit welcher Kraft das Aluminium den Oxiden anderer Metalle den Sauerstoff entreißen kann.

Aluminium + Eisenoxid → Eisen + Aluminiumoxid + sehr viel Wärme

$$2\,Al + Fe_2O_3 \rightarrow 2\,Fe + Al_2O_3 + 1708\ kJ$$

Aluminium + Kupferoxid → Kupfer + Aluminiumoxid + sehr viel Wärme

$$2\,Al + 3CuO \rightarrow 3\,Cu + Al_2O_3 + 2930\ kJ$$

4. Beseitigen der Passivität des Aluminiums durch Quecksilbersalz

Bestreicht man ein Stück Aluminiumblech mit einer Lösung von Quecksilberchlorid oder zerreibt einige Körner davon auf dem Blech (Vorsicht: Quecksilberchlorid ist sehr giftig!), so entsteht schon nach relativ kurzer Zeit ein weißgrauer Belag. Im Verlauf von etwa einer Stunde «wachsen» dann kleine Hütchen aus Aluminiumoxid in die Höhe, die eine Art «Flaum» auf dem Blech bilden. Entfernt man diesen, dann sieht man kleine Grübchen in dem vorher glatten Blech. Die dichte Oxidhaut schützt das Aluminium vor weiterem Sauerstoffzutritt. Durch das Quecksilber wird die Oxidhaut durchbrochen, sodass der Luftsauerstoff freien Zugang zum Aluminium hat und sich mit ihm unmittelbar zu Aluminiumoxid verbindet.

Aluminium + Sauerstoff → Aluminiumoxid + sehr viel Wärme

$$4\,Al + 3\,O_2 \rightarrow 2\,Al_2O_3 + 3416\ kJ$$

5. Versuchsreihe zum amphoteren Charakter

a. In ein Reagenzglas gibt man etwas Aluminiumgrieß und schüttet verdünnte Salzsäure hinzu. Nach einer gewissen Zeit hat die Salzsäure die Oxidschicht um das Aluminium zersetzt, und es beginnen Bläschen aufzusteigen. Leitet man das immer heftiger entweichende Gas durch Wasser in ein nach unten offen gehaltenes Reagenzglas, so lässt sich durch die Knallgasprobe zeigen, dass Wasserstoff entstanden ist. Filtriert man die nach der Reaktion zurückgebliebene Flüssigkeit, erscheint diese wasserklar und geruchlos. Es ist gut lösliches Aluminiumchlorid entstanden.

   Aluminium + Salzsäure → Aluminiumchlorid + Wasserstoff

   $$2\,Al + 6HCl \rightarrow 2AlCl_3 + 3H_2$$

b. In ein Reagenzglas gibt man etwas Aluminiumgrieß und schüttet verdünnte Natronlauge (= Natriumhydroxid) hinzu.

Wiederum nach einiger Zeit hat die Natronlauge die Oxidschicht um das Aluminium aufgelöst, und es beginnen wiederum Bläschen aufzusteigen. (Dies ist verwunderlich, da normalerweise ein Metall mit Lauge nicht reagieren würde.) Leitet man auch hier wiederum das immer heftiger entweichende Gas durch Wasser in ein nach unten offenes Reagenzglas, so lässt sich ebenfalls Wasserstoff durch die Knallgasprobe nachweisen. Filtriert man die nach der Reaktion zurückgebliebene Flüssigkeit, ist sie auch wasserklar und lässt sich nicht von der von Versuch a. unterscheiden. Es ist gut lösliches Natriumaluminat entstanden.

Aluminium + Natriumhydroxid + Wasser → Natriumaluminat + Wasserstoff ↑

$$2Al + 2NaOH + 6H_2O \rightarrow 2Na(Al(OH)_4) + 3H_2\uparrow$$

c. Nimmt man nun das bei a. entstandene Aluminiumchlorid und fügt langsam Natronlauge hinzu, so entstehen immer mehr weiße Ausflockungen, die an geronnenes Eiweiß erinnern und schließlich einen recht festen, gallertartigen Niederschlag bilden. Es ist durch eine Basenverdrängungsreaktion unlösliches Aluminiumhydroxid entstanden, und in der Lösung hat sich Kochsalz (Natriumchlorid) gebildet.

Aluminiumchlorid + Natronlauge → Aluminiumhydroxid + Natriumchlorid

$$AlCl_3 + 3NaOH \rightarrow Al(OH)_3 + 3NaCl$$

d. Nimmt man nun das Natriumaluminat von Versuch b und fügt langsam Salzsäure hinzu, so zeigt sich exakt der gleiche Ablauf wie bei c. Nur ist es diesmal eine Säurenverdrängungsreaktion, die zu der Entstehung des gallertigen Aluminiumhydroxids geführt hat.

Natriumaluminat + Salzsäure → Aluminiumhydroxid + Natriumchlorid + Wasser

$$Na(Al(OH)_4) + HCl \rightarrow Al(OH)_3 + NaCl + H_2O$$

e. Nimmt man nun das Aluminiumhydroxid von Versuch c. und fügt noch mehr Natronlauge hinzu, so löst sich das Aluminiumhydroxid auf und es entsteht wieder eine klare Lösung. Es hat sich nun Natriumaluminat gebildet.

Aluminiumhydroxid + Natriumhydroxid → Natriumaluminat
$Al(OH)_3$ + NaOH → $Na(Al(OH)_4)$

f. Fügt man zuletzt auch noch zu dem bei d. entstandenen Aluminiumhydroxid mehr Salzsäure hinzu, so löst sich auch hier das Aluminiumhydroxid wieder auf und es entsteht eine klare Lösung von Aluminiumchlorid.

Aluminiumhydroxid + Salzsäure → Aluminiumchlorid + Wasser
$Al(OH)_3$ + 3HC → $AlCl_3$ + 3 H_2O

Sowohl bei Versuch e. als auch bei Versuch f. handelt es sich um eine Neutralisation, nur dass das Aluminiumhydroxid sich bei e. wie eine Säure und bei f. wie eine Base (Lauge) verhalten hat.
Aluminium hat sich also in einer kontinuierlichen Folge von a. über c. nach e. zuerst in Aluminiumchlorid, dann in Aluminiumhydroxid und zuletzt in Natriumaluminat verwandelt. Die gleichen Stadien hat es von b. über d. nach f. durchlaufen, nur in umgekehrter Reihenfolge.

Versuche zum Eisen

Stahl schmieden

Das Ende eines 3 mm Rundstabes aus Silberstahl (115 Cr V 3) wird in der Flamme eines Spiritusbrenners (!) zum Glühen erhitzt und mit einem Hammer flachgeklopft. Man kann so einen kleinen Meißel herstellen.

Härten von Stahl

Ein Meißel aus dem vorigen Versuch wird über einem Gasbrenner auf helle Rotglut gebracht und dann in kaltem Wasser abgeschreckt. Die entstandene Härte kann dadurch gezeigt werden, dass mit diesem Meißel ein Nagel zertrennt werden kann, ohne dass eine Scharte entsteht.

Sprödigkeit von Stahl

Ein gehärtetes Stück Stahl aus dem vorigen Versuch und ein ungehärtetes werden schräg an ein Holzstück gelegt und mit dem Hammer angeschlagen. Das ungehärtete zerspringt (Schutzbrille!).

Gusseisen

Ein Stück Gusseisen kann mit dem Hammer zerschlagen werden.

Der Curie-Punkt

Ein Eisendraht von 1 m Länge wird zwischen zwei Isolatoren ausgespannt und durch einen in der Mitte hängenden Wägstein gestrafft. Beim Anlegen einer bestimmten elektrischen Spannung glüht der Draht allmählich auf, wird dann vorübergehend wieder dunkler, um darauf wieder heller zu werden. Die vorübergehende Abkühlung ist auf den Wärmeverbrauch bei der Umwandlung von α-Eisen in β-Eisen zurückzuführen. Beim Abkühlen des β-Eisens erkennt man die exotherme Umwandlung in α-Eisen an einem vorübergehenden Wiederaufglühen. Mit einem Magneten kann die magnetische Umwandlung nachgewiesen werden (Koch 1973, S. 14).

Pyrophores Eisen

Eisen(III)hydroxid, das durch Fällung aus einer Eisen(III)chloridlösung gewonnen wird, erhitzt man schwach im Wasserstoffstrom. Lässt man das aus dieser Reduktion entstehende Eisen aus einiger Höhe auf einen Porzellanteller fallen, so entzündet es sich (Arendt/Dörmer, S. 89).

Verbrennung von Eisen

Zwei Stricknadeln werden durch eine Korkscheibe gesteckt, die so groß ist, dass sie den weiten Hals einer Saftflasche bedeckt. Zwischen die Spitzen wird Eisenwolle geklemmt. Man legt an die Stricknadeln nach dem Aufsetzen auf die Flasche eine Spannung von ca. 10 V an.

a) Die Flasche wird mit Kohlendioxid gefüllt. Nach dem Einschalten des Stroms glüht die Eisenwolle, verbrennt aber nicht.

b) Die Flasche wird mit Luft gefüllt. Bei eingeschaltetem Strom glüht die Eisenwolle auf und verbrennt allmählich.

c) Die Flasche wird mit Sauerstoff gefüllt. (Schutzbrille und Sicherheitsabstand!) Die Eisenwolle verbrennt hellaufglühend unter lautem Prasseln. Am Boden des Gefäßes befinden sich anschließend Eisen- und Eisenoxidkügelchen (Kratz, Blatt 014).

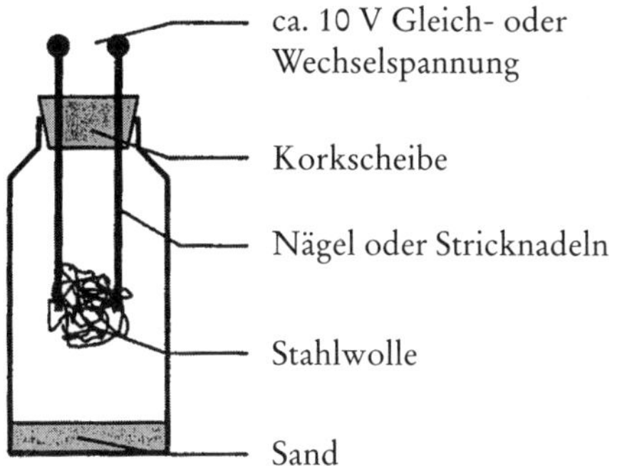

Eisenpulver wird in ein Glasrohr gefüllt und in die Bunsenflamme geblasen. Es entsteht ein orangeglühender Funkenregen.

Pyrophores Eisenoxid

Eisen(II)oxalat wird im Reagenzglas erhitzt. Es entsteht unter Abspaltung von Kohlendioxid und Kohlenmonoxid fein verteiltes Eisen(II)oxid. Schüttet man es aus dem Reagenzglas, so verglüht es an der Luft (Arendt/Dörmer, S. 300).

Versuche zum Silizium

1. Herstellen von elementarem Silizium

Aus feinem Quarzpulver, gemischt mit Magnesiumpulver, wird bei großer Wärmeentwicklung fein verteiltes, bräunlich erscheinendes Silizium reduziert.

Man vermischt eine kleine Menge Quarzpulver und Magnesium (jeweils ca. 2 g) und gibt die Mischung in ein Reagenzglas, das am Stativ befestigt wird. Beim Erhitzen des Glases setzt die Reaktion heftig ein, die unter Feuererscheinungen abläuft.

Quarz + Magnesium → Magnesiumsilicid + Silizium + Magnesiumoxid

$$2\,SiO_2 + 6\,Mg \rightarrow Mg_2Si + Si + 4\,MgO$$

Den Inhalt des Reagenzglases gibt man nun in eine Porzellanschale und betropft vorsichtig mit konzentrierter Salzsäure, um das entstandene Magnesiumsilicid und das Magnesiumoxid zu entfernen. Auch diese Reaktion läuft heftig ab, da bei Wärmeentwicklung der entstehende Wasserstoff verbrennt. Das Magnesiumoxid geht in lösliches Magnesiumchlorid über.

Ist die Reaktion beendet, kann das zurückgebliebene schwarzbraune Silizium ausgewaschen werden.

2. Wasserglas

Wasserglas ist ein amorphes Natriumsilikat, das durch Schmelzen von Siliziumdioxid in Soda (Natriumkarbonat Na_2CO_3) gewonnen wird. Es ist leicht herzustellen, aber nur schwer in Wasser löslich (nur unter langem Kochen in Wasser mit höherem Druck entsteht eine dickflüssige Lösung).

Fertige ca. zehnprozentige Lösungen sind käuflich erhältlich.

Ein eindrucksvoller Versuch ist die Reaktion von farbigen Schwermetallsalzen in Wasserglas. Legt man z.B. Kupfersulfatkristalle in die Wasserglaslösung, dann bildet sich eine feste Silikathaut um die Kristalle. Diese Haut ist semipermeabel, sodass Wasser der Wasserglaslösung durch sie eindringt (Osmose) und das Kupfersulfat auflöst. Durch die zunehmende Salzlösung wird die Silikathaut kugelig aufgebläht, und schließlich platzt sie. Im Kontakt der austretenden Lösung mit dem Wasserglas entsteht sofort wieder eine Silikathaut, die wiederum aufgebläht wird und platzt. So entstehen mit der Zeit baumartige Gebilde aus der Salzlösung im Wasserglas.

Die verschiedenen Schwermetallsalze bilden ganz spezifische Blasenformen, sodass man mit verschiedenen Salzen (Kupfersulfat, Nickelsulfat, Blutlaugensalz etc.) bunte «Gärten» im Wasserglas wachsen lassen kann.

Literatur

Albrecht, S., Brandl, H., Zimmermann, T.: «Singulettsauerstoff umweltfreundlich generiert», in: *Chemie in unserer Zeit,* Weinheim 1998, Bd. 32, S. 251.

Arendt, R., Dörmer, L.: *Technik der Experimentalchemie*, Heidelberg [9]1972.

Ball, Ph.: *H_2O – Biographie des Wassers*, München/Zürich [2]2002.

Baumeister, W., Ernst, W.: *Mineralstoffe und Pflanzenwachstum*, Stuttgart/New York 1978.

Benesch, F.: *Apokalypse. Die Verwandlung der Erde. Eine okkulte Mineralogie*, Stuttgart [2]1993.

Bergmann, W.: *Ernährungsstörungen bei Kulturpflanzen*, Jena/Stuttgart [3]1993.

Biesalski, H.-K. et al. (Hrsg.): *Ernährungsmedizin,* Stuttgart 1995.

Bockemühl, J.: «Pflanzengestalt und Lichtverhältnisse», in: Endlich, B. (Hrsg.): *Der Organismus der Erde,* Stuttgart 1985.

Boeck, H.: *Chemische Schulexperimente, Anorganische Chemie*, 2. Teil, Thun/Frankfurt a. M. [2]1988.

Böhme, G., Schiemann, G. (Hrsg.): *Phänomenologie der Natur*, Frankfurt 1997.

Börner, R.: *Welcher Stein ist das?*, Stuttgart [18]1980.

Bohn, D.: *Die implizite Ordnung*, München 1985.

Brauns, R., Chudoba, K.: *Spezielle Mineralogie*, Berlin 1955.

Brock, W. H.: *Viewegs Geschichte der Chemie*, Braunschweig/Wiesbaden 1997.

Dahlmann, W.: «Wie die Fußspur eines Vogels auf dem Schnee. Zur vermeintlichen Phänomenologie der atomaren Welt bei Martin Wagenschein», Teil II: Das «Phänomen der Brownschen Molekularbewegung», in: *chimica didactica*, H. 2/1997.

Diemann: «Die bioorganische Chemie des Eisens», in: *Praxis der Naturwissenschaftlichen Chemie,* 1991 Heft 8

Dud'a, Rejl, Slivka: *Mineralien,* Augsburg 1997.

Dictionary of Organic Compounds, Vol. 1, London.

Emoto, M.: *Die Botschaft des Wassers*, Burgrain [2]2002.

Emsley, J.: *Phosphor – ein Element auf Leben und Tod*, Weinheim/New York 2001.

Erdmann, H.: *Lehrbuch der Anorganischen Chemie*, Braunschweig 1902.

Erfkamp, J., Müller, A.: «Die Stickstofffixierung», in: *Chemie in unserer Zeit,* 24/1990.

Falbe, J., Regitz, M. (Hrsg.): *Römpp Chemie-Lexikon,* Bd. 6, Stuttgart/New York 1995. [vgl. Römpp ...]

Fellenberg, G.: *Pflanzenwachstum*, Stuttgart/New York 1981.

–: *Entwicklungsphysiologie der Pflanzen,* Stuttgart 1978.

Gehlig, R.: «Kiesel, Kalium, Calcium und Wasser als Leitelemente in den Naturreichen», in: *Tycho de Brahe Jahrbuch,* Niefern-Öschelbronn 1994.

–: «Eisenwirkung und Lumineszenz im Blut», in: *Tycho de Brahe Jahrbuch*, Niefern-Öschelbronn 1985.

Gerthsen, Chr., Vogel, H.: *Physik,* Berlin/Heidelberg [17]1993.

Gmelin: *Handbuch der anorganischen Chemie*, 1934.

Goethes naturwissenschaftliche Schriften, hrsg. von R. Steiner, 3. Band, Dornach [3]1975.

Greenwood, N. N., Earnshaw, A.: *Chemie der Elemente*, Weinheim/Basel/Cambridge/New York [2]1990.

Haase, H.: *Ratgeber für den Landwirt,* München/Frankfurt a. M. 1972.

Hardt, H. D.: *Die periodischen Eigenschaften der Elemente,* Stuttgart/New York [2]1987.

Henseling, K. O.: *Bronze, Eisen, Stahl. Bedeutung der Metalle in der Geschichte,* Reinbek 1981.

Heuschkel, G.: *Metallprozesse. Mit Versuchen für den Schulunterricht,* Privatdruck [2]1999.

Hilleringman, U.: *Silizium-Halbleitertechnologie,* Stuttgart 2002.

Hobohm, U., Sander, C.: «Enlarged representative set of protein structures», in: *Protein Sciences* 3, 522–524 (1994).

Hobohm, U. et al.: «Selection of representative protein data sets», in: *Protein Sciences* 1, 409-417 (1992).

Hofmann, U., Rüdorff, W.: *Anorganische Chemie*, Braunschweig 1969, 1973, 1998.

Hollemann, A. F., Wiberg, E.: *Lehrbuch der Anorganischen Chemie*, Berlin/New York 1995.

Hörner, K., Greina, T.: «Chemie – nein danke? Eine empirische Untersuchung affektiver und kognitiver Aspekte des Chemie-Unterrichts der Sekundarstufe I in Abhängigkeit von der Jahrgangsstufe», in: *chimica didactica*, 2000 H. 1.

Jatzkewitz, H.: *Neurochemie*, Stuttgart 1978.
Julius, F. H.: *Grundlagen einer phänomenologischen Chemie*, Stuttgart ^{2}1988.
Kaestner, A.: *Lehrbuch der Speziellen Zoologie*, Stuttgart 1965.
Keidel, W. D.: *Lehrbuch der Physiologie*, Stuttgart 1987.
Koch, K.-H.: *Chemie und Technologie des Eisens*, Köln 1973.
Kranich, E.-M.: «Kausales Erkennen als Phänomenologie – seine Bedeutung für die Entwicklung nach dem zwölften Lebensjahr», in: E.-M. Kranich (Hrsg.): *Unterricht im Übergang zum Jugendalter*, Stuttgart 1997.
–: *Pflanze und Kosmos*, Stuttgart ^{3}1997.
–: *Der innere Mensch und sein Leib*, Stuttgart 2003.
–: *Anthropologische Grundlagen der Waldorfpädagogik*, Stuttgart 1999.
–: *Wesensbilder der Tiere*, Stuttgart ^{2}2004.
Kratz, M.: *Das Blutwunder von Neapel. Über 200 Experimente und Versuche*, AOL-Verlag 1994.
Kumar, A., Snyder, M.: «Proteomics: Protein complexes take the bait», in: *Nature* 415, 123–124 (2002).
Löffler, G., Petrides P.: *Biochemie und Pathobiochemie*, Berlin/Heidelberg/New York ^{5}1997.
Mackensen, M. v.: *Prozesschemie aus spirituellem Ansatz*, Kassel 1994.
– *Die Chemieepochen der 7. und 8. Klasse*, Pädagogische Forschungsstelle, Kassel, versch. Auflagen.
Marti, E.: *Die vier Äther*, Stuttgart 1974.
–: *Das Ätherische*, Basel 1989.
Martin, B.: «Aluminium speciation in biology», in: *Aluminium in biology and medicine*, Ciba-Foundation Symp. 169, 1992.
Massey, R. C., Taylor, D. (Eds.): *Aluminium in Food and Environment*, Royal Soc. Chem., Spec. Publ. 73, London 1989.
Mengel, K.: *Ernährung und Stoffwechsel der Pflanze*, Stuttgart/New York ^{5}1979.
–: *Ernährung und Stoffwechsel der Pflanze*, Stuttgart 1991.
Messner, R., Rumpf, H., Buck, P.: «Natur und Bildung – Über Aufgaben des naturwissenschaftlichen Unterrichts und Formen des Naturwissens», in: *chimica didactica*, 1/1997.
Minssen, M.: *Der sinnliche Stoff*, Stuttgart 1986.
Mörike K. D., Betz, E., Mergenthaler, W.: *Biologie des Menschen*, Heidelberg 1981.

Naturwissenschaftliche Rundschau, 2/1987.

Naturwissenschaftliche Rundschau, 5/1991 und 2/1998.

Ott, G.: *Grundriss einer Chemie nach phänomenologischer Methode*, Band I, Basel 1960, Band II, Basel 1962.

Pepperhoff, W., Acet, M.: *Konstitution und Magnetismus des Eisens und seiner Legierungen,* Berlin 2000.

Pflug, H. O.: *Die Spur des Lebens*, Berlin/Heidelberg/New York 1984.

Pilgrim, E.: *Entdeckung der Elemente mit Biographien ihrer Entdecker*, Stuttgart 1950.

Priesner, C.: «Der Stein des Lichtes – Elementargeschichte des Phosphors», in: *Spektrum der Wissenschaft*, 3/1995.

Primas, H.: *Chimia* 36, 1982.

–: «Kann Chemie auf Physik reduziert werden?», in: *Chemie in unserer Zeit*, 4/1985.

Psarros, N.: *Die Chemie und ihre Methoden*, Weinheim 1999.

Rain, J.-Ch.: «The protein-interaction map of Helicobacter pylori», in: *Nature* 409, 211–215 (2001).

Rein, H., Schneider, M.: *Physiologie des Menschen*, Berlin/Heidelberg/New York ^{16}1971.

Resch, G., Gutmann, W.: «Wissenschaftliche Grundlagen des Wassers als Informationsträger», in: Engler, I. (Hrsg.): *Wasser*, Teningen 1989.

Riedel, Erwin: *Anorganische Chemie*, Berlin ^{4}1999.

Rogalla, H.: *Einfluss von Silizium auf Austauschereigenschaften des Apoplasten und Bindungszustand von Nährstoffen in Blättern,* Stuttgart 2001.

Rozumek, M.: «Stoffe sind festgehaltene Prozesse – Elemente eines neuen Stoffbegriffs», in: *Elemente der Naturwissenschaft* 78, 1/2003.

–: «Blick auf das Astralische – Ein neues Bild des Stickstoffs im Naturganzen», in: *Elemente der Naturwissenschaft* 80, 2004.

Römpp: *Lexikon der Chemie*, hrsg. von J. Falbe, M. Reglitz, Stuttgart/New York 1995. [vgl. Falbe …]

Rück-Braun, K.: «Domino-Reaktionen am Eisen: Schlüssel zum Aufbau von Naturstoffen», *Colloquia Academica,* N 1997, Stuttgart 1998.

Rykart, R.: *Bergkristall – Form und Schönheit alpiner Quarze*, Thun/München 1971.

Scheffler, A.: «Schwefel- und Eisenprozesse. Zur Michael-Imagination», in: *Das Goetheanum* 1995, S. 281.

Schmidt, R. F., Thews, G, Lang, F: *Physiologie des Menschen*, Berlin/New York [28]2000.
Schüpbach, M.: *Kristalle – Licht und Farben im Stein*, Dornach 1997.
Schumann, W.: *Edelsteine und Schmucksteine*, München 1976.
Schummer, J.: «Zwischen Wissenschaftstheorie und Didaktik der Chemie: Die Genese von Stoffbegriffen», in: *chimica didactica*, Heft 2/1995
–: *Realismus und Chemie. Philosophische Untersuchungen der Wissenschaft von Stoffen*, Würzburg 1996.
Schwenk, T.: *Das sensible Chaos*, Stuttgart [10]2003.
Smolka, K.: «Der Himmel half», in: *Bild der Wissenschaft*, 3/1994.
Soentgen, J.: «Phänomenologische Untersuchungen zum Stoffbegriff», in: *chimica didactica*, Heft 3/1999.
–: *Das Unscheinbare*, Berlin 1997.
Stahnke, A.: «NO – ein Giftgas als Botenstoff», in: *Spektrum der Wissenschaft*, 12/1998.
Steiner, R.: GA 2, *Grundlinien einer Erkenntnistheorie der Goetheschen Weltanschauung*, Dornach [7]1979.
–: GA 45, *Anthroposophie. Ein Fragment aus dem Jahre 1910*, Dornach [3]1980.
–: GA 93, Die *Tempellegende und die Goldene Legende*, Dornach 1979.
–: GA 93a, *Grundelemente der Esoterik*, Dornach 1972.
–: GA 101, *Mythen und Sagen. Okkulte Zeichen und Symbole*, Dornach 1987.
–: GA 114, *Das Lukas-Evangelium*, Dornach [7]1977.
–: GA 122, *Die Geheimnisse der biblischen Schöpfungsgeschichte*, Dornach [5]1976.
–: GA 128, *Eine okkulte Physiologie*, Dornach [5]1991.
–: GA 130, *Das esoterische Christentum und die geistige Führung der Menschheit*, Dornach [2]1977.
–: GA 212, *Menschliches Seelenleben und Geistesstreben im Zusammenhang mit Welt- und Erdentwicklung*, Dornach 1978.
–: GA 213, *Menschenfragen und Weltenantworten*, Dornach 1969.
–: GA 232, *Mysteriengestaltungen*, Dornach [3]1974.
–: GA 302, *Menschenerkenntnis und Unterrichtsgestaltung*, Dornach [3]1971.
–: GA 302a, *Erziehung und Unterricht aus Menschenerkenntnis*, Dornach [3]1971.

–: GA 303, *Die gesunde Entwickelung des Leiblich-Physischen als Grundlage der freien Entfaltung des Geistig-Seelischen,* Dornach ^{3}1969.

–: GA 305, *Die geistig-seelischen Grundkräfte der Erziehungskunst,* Dornach ^{2}1979.

–: GA 306, *Die pädagogische Praxis vom Gesichtspunkte geisteswissenschaftlicher Menschenerkenntnis,* Dornach ^{4}1989.

–: GA 307, *Gegenwärtiges Geistesleben und Erziehung,* Dornach ^{5}1986.

–: GA 311, *Die Kunst des Erziehens aus dem Erfassen der Menschenwesenheit,* Dornach ^{3}1963.

–: GA 312, *Geisteswissenschaft und Medizin,* Dornach 1976.

–: GA 313, *Geisteswissenschaftliche Gesichtspunkte zur Therapie,* Dornach ^{3}1963.

–: GA 319, *Anthroposophische Menschenerkenntnis und Medizin,* Dornach 1971.

–: GA 320, *Geisteswissenschaftliche Impulse zur Entwicklung der Physik. Erster naturwissenschaftlicher Kurs,* Dornach ^{2}1964 und ^{3}1987.

–: GA 321, *Geisteswissenschaftliche Impulse zur Entwicklung der Physik. Zweiter Naturwissenschaftlicher Kurs,* Dornach ^{2}1972.

–: GA 326, *Das Entstehungsmoment der Naturwissenschaft in der Weltgeschichte,* Dornach ^{3}1977.

–: GA 327, *Geisteswissenschaftliche Grundlagen zum Gedeihen der Landwirtschaft,* Dornach ^{4}1963.

–: GA 347, *Die Erkenntnis des Menschenwesens nach Leib, Seele und Geist,* Dornach 1976.

–: GA 349, *Vom Leben des Menschen und der Erde,* Dornach ^{2}1980.

–: GA 350, *Vom Wirken des Ätherischen und Astralischen im Menschen und in der Erde,* Dornach 1980.

–: GA 351, *Mensch und Welt. Das Wirken des Geistes in der Natur,* Dornach 1978.

Steiner, R., Wegman, I.: *Grundlegendes zur Erweiterung der Heilkunst* (GA 27), Dornach ^{7}1991.

Strasburger, E.: *Lehrbuch der Botanik für Hochschulen,* Heidelberg ^{34}1998.

Thews, G. u.a.: *Anatomie, Physiologie, Pathophysiologie des Menschen,* Stuttgart ^{4}1991.

Trincher, K.: *Wasser – Grundstruktur des Lebens und Denkens*, Wien 1990.
Trueb, L.: *Die chemischen Elemente*, Stuttgart/Leipzig 1996.
Vollmer, G.: *Was können wir wissen?, Bd. 2: Die Erkenntnis der Natur*, Stuttgart 1986.
Voronkov, M. G., Zelchan, G. I., Lukevitz, E.: *Silizium und Leben – Biochemie, Toxikologie und Pharmakologie der Verbindungen des Siliziums*, Berlin 1975.
Weast, R. C.: *Handbook of Chemistry and Physics*, Cleveland/Ohio ^{56}1975/76.
Wimmenauer, W.: *Zwischen Feuer und Wasser. Gestalten und Prozesse im Mineralreich*, Stuttgart 1992.
Wolff, O.: *Grundlagen einer geisteswissenschaftlich erweiterten Biochemie*, Stuttgart 1998.
Wunderlin, U.: «Die Bedeutung der Chemie für die Pädagogik und ihr sozialer Aspekt», in: A. Scheffler, H. J. Strüh: *Handeln und Erkennen in der Chemie*, Sonderheft der *Elemente der Naturwissenschaft*, 2002.

Über die Autoren

Gottfried Beyer, geboren 1951. 1972 bis 1977 Studium der Biologie und Chemie an der Universität Karlsruhe, 1980/81 Studium der Waldorfpädagogik an der Freien Hochschule Stuttgart. Seit 1981 Oberstufenlehrer für Biologie und Chemie an der Freien Waldorfschule Karlsruhe.

Dr. Gunter Gebhard, geboren 1955 in Stuttgart. Besuch der Freien Waldorfschule Stuttgart Uhlandshöhe. Anschließend Studium der Geologie und Paläontologie in Stuttgart und Tübingen. 1983 Promotion in Tübingen und anschließend Assistent am Geologischen Institut der Universität Hamburg. 1985/86 Ausbildung zum Waldorflehrer an der Freien Hochschule Stuttgart. Lehrer für Biologie, Chemie, Geografie und Astronomie an der Waldorfschule in Heidenheim (1986/87) und von 1987 bis 2002 an der Waldorfschule in Überlingen/Bodensee. Seit 2003 in Russland für die dortigen Waldorfschulen tätig. Gastdozent an der Freien Hochschule Stuttgart und an der Freien Landbauschule am Bodensee.

Dr. Ernst-Michael Kranich, geboren 1929 in Stuttgart. Abitur 1949 an der Freien Waldorfschule Stuttgart Uhlandshöhe. 1949 bis 1955 Studium der Biologie, Chemie, Paläontologie und Geologie in Tübingen; Promotion. 1955 bis 1962 Fachlehrer für Biologie und Chemie in Rendsburg. Seit 1962 an der Freien Hochschule Stuttgart tätig, bis 1998 als deren Leiter. In den 1980er Jahren Lehrauftrag an der Universität Marburg. Zahlreiche Publikationen zur Anthropologie, Goetheanistischen Naturwissenschaft und Chemie.

Elmar Schroeder, geboren 1950. Studium der Naturwissenschaften (Botanik, Biochemie, Genetik, Pflanzenphysiologie) in Tübingen. Anschließend wissenschaftliche Arbeit auf dem Gebiet der Biorhythmik und Abschlussarbeit über ein Thema aus dem Gebiet der Pflanzenphysiologie zu Fragen der Organdifferenzierung. Danach mehrere Jahre in der Landwirtschaft. Seit 1984 als Lehrer für Biologie und Chemie an einer Waldorfschule. Außerdem in der Lehrerbildung und als Vortragender zu pädagogischen Fragen und zu Themen aus dem Gebiet der Naturkunde tätig.

Dr. Volker Seelbach, geboren 1941. Studium der Biologie, Chemie und Psychologie in Freiburg und Basel. Seit 1970 Lehrer für Biologie und Chemie an den Waldorfschulen in Ulm, Bonn und Wangen/Allgäu. Seit 1976 Zusammenarbeit mit anthroposophischen Ärzten, Tierärzten und Landwirten. Seit 1995 in der Lehrerbildung tätig in Russland, Ungarn, Tschechien und Rumänien.